Jerzy Maćkowiak

Fluiddynamik von Füllkörpern und Packungen

Springer-Verlag Berlin Heidelberg GmbH

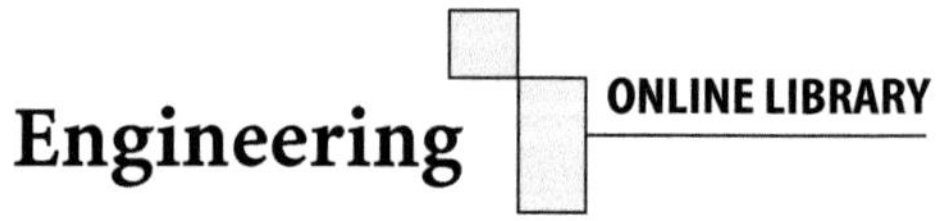

Jerzy Maćkowiak

Fluiddynamik von Füllkörpern und Packungen

Grundlagen der Kolonnenauslegung

2., wesentlich erweiterte und aktualisierte Auflage
mit 135 Abbildungen

 Springer

Dr.-Ing. habil. Jerzy Maćkowiak
ENVICON Engineering GmbH
Postfach 100637
46526 Dinslaken
e-mail: j.mackowiak@envicon.net

Die erste Auflage erschien 1991 im Verlag Salle + Sauerländer, Frankfurt am Main

ISBN 978-3-642-62449-0   ISBN 978-3-642-55575-6 (eBook)
DOI 10.1007/978-3-642-55575-6
Bibliografische Information der Deutschen Bibliothek

Die Deutsche Bibliothek verzeichnet diese Publikation in der Deutschen Nationalbibliografie;
detaillierte bibliografische Daten sind im Internet über http://dnb.ddb.de abrufbar

http://www.springer.de

© Springer-Verlag Berlin Heidelberg 2003
Ursprünglich erschienen bei Springer-Verlag Berlin Heidelberg New York 2003
Softcover reprint of the hardcover 2nd edition 2003

Einbandgestaltung: Struve & Partner, Heidelberg
Satz: Fotosatz-Service Köhler GmbH, Würzburg

Gedruckt auf säurefreiem Papier   68/3020/M - 5 4 3 2 1 0

Geleitwort von Prof. Dr.-Ing. A. Mersmann, TU München

Packungskolonnen werden seit vielen Jahren in verschiedenen technischen Bereichen beispielsweise der thermischen Trenntechnik, der Umwelttechnik und der Biotechnologie eingesetzt, um Gase und Flüssigkeiten zur Stoffübertragung miteinander in Kontakt zu bringen. Wissenschaftliche und wirtschaftliche Überlegungen haben in den letzten Jahrzehnten immer wieder zu neuen oft effizienten Packungen geführt. In der Industrie besteht das große Bedürfnis, auch moderne Packungen aus neuen Werkstoffen und neuartigen geometrischen Formen genau auslegen und zuverlässig betreiben zu können. Hierzu sind zunächst Messdaten und deren allgemeine Darstellung erforderlich. Dieser mühevollen und zeitraubenden Aufgabe hat sich der Autor seit vielen Jahren unterzogen.

Das vorliegende Werk stützt sich nun auf über 10.000 Messdaten zum Druckverlust, über 1100 Messwerte zum Flüssigkeitsinhalt und über 1200 Messpunkte zum Flutpunkt an rund 160 verschieden Füllkörpern und geordneten Packungen aus den verschiedenen in der Praxis vorkommenden Materialien. Die überwiegende Zahl dieser Daten dürfte der Autor in präziser und reproduzierbarer Weise am Lehrstuhl für Thermische Stofftrennverfahren der Ruhr-Universität Bochum bestimmt haben. Im Hinblick auf die Datenfülle ragt das Werk weltweit aus vergleichbaren Publikation heraus. Die Industrie wird für dieses Werk dem Autor ebenso wie dem Springer-Verlag dankbar sein.

So hoffe und wünsche ich, dass die umfangreichen und präzisen Ergebnisse und Aussagen dieses Werkes zum Nutzen der Menschheit dazu beitragen, Packungskolonnen besser als bisher auszulegen und zu betreiben.

A. Mersmann

Vorwort zur 2. Auflage

1991 erschien die erste Ausgabe des Buches „Fluiddynamik von Füllkörperkolonnen mit modernen Füllkörpern und Packungen für Gas/Flüssigkeitssysteme". Bereits nach wenigen Jahren war diese Ausgabe vergriffen. Dieser Umstand sowie zahlreiche Anfragen vor allem aus der Industrie haben mich dazu bewogen, eine zweite, erweiterte Ausgabe herauszugeben.

Eine Packungskolonne stellt nach wie vor das Herzstück jedes thermischen Trennprozesses dar. Es besteht daher Bedarf an Berechnungsgrundlagen für Packungskolonnen, die ein exaktes und zuverlässiges Auslegen ermöglichen.

Das in der ersten Ausgabe vorgestellte Tropfen-Schwebebett-Modell (TSB) wurde von der Fachwelt aufgenommen und wird in der Industrie aufgrund der damit möglichen zuverlässigen fluiddynamischen Auslegung von Füllkörperkolonnen von zahlreichen Firmen verwendet. Zur Erleichterung der Auslegung wurde das Modell in das Simulationsprogramm ChemCAD implementiert. Zur Verbreitung des TSB-Modells hat sicherlich das Rechenprogramm FDPAK beigetragen, die aktuelle Version ist auch für Windows erhältlich. Das Programm stellt die Rechenergebnisse anwenderfreundlich tabellarisch sowie graphisch, in Form von Belastungs-, Druckverlust- und Hold-up-Diagrammen, dar.

Die 1. Auflage beschränkt sich auf die Beschreibung der Fluiddynamik von Füllkörperkolonnen und strukturierten Packungen im Vakuum- und Normaldruckbereich bis ca. 2 bar und für spezifische Flüssigkeitsbelastungen von bis zu 100 $m^3 m^{-2} h^{-1}$. Dieser Anwendungsbereich deckt einen Großteil der Anwendungen und Aufgaben aus dem Bereich der Absorption und Desorption von gut bzw. mäßig löslichen Gasen und den Bereich der Vakuum- und Normaldruckrektifikation ab.

Die Bedeutung der Hochdruckabsorption und der Hochdruckrektifikation hat in den vergangen 10 Jahren jedoch stetig zugenommen, so dass eine Erweiterung des bestehenden Modells wünschenswert war. Erfreulicherweise wurden im Laufe der 90er-Jahre neue Arbeiten publiziert, in denen Druckverlustdaten, Flutpunktdaten und Hold-up-Daten für Hochdrucksysteme vorgestellt wurden. Dadurch war es möglich, die in der 1. Ausgabe abgeleitete Korrelation zur Bestimmung des Hold-up am Flutpunkt um den Bereich hoher Flüssigkeitsbelastungen und damit um den Bereich höherer Hold-up-Werte zu erweitern und mathematisch zu beschreiben (Kap. 2).

Mit Hilfe des TSB-Modells kann nun ein für die Praxis sehr bedeutsamer Bereich höherer Drücke beschrieben werden, in dem bekanntlich höhere Flüssigkeitsbelastungen und kleinere Gasgeschwindigkeiten zur Anwendung kommen.

Das TSB-Modell konnte anhand von Messdaten im Druckbereich bis 100 bar überprüft werden, einige Zahlenbeispiele aus der Praxis geben am Ende jedes Kapitels einen Einblick in die Anwendung des Modells.

In dieser Ausgabe wird ein zusätzliches Modell zur Berechnung des Druckverlustes berieselter Packungen und Schüttungen vorgestellt, welches auf der Kenntnis des Widerstandsgesetzes $\psi_{LV} = f(\mathrm{Re}_L)$ für Zweiphasenströmungen und des Flüssigkeitsinhaltes h_L^0 im gesamten Belastungsbereich bis zum Flutpunkt aufbaut. Dieses Modell kann zweckmäßigerweise immer dann angewendet werden, wenn zur Bestimmung des Widerstandsgesetzes lediglich Messdaten der Druckverluste für ein Zweiphasengemisch vorliegen (keine Druckverluste der trockenen Schüttung), oder wenn der Druckverlust oberhalb der Staugrenze für viskose und niedrig viskose Gemische genauer bestimmt werden soll.

Anhand zahlreicher Messdaten zeigt sich, dass dieses Modell im Flutpunktbereich sowohl bei laminarer $\mathrm{Re}_L < 2$ als auch bei turbulenter Flüssigkeitsströmung $\mathrm{Re}_L > 2$ zufriedenstellende Ergebnisse liefert.

Die schon in der 1. Auflage vorgestellte Beziehung zur Bestimmung der Flutpunktgeschwindigkeit wurde weiter modifiziert und gilt nun auch für strukturierte Packungen beliebiger Ausführung, für Rohrkolonnen mit regelmäßig angeordneten Pallringen, Raschigringen und Białeckiringen und für geordnete Schichten von Pallringen, Raschigringen und Białeckiringen. Durch neue Erkenntnisse konnte die unterschiedliche Belastbarkeit von strukturierten Kolonneneinbauten vom Typ X und Y mit unterschiedlicher Neigung der Strömungskanäle mathematisch erfasst werden. Die erweiterte allgemeine Beziehung zur Berechnung der Flutpunktgeschwindigkeit berücksichtigt auch diesen Sachverhalt. Dadurch ist es möglich, diese Beziehung für beliebige Einbauten zu verwenden.

Im Kapitel 7 finden sich zum ersten Male Grundlagen zur Berechnung der Fluiddynamik von Füllkörperkolonnen für die Flüssig/Flüssig-Extraktion. Das bereits erwähnte TSB-Modell für Gas/Flüssigkeits-Systeme ist auf Flüssig/Flüssig-Systeme übertragbar. Anhand einiger Zahlenbeispiele wird die Vorgehensweise bei der Berechnung der Flutpunktgeschwindigkeit der dispersen und der kontinuierlichen Phase erläutert.

Leitgedanke bei der Verfassung dieses Buches war, ein geschlossenes einheitliches Konzept zur Auslegung von Füllkörperkolonnen für Gas/Flüssig- und Flüssig/Flüssig-Systeme zu erstellen, um die Berechnung der einzelnen Parameter transparenter zu gestalten und objektive Vergleiche zwischen den einzelnen Einbauten zu ermöglichen. Der Unterschied zu anderen Arbeiten liegt in einer anderen Art der Erfassung der Vorgänge in Füllkörperkolonnen, die auf dem spezifischen Strömungsverhalten von Tropfensystemen aufbauen. Das Auftreten von Tropfensystemen in Füllkörperkolonnen wurde 1991 von Bornhütter und Mersmann bestätigt. Auf diese Weise ergeben sich trotz der sehr komplizierten Vorgänge bei vorliegender Zweiphasenströmung in Packungskolonnen für die Praxis unkomplizierte, anwenderfreundliche Beziehungen, die vor allem der Praktiker bei der Lösung verschiedener Aufgabenstellungen zu schätzen weiß. Besonders beim Vergleich zahlreicher Einbauten erweisen sich die einfachen Beziehungen von großem Vorteil. Auch für Wissenschaftler und Studenten dürfte diese Arbeit als Grundlage zum besseren Verständnis der Strömungsvorgänge in Gas/Flüssig- und Flüssig/Flüssig-Systemen dienen.

Im Gegensatz zu anderen Arbeiten werden hier die Publikationen anderer Autoren zur Absicherung und Erweiterung der Anwendungsbereiche des TSB-Modells verwendet, nicht aber zur Darstellung unterschiedlicher Berechnungsmethoden und ihrer Vergleiche. Zum gegenwärtigen Zeitpunkt stützt sich diese Arbeit auf über 10.000 Messdaten zum Druckverlust, über 1200 Daten zum Flutpunkt und ca. 1100 zum Hold-up und auf fast 160 Füllkörpertypen. Dies entspricht in etwa einer Verdopplung der Daten im Vergleich zur ersten Ausgabe.

Von besonderer wissenschaftlicher Bedeutung ist die Erkenntnis, dass der Versuchsaufwand bei der Untersuchung und Entwicklung neuer Bauformen bis auf wenige Versuchsschritte reduziert werden kann, um die Modellparameter des TSB-Modells schnell und mit geringem, experimentellem Aufwand zu bestimmen. An dieser Stelle sollte betont werden, dass allein Versuche an Einphasenströmungen von Luft unter Umgebungsbedingungen ausreichend sind, um das systemunabhängige Widerstandgesetz $\psi = f(\mathrm{Re_L})$ zu ermitteln. Somit ist es möglich, die gesamte Fluiddynamik von Füllkörperkolonnen eines Einbautentyps auf beliebige Anwendungsbereiche der thermischen Trenntechnik zu übertragen.

J. Maćkowiak

Zusammenfassung der Arbeit

Bei der Rektifikation, Absorption und Flüssig/Flüssig-Extraktion hält seit Jahren die Nachfrage nach druckverlustarmen Einbauten an. In der chemischen Industrie besteht der Trend, die mit Böden ausgerüsteten Kolonnen durch solche mit modernen Füllkörpern und strukturierten Packungen zu ersetzen. Deshalb ist es für die Projektierung von Packungskolonnen besonders wichtig, zuverlässige Methoden zur Vorhersage des Stoffaustausches und der Hydrodynamik der Zweiphasenströmung zu verwenden.

Diese Arbeit verfolgt daher das Ziel, die Grundlagen der fluiddynamischen Auslegung von modernen regellos geschütteten, geordneten Füllkörperkolonnen und Packungen anhand eines neuen, für beliebige Füllkörperformen geltenden Berechnungskonzeptes zu vermitteln.

Dem Autor war dabei die Anwendungsbezogenheit der Arbeit wichtig, da bekanntlich die Behandlung der Rektifiziertechnik, Absorption und Extraktion als Hauptgebiet der thermischen Verfahrenstechnik meist rein empirisch erfolgt.

In der vorliegenden Ausgabe sind Auslegungsunterlagen für Gas/Flüssigkeitssysteme und Flüssig/Flüssig-Systeme vorgestellt, die miteinander stark verflochten sind und beide auf dem TSB-Modell aufbauen.

Das Auslegungsverfahren für Gas/Flüssigkeitssysteme basiert auf Beziehungen, deren Herleitung und Verifizierung durch das Experiment viel Platz eingeräumt wird. Das Verfahren gestattet die Berechnung der Flutgrenze, des Druckverlustes und des Flüssigkeitsinhaltes für Gas/Flüssigkeitssysteme praktisch im gesamten Betriebsbereich bis zum Flutpunkt. Folgende Eigenschaften des Verfahrens sind besonders zu erwähnen:

Die Modellparameter werden für eine gewählte Schüttungsdichte mit dem Stoffpaar Luft/Wasser unter Normalbedingungen ermittelt. Es wird experimentell nachgewiesen, dass diese Modellparameter für die Trennung der Gemische in der Rektifiziertechnik bei Normaldruck, Vakuum und Hochdruck im ganzen Belastungsbereich gelten. Somit kann der Versuchsaufwand bis auf wenige Versuchsserien unter Verwendung des Systems Luft/Wasser reduziert werden.

Das Verfahren gestattet auch die Berechnung der Flutgrenze und des Flüssigkeitsinhaltes für Flüssig/Flüssig-Systeme praktisch im gesamten Betriebsbereich bis zum Flutpunkt.

Gliederung

Der Inhalt dieser Arbeit ist in sieben Kapitel gegliedert; die Reihenfolge der ersten fünf Kapitel entspricht weitgehend den Berechnungsschritten, die bei der fluiddynamischen Auslegung von Füllkörperkolonnen für Gas-Flüssigkeitssysteme abgearbeitet werden. Die ersten sechs Kapitel behandeln die Gas-Flüssigkeitssysteme, Kap. 7 ist der Flüssig/Flüssig-Extraktion gewidmet.

In Kap. 1 wird auf den Aufbau von Füllkörperkolonnen und auf ihre Bedeutung bei der Trennung von Gemischen unter Vakuum, bei der Absorption und Desorption kurz eingegangen sowie ein Überblick über die heute gebräuchlichen Auslegungsverfahren gegeben. Anschließend wird das hydraulische Verhalten von Füllkörperkolonnen mit den dazugehörenden Parametern behandelt. Die Bestimmung der Flutgrenze und des unteren Belastungsbereiches erfolgt hierbei in Kap. 2, die Bestimmung des Druckverlusts der unberieselten Schüttung in Kap. 3. Dem Druckverlust der berieselten Schüttung und dem Flüssigkeitsinhalt sind Kap. 4 und Kap. 5 gewidmet.

Die abgeleiteten Beziehungen der Kap. 2, 3 und 4 ermöglichen die Festlegung des Apparatedurchmessers und die Bestimmung des Druckverlustes sowie des Flüssigkeitsinhaltes im gewählten Betriebsbereich und am Flutpunkt.

Zur Verdeutlichung der Problematik wird zu Beginn eines jeden Kapitels kurz auf die wichtigsten Arbeiten zu diesem Thema aus der Sicht des Autors eingegangen und anschließend der gewählte Lösungsansatz vorgestellt.

Die Zusammenfassung der Ergebnisse dieser Arbeit erfolgt in Kap. 6. In den Sammeltabellen 6-1a–c werden die geometrischen Füllkörperdaten wie Schüttungsdichte N_0, geometrische Füllkörperoberfläche a_0, Lückenvolumen e_0, Gewicht von 1 m^3 nach Herstellerangaben aufgeführt. Zusätzlich sind sämtliche Zahlenwerte der für die fluiddynamische Auslegung benötigten Größen für ca. 160 Füllkörper und geordnete Füllkörperschichten sowie Rohrkolonnen und strukturierte Packungen angegeben.

Durch die Herleitung von für jeden Parameter allgemein geltende Berechnungsgleichungen gelang es, das umfangreiche Forschungsmaterial in komprimierter Form darzustellen, worüber in der zusammenfassenden Darstellung der Ergebnisse dieser Arbeit in Kap. 6 berichtet wird. Am Schluss jedes Kapitels werden Rechenbeispiele angegeben, anhand welcher sich die einzelnen Beziehungen zur Bestimmung des Dampfbelastungsfaktors am Flutpunkt des Flüssigkeitsinhaltes und des Druckverlustes der berieselten und unberieselten Schüttungen nachvollziehen lassen. Die Zahlenbeispiele sind praxisbezogen orientiert und zur

Vertiefung der vorgestellten Zusammenhänge gedacht. Dabei kommen unterschiedliche Packungen zum Einsatz.

Literaturnachweise zu den einzelnen Kapiteln sind am Schluss des jeweiligen Kapitels zusammengestellt.

Im Buch werden umfangreiche Tabellen und Bilder mit Angaben zu den Messdaten und zu den Versuchsbedingungen zusammengestellt, die den enormen Versuchsumfang und die Anwendungsmöglichkeiten des Verfahrens eindrucksvoll aufzeigen. Die Beschreibung des bereits bekannten und in der Praxis vielfach eingesetzten Programms FDPAK zur fluiddynamischen Auslegung von Füllkörperkolonnen befindet sich im Anschluss an das Kap. 6.

Die gebräuchlichsten Bezeichnungen, die in der Arbeit verwendet werden, sind am Anfang der Arbeit im gesondert erstellten Symbolverzeichnis zusammengestellt und erläutert.

Diese erste Auflage der Arbeit entstand in den Jahren 1988–1990, die zweite in den Jahren 1997–2002 und basiert auf Messungen, die an über 160 vorwiegend modernen Füllkörpern und Packungen sowie geordneten Füllkörperschichten in der Zeit von1965 bis 2002 erhalten wurden.

Die Versuche sind größtenteils vom Autor selbst an Rektifizieranlagen mit Durchmessern d_S von 0,15/0,22/0,5 m sowie an Absorptionsanlagen mit Durchmessern von 0,15/0,22/0,3 m und 0,45/0,6 m sowie an industriellen Anlagen der Firma Envicon Engineering GmbH mit Durchmesser von 0,8/1,2/1,6/1,8 m durchgeführt worden. Eine ganze Reihe von Versuchsdaten zur Rektifikation (d_S = 0,5 m) und Absorption (d_S = 0,3 m) stammt aus der Tätigkeit als Wissenschaftlicher Mitarbeiter am Institut für Verfahrenstechnik der TU-Wrocław/Polen (1972–1976). Durch die Zusammenarbeit mit Dr. Ing. St. Filip, Dr. Ing. Z. Ługowski, Dr. Ing. St. Suder und Dr. Ing. habil. A. Kozioł von der TU-Wrocław entstanden in der Zeit von 1978 bis 1986 zahlreiche Arbeiten über Untersuchungen moderner Füllkörper an großtechnischen Anlagen, die ebenfalls in dieser Monographie Berücksichtigung fanden. Ein Teil der Versuchsergebnisse, vorwiegend die Rektifizierdaten für metallische 15- bis 80-mm Pallringe stammt aus der Sammlung von Prof. Billet. Ein weiterer Teil von Versuchsdaten zur Rektifiziertechnik und Extraktionsdaten stammt aus zahlreichen Studien- und Diplomarbeiten, die im Zeitraum 1978–1989 am Lehrstuhl für Thermische Stofftrennverfahren der Ruhr-Universität Bochum, Lehrstuhlinhaber o. Prof. Dr. Ing. R. Billet, vom Autor persönlich konzipiert und betreut wurden.

Zur Auswertung aller Messdaten, einschließlich der Literaturdaten, wurde 1990 eine Datenbank angelegt, die zur Zeit über 1200 Messpunkte zum Flutpunkt, über 1100 Messpunkte zum Flüssigkeitsinhalt und über 10.000 Messpunkte zum Druckverlust von berieselten Schüttungen und Packungen beinhaltet. Die Zahl der Test-Gemische liegt bei 32. Es entstand somit eine umfangreiche Datensammlung, die laufend durch neue Messdaten weiter vervollständigt wird.

Der Fortschritt bei der Genauigkeit der Auslegung von Packungskolonnen für Gas-Flüssig- und Flüssig/Flüssig-Systeme ist enorm. Aufgrund der Ergebnisse dieser Arbeit ist man in der Lage, lediglich bei Kenntnis der geometrischen Form eines Füllkörperelementes, präzise Aussagen über das zu erwartende fluiddynamische Verhalten der Füllkörperschüttung zu treffen, ohne irgendwelche verfahrenstechnischen Versuche durchführen zu müssen.

Danksagung

Mein Dank gilt besonders Herrn o. Prof. Dr.-Ing. A. Mersmann, TU München, für viele fruchtbare Diskussionen und wertvolle Anregungen bei der Erstellung der ersten Auflage sowie meinem Freund Prof. Dr.-Ing. habil. A. Kozioł, TU-Wrocław, für die aufmerksame Durchsicht der ersten Auflage der Arbeit sowie als Mitarbeiter der Firma Envicon Engineering GmbH für die Mitarbeit bei der Entwicklung des FDPAK-Programms.

Bei der Bearbeitung der Flutpunktdaten der zweiten Auflage war mir mein Freund Dr.-Ing. J. Szust eine wertvolle Hilfe.

Mein Sohn cand.-Ing. Jan Maćkowiak hat die zweite Auflage aufmerksam korrigiert und für den Druck entsprechend formatiert.

Frau Dipl.-Ing. A. Ługowska hat die sehr aufwändigen Diagramme zum Flutpunkt und Druckverlust mit dem PC-Rechner erstellt, um die Streuung der Messdaten aufzuzeigen.

Meine Frau Nathalie hat die erste Fassung geschrieben und die Korrektur der Arbeit sowohl bei der ersten als auch bei der zweiten Auflage übernommen, wofür ich mich bedanke.

Ich möchte an dieser Stelle meiner Familie für Ihre Geduld herzlich danken, sowie allen denen, die hier nicht erwähnt sind.

Frühjahr 2003   *Jerzy Maćkowiak*

Inhaltsverzeichnis

**Teil 2
Grundlagen der Auslegung von Packungskolonnen
für Flüssig/Flüssig-Systeme**

Teil 1

Grundlagen der Auslegung von Packungskolonnen für Gas/Flüssigkeitssysteme

Symbolverzeichnis zu Teil 1

a	$\mathrm{m^2\,m^{-3}}$	geometrische volumenbezogene Füllkörperoberfläche einer beliebigen Schüttung bzw. Packung
a'	$\mathrm{m^2\,m^{-3}}$	effektive volumenbezogene trockene Füllkörperoberfläche, die von Gas durchströmt wird
a_o	$\mathrm{m^2\,m^{-3}}$	geometrische volumenbezogene Standard-Füllkörperoberfläche
a_e	$\mathrm{m^2\,m^{-3}}$	effektive volumenbezogene Füllkörperoberfläche
A, B, C	–	Antoine-Konstanten zur Berechnung der Siededrücke reiner Stoffe. Mit Index „1“ für die leichtersiedende Komponente und Index „2“ für die schwersiedende Komponente.
A_l	$\mathrm{m^2}$	Oberfläche eines Füllkörpers
A_e	$\mathrm{m^2}$	effektive Stoffaustauschfläche
A_F	$\mathrm{m^2}$	Füllkörperoberfläche
A_i	–	Konstante
A_w	$\mathrm{m^2}$	Wandoberfläche
A_s	$\mathrm{m^2}$	freier Kolonnenquerschnitt
B_L	–	dimensionslose Flüssigkeitsbelastung
C, C_i	–	Konstanten
C_B	$\mathrm{s^{2/3}\,m^{-1/3}}$	Modellparameter zur Bestimmung des Druckverlustes der berieselten Schüttung bzw. Packung für $Re_\mathrm{L} > 2$
$C_\mathrm{B,0}$	–	Dimensionsloser Parameter in Gl. (4-41), $C_\mathrm{B,0} = C_\mathrm{B} \cdot g^{1/3}$, unterhalb der Staugrenze $C_\mathrm{B} = 0{,}8562$
$C_\mathrm{C,0}$	–	Dimensionsloser Parameter in Gl. (4-44), unterhalb der Staugrenze $C_\mathrm{C,0} = 1$
C_C	$\mathrm{s^{2/3}\,m^{-1/3}}$	Parameter zur Bestimmung des Druckverlustes der berieselten Schüttung bzw. Packung für $Re_\mathrm{L} < 2$

C_{Fl}	–	Konstante zur Berechnung der Dampf-geschwindigkeit am Flutpunkt
$C_{Fl,0}$	–	universelle Flutpunktskonstante für Füll-körper und Packungen
C_H	DM/t	Heizdampfkosten
C_0'	–	Abreißfaktor
$C_0, C_{0,B}$	DM/h	Betriebskosten einer Vakuumrektifizier-kolonne bzw. einer Normaldruckrektifikation
C_P	–	Konstante zur Bestimmung des Flüssigkeits-inhaltes von Packungen und Füllkörper-schüttungen bei turbulenter Flüssigkeits-strömung
C_T	–	Konstante
d	m	Füllkörperdurchmesser
d_i	m	Innendurchmesser eines Füllkörpers
d_h	m	hydraulischer Durchmesser
d_p	m	Partikeldurchmesser
d_R	m	Rohrdurchmesser, innen
d_S	m	Kolonnendurchmesser
d_T	m	Tropfendurchmesser
d_T^*	–	dimensionsloser Partikeldurchmesser, Gl. (2-25)
D	$\mathrm{kg\,s^{-1}}$	Destillatmenge
$\dot{D}$	$\mathrm{kmol\,s^{-1}}$	Destillatstrom
D_V, D_L	$\mathrm{m^2\,s^{-1}}$	Diffusionskoeffizient der leichtersiedenden Komponente im Dampfgemisch bzw. in der Flüssigkeit
E_K		kinetische Energie
f, f_i mit $i = 1, 2 \ldots$		Funktion
F	$\mathrm{kg\,s^{-1}}$	Zulaufmenge
$\dot{F}$	$\mathrm{kmol\,s^{-1}}$	Zulaufstrom
F_p	$\mathrm{m^{-1}}$	Packungsfaktor einer trockenen Schüttung $F_p = a/\varepsilon^3$
$F_{P,exp}$	$\mathrm{m^{-1}}$	experimentell ermittelter Packungsfaktor am Flutpunkt bei Zweiphasenströmung
$F_{P,0}$	$\mathrm{m^{-1}}$	Packungsfaktor für die Standardschüttungs-dichte, $F_{P,0} = a_0/\varepsilon_0^3$
F_V	$(\mathrm{m/s})\sqrt{\mathrm{kg/m^3}}$ $\mathrm{Pa^{1/2}}$ $\mathrm{m^{-1/2}kg^{1/2}\,s^{-1}}$	Gas- bzw. Dampfbelastungsfaktor
$F_{V,Fl}$	$(\mathrm{m/s})\sqrt{\mathrm{kg/m^3}}$ $\mathrm{Pa^{1/2}}$ $\mathrm{m^{-1/2}kg^{1/2}\,s^{-1}}$	Dampfbelastungsfaktor am Flutpunkt
$F_{V,Fl}^*$	$\mathrm{m\,s^{-1}}$	Flutbelastungsfaktor

$F_{V,0}$	$(m/s)\sqrt{kg/m^3}$ $m^{-1/2}kg^{1/2}s^{-1}$	Gas- bzw. Dampfbelastungsfaktor an der oberen Belastungsgrenze
$F_{V,U}$	$(m/s)\sqrt{kg/m^3}$ $Pa^{1/2}$ $m^{-1/2}kg^{1/2}s^{-1}$	Dampf- bzw. Gasbelastungsfaktor an der unteren Belastungsgrenze
$F_V/F_{V,FI}$	–	relative Gas- bzw. Dampfbelastung
g	$m\,s^{-2}$	Erdbeschleunigung
G	$kg\,m^{-3}$	Füllkörpergewicht pro m^3 Bauvolumen
h	m	Höhe eines einzelnen Füllkörpers
$h_L = V_L/V_S$	$m^3\,m^{-3}$	der gesamte Flüssigkeitsinhalt bezogen auf die leere Kolonne
h_L^0	$m^3\,m^{-3}$	Flüssigkeitsinhalt bezogen auf das freie Kolonnenvolumen, $h_L^0 = h_L/\varepsilon$
$h_{L,S}$	$m^3\,m^{-3}$	Flüssigkeitsinhalt oberhalb der Staugrenze
$h_{L,FI}^0$	$m^3\,m^{-3}$	Flüssigkeitsinhalt am Flutpunkt, bezogen auf das freie Kolonnenvolumen
h_{st}, h_d, h_H	$m^3\,m^{-3}$	statischer, dynamischer Flüssigkeitsinhalt, Haftinhalt
Δh_V	$kJ\,kmol^{-1}$	Verdampfungsenthalpie
H	m	Höhe einer Füllkörperschüttung bzw. Packung
HETP	m	Höhe einer theoretischen Stufe
HTU_{0V}	m	Höhe einer Übertragungseinheit bezogen auf die Dampfphase
HTU	m	Höhe einer Übergangseinheit
$(\Delta H)_i$	m	Höhe eines einzelnen Schüttungsabschnittes
i		Variable
k	–	Proportionalitätsfaktor
K	–	Wandfaktor
K_A	N	Auftriebskraft
K_g	N	Schwerkraft
K_ψ	N	Widerstandskraft
K_0	N	Oberflächenkraft
K_R	N	Abreißkraft
K_η	N	Viskositätskraft
K_1, K_2	–	Konstante K_1 und Exponent K_2 zur Bestimmung des Widerstandsbeiwertes bei der Einphasenströmung des Gases in der Schüttung oder Packung für $Re_V < 2100$ und für Gl. (3-14)
K_3, K_4	–	Zahlenwert von K_1 und K_2, für $Re_V \geq 2100$
K_P	–	Parameter in Gl. von Teutsch [16], s. Kap. 4
$K_{\rho V}$	–	Korrekturfaktor der Gasdichte
L	$kg\,s^{-1}$	Massenstrom der Flüssigkeit
$\dot{L}$	$kmol\,s^{-1}$ $kmol\,h^{-1}$	Molenstrom der Flüssigkeit

$\dot{L}/\dot{V}$	–	Moldurchsatzverhältnis
m	–	Exponent
M	$\text{kg}\,\text{kmol}^{-1}$	Molgewicht
n_i	–	Zahl der Messpunkte in Gl. (2-31)
n_t	–	theoretische Stufenzahl
n_t/H	m^{-1}	theoretische Trennwirkung, Anzahl der theoretischen Stufen je Meter Schüttungshöhe
N, N_0	m^{-3}	Schüttungsdichte einer beliebigen Füllkörperschüttung bzw. Standard-Schüttungsdichte gemäß Herstellerangaben
NTU_{0V}	–	Anzahl der Übertragungseinheiten
p	mbar	Druck
p_T	mm Hg	Dampfdruck der reinen Komponente, Gl. (1-1)
Δp	Pa	Druckverlust der berieselten Schüttung bzw. Packung
Δp_0	Pa	Druckverlust der unberieselten, trockenen Füllkörperschüttung bzw. Packung
$\Delta p/H$	$\text{Pa}\,\text{m}^{-1}$	auf die Schütthöhe H bezogener Druckverlust der berieselten Schüttung bzw. Packung
$\Delta p_0/H$	$\text{Pa}\,\text{m}^{-1}$	auf die Schüttungshöhe H bezogener Druckverlust der unberieselten Schüttung bzw. Packung
$\Delta p/n_t$, $\Delta p/\text{NTU}_{0V}$	Pa	spezifischer Druckverlust
$\Delta p/\Delta p_0$	–	Druckverlustquotient
$r = \dot{L}/D$	–	Rücklaufverhältnis
$r_{\min}$	–	minimales Rücklaufverhältnis
s	m	Wanddicke eines Füllkörpers
t	°C	Temperatur
$\bar{u}_T$	$\text{m}\,\text{s}^{-1}$	effektive Fallgeschwindigkeit eines Einzeltropfens in der Schüttung
u_F	$\text{m}\,\text{s}^{-1}$	mittlere Filmgeschwindigkeit
u_0	$\text{m}\,\text{s}^{-1}$	effektive Gasgeschwindigkeit, bei der ein Tropfen in der Schüttung in Schwebe gehalten wird
u_T	$\text{m}\,\text{s}^{-1}$	reduzierte Geschwindigkeit eines Tropfens in der Schüttung
u_0	$\text{m}\,\text{s}^{-1}$	auf die leere Kolonne bezogene Gasgeschwindigkeit in der Schüttung am Flutpunkt für $h_{L,Fl}^0 \to 0$
u_K	$\text{m}\,\text{s}^{-1}$	charakteristische Tropfengeschwindigkeit
u_L	$\text{m}^3\,\text{m}^{-2}\text{h}^{-1}$ $\text{m}^3\,\text{m}^2\text{s}^{-1}$	spezifische Flüssigkeitsbelastung bezogen auf den freien Kolonnenquerschnitt
$u_{L,U}$	$\text{m}^3\,\text{m}^{2P}\text{s}^{-1}$	spezifische Flüssigkeitsbelastung an der unteren Belastungsgrenze

u_V	$m\,s^{-1}$	Gas- bzw. Dampfgeschwindigkeit, bezogen auf den freien Kolonnenquerschnitt
u_V	$m\,s^{-1}$	effektive mittlere Dampf- bzw. Gasgeschwindigkeit
$u_{V,Fl}$	$m\,s^{-1}$	Dampf- bzw. Gasgeschwindigkeit am Flutpunkt, bezogen auf den freien Kolonnenquerschnitt
V	$kg\,s^{-1}$	Massenstrom des Dampfes
$\dot{V}$	$kmol\,s^{-1}$	Molenstrom des Dampfes
V_L	$m^3\,s^{-1}$	Volumenstrom der Flüssigkeit
V_V	$m^3\,s^{-1}$	Volumenstrom des Dampfes bzw. des Gases
V_F	m^3	Füllkörpervolumen
V_L	m^3	Volumen der Flüssigkeit
V_S	m^3	Volumen der leeren Kolonne
V_1	m^3	Volumen eines einzelnen Füllkörpers
$\dot{W}$	$kmol\,s^{-1}$	Molenstrom des Sumpfproduktes
W	$kg\,s^{-1}$	Sumpfmengenstrom
x	$kmol\,kmol^{-1}$	Molanteil der leichtersiedenden Komponente in der Flüssigkeit
x	–	Einschnürungsfaktor, Gl. (4-9)
X	–	Strömungsparameter am Flutpunkt
y	$kmol\,kmol^{-1}$	Molanteil der leichtersiedenden Komponente im Dampf
y_m	$kmol\,kmol^{-1}$	mittlerer Molanteil des Leichtersieders
y^*	$kmol\,kmol^{-1}$	Molanteil der leichtersiedenden Komponente im Dampf im Gleichgewichtszustand
Z, Z_{Fl}	–	Quotient, $Z = h_{L,S}/h_L$

Formelgrößen, griechische Buchstaben

α	deg	Neigung der Strömungskanäle in der Packungsschicht s. Bild 1-2
α	–	relative Flüchtigkeit
$\Delta\rho$	$kg\,m^{-1}$	Dichtedifferenz, $\Delta\rho = \rho_L - \rho_V$
$\delta(i)$	%	relativer Fehler, bezogen auf den experimentellen Wert der Größe i
$\bar{\delta}$	%	mittlerer relativer Fehler
δ_L	m	mittlere Filmdicke
$\varepsilon, \varepsilon_0$	$m^3\,m^{-3}$	relatives Lückenvolumen einer beliebigen Schüttung bzw. der Standardschüttung
η	mPas $kg\,m^{-1}\,s^{-1}$	dynamische Viskosität
λ	–	Widerstandsbeiwert in Gl. (3-2)
λ_L	–	Widerstandsbeiwert für Zweiphasenströmung, Gl. (4-1)

λ_0	–	Phasendurchsatzverhältnis am Flutpunkt, $\lambda_0 = (V_L/V_V)_{Fl}$
μ	–	Formfaktor
ν	$m^2 s^{-1}$	kinematische Viskosität
ρ	$kg\,m^{-3}$	Dichte
σ_L	$mN\,m^{-1}$	Oberflächenspannung der Flüssigkeit
	$N\,m^{-1}$	für Gas/Flüssig-Systeme
τ	s	Kontaktzeit
ψ	–	Widerstandsbeiwert für die Einphasenströmung (Dampf bzw. Gasströmung) durch eine Schüttung, s. Gl. (3-8)
ψ_{Fl}	–	Widerstandsbeiwert für die Einphasenströmung der Gasphase für die Betriebsbedingungen am Flutpunkt
ψ_R, ψ_0	–	Widerstandsbeiwert für den in Luft fallenden Tropfenschwarm bzw. für den Einzeltropfen in der Füllkörperschüttung
ψ_{VL}	–	Widerstandsbeiwert für die Zweiphasenströmung
φ	–	Durchmesserverhältnis, d_S/d
Φ	–	Nutzungsgrad der trockenen Schüttung $\Phi = a'/a$
Σ	–	Summe

Dimensionslose Kennzahlen

$$B_L = \left[\frac{\eta_L}{\rho_L \cdot g^2}\right]^{1/3} \cdot \frac{u_L}{\varepsilon} \cdot \frac{1-\varepsilon}{\varepsilon \cdot d_P}$$
Dimensionslose Flüssigkeitsbelastung

$$C_L = \frac{\rho_L \cdot \sigma_L^3}{\eta_L^4 \cdot g}$$
Flüssigkeitskennzahl

$$Fr_{Fl}^* = \frac{u_{V,Fl}^2}{d_T \cdot g} \cdot \frac{\rho_V}{\Delta\rho}$$
erweiterte Froude-Zahl

$$Fr_L^0 = \frac{u_L^2}{\varepsilon^2 \cdot g \cdot d}$$
Froude-Zahl der Flüssigkeit

$$Fr_L' = \frac{u_L^2}{g \cdot d}$$
Froude-Zahl der Flüssigkeit

$$Fr_L = \frac{u_L^2 \cdot a}{g}$$
Froude-Zahl der Flüssigkeit

$$Re_L = \frac{u_L}{a \cdot \nu_L}$$
Reynolds-Zahl der Flüssigkeit

$$Re_L' = \frac{u_L \cdot d}{\nu_L}$$
Reynolds-Zahl der Flüssigkeit

$$\text{Re}_\text{T} = \frac{u_\text{T} \cdot d_\text{T}}{v_\text{V}}$$

Reynolds-Zahl der Tropfen

$$\text{Re}_\text{V} = \frac{u_\text{V} \cdot d_\text{p}}{(1-\varepsilon) \cdot v_\text{V}} \cdot K$$

modifizierte Reynolds-Zahl des Dampfes bzw. Gases

$$\text{Re}_\text{V}' = \frac{u_\text{V} \cdot d}{v_\text{V}}$$

Reynolds-Zahl des Dampfes bzw. Gases

$$We_\text{krit} = \frac{d_\text{T} \cdot u_\text{V}^2 \cdot \rho_\text{V}}{\sigma_\text{L}}$$

kritische Tropfen-Weber-Zahl

$$\frac{We_\text{L}}{Fr_\text{L}} = \frac{\rho_\text{L} \cdot g}{\sigma_\text{L}} \cdot \left[\frac{\varepsilon \cdot d_\text{p}}{1-\varepsilon}\right]^2$$

Kennzahlverhältnis der Weber-Zahl zur Froude-Zahl

$$T_\text{L} \cong 0{,}9 \cdot \left[\frac{F_\text{V}}{F_\text{V,Fl}}\right]^{2.8}$$

Schubspannungskennzahl

Indizes

1	leichtersiedende Komponente
2	schwerersiedende Komponente
ber.	berechneter Wert
A	Abtriebsteil
D	Destillat
e	extrapolierter Wert
exp.	experimentell ermittelter Wert
eff.	effektiv
F	Zulauf
Fl	gilt für den Flutpunkt
i	Wert einer Variable, z. B. $\Delta p/H$, $\text{HTU}_{0\text{V}}$, $\Delta p/n_\text{t}$, ρ_L, η_V … im Höhenabschnitt ΔH_i, $i = 1 \ldots n$
j	$j = 1 \ldots n$
krit.	kritischer Wert
L	Flüssigkeit
m	Mittelwert
min	minimaler Wert
O	obere (bei oberer Belastungsgrenze)
0	bezogen auf Standardschüttungsdichte N_0
P	gilt für Packung
S	gilt für den Staubereich (oberhalb der Staugrenze und unterhalb der Flutgrenze)
T	Kopf
u, U	unten; untere Grenze
V	Dampf bzw. Gas
W	Sumpf bei Molanteilen x, y bzw. gilt für Wasser bei Stoffwerten ρ, η, σ

Mathematische Operatorzeichen

$\in$	liegt im Bereich (…)
∂	partielles Differential

Abkürzungen

A, [ ]	Autor bzw. andere Quellen der Messdaten
Abb.	Abbildung
BR	Białeckiring
BR-S	geordnete Packung von Białeckiringen
Fi	interne Messungen TU-Wrocław, S. Filip
Gl., Gln.	Gleichung, Gleichungen
Kap.	Kapitel
Lu	interne Messungen TU-Wrocław, Z. Ługowski
max. Re_L	gültig bis zu einer maximalen Reynoldszahl der Flüssigkeit, vgl. Tabellen 4-4 zu Kap. 4 und 5-1a-c zu Kap. 5
Mc	interne Messungen TU-Wrocław, J. Maćkowiak
mK	mit Kragen
MP	Messpunkt Nr. …
NSW	Füllkörper der Fa. Norddeutsche Seekabelwerke
oK	ohne Kragen
PR	Pallring
RA	Randabweiser
RK	Rohrkolonne mit fluchtend angeordneten Füllkörpern
RR	Raschigring
S	geordnete Füllkörperschichten
s.	siehe
TSB	Tropfen-Schwebebett-Modell

Werkstoffkennzeichnung

K	Keramik (Steinzeug oder Porzellan)
M	Metall
P	Porzellan
PE	Polyethylen
PP	Polypropylen
PVDF	Polyvinylidenfluorid

KAPITEL 1

Einleitung 1

1.1
Allgemeines über Füllkörperkolonnen

Füllkörperkolonnen werden neben den Bodenkolonnen in der thermischen Verfahrenstechnik häufig zur Durchführung von Wärme- und Stoffaustauschprozessen bei der Rektifikation, Absorption und Extraktion sowie der Kühlung von Gasen und Flüssigkeiten eingesetzt. Vorwiegend werden sie bei Gegenstrom von Gas und Flüssigkeit betrieben. Den schematischen Aufbau einer Füllkörperkolonne mit regelloser Schüttung zeigt Bild 1-1.

In Bild 1-2a,b werden sowohl herkömmliche als auch moderne Füllkörper und strukturierte Packungen gezeigt, die heute in der Trenntechnik eingesetzt werden.

Die Füllkörperkolonnen gehören zu den Trennapparaten, in welchen die Flüssigkeit in Form eines Rieselfilmes bzw. in Form von Tropfen gravitationsbedingt durch die regellose Schüttung bzw. geordnete Packung herabfließt. Sie werden somit durch einen niedrigen Druckverlust und hohe Belastbarkeit gekennzeichnet.

Die einfache Bauweise von Füllkörperkolonnen bietet die Möglichkeit den wichtigsten Grundoperationen der thermischen Verfahrenstechnik, Rektifikation, Absorption, Desorption und Extraktion durch die Verwendung verschiedener Werkstoffe für die Einbauten, sowohl der traditionellen metallischen und keramischen, als auch Füllkörpern aus Kunststoff gerecht zu werden.

Bild 1-1. Schematische Darstellung einer Füllkörperkolonne mit Richtwerten für die konstruktive Gestaltung

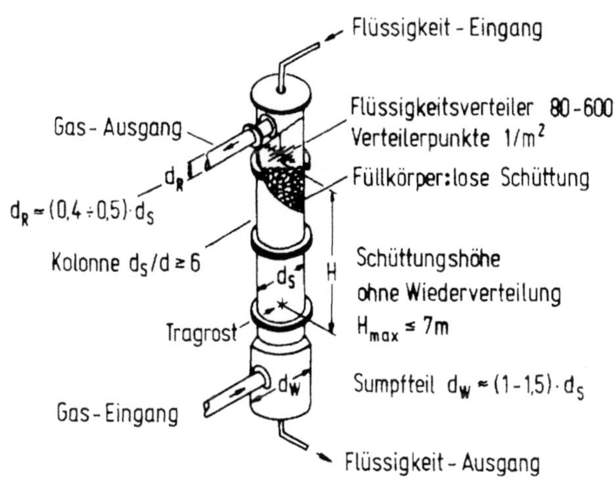

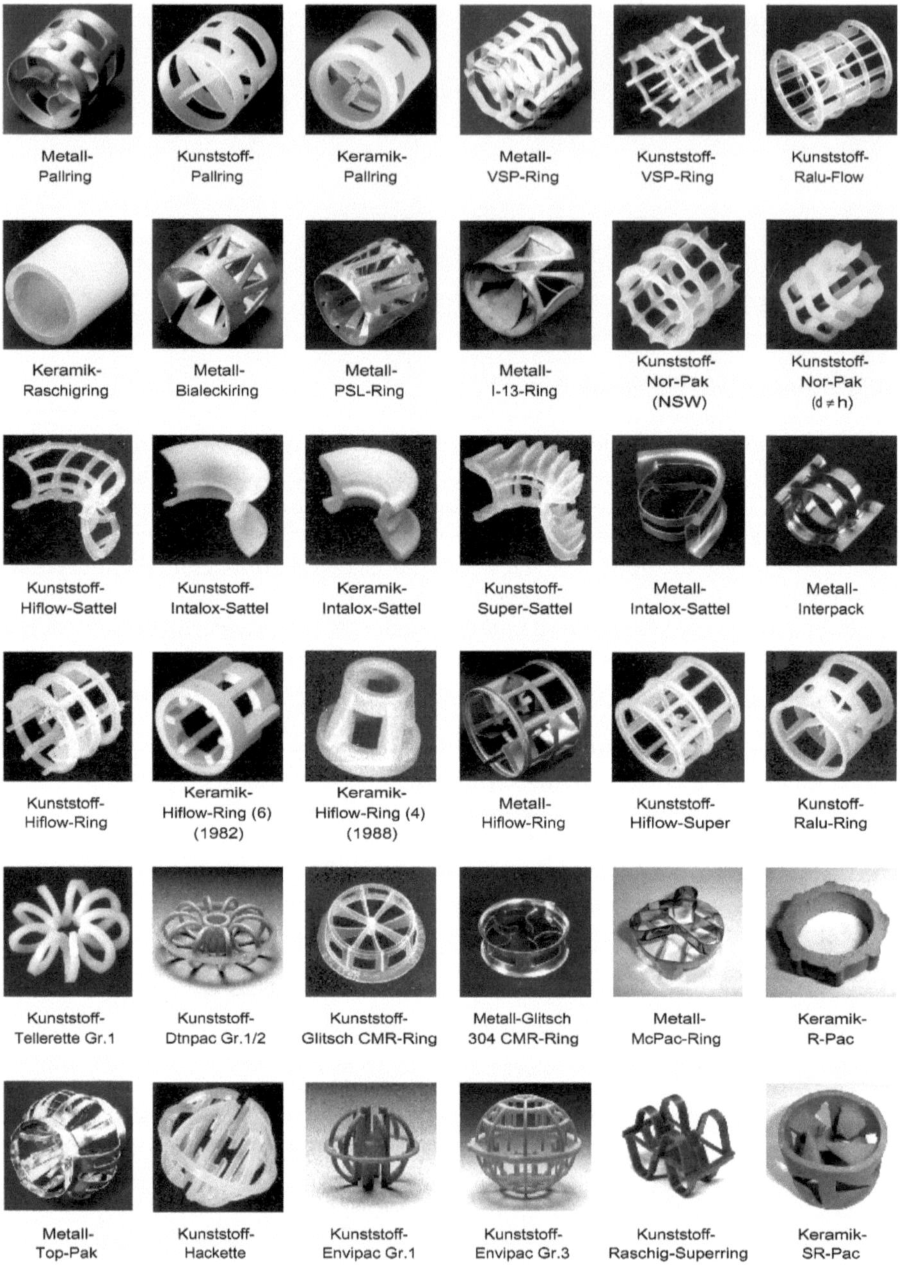

Metall-Pallring — Kunststoff-Pallring — Keramik-Pallring — Metall-VSP-Ring — Kunststoff-VSP-Ring — Kunststoff-Ralu-Flow

Keramik-Raschigring — Metall-Bialeckiring — Metall-PSL-Ring — Metall-I-13-Ring — Kunststoff-Nor-Pak (NSW) — Kunststoff-Nor-Pak (d ≠ h)

Kunststoff-Hiflow-Sattel — Kunststoff-Intalox-Sattel — Keramik-Intalox-Sattel — Kunststoff-Super-Sattel — Metall-Intalox-Sattel — Metall-Interpack

Kunststoff-Hiflow-Ring — Keramik-Hiflow-Ring (6) (1982) — Keramik-Hiflow-Ring (4) (1988) — Metall-Hiflow-Ring — Kunststoff-Hiflow-Super — Kunstoff-Ralu-Ring

Kunststoff-Tellerette Gr.1 — Kunststoff-Dtnpac Gr.1/2 — Kunststoff-Glitsch CMR-Ring — Metall-Glitsch 304 CMR-Ring — Metall-McPac-Ring — Keramik-R-Pac

Metall-Top-Pak — Kunststoff-Hackette — Kunststoff-Envipac Gr.1 — Kunststoff-Envipac Gr.3 — Kunststoff-Raschig-Superring — Keramik-SR-Pac

Bild 1-2 a. Ansicht verschiedener Füllkörper

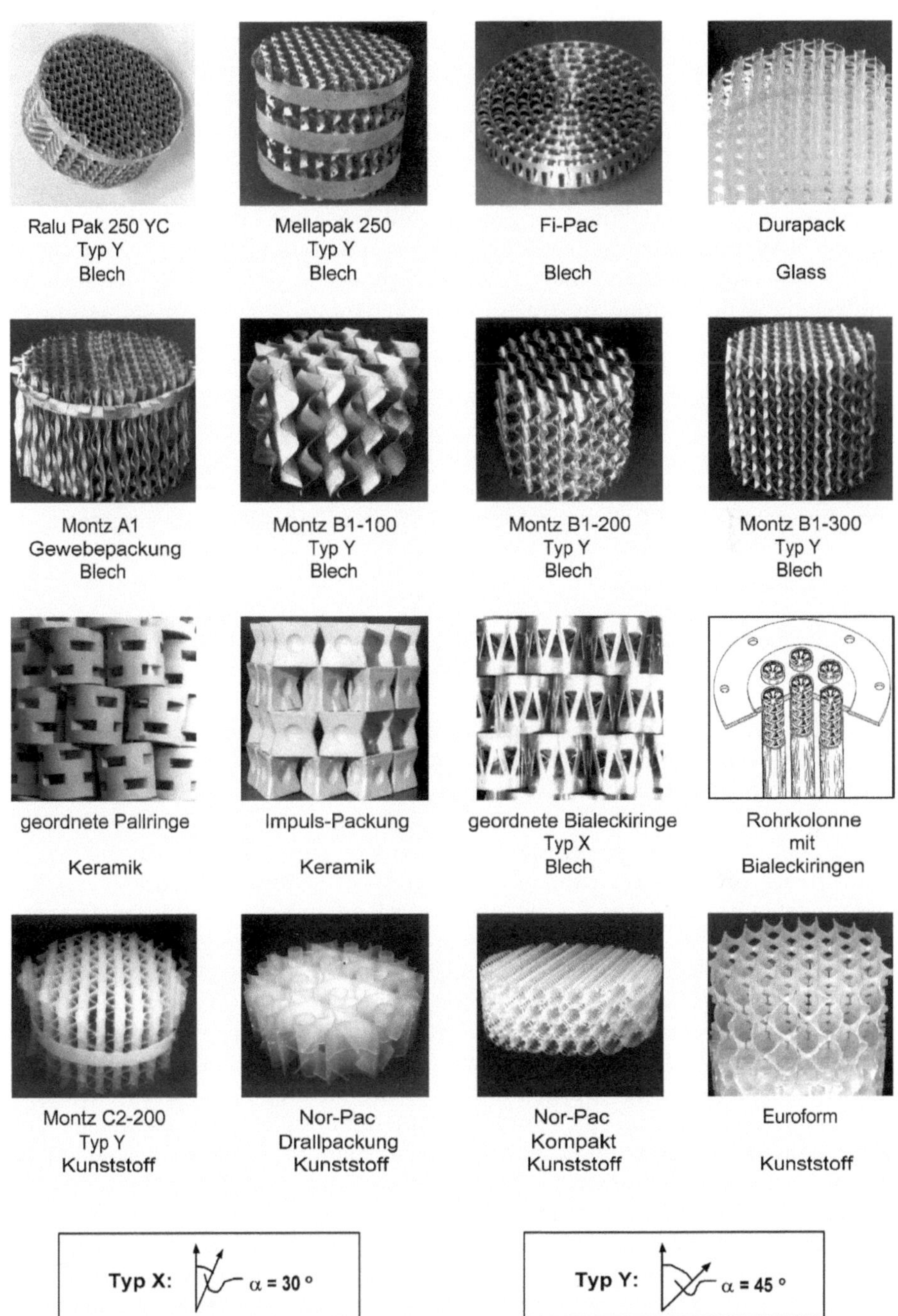

Bild 1-2b. Ansicht von verschiedenen strukturierten Packungen, geordneten Füllkörperschichten und Rohrkolonnen mit fluchtend angeordneten Füllkörpern

In der Rektifiziertechnik werden großtechnisch für regellose Schüttungen hauptsächlich Füllkörper mit 25–50 mm Hauptabmessung verwendet, und zwar aufgrund des niedrigen Anschaffungspreises und der guten verfahrenstechnischen Eigenschaften. Kleinere Füllkörper mit 15–25 mm Abmessung sind trotz der guten Trennwirkung teurer. Größere Füllkörper sind dagegen nicht entscheidend preiswerter als die 50-mm-Ringe, ihre Wirksamkeit ist dafür deutlich schlechter. Das Forschungsmaterial über die großen Füllkörper mit Abmessungen zwischen 50 und 90 mm ist zudem sehr spärlich, da zur Ermittlung ihrer verfahrenstechnischen Bewertungsgrößen relativ große und damit aufwendige Versuchsanlagen notwendig sind. Apparate dieser Größe sind zudem nicht jeder Forschungsanstalt zugänglich.

Über die Wahl des Werkstoffes der Füllkörper entscheiden hauptsächlich die korrosiven Eigenschaften des zu trennenden Systems sowie die Betriebstemperatur. Werden z. B. wässrige Lösungen von Alkoholen getrennt, so kann bei mäßigen Temperaturen unter 100 °C als vergleichsweise günstiger Werkstoff Polypropylen gewählt werden. Bei sehr aggressiven Substanzen werden statt Edelstahl, Nickel bzw. Kunststoffe wie PP (Polypropylen), PTFE, PVDF oder Keramik eingesetzt.

1.2
Anmerkungen zur Entwicklung von Packungskolonnen und ihre Bedeutung beim Einsatz bei der Rektifikation und Absorption

Bereits in den dreißiger Jahren wurde in den USA und in Deutschland damit begonnen, Berechnungsunterlagen für Füllkörper zu erstellen, zunächst allerdings nur für keramische Kugeln und Raschigringe.

Jahrelang blieb der Einsatz von Füllkörperkolonnen bei der Rektifikation und Absorption nur auf relativ kleine Anlagen, bis zu einem Kolonnendurchmesser von 1 m beschränkt. Der Grund hierfür liegt in der Eigenschaft der zu dieser Zeit verwendeten Raschigringe, die mit größer werdendem Kolonnendurchmesser weniger wirksam sind. Erst durch Einführung von metallischen Pallringen konnten diese Unzulänglichkeiten teilweise behoben werden. Ferner wurde der gleichmäßigen Flüssigkeitsverteilung am Kolonnenkopf und der Gasvorverteilung unterhalb der Packungsschicht zu dieser Zeit wenig Beachtung geschenkt.

In den sechziger Jahren hat die Firma Sulzer neue Maßstäbe in der Packungstechnik gesetzt. Zunächst wurden durch die Einführung von Gewebepackungen mit den Bezeichnungen Typ BX und CX, dann mit der Blechpackung Bauart Mellapak 250 Y konstruktive Voraussetzungen für moderne Kolonneneinbauten geschaffen, d. h. hohe Belastbarkeit, hohe Trennwirkung in großen Kolonnen sowie kleiner Druckverlust im Betriebsbereich. Diese Merkmale waren richtungsweisend für die Entwicklung von neuen, regellosen Füllkörpern und Packungen moderner Bauart Ende der siebziger, Anfang der achtziger Jahre, wie NOR-Pac, Hiflow-Ringe, Top-Pak, Envipac, Dtnpac, VSP-Ringe sowie Intalox-Metallfüllkörper, Montzpackung, Ralupak, Rombopak usw. Diese Entwicklungen sind Ergebnis einer intensiven Zusammenarbeit zwischen der Industrie und den Universitäten, insbesondere des Lehrstuhls für thermische Stofftrennverfahren der Ruhr-Universität Bochum.

Die neunziger Jahre waren geprägt durch weitere Entwicklungen von regellosen metallischen Füllkörpern wie Raschig-Super-Ringe [33] und Mc-Pac-Füllkörper [34] sowie von keramischen Füllkörpern Bauart R-und SR-Pac und Packungen wie z.B. Durapak.

Bei strukturierten Packungen haben die Hersteller Sulzer und Montz in den neunziger Jahren die Zahl der unterschiedlicher Packungstypen und Größen von 100 bis auf 750 $m^2 m^{-3}$ mit unterschiedlicher Kanalneigung von 30°-Typ X und 45°-Typ Y erweitert und die neu entwickelte Optiflow-Packung sowie Mellapak Plus auf den Markt gebracht [30, 31].

In der Zeit hoher Kosten für primäre Energieträger seit der siebziger Jahre, entsprach dieser Entwicklungstrend den Marktanforderungen nach druckverlustarmen und hochbelastbaren Einbauten. Dieser Trend hält auch heute noch an.

Die Vorteile des Einsatzes von modernen Gitterfüllkörpern und strukturierten Packungen kommen insbesondere bei der Vakuumrektifikation von thermisch instabilen Gemischen oder stufenintensiven Trennungen [1, 2] sowie bei der Asorption zur Geltung. In den neunziger Jahren kamen weitere erfolgreiche Einsätze von Packungen in der Druckabsorption und der Druckrektifikation in der Erdölindustrie hinzu, wo Bodenkolonnen auf Packungen umgerüstet wurden.

Vergleicht man Füllkörper und Böden bei gleichem Kopfdruck p_T miteinander, so ergibt sich bei vorgegebenen theoretischen Stufenzahlen n_t aufgrund des geringen Gesamtdruckverlustes $\Delta p = p_T - p_W$ von Füllkörperkolonnen auch eine niedrigere Temperatur im Kolonnensumpf t_W.

Niedrige Temperaturen im Sumpf t_W sind die Voraussetzung bei der Trennung thermisch instabiler Gemische, sie führen außerdem zur Vergrößerung der Temperaturdifferenz ($t_H - t_W$) zwischen dem Heizmedium t_H und dem Flüssigkeitsgemisch t_W. Eine tiefe Sumpftemperatur ermöglicht außerdem die Verwendung des billigeren Niederdruckdampfes zur Beheizung des Verdampfers.

Die Rektifikation von Gemischen unter Vakuum ermöglicht die Erhaltung gleicher Reinheiten der Produkte am Kolonnenkopf und im Kolonnensumpf bei kleinerem Rücklaufverhältnis als das bei der Normaldruckrektifikation der Fall ist, da mit abnehmenden Kopfdruck die relative Flüchtigkeit α der Gemische meist zunimmt.

Die Verwendung geringerer Rücklaufverhältnisse bei der Trennung der Gemische unter Vakuum führt zu kleinerem Heizdampfverbrauch als bei der Normaldruckrektifikation.

Die Energieeinsparung, die sich aus dem Betrieb von Kolonnen unter Vakuum ergibt, können sogar bis zu 25 % betragen [1], wie es aus den zwei Beispielen in den Bildern 1-3 a und 1-3 b ersichtlich ist.

Der optimale Betriebsdruck p_T am Kolonnenkopf, unter welchem die größten Energieeinsparungen zu erwarten sind, entfällt praktisch auf das Minimum der Funktion: Energiekostenverhältnis vom Kopfdruck $C_0/C_B = f(p_T)$ s. Bild 1-3.

C_0 bedeutet in dieser Darstellung die Betriebskosten bei Normaldruckrektifikation. Je nach Höhe der Differenz zwischen der Sumpftemperatur t_W und der Kopftemperatur t_D und je nach dem Heizdampfpreis C_H liegen die optimalen Betriebstemperaturen $t_{D,opt}$ bei mit Kühlwasser betriebenem Kondensator zwischen 40–55 °C [1]. Wird die Kopftemperatur $t_{D,opt}$ festgelegt, so kann unter der Annahme,

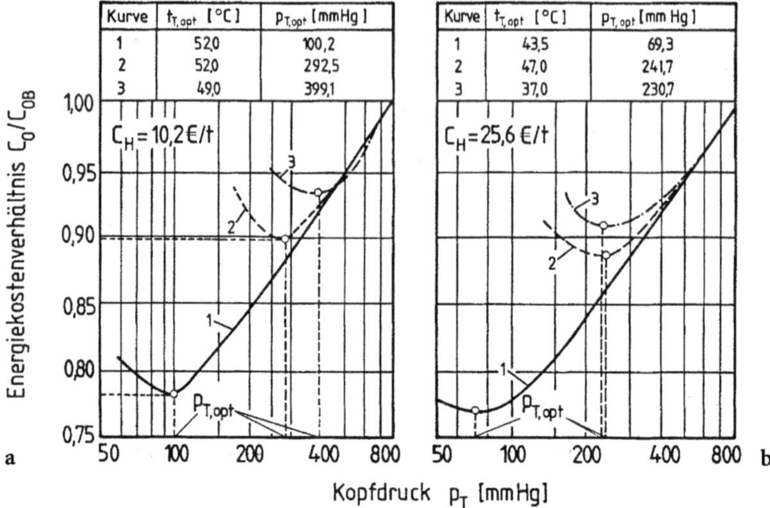

Bild 1-3. Energiekostenverhältnis C_0/C_{0B} bezogen auf den Kolonnenbetrieb unter Normaldruck p_{TB}, als Funktion des Kopfdruckes p_T für verschiedene Gemische nach Billet, Ługowski, Maćkowiak [1]. Kurve 1: System Toluol/Ethylbenzol; Kurve 2: System Benzol/Toluol; Kurve 3: System Methanol/Ethanol. Annahme: Molanteil der leichtersiedenden Komponente am Kopf $x_D = 1$, im Sumpf $x_W = 0$, im Zulauf $x_F = 0{,}5$. Das Vielfache des Rücklaufverhältnisses $r/r_{min} = 1$, 2, Heizdampfpreis $C_H = 10$ und 25 €/t, Kühlwasserpreis $C_K = 0{,}05$ €/t

dass ein reines Kopfprodukt gewonnen wird, der Kopfdruck p_T aufgrund der allgemein bekannten Antoine-Gleichung

$$p_T = \exp\left[A_1 - \frac{B_1}{(t_D + 273.15) + C_1}\right] \tag{1-1}$$

mit A_1, B_1 und C_1 als Antoine-Konstanten für die leichtersiedende Komponente, bestimmt werden. Eine Zusammenstellung von Zahlenwerten für die Konstanten A_1, B_1, C_1 für untersuchte Systeme sowie weitere Literaturhinweise findet man u. a. in den bekannten Monographien von Gmehling und Onken.

Über weitere Maßnahmen, die zur Energieeinsparung führen, wie optimale Zulaufkonzentration, Verwendung von Wärmepumpen usw., wird ausführlich in der Monographie von Billet [2] berichtet.

Absorption und Desorption gehören zu den Haupteinsatzgebieten von regellosen Füllkörpern aus Kunststoffen, da diese Trennvorgänge meist in mäßigem Temperaturbereich ablaufen. Besondere Bedeutung kommt den moderneren, regellos geschütteten Füllkörpern mit gitterartigen Strukturen zu, die sich durch extrem kleine Druckverluste und hohe Belastbarkeit auszeichnen, was zu kleinem Bauvolumen und geringen Betriebskosten führt. Der Abstand in der verfahrenstechnischen Eigenschaften zwischen den regellosen Füllkörpern und den Packungen ist in den letzten 10 Jahren kleiner geworden. Moderne Füllkörper der Bauart Hiflow werden beispielhaft in den Rauchgaswäschern z.B. im Kraftwerk Ludwigshafen und Buschhaus mit Kolonnendurchmessern bis 9,4 m eingesetzt.

Die Füllkörper Bauart ENVIPAC Gr. 2 und 3 werden in direkten Gaskühlern in Kolonnen mit Durchmessern von bis zu 7 m eingesetzt. Solche Einsätze von regellosen Füllkörpern und strukturierten Packungen in Kolonnen mit Durchmessern von 5,5–7,0 m sind heute keine Seltenheit mehr. Daher existiert in der Praxis weiterhin der Bedarf an genauen Auslegungsunterlagen von Packungskolonnen.

Eine genaue Dimensionierung von Füllkörperkolonnen und Packungen mit geringem spezifischen Druckverlust und hoher Belastbarkeit für verschiedene Trennaufgaben bei Absorptionen, in Rektifikationen im Vakuum- und Normaldruckbereich sowie im Druckbereich können somit auch als wesentlicher Beitrag zur Energieeinsparung angesehen werden.

1.3
Kurzer Überblick über erschienene Monographien bzw. komplexe Übersichtsarbeiten zur Auslegung von Füllkörperkolonnen

Bei der Auslegung von Trennkolonnen mit Füllkörpern geht es um die Bestimmung des Kolonnendurchmessers d_S und der Schüttungshöhe H sowie des gesamten Druckverlustes Δp am Betriebspunkt und am Flutpunkt. Hierzu aber müssen für jeden Füllkörper bekannt sein:

a) der Belastungsbereich, d.h. die Flutgrenze und die untere Belastungsgrenze sowie
b) der auf 1 m bezogene Druckverlust der berieselten Schüttung $\Delta p/H$
c) der Flüssigkeitsinhalt h_L
d) die theoretische Trennwirkung n_t/H bzw. die Höhe einer Übertragungseinheit $\mathrm{HTU}_{0\mathrm{V}}$ bezogen auf die Dampfphase.

Zur Berechnung der Schüttungshöhe wird noch die Zahl der zur Trennung eines Gemisches erforderlichen theoretischen Stufenzahl n_t benötigt.

Die aus Sicht des Autors wichtigsten Arbeiten, die zu der Thematik der Modellierung der Fluiddynamik von Füllkörperkolonnen einen bedeutenden Beitrag geleistet haben, werden kurz vorgestellt.

Zunächst sei die Monographie von Kirschbaum [3] erwähnt, deren letzte, bereits 4. Auflage 1969 erschienen ist und in welcher ein erstes, einfaches und geschlossenes Verfahren zur Dimensionierung von keramischen 8- bis 50-mm Raschigringen vorgestellt wurde. Anhand von experimentellen Daten und einfachen Modellbetrachtungen wurden empirische Beziehungen zur Berechnung der oberen Belastungsgrenze, des Druckverlustes der Zweiphasenströmung sowie der sogenannten Wertungszahl n_t/H (heute wird n_t/H als theoretische Trennwirkung bezeichnet), an der oberen Belastungsgrenze und bei etwa 65 % der oberen Belastungsgrenze angegeben.

Kirschbaum [3] erkannte sehr früh den Zusammenhang zwischen der Trennwirkung n_t/H und dem Druckverlust $\Delta p/H$ je 1 m Schüttungshöhe und fand anhand von etwa 300 Versuchsdaten die Beziehung

$$\frac{n_\mathrm{t}/H}{\psi_\mathrm{L}} \cong 0{,}13 \quad [\mathrm{m}^{-1}] \tag{1-2}$$

in welcher der Gesamtwiderstandsbeiwert ψ_L der Zweiphasenströmung nach Gl. (1.3) bei gegebenem Füllkörperdurchmesser d, bei bekanntem Druckverlust $\Delta p/H$ und der Dampfgeschwindigkeit u_V berechnet werden konnte.

$$\frac{\Delta p}{H} = \psi_L \cdot \frac{u_V^2}{2} \cdot \frac{\rho_V}{d} \tag{1-3}$$

Diesem Konzept lag der Gedanke zugrunde, dass der Druckverlust $\Delta p/H$ ab etwa 65 % der oberen Belastungsgrenze für eine Füllkörpergröße vom System unabhängig ist.

Die Idee, dass man den Druckverlust $\Delta p/H$ und die Trennwirkung n_t/H in Beziehung bringen kann und damit die Erfassung vieler unbekannter Größen umgehen kann, wurde weiter von Billet [15] sowie vom Autor in den gemeinsam mit R. Billet veröffentlichten Arbeiten bis heute verfolgt [16–18]. Als Grundlagewerk hat die Monographie von Kirschbaum [31] bis zum heutigen Tage an Aktualität kaum eingebüßt.

Mersmann (1965) [4,5] wertete die in der Literatur mitgeteilten Ergebnisse von Rektifizieruntersuchungen und Absorptionsversuchen mit dem System Luft/Wasser aus und erstellte Berechnungsunterlagen für die in den sechziger Jahren verwendeten 15–50-mm Raschigringe, Intalox-Sättel, Pallringe und Berlsättel aus Keramik. Anhand dieser Arbeiten kann sowohl der Kolonnendurchmesser als auch die Wirksamkeit der Schüttung am Staupunkt für die meist kleinen Füllkörper mit $d < 35$ mm bestimmt werden. Die hergeleiteten Beziehungen basieren auf einem für laminare und turbulente Gas- und Flüssigkeitsströmung geltenden, hydraulischen Film-Modell. Graphische Korrelationen zur Flutgrenze, zum Staupunkt, zum Druckverlust berieselter Schüttungen und zum Flüssigkeitsinhalt sowie zur Höhe einer Übertragungseinheit, jedoch nicht im Betriebsbereich unterhalb der Staugrenze, sondern am Maximum der Funktion $\mathrm{HTU}_{0V} = f(u_V)$, wurden für diese Füllkörper ebenfalls vorgestellt.

Aus heutiger Sicht zeigen die Arbeiten von Mersmann [4, 5] vorbildlich, wie man von der Modellvorstellung der Filmströmung in Füllkörperkolonnen ausgehend, zu allgemein gültigen Aussagen über das hydraulische Verhalten von Füllkörpern gelangt. Sie haben ihren wissenschaftlichen Stellenwert bis heute beibehalten [10, 11, 14, 19].

Beck (1969) [6] verwertete zahlreiches Forschungsmaterial vorwiegend aus Messungen von Billet [7], welches u.a. in internen BASF-Berichten der sechziger Jahre erschienen war und stellte empirische Beziehungen auf, die die Berechnung der Flutgrenze, des Druckverlustes oberhalb der Staugrenze und der Trennwirkung im Minimum der Kurve $n_t/H = f(u_V)$ ermöglichen. Das Verfahren umfasst von allen bekannten empirischen Beziehungen den größten Parameterbereich.

Die Vorteile des Verfahrens von Beck liegen vor allem in der einfachen Handhabung der vorgestellten Korrelationen, die in der Praxis zur Auslegung von Füllkörperkolonnen von Bedeutung sind. Weitere Merkmale des Verfahrens sind:

1. Die Trennwirkung lässt sich nur im Minimum der Funktion $n_t/H = f(u_V)$ ermitteln, nicht aber im ganzen Betriebsbereich. Dabei kann man mit Sicherheit feststellen, dass das Auftreten des Minimums der Funktion $n_t/H = f(u_V)$ typisch für Füllkörper mit kleiner Nennabmessung ist und zum Teil durch die Hydraulik und die Stoffeigenschaften des Systems bestimmt wird.

2. Die Beziehung zur Bestimmung der Trennwirkung berücksichtigt die Diffusionseigenschaften der zu zerlegenden Systeme nicht.

Weiß u. a. [8] stellten fest, dass ihre Messwerte zum Druckverlust $\Delta p/H$ mit der Formel von Beck [6] für 25-mm metallische Pallringe zufriedenstellend mit einer Genauigkeit von ± 20 % wiedergegeben werden, für 25-mm keramische Pallringe hingegen wurden 100 % höhere Werte gemessen als es die Rechnung von Beck ergab [6].

Schmidt (1972) [9] hat ein Konzept vorgelegt, mit dem man die Auslegung von Kolonnen, gefüllt mit keramischen 8- bis 50-mm Raschigringen vornehmen kann. Anhand sehr aufwändiger Rektifizierversuche in einer Kolonne mit Durchmesser 0,3 m und 2 m Schüttungshöhe unter Verwendung von 7 Zweistoffgemischen bei verschiedenen Kopfdrücken von 66 bis 1000 mbar, stellte er aufgrund der Auswertung von Messdaten zwei empirische Gleichungen zur Berechnung der Stoffübergangskoeffizienten in der Gas- und in der flüssigen Phase auf. Weiterhin werden mit Hilfe der Regressionsrechnung aufgestellte Beziehungen zur Bestimmung der oberen und unteren Belastungsgrenze sowie des Druckverlustes und des Flüssigkeitsinhaltes innerhalb des Betriebsbereiches angegeben.

Bis heute werden in der Praxis die von Schmidt [9] entwickelten Belastungsdiagramme als Arbeitsdiagramme verwendet. Als besonderer Beitrag für die praktische Anwendung ist auch die Einführung des Begriffes „untere Belastungsgrenze" zu nennen sowie die Aufstellung der Beziehungen, die diese „untere Belastungsgrenze" analytisch bestimmen lassen.

Brauer [10] sowie Brauer und Mewes [11] (1971) geben einen ausführlichen und kritischen Überblick über die bis 1967 erschienenen Einzelveröffentlichungen und empfehlen verschiedene Beziehungen, mit welchen die Berechnung der Flutgrenze, des Druckverlustes und der Stoffübergangskoeffizienten in der Gas- und in der flüssigen Phase bei den bis dahin meist verwendeten keramischen Raschigringen, Pallringen, Intalox-Sättel und Berlsättel gewährleistet wird. Dabei ist zu bemerken, dass die in diesen Monographien aufgeführten Beziehungen zur fluiddynamischen Berechnung auf den Arbeiten von Mersmann [4, 5] und Teutsch [12] basieren bzw. von diesen Autoren direkt übernommen wurden. Das gesamte internationale Schrifttum zum flüssigkeitsseitigen Stoffübergang wurde aufgearbeitet und in Form von dimensionslosen Kennzahlen dargestellt. Die Absorptionsmessungen mit den Systemen CO_2-Wasser/Luft bzw. O_2-Wasser/Luft bildeten die Grundlage zur Herleitung von Berechnungsgleichungen, deren Genauigkeit bei ca. ± 30 % liegt.

Die Ergebnisse experimenteller Untersuchungen (Literaturdaten) zum gasseitigen Stoffübergang in berieselten Füllkörperkolonnen, die mit Raschigringen, Kugeln und Berlsätteln gefüllt waren, haben Brauer und Mewes [11] näherungsweise zusammenfassend in dimensionsloser Form darstellen können. Nähere Angaben über die Genauigkeit der Formel liegen nicht vor, wobei aufgrund der beigelegten Diagramme lediglich davon ausgegangen werden kann, dass die Messwerte mit einem relativen Fehler von ± 20–50 % wiedergegeben werden. Bis heute findet man, insbesondere in den neuesten Arbeiten von Zech und Mersmann [13, 14], diese Beziehung wieder.

Im Rahmen einer Monographie von Billet [15] wird ausführlich über die Hydraulik und die Wirksamkeit von metallischen Füllkörpern Bauart Raschigring und Pallring und zum ersten Mal über strukturierte Gewebepackungen BY, CY bei der Rektifikation meist unter Vakuum und unter Normaldruck berichtet. Die Messungen von Billet [15] wurden an großen Pilotanlagen der BASF mit unterschiedlichen Rektifiziersystemen durchgeführt. Sie sind deshalb für die Entwicklung und Verifizierung neuer Berechnungsverfahren besonders wertvoll.

Billet [15] modifizierte beispielhaft die graphische Sherwood'sche Korrelation zur Bestimmung der Flutgrenze von 15- bis 50-mm metallischen Pall- und Raschigringen und zeigte, dass man mit den bisher bekannten Ansätzen, die auf der Grundlage der Versuche mit dem Stoffpaar Luft/Wasser gewonnen wurden, die Flutgrenze von Füllkörpern für die Rektifikation nicht bestimmen kann.

Aufbauend auf den von Billet [15] eingeführten Begriff des *spezifischen Druckverlustes* $\Delta p/n_t$ wird folgende Berechnungsformel der Schüttungshöhe vorgeschlagen:

$$H = n_t \cdot \left(\frac{\Delta p}{n_t} \right) \bigg/ \left(\frac{\Delta p}{H} \right) \tag{1-4}$$

Die Messungen an Rektifizierkolonnen stellt Billet [15] in Form von Abhängigkeiten $\Delta p/H = f(F_V)_{L/\dot{V}=1}$, $n_t/H = f(F_V)_{L/\dot{V}=1}$, und $\Delta p/n_t = f(F_V)_{L/\dot{V}=1}$ dar. Diese Art der Darstellung von Messergebnissen wird bis heute in der Fachliteratur verwendet.

Die Messdaten von Billet [15] zur Hydraulik von Füllkörperkolonnen wurden auch bei der Erstellung eines neuen Verfahrens zur einheitlichen Darstellung der Fluiddynamik von Kolonnen mit Packungen beliebiger Form in dieser Arbeit berücksichtigt. Teilweise wurden die Grundzüge des Verfahrens zur Bestimmung der Trennwirkungen von Füllkörperkolonnen der Fachwelt in Form von gemeinsamen Vorträgen und Einzelveröffentlichungen des Autors mit Billet [16–18] bereits bekannt gemacht.

Billet [21] erstellte auf der Grundlage der jahrelangen Zusammenarbeit mit dem Autor und basierend u. a. auch auf Messungen des Autors, eine Monographie, in welcher eine andere, auf der Filmströmung basierende Modellvorstellung der Fluiddynamik von Füllkörperkolonnen und Packungskolonnen im Vakuum- und Normaldruckbereich verfolgt wird.

Eine umfangreiche und wertvolle Literaturstudie über Füllkörper wurde von Reichelt [19] in Form einer Habilitationsschrift vorgelegt. Der Schwerpunkt dieser Arbeit lag in der Darstellung der Fluiddynamik der Zweiphasenströmung für verschiedene keramische Füllkörper. Auf der Grundlage der Ergebnisse von Messungen mit dem Stoffpaar Luft/Wasser wurden empirische Beziehungen zur Bestimmung des Druckverlustes der Einphasenströmung aufgestellt. Das Mersmann'sche Flutpunktdiagramm wurde in einer modifizierten Form vorgestellt. Die Ergebnisse der wichtigsten bis dahin erschienenen Arbeiten sowie deren Hauptgleichungen mit den Gültigkeitsbereichen werden zusammenfassend dargestellt und diskutiert.

Die Übertragbarkeit der Absorptionsdaten auf die Rektifikation wurde erstmals gezielt in Arbeiten von Zech und Mersmann [13, 14] untersucht. Durch Anwendung der Theorie der instationären Diffusion für kurze Kontaktzeiten ist es zum ersten Mal gelungen, den aus Experimenten bekannten volumetrischen Stoffübergangskoeffizienten in den Stoffübergangskoeffizienten und die volumenbezogene Stoffaustauschfläche aufzutrennen. Der Vergleich der Messungen aus der Literatur mit der Rechnung nach dem Verfahren von Zech und Mersmann [13, 14] ergab eine gute Übereinstimmung, was darauf hindeutet, dass man mit Hilfe der

Absorptionsdaten in der Lage ist, die Trennwirkung von Rektifizierkolonnen vorauszuberechnen. Untersucht wurde der Betriebsbereich unterhalb der Staugrenze. Zur Kontrolle der Staugrenze wird eine weitere modifizierte Korrelation von Mersmann [4] verwendet. Somit wird in den Arbeiten von Zech und Mersmann [13, 14] ein geschlossenes Konzept zur Auslegung von keramischen Raschigringen, Berlsättel, Pallringen sowie metallischen Raschigringen vorgelegt.

Strigle [20] veröffentlichte 1987 eine Monographie, in welcher aus praktischer Sicht einfache Formeln, Arbeitsdiagramme und viele Erfahrungswerte angegeben werden, welche die Auslegung von Füllkörperkolonnen für diverse Einsatzgebiete wie Rektifikation, Absorption, Desorption, Flüssig/Flüssig-Extraktion, Gaskühlung u. a. ermöglichen.

Bornhüter [22] untersuchte in einer Kolonne mit Durchmesser $d_S = 1$ m die Strömungsform der Flüssigkeit in Schüttungen moderner Gitterfüllkörper mit Nenngrößen von 25–90 mm und stellte fest, dass in jeder Schüttung neben Filmen und Rinnsalen stets ein von der spezifischen Flüssigkeitsbelastung abhängiger Anteil an Tropfen vorliegt. Bornhütter [23] modifizierte das Flutpunktbelastungsdiagramm von Mersmann (1965) und erstellte Korrelationen zur Berechnung des Flüssigkeitsinhaltes, der Stoffübergangskoeffizienten in der flüssigen und gasförmigen Phase sowie der effektiven Stoffaustauschfläche für die untersuchten Gitterfüllkörper.

Die Fluiddynamik und der Stoffaustausch von Packungskolonnen im Bereich hoher Drücke in Füllkörperkolonnen mit regellosen klassischen Füllkörpern wurde von Krehenwinkel [23], über den Einsatz von strukturierten Packungen wurde in den Arbeiten von Spiegel [24] und Ghelfi u. a. [25], berichtet. In diesen Arbeiten findet man sehr wertvolle experimentelle Daten, die in das TSB-Modell gemäß dieser Arbeit eingebunden werden konnten.

In der Arbeit von Krehenwinkel [23] findet man empirische Korrelationen zur Berechnung der Flutpunktgeschwindigkeit, der Druckverluste und der volumetrischen Stoffübergangskoeffizienten in der Gasphase und in der flüssigen Phase.

Maćkowiak [26, 27] publizierte (1990/1991) ein anderes Verfahren zur Bestimmung des Druckverlustes von Packungskolonnen mit beliebigen Einbauten im gesamtem Betriebsbereich bis zum Flutpunkt, welches auf dem Widerstandsgesetz für die Zweiphasenströmung aufbaut. Die Berechnungsgleichungen und Zahlenbeispiele findet man im Kap. 5.

Abschließend sind zahlreiche Entwicklungsarbeiten aus dem Hause SULZER-Winterthur zu erwähnen, die im besonderen Maße zur Entwicklung von strukturierten Packungen wie Mellapak, Gewebepackung BX, CY, Optiflow sowie MellapakPlus [30, 31] und zu bahnbrechenden Anwendungen in der thermischen Trenntechnik bei der Vakuumrektifikation, Normaldruck- und Hochdruckrektifikation sowie der Hochdruckabsorption beigetragen haben. Darüber wird ausführlich in den Arbeiten [u. a. 24, 28 – 32] berichtet.

1.4
Schlussbetrachtung zu Kapitel 1

Anhand der vorgestellten Arbeiten ist ersichtlich, dass heute die Bestimmung der Hauptdimensionen von Kolonnen mit klassischen Füllkörpern unproblematisch ist. Es existieren gute theoretische Grundlagen zur Hydraulik und zur Stoffübertragung. Die angebotenen Ansätze zur Auslegung von Füllkörpern sind jedoch nicht immer zur Lösung jeder Trennaufgabe anwendbar, wenn sie nicht durch Experimente untermauert werden. Dies gilt insbesondere für neue Füllkörperformen. Es liegen zahlreiche Versuchsergebnisse für Füllkörper herkömmlicher Bauart, wie Raschigringe, Intalox-Sättel, Pallringe aus Keramik bzw. Metall, vor. Es liegen nun auch viele Messergebnisse für Füllkörper moderner Bauart mit großen Abmessungen und Blechpackungen, die beim industriellen Einsatz bevorzugt werden. Deshalb ist es angebracht, die gewonnenen Messergebnisse an dünnwandigen Pallringen, Hiflow-Ringen, Nor-Pak-Füllkörpern, Envipac, Dtnpac, Tellerette, Glitsch-CMR-Ringen, VSP-Ringen, Białeckiringen, Ralu-Ringen, Raschig-Super-Ringen [33], Mc-Pac [34], R-Pac, Blechpackungen Bauart Sulzer, Montz, Raschig, Durapak, Rombopak, Glitsch aus Metall, Kunststoff und Keramik u.a., die in Bild 1-2a und b gezeigt werden, unter Ausnutzung vorhandener und neuer theoretischer Erkenntnisse zur Fluiddynamik in dieser Schrift zusammenfassend und einheitlich darzustellen.

Literatur zu Kapitel 1

1. Billet R, Ługowski Z, Maćkowiak J. Optimaler Druck bei der Rektifikation. Chemie Technik, Bd 12 (1983) S 69/76
2. Billet R. Energieeinsparung bei thermischen Stofftrennverfahren. Dr. A. Hüthig-Verlag, Heidelberg (1983)
3. Kirschbaum E. Destillier- und Rektifiziertechnik. Springer-Verlag, Berlin/Göttingen/Heidelberg 4. Auflage (1969)
4. Mersmann A. Zur Berechnung des Flutpunktes in Füllkörperkolonnen. Chem.-Ing.-Techn., Bd 37 (1965) Nr. 3, S 218/226
5. Mersmann A. Die Trennwirkung von Hohlfüllkörpern. Chem.-Ing.-Techn., Bd 37 (1965) Nr. 7, S 672/680
6. Beck R. Ein neues Verfahren zur Berechnung von Füllkörperkolonnen. Herausgegeben von VFF, Ransbach/Baumbach, Westerwald (1969)
7. Billet R. Recent Investigations of Metal Pall Rings. Chem. Eng. Prog., Bd 63 (1967) Nr. 9, S 53/65
8. Weiß S, Schmidt E, Hoppe K. Obere Belastungsgrenze und Druckverlust bei der Destillation in Füllkörperkolonnen. Chemische Technik, Bd 27 (1975) Nr. 7, S 394/396
9. Schmidt R. Zweiphasengegenstrom und Stoffaustausch in Schüttschichten – Beitrag zur Vorausberechnung von Füllkörpersäulen. VDI-Forschungsheft 550, Düsseldorf (1972)
10. Brauer H. Grundlagen der Einphasen- und Mehrphasenströmungen. Verlag Sauerländer, Aarau u. Frankfurt/Main (1971)
11. Brauer H, Mewes D. Stoffaustausch einschließlich chemischer Reaktionen. Verlag Sauerländer, Aarau u. Frankfurt/Main (1971)
12. Teutsch T. Druckverlust in Füllkörperkolonnen bei hohen Berieselungsdichten. Chem.-Ing.-Techn., Bd 36 (1964) Nr. 5, S 496/503
13. Zech JB. Flüssigkeitsströmung und Stoffaustausch in berieselten Füllkörperschüttungen. Dissertation TU München (1978)
14. Mersmann A. Thermische Verfahrenstechnik. Springer Verlag, Berlin, New York (1980)
15. Billet R. Industrielle Destillation. Chemie Verlag, Weinheim (1973)
16. Billet R, Maćkowiak J. Allgemeines Verfahren zur Berechnung der Trennwirkung von Füllkörperkolonnen für die Rektifikation. Chem.-Ing.-Techn., Bd 55 (1983), Nr. 3., S 211/213
17. Billet R, Maćkowiak J. Neues Verfahren zur Auslegung von Füllkörperkolonnen für die Rektifikation. Verfahrenstechnik vt, Bd 17 (1983) Nr. 4, S 203/211
18. Billet R, Maćkowiak J. How to use the absorption data for design and scale-up of packed column. Fette, Seifen, Anstrichmittel, Bd 86 (1984) Nr. 9, S 349/358

19. Reichelt W. Strömung und Stoffaustausch in Füllkörperapparaturen bei Gegenstrom einer flüssigen und einer gasförmigen Phase. Verlag Chemie (Reprotext), Weinheim, Bergstraße (1974)

20. Strigle RF. Random packings and packed Towers. Gulf Publishing Company, Houston, Texas, London (1987)

21. Billet R. Packed Towers – in Processing and Environmental Technology. VCH-Chemie Verlag, Weinheim (1995)

22. Bornhütter K. Stoffaustauschleistung von Füllkörperschüttungen unter Berücksichtigung der Flüssigkeitsformen. Dissertation: TU München, Dezember (1991)

23. Krehenwinkel H. Experimentelle Untersuchungen der Fluiddynamik und der Stoffübertragung in Füllkörperkolonnen bei Drücken bis zu 100 bar. Dissertation: TU Berlin, Dezember (1986)

24. Spiegel L. Mellapak für die Hochdruckrektifikation und -absorption. Swiss Chem. Bd 8 (1986) Nr. 2a, S 23–28

25. Ghelfi L, Kreis H, Alvarez JA, Hunkeler R. Structured Packing in Pressure Columns. Vortrag – Int. Conference and Exibition on Destillation and Absorption, Birmingham, England, 7–9 September (1992)

26. Maćkowiak J. Bestimmung des Druckverlustes berieselter Füllkörperschüttungen und Packungen. Staub-Reinhaltung der Luft Bd 50 (1990) Nr. 12, S 455–463

27. Maćkowiak J. Pressure Drop in Irrigated Packed Columns. Chem. Eng. Processing Bd 29 (1991) Nr. 5, S 93–105

28. Plüs RC, Ender Ch. A new high-efficiency packing „Mellaring – VSP". Achema 1991, Vortrag, Tagungsband (09.06.1991). Frankfurt a.M., Dechema-Verlag Sulzer Bros AG, Schweiz

29. Suess A, Spiegel L. Hold-up of Mellapak structured packings. Sulzer Bros AG (Schweiz) Ltd. – Separation Column, Winterthur

30. Süess Ph, Meier W. Optiflow-Improved efficiency in distillation and absorption columns Technische Informationen-Separation Columns- von Sulzer Chemtech, CH-8404 Winterthur, Postfach 85

31. MellapakPlus. A new generation of Structured packings. Technische Informationen-Separation Columns- von Sulzer Chemtech, CH-8404 Winterthur, Postfach 65

32. Spiegel L, Meier W. Structured packings – Capacity and pressure drop at very high liquids loads. cpp-chemical plants + processing, Nr. 1 (1995)

33. Technische Unterlagen der Firma Raschig. Raschig-Super-Ring Nr. 1 Metall und Nr. 2 Metall DFM 295 13607.3/30.05. (1996). „Ein Hochleistungsfüllkörper stellt neue Maßstäbe"

34. Maćkowiak J. Mc-Pac – ein neuer metallischer Füllkörper für Gas/Flüssigkeitssysteme. Chem.-Ing.-Techn. Bd 73 (2001) Nr. 1 + 2, S 74–79

Kapitel 2

Zweiphasendurchfluss und Belastungsbereich 2

2.1
Beschreibung der hydraulischen Vorgänge in Füllkörperkolonnen

Für eine sichere Dimensionierung von Füllkörperkolonnen wird die Kenntnis der hydraulischen Charakteristik des jeweiligen Füllkörpers im gesamten Belastungsbereich vorausgesetzt. In diesem Zusammenhang ist zunächst die Gasgeschwindigkeit am Flutpunkt $u_{V,Fl}$ von besonderer Bedeutung, da sich hieraus die maximal zulässige Belastbarkeit bei vorgegebener spezifischer Flüssigkeitsbelastung u_L ergibt. Je höher eine Kolonne belastet werden kann, d. h. je größer die Flutpunktgeschwindigkeit u_V ist, desto kleiner ist der erforderliche Kolonnenquerschnitt und somit der Kolonnendurchmesser d_S.

Bei der Auslegung einer Füllkörperkolonne sind ferner der auf 1 m bezogene Druckverlust der berieselten Schüttung $\Delta p/H$ und der bezogene Flüssigkeitsinhalt h_L sehr bedeutsam. Diese beiden Größen sind in den letzten Jahren entscheidende technisch-ökonomische Parameter geworden. Sie erlauben eine Füllkörperkolonne bezüglich ihrer Eignung für die Rektifikation von temperaturempfindlichen Gemischen und bei allen Gas-Flüssigkeitssystemen d. h. bei der Absorption, Desorption, Gaskühlung und Gasvorwärmung sowie der Absorption mit langsamer chemischer Reaktion, bei der die Verweilzeit der Flüssigkeit bekannt sein muss, zu beurteilen.

Wenn die Füllkörperschüttung nur von Gas durchströmt wird, d. h. $u_L = 0$, dann entsteht in der Kolonne ein Druckverlust Δp_0, Bild 2-1, der mit steigender Gasbelastung F_V zunimmt. Er hängt auch von der Größe und Form der eingesetzten Füllkörper ab und ist der Schüttungshöhe H direkt proportional. Wird die Schüttung von oben mit Flüssigkeit berieselt, d. h. $u_L > 0$, so bilden sich auf den einzelnen Füllkörperelementen meist Filme und Rinnsale, wenn kleine vollflächige Füllkörper eingesetzt werden. Bei Füllkörpern mit stark durchbrochener Wand beliebiger Größe, die in letzter Zeit immer häufiger eingesetzt werden, bilden sich neben den Rinnsalen und Filmen auch zahlreiche Tropfen und Strahlen, deren Anteil mit zunehmender Füllkörpergröße ansteigt. Dies trifft nach heutigem Wissensstand auf alle Füllkörperformen aus beliebigen Materialien d. h. für Kunststofffüllkörper, keramische Füllkörper und solche aus Metall zu, vor allem bei sehr kleinen und mäßigen Flüssigkeitsbelastungen. Durch die Gaseinwirkung können bei der Zweiphasenströmung ab einer bestimmten Gasgeschwindigkeit durch Ablösen von den Filmen zusätzliche Tropfen entstehen. Der gesamte Flüssigkeitsinhalt h_L solcher Tropfen, Rinnsale und Filme vermindert den freien für die Gasströmung zur

Bild 2-1 a–c. Qualitative Darstellung der Vorgänge in Füllkörperkolonnen am Beispiel der Abhängigkeiten
a $h_L = f(F_V)$, b $\Delta p/H = f(F_V)$, c $n_t/H = f(F_V)$

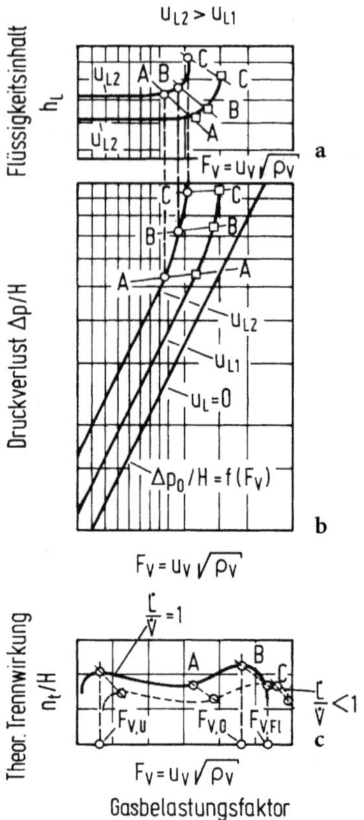

Verfügung stehenden Querschnitt. Das effektive Lückenvolumen der Schüttung ($\varepsilon - h_L$) sinkt, wodurch der bezogene Druckverlust $\Delta p/H$ gemäß dem allgemein gültigen Widerstandsgesetz von Darcy und Weisbach zunimmt. Mit steigender spezifischer Flüssigkeitsbelastung u_L und konstant gehaltener Gasgeschwindigkeit u_V nimmt der Flüssigkeitsinhalt h_L zu, somit auch der Druckverlust, s. Bild 2-1 a,b.

In Bild 2-1 b wird in doppellogarithmischer Darstellung die Abhängigkeit des auf 1 m Schüttungshöhe bezogenen Druckverlustes berieselter Schüttung oder Packung $\Delta p/H$ vom Gasbelastungsfaktor F_V qualitativ und in Bild 2-2 a,b quantitativ für regellos geschüttete 25-mm metallische Białecki-Ringe gezeigt, wobei als Parameter die spezifische Flüssigkeitsbelastung u_L gewählt wurde. Das Auftreten verschiedener Strömungsbereiche im Belastungsbereich ist unverkennbar und in Bild 2-1 durch die Begrenzungslinien AA, BB und CC gekennzeichnet. Die Abhängigkeit des gesamten und auf die leere Kolonne bezogenen Flüssigkeitsinhaltes h_L vom F_V-Faktor ist qualitativ in Bild 2-1 a dargestellt, während in Bild 2-2 b die Abhängigkeit für 25-mm regellos geschüttete, metallische Białecki-Ringe gezeigt wird. Im Falle anderer Füllkörper oder Packungen erhält man ähnliche Diagramme, analog den Bildern 2-2 a und 2-2 b. Die gemeinsame Darstellung der Abhängigkeit des Druckverlustes $\Delta p/H$ und des Flüssigkeitsinhaltes h_L vom Dampf-

Bild 2-2a, b. a Hydraulische Charakteristik der metallischen 25-mm Białeckiringschüttung, gültig für das System Luft/Wasser unter Normalbedingungen. Druckverlust $\Delta p/H$ als Funktion der Gasgeschwindigkeit u_V bzw. des Gasbelastungsfaktors F_V, u_L = Parameter.
b Hydraulische Charakteristik der metallischen 25-mm Białeckiringschüttung, gültig für das System Luft/Wasser unter Normalbedingungen. Flüssigkeitsinhalt h_L als Funktion der Gasgeschwindigkeit u_V bzw. des Gasbelastungsfaktors F_V, u_L = Parameter

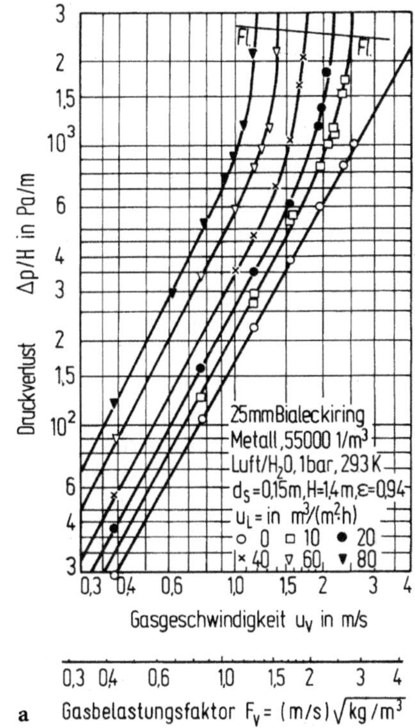

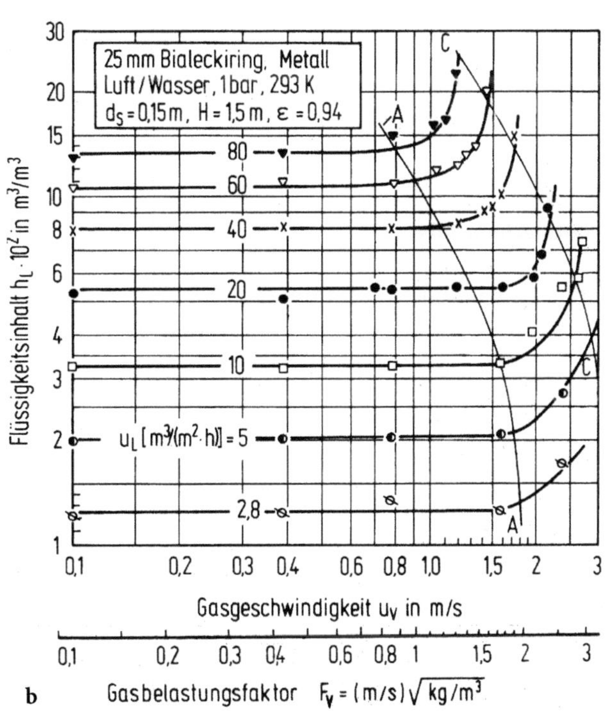

belastungsfaktor F_V verdeutlicht, dass die dargestellten Größen in charakteristischer Weise miteinander in Beziehung stehen.

Bis zur ersten Grenzlinie AA, der sog. Staulinie, verlaufen aufgrund von experimentellen Untersuchungen für moderne Füllkörperformen die Druckverlustkurven $\Delta p/H$ der berieselten Schüttung bei kleinen bzw. mäßigen Flüssigkeitsbelastungen $u_{L,1}$ und $u_{L,2}$ parallel zur Druckverlustkurve $\Delta p_0/H$ der unberieselten Schüttung mit $u_L = 0$. Die Staulinie, die im englischen mit „loading line" bezeichnet wird, liegt bei etwa 65 % des zur Flutlinie CC gehörenden Flutbelastungsfaktors $F_{V,FL}$. In diesem Belastungsbereich beeinflusst das Gas die Flüssigkeitsströmung praktisch nicht. Der Flüssigkeitsinhalt h_L hängt somit nicht vom Gasbelastungsfaktor F_V bzw. von der Gasgeschwindigkeit u_V, ab, sondern nimmt mit der Flüssigkeitsbelastung u_L zu.

Eine weitere Steigerung der Gasgeschwindigkeit u_V oberhalb der Staugrenze AA führt zu einer Zunahme des Flüssigkeitsinhaltes h_L, Bild 2-2b, und zu einer Erhöhung der Druckverluste, Bild 2-2a. In diesem Bereich wird das Abfließen der Flüssigkeit durch die Schubkräfte des Gases behindert.

Die Steigungen der Druckverlustkurven im Bereich zwischen der Staulinie AA und der oberen Belastungsgrenze BB, englisch „upper loading line", nehmen nun ständig von 1,95 bis 2,95 zu [2, 3, 12], Bild 2-2a. Gleichzeitig steigt der Flüssigkeitsinhalt h_L an und somit die effektive Stoffaustauschfläche, s. Bild 2-2b. Füllkörperkolonnen werden meist bei Gasgeschwindigkeiten u_V betrieben, die etwa 30–80 % der Gasgeschwindigkeit am Flutpunkt $u_{V,Fl}$ betragen.

Immer häufiger werden die Füllkörperkolonnen kurz als *Packungskolonnen* bezeichnet. Zu dieser Gruppe zählen Kolonnen mit regellos geschütteten Füllkörpern, regelmäßig angeordneten Füllkörperschichten, Rohrkolonnen mit fluchtend angeordneten Füllkörpern und strukturierte Packungen.

2.2
Flutgrenze

2.2.1
Flutmechanismen

Je nach Flüssigkeitsbelastung, Füllkörperart und -größe oder stofflichen Eigenschaften treten in Füllkörperkolonnen zwei verschiedene Flutmechanismen auf:

a) Fluten bei großen Phasendurchsatzverhältnissen

$$\lambda_0 = \left(\frac{u_L}{u_V} \right)_{Fl} \tag{2-1}$$

durch Füllen der Kolonne mit Flüssigkeit bei einem großflächigen Füllkörper mit Phaseninversion

b) Fluten bei kleinen Phasendurchsatzverhältnissen λ_0, aufgrund des Mitreißens von Tropfen durch das Gas.

In Füllkörperkolonnen strömt die Flüssigkeit im Gegenstrom zum Gas in Form von Filmen und Rinnsalen, insbesondere dann, wenn kleine, vollflächige Füllkörper mit kleinem Lückenvolumen z. B. $\varepsilon = 0{,}4\text{--}0{,}6\ \mathrm{m^3\,m^{-3}}$ eingesetzt werden. In den Hohlräumen derartiger Füllkörper bilden sich Toträume, die mit steigender Flüssigkeitsbelastung u_L immer mehr mit Flüssigkeit vollaufen. Füllt sich die ganze Kolonne mit Flüssigkeit, flutet die Säule. Bei sehr großen spezifischen Flüssigkeitsbelastungen u_L und sehr kleinen Gasgeschwindigkeiten u_L, d.h. bei sehr großen Phasendurchsatzverhältnissen am Flutpunkt λ_0 bilden sich Blasen, es entsteht die sog. Phaseninversion, bei welcher die Gasphase dispergiert wird und die Flüssigkeit die kontinuierliche Phase bildet.

Charakteristisch für den Flutmechanismus ist ein steiler Anstieg der Druckverlustkurve $\Delta p/H = f(F_V)$ mit zunehmendem Gasbelastungsfaktor F_V, Linie $u_{L,3}$ in Bild 2-1b.

In den letzten 25 Jahren fand eine neue Entwicklung in der Füllkörpertechnik statt. Es wurden immer mehr metallische Füllkörper und solche aus Kunststoff mit immer offenerer Umwandung (sog. Gitterstruktur) hergestellt. Heute ist es gang und gäbe, industriell Füllkörper mit durchbrochener Wand und mit Abmessung von $d \geq 0{,}050$ m und mehr einzusetzen. Das Lückenvolumen dieser Füllkörperformen aus Metall und Kunststoff mit $d \geq 0{,}025$ m liegt zwischen $\varepsilon = 0{,}92\text{--}0{,}98\ \mathrm{m^3\,m^{-3}}$. In solchen Schüttungen liegen keine Toträume vor, die sich mit Flüssigkeit füllen können. Der Belastungsbereich moderner „Gitter-Füllkörper" ist daher deutlich größer als der vollflächiger Füllkörper, sodass zu erwarten ist, dass die Gasströmung einen anderen Einfluss auf die Flüssigkeitsströmung hat, als bei den ersten Füllkörpern.

Bei Füllkörpern mit stark durchbrochenen Oberflächen (sog. Gitterfüllkörpern) bilden sich Tropfen durch Abtropfen aus den einzelnen Füllkörperelementen, aus Filmen und Rinnsalen, die durch das Gas nach oben mitgerissen werden können. Dieser Vorgang ist beispielhaft in Bild 2-3 nach Bornhütter und Mersmann dargestellt [66, 87]. Der Anteil der Tropfen am gesamten Hold-up liegt zwischen 5 und 42 % und hängt von der Füllkörperform und -größe ab. In der Regel steigt die Zahl der Tropfen in der Schüttung mit abnehmender Flüssigkeitsbelastung u_L sowie mit zunehmender Füllkörpergröße an. Kleine Phasendurchsatzverhältnisse λ_0 sind bekanntlich für den Kolonnenbetrieb im Vakuum- und Normaldruckbereich charakteristisch. Dieser Mechanismus der Tropfenbildung in Packungskolonnen wurde durch gezielte Untersuchungen von Bornhütter und Mersmann [66, 87] bestätigt.

Durch das Auftreten von Tropfen in flüssigkeitsdurchströmten Packungen sowohl bei kleineren, als auch bei größeren Füllkörpern mit durchbrochener Wand ist demzufolge ein anderer Mechanismus des Flutens zu erwarten, als in Schüttungen mit klassischen vollflächigen Füllkörpern, der insbesondere bei kleinen Phasendurchsatzverhältnissen λ_0 durch das Mitschleppen von Tropfen nach oben ausgelöst wird. Charakteristisch für diesen Flutmechanismus bei kleinen λ_0-Werten ist der stetig steigende Druckverlust $\Delta p/H$ mit wachsendem Gasbelastungsfaktor F_V, Bild 2-1b, Linien $u_{L,1}$ und $u_{L,2}$.

Die genaue Ermittlung der Gasgeschwindigkeit am Flutpunkt ist nur aus den Druckverlustkurven, wie in Bild 2-1b gezeigt wird, möglich. Die visuelle Flutpunktbestimmung kann dagegen zu großen Fehlern führen.

2.2.2
Überlegungen zur Tropfenbildung in Füllkörperkolonnen

Tropfenbildung

Die Tropfen können an Füllkörpern mit durchbrochener Wand durch Abtropfen aus den kantigen Füllkörpern, durch Zerfall von Strahlen und Fäden (Rinnsalen) in einer bestimmten Entfernung vom Abströmkörper und durch den Kontakt mit den einzelnen Stegen der einzelnen Füllkörperelemente ohne Gaseinwirkung und zusätzlich bei höheren Gasgeschwindigkeiten durch das Übertragen der kinetischen Energie des Gases auf die Rinnsale und Filme gebildet werden [66, 87].

Die nachfolgenden Betrachtungen betreffen zunächst nur den zweiten Fall und basieren auf der physikalischen Vorstellung, dass die Gasströmung Tropfen in größerer Zahl von den Filmen und Rinnsalen der Flüssigkeit abreißt und diese dann nach oben mitschleppt. Dadurch wird der Anteil an Tropfen am gesamten Hold-up noch größer als es das Bild 2-2b aufzeigt. Beim Herausreißen der Tropfen aus den Rinnsalen überträgt das Gas einen Impulsstoß auf die Tropfen. Die Abreißkraft des Gases K_R

$$K_R = C_0 \cdot \frac{\pi \cdot d_T^2}{4} \cdot \frac{\rho_V}{2} \, u_V^2 \tag{2-2}$$

wird bei der Tropfenbildung infolge der Oberflächenspannung σ_L teils umgesetzt. (C_0' ist hier der sog. Abreißfaktor [58]). Für die Oberflächenkraft K_0 gilt:

$$K_0 = \pi \cdot d_T \cdot \sigma_L \cdot \tag{2-3}$$

Der losgelöste Tropfen muss noch im Schwebezustand die Schwerkraft abzüglich Auftriebskraft überwinden:

$$K_g = \frac{\pi \cdot d_T^3}{6} \cdot (\rho_L - \rho_V) \cdot g = \frac{\pi \cdot d_T^3}{6} \cdot \rho_L \cdot g \quad \text{für } \rho_L \gg \rho_V. \tag{2-4}$$

Aus der Kräftebilanz

$$K_R = K_0 + K_g \tag{2-5}$$

folgt nach Covelli, Mülli [58] durch die Auflösung der Gl. (2-5) für eine minimale effektive Gasgeschwindigkeit, bei der es gerade noch möglich ist, Tropfen aus Rinnsalen abzulösen, die Beziehung (2-6):

$$\bar{u}_{V,\text{krit}} = \left[\frac{16 \cdot 9\sigma_L \cdot \Delta\rho \cdot g}{3C_0^2 \cdot \rho_V^2} \right]^{1/4} = 1{,}55 \cdot \frac{1}{\sqrt{C_0}} \cdot \left(\frac{\sigma_L \cdot \Delta\rho \cdot g}{\rho_V^2} \right)^{1/4} . \tag{2-6}$$

Für $C_0' = 1$ ist die Formel (2-6) identisch mit der, die von Mersmann [38] und Levich [57] für in Gasen und Flüssigkeiten fallenden Tropfen gefunden wurde.

Mit dieser Grenzgeschwindigkeit $u_{V,krit}$ lässt sich auch aus Gl. (2-5) ein kritischer Tropfendurchmesser $d_{T,krit}$ bestimmen:

$$d_{T,krit} = \frac{6}{16} \cdot \frac{C_0 \cdot \rho_V \cdot \overline{u}_{V,krit}^2}{(\rho_L - \rho_V) \cdot g} = 2 \cdot \left[\frac{3\sigma_L}{2 \cdot g(\rho_L - \rho_V)} \right]^{1/2} \Rightarrow$$

$$d_{T,krit} = 2,44 \cdot \left[\frac{\sigma_L}{\Delta\rho \cdot g} \right]^{1/2} \tag{2-7}$$

Tropfen mit größerem Durchmesser als $d_{T,krit}$ zerfallen in kleinere Tropfen. Für den Abreißfaktor C_0' in Gl. (2-2) wurde von Covelli, Mülli [58] folgender Ansatz

$$C_0 = 6,53 \cdot \sqrt{\frac{\sigma_L \cdot g \cdot (\rho_L - \rho_V)}{\rho_V^2 \cdot u_V^4}} \cdot (1 + 245,4 \cdot Re_T^{-0.842}) \tag{2-8}$$

vorgestellt, der anhand von Messungen an einem beheizten Rohr für das System Wasser/Wasserdampf bei 1 bar entwickelt wurde. Er gilt für die Reynolds-Zahlen der Tropfen Re_T nach Gl. (2-9) im Bereich von $Re_T = 300$ bis $Re_T = 8000$.

$$Re_T = \frac{\overline{u}_V \cdot d_T}{\upsilon_V} \tag{2-9}$$

Für eine gegebene Gasgeschwindigkeit $\overline{u}_V$ lässt sich nach Gl. (2-9) bei bekannter Reynolds-Zahl Re_T der Abreißfaktor C_0' nach Gl. (2-8) und anschließend aus Gl. (2-6) die kritische effektive Gasgeschwindigkeit $u_{V,krit}$ ermitteln.

Ist die folgende Forderung erfüllt,

$$\overline{u}_V \geq \overline{u}_{V,krit} \tag{2-10}$$

so werden Tropfen in der Füllkörperschüttung durch Abreißen aus den Filmen und Rinnsalen gebildet. Bei großen Gasgeschwindigkeiten sind nach Gl. (2-8) die kleinsten Werte für den Abreißfaktor C_0' zu erwarten. Unter diesen Bedingungen bilden sich die Tropfen am leichtesten.

Die Tropfenbildung wird üblicherweise mit der sogenannten kritischen Weber-Zahl We_{krit}

$$\frac{\overline{u}_{V,krit} \cdot d_T \cdot \rho_V \cdot C_0}{\sigma_L} = \frac{F_{V,krit}^2 \cdot d_T \cdot C_0}{\varepsilon^2 \cdot \sigma_L} = We_{krit} \cdot C_0 / \varepsilon_2 = const \Rightarrow$$

$$We_{krit} \cong \frac{12 \cdot \varepsilon^2}{C_0} \tag{2-11}$$

beschrieben, die durch das Verhältnis der Abreißkraft K_R nach Gl. (2-2) zur Oberflächenkraft K_0, Gl. (2-3), gebildet wird. Nach Wallis, zitiert bei Stichlmair [55], gilt die Gl. 2-11 für niedrigviskose Gemische ($\eta \approx 1$ mPas).

Wird die kritische Weberzahl unterschritten, so bilden sich aus Rinnsalen und Filmen keine Tropfen. Dies ist bei großen Flüssigkeitsbelastungen, in Schüttungen mit Füllkörpern, die ein kleines Lückenvolumen aufweisen, sowie für Systeme mit extrem geringer Oberflächenspannung σ_L, d. h. bei der Druckrektifikation zu erwarten.

Tropfenaustragung

Die in der Schüttung gebildeten Tropfen können nur dann aus der Schüttung ausgetragen werden, wenn die Gasgeschwindigkeit ausreichend groß ist. Diese lässt sich aus der Kräftebilanz um einen sich in Schwebe befindlichen Tropfen ermitteln. Die Schubkraft des Gases K_ψ muss dann gleich der Schwerkraft K_g abzüglich der Auftriebskraft K_A gesetzt werden. Es gilt für

$$K_\psi = K_g - K_A \Rightarrow$$

$$\psi_{Fl} \cdot \frac{\overline{u}_V^2 \cdot \rho_V}{2} \cdot \frac{d_T^2}{4} = \frac{\pi \cdot d_T^3}{6} \cdot (\rho_L - \rho_V) \cdot g \tag{2-12}$$

Nach der Auflösung der Gl. (2-12) nach u_V erhält man Gl. (2-13)

$$\overline{u}_V = \sqrt{\frac{4}{3} \cdot \frac{d_T \cdot g}{\psi_{Fl}}} \cdot \sqrt{\frac{\rho_L - \rho_V}{\rho_V}} \tag{2-13}$$

Abschätzung der unteren Grenze, bei welcher in Füllkörperkolonnen noch Tropfen aus Filmen und Rinnsalen gebildet werden können

Für das Stoffpaar Luft/Wasser bei 20 °C und 1 bar kann man grob die kleinste effektive Gasgeschwindigkeit $u_{V,Fl,min}$ abschätzen, bei welcher Tropfen aus der Füllkörperschüttung noch ausgetragen werden können. Man setzt voraus, dass die Füllkörper so groß sind, dass man für den Widerstandsbeiwert $\psi_{Fl} \cong \psi_R$ in Gl. (2-13) den Wert einsetzen kann, der für einen Tropfenschwarm in der leeren Kolonne gilt. Er lässt sich nach folgendem Ansatz (2-14) von Chao zitiert bei Soo [59] ermitteln:

$$\psi_R = \frac{32}{Re_T} \left[1 + 2 \cdot \frac{\eta_L}{\eta_V} - 0{,}314 \cdot \frac{1 + 4 \cdot (\eta_L / \eta_V)}{\sqrt{Re_T}} \right] \tag{2-14}$$

In Füllkörperkolonnen liegen für das Stoffpaar Luft/Wasser Tropfen mit einem mittleren Durchmesser von $d_T \cong 0{,}003$ m vor. Für u_V setzt man nun den Wert $u_V \cong 1{,}5$ m s^{-1} ein. Es soll geprüft werden, ob bei dieser Gasgeschwindigkeit das Austragen von Tropfen dieser Größe aus der Schüttung noch möglich ist. Man erhält für Re_T nach Gl. (2-9) den Wert $Re_T = 268{,}95$ und aus Gl. (2-14) den Widerstandsbeiwert ψ_R von 12,68 mit dem dann die Gasgeschwindigkeit u_V nach Gl. (2-13) zu 1,5 m s^{-1} ermittelt wird. Dieses Rechenbeispiel zeigt, dass bei der Gasgeschwindigkeit von 1,5 m s^{-1} und mehr in Füllkörperkolonnen mit großen Füllkörpern von z.B. $d \geq 0{,}050$ m Tropfen noch ausgetragen werden können. Bei einer Füllkörpergröße von $d \cong 0{,}090$ m und für $u_V \approx 1{,}5$ m s^{-1} liegt die Flüssigkeitsbelastung am Flutpunkt bei mehr als 100 m^{3}m^{-2}h^{-1} [27, 28]. Der maximal mögliche Betriebsbereich, in dem die Tropfen gebildet und ausgetragen werden können, ist bei großen Füllkörpern mit durchbrochener Wand $d \geq 0{,}050$ m relativ groß. Er wird daher mit kleiner werdender Füllkörpergröße jedoch kleiner. Eine genauere Abschätzung der unteren Grenze der Gültigkeit des vorgestellten Modells, wonach das Fluten durch das Tropfenmitschleppen von der Gasphase nach oben zustande kommt, ist nur schwer möglich, da z.Z. keine Zahlenwerte des

Widerstandsbeiwertes beim Tropfenfall in der Schüttung für Füllkörper gemessen wurden.

Außerdem lässt sich zur Zeit auch nicht abschätzen, welcher Anteil von Tropfen in der Schüttung durch Abtropfen von Füllkörperkanten und welcher durch den Abreißeffekt entsteht. Als untere Grenze der auf Luft bezogenen effektiven Gasgeschwindigkeit kann der Schätzwert von $u_V \geq 1{-}1{,}5\ \mathrm{m\,s^{-1}}$, bzw. bei F_V-Faktoren um 1,1–1,65 bzw. deutlich darunter angegeben werden.

Mit dem Ansatz nach Gl. (2-13) kann die Gasgeschwindigkeit u_V ermittelt werden, die den Tropfen mit Durchmesser d_T in Schwebe halten kann. Ist diese Gasgeschwindigkeit kleiner als die Gasgeschwindigkeit $u_{V,Fl}$, kann das Gas die Tropfen mit Größe d_T nicht mehr nach oben fördern. In solchen Fällen ist es auch physikalisch sinnvoll, den Flutmechanismus in Füllkörperkolonnen mit Hilfe des von Mersmann [2, 3] entwickelten *Rieselfilm-Gas-Schubspannungsmodells* zu beschreiben, s. Kapitel 2.2.3.

Bornhütter (1991) [66, 87] untersuchte experimentell die Tropfenbildung in einer Kolonne vom Durchmesser 1 m mit modernen Füllkörpern, Bauart Hiflow-Ring, Pall-Ring, VSP-Ring, Envipac, Snowflake mit Durchmessern von 25 bis 90 mm und mit Flüssigkeiten, deren Viskosität von 1 bis 27 mPas variierte, und stellte fest, dass der Anteil der Tropfen am Hold-up im Bereich zwischen 5 % und 45 % liegt, s. Bild 2-3. Kennzeichnend für alle untersuchten Füllkörper war, dass mit zunehmender spezifischer Flüssigkeitsbelastung der Tropfenanteil in der Schüttung weitgehend konstant blieb und oft ein Anstieg bei kleinen Belastungen unterhalb von $u_L = 0{,}003\ \mathrm{m\,s^{-1}}$ beobachtet wurde.

Aus den oben dargestellten theoretischen Überlegungen und Messungen aus der Literatur [66] kann grundsätzlich davon ausgegangen werden, dass in Füll-

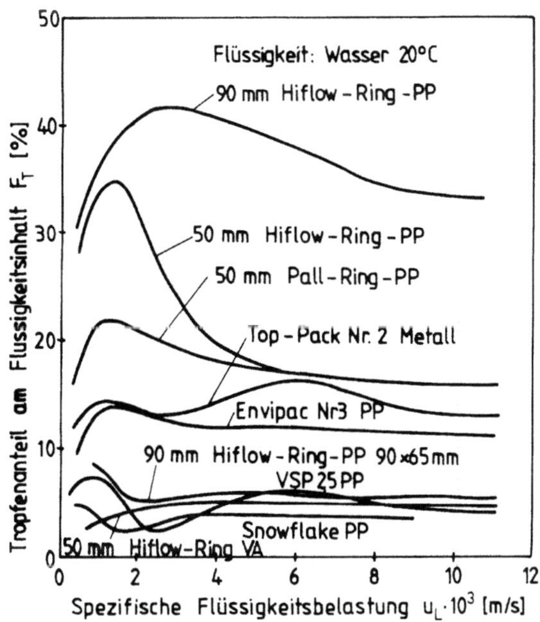

Bild 2-3. Tropfen-Hold-up für verschiedene Füllkörper bei Berieselung mit Wasser nach Bornhütter/Mersmann [66, 87]

körperkolonnen aufgrund des stetig vorhandenen Anteils an Tropfen in der Schüttung der Flutpunktmechanismus durch das Austragen von Tropfen gekennzeichnet ist.

2.2.3
Literaturüberblick – Stand des Wissens

Die in der Literatur bekannten Ansätze zur Bestimmung der Flutpunktgeschwindigkeit $u_{V,Fl}$ kann man in zwei Gruppen unterteilen; zur ersten Gruppe gehören die graphischen Korrelationen von Sherwood, Shipley und Holloway [4], Lobo, Leva [6], Billet [5], Eckert, Kafarov, Planowski [1, 50], Kirschbaum [19] u. a. Sie setzen die Tropfenbildung am Flutpunkt voraus. Aus Tabelle 2-1 sind die einzelnen Entwicklungsschritte der wichtigeren Korrelationen dieser Gruppe (Nr. 1–7) ersichtlich. Die zweite Gruppe von Ansätzen setzt die Filmströmung in der Schüttung voraus, s. Korrelationen Nr. 8–14 in der Tabelle 2-1.

Zunächst wird auf die erste Gruppe von Flutpunktbeziehungen eingegangen. Sie setzen gemäß der visuellen Beobachtungen voraus, dass sich in den Hohlräumen der Schüttung Tropfen bilden, die in die Hohlräume der tieferliegenden Füllkörper fallen, siehe Kap. 2.2.1.

Am Flutpunkt ergibt sich aus der Kräftebilanz um einen schwebenden Tropfen die Beziehung (2-12), die dann durch einfache Umformung folgende Gleichung für den Flutbelastungsfaktor $F^*_{V,Fl}$ liefert:

$$F^*_{V,Fl} = \frac{F_{V,Fl}}{\sqrt{\rho_L - \rho_V}} = \sqrt{\frac{4}{3} \cdot \frac{d_T \cdot g}{\psi_0}} \quad [\mathrm{ms^{-1}}]. \tag{2-15}$$

Der Ausdruck $\sqrt{(3/4) \cdot d_T \cdot g \cdot \psi_{Fl}^{-1}}$ in Gl. (2-15) wird zum sogenannten Flutbelastungsfaktor $F^*_{V,Fl}$ zusammengefasst, der sich für eine Füllkörperkolonne nur experimentell bestimmen lässt. Dabei wird der Quotient, Gl. (2-15), aus den Experimenten bekannter Gasbelastungsfaktoren $F_{V,Fl}$ geteilt durch die Wurzel aus der Dichtedifferenz $(\rho_L - \rho_V)$ gebildet und über den Ausdruck $(L/V) \cdot \sqrt{\rho_V/\rho_L}$ für die am Flutpunkt geltenden Betriebsbedingungen aufgetragen, Gl. (2-16).

$$F^*_{V,Fl} = f(X) \quad \text{mit } X = \left(\frac{L}{V}\right) \cdot \sqrt{\frac{\rho_V}{\rho_L}} \tag{2-16}$$

Der als Strömungsparameter X in Gl. (2-16) bezeichnete Ausdruck stellt bekanntlich die Wurzel aus dem Verhältnis der kinetischen Energie der Flüssigkeit $E_{K,L}$ zur kinetischen Energie des Gases $E_{K,V}$ dar. Diese Form der Belastungsdiagramme nach Gl. (2-16) wurde von Böden übernommen [1, 4, 8, 55] und wird bis heute verwendet [40–48].

Ein typisches, für 15-mm metallische Pallringe geltendes Belastungsdiagramm, erstellt nach Abhängigkeit (2-16), wird in Bild 2-4a gezeigt. In den Bildern 2-4b und 2-4c werden beispielhaft weitere Belastungsdiagramme für unterschiedliche Füllkörper und Packungen dargestellt, die anhand neuer Messungen erstellt wurden. Aus der Darstellung ist deutlich der Einfluss der Füllkörpergröße, der Form sowie des Werkstoffes auf den Flutpunkt zu erkennen. Diese Einflussgrößen versuchte man zunächst durch die Einführung des Quotienten a/ε [1] (s. Gl. (2-17) und später durch Verwendung des Packungsfaktors $F_\text{P} = a/\varepsilon^3$ der trockenen Schüttung [4], s. Gl. (2-18) zu erfassen.

$$\frac{u_{\text{V,Fl}}^2}{2 \cdot g} \cdot \frac{a}{\varepsilon} \cdot \frac{\rho_\text{V}}{\rho_\text{L}} = f\left[\frac{L}{V} \cdot \sqrt{\frac{\rho_\text{V}}{\rho_\text{L}}}\right] \tag{2-17}$$

Die Beziehung (2-17) wurde von Walker u.a. [1] bereits 1937 auf der Grundlage von Versuchen mit dem Stoffpaar Luft/Wasser entwickelt. Als Füllkörper wurden u.a. Spiralen und keramische Lessing-Ringe verwendet. Sherwood, Shipley und Holloway [4] haben den Ansatz von Walker u.a. [1] weiter modifiziert durch Einführung des empirischen Faktors $(\eta_\text{L}/\eta_\text{L,W})^{0.2}$ und der effektiven Gasgeschwindigkeit $u_\text{V} = u_\text{V}/\varepsilon$ in die Gl. (2-17). Der Zahlenfaktor 1/2 in Gl. (2-17) wird fallengelassen. Damit erhält man den Zusammenhang nach Gl. (2-18).

$$\frac{u_{\text{V,Fl}}^2 \cdot \rho_\text{V}}{g \cdot \rho_\text{L}} \cdot \frac{a}{\varepsilon^3} \cdot \left[\frac{\eta_\text{L}}{\eta_\text{L,W}}\right]^{1/5} = f\left[\frac{L}{V} \cdot \sqrt{\frac{\rho_\text{V}}{\rho_\text{L}}}\right] \tag{2-18}$$

Diese Form der Darstellung der Flutgrenze wird mit geringen Modifizierungen bis heute von den Füllkörperherstellern benutzt. Im Laufe der Jahre wurden Versuche unternommen, die Genauigkeit der Korrelation nach Gl. (2-18) zu verbessern. Lobo u.a. [6], Eckert (1963) und (1970) [9] führten den Quotienten $(\rho_\text{L,W}/\rho_\text{L})$ in die linke Seite der Gl. (2-18) ein und schlugen vor, die Packungsfaktoren $F_\text{P} = a/\varepsilon^3$ der trockenen Schüttung durch experimentell ermittelte Größen $F_{\text{p,exp}}$ zu ersetzen, um somit die Flutgrenze für alle Füllkörper mit einer einzigen Belastungskurve zu beschreiben. Die Zahlenwerte für die mit dem Stoffpaar Luft/Wasser experimentell ermittelten Packungsfaktoren $F_{\text{P,exp}}$ wurden in der Arbeit [9] für verschiedene Belastungsbereiche zusammengestellt. Der Packungsfaktor $F_{\text{P,exp}}$ ist in der Korrelation von Eckert keine Füllkörperkonstante, da sie auch belastungsabhängig ist.

Billet (1968) [5] ermittelte aufgrund umfassender Rektifizierversuche für metallische 15- bis 50-mm Pall- und Raschig-Ringe neue Zahlenwerte für die Packungsfaktoren $F_{\text{P,exp}}$. Für gegebene Füllkörpergrößen sind sie zahlenmäßig deutlich größer als diejenigen nach Eckert [9], die aufgrund der Versuche mit dem Stoffpaar Luft/Wasser gefunden wurden. Beispielhaft gelten für 50-mm Pall-Ringe ($s = 1$ mm) aus Metall folgende Zahlenwerte:

$$F_{\text{p,Billet}}\ [5] = 107\ \text{m}^{-1} \qquad\qquad F_{\text{p,Eckert}}\ [9] = 65{,}6\ \text{m}^{-1}$$

und für 25-mm Pallringe aus Metall:

$$F_{\text{p,Billet}}\ [5] = 202\ \text{m}^{-1} \qquad\qquad F_{\text{p,Eckert}}\ [9] = 157{,}4\ \text{m}^{-1}$$

Die empirische Flutpunktkorrelation von Billet [5] gilt für metallische Raschig- und Pallringe und gibt die Messwerte für die Dampf-Flüssigkeits-Systeme wesentlich genauer wieder, $\delta(u_\text{V,Fl}) = \pm\ 15{-}20\%$ als die von Eckert [9].

Tabelle 2-1. Zusammenstellung der Ansätze zur Bestimmung der Flutpunktgeschwindigkeit; $A^* \equiv$ gilt für Stoffpaare Luft/Flüssigkeiten, $R^* \equiv$ gilt für Rektifikationen

Nr.	Autor	Korrelation	Bemerkungen	Lit.
1	**Sherwood, Shipley und Holloway** (1938)	$u_{V,Fl}^2 \cdot \dfrac{\rho_V}{\rho_L \cdot g} \cdot \dfrac{a}{\varepsilon^3} \cdot \left(\dfrac{\eta_L}{\eta_{L,W}}\right)^{0,2} = f\left(\dfrac{L}{V} \cdot \sqrt{\dfrac{\rho_V}{\rho_L}}\right)_{Fl}$	A^*, für keramische Raschigringe	[4]
2	**Kirschbaum** (1969)	$u_{V,Fl} \cdot \sqrt{\dfrac{\rho_V}{\rho_L}} = \sqrt{\text{const} \cdot d_T} \approx \text{const}$	R^*, für keramische Raschigringe	[19]
3	**Lobo u.a.** (1945)	$u_{V,Fl}^2 \cdot \dfrac{\rho_V}{\rho_L \cdot g} \cdot F_P \cdot \left(\dfrac{\eta_L}{\eta_{L,W}}\right)^{0,2} = f\left(\dfrac{L}{V} \cdot \sqrt{\dfrac{\rho_V}{\rho_L}}\right)_{Fl}$	A^*	[6]
4	**Eckert** (1963 und 1970)	$u_{V,Fl}^2 \cdot \dfrac{\rho_V}{\rho_L \cdot g} \cdot (F_P)_{exp} \cdot \dfrac{\rho_W}{\rho_L} \cdot \left(\dfrac{\eta_L}{\eta_{L,W}}\right)^{0,2} = f\left(\dfrac{L}{V} \cdot \sqrt{\dfrac{\rho_V}{\rho_L}}\right)_{Fl}$	A^*, $F_P = f\left(\dfrac{L}{V} \cdot \sqrt{\dfrac{\rho_V}{\rho_L}}\right)$; $\delta(u_{V,Fl}) \le \pm 50\%$ für R^*	[9], [8]
5	**Billet** (1968 und 1979)	$\dfrac{u_{V,FL}}{3,14} \cdot \sqrt{(F_P)_{exp} \cdot \dfrac{\rho_V}{\rho_L} \cdot \dfrac{\rho_W}{\rho_L} \cdot \eta_L^{0,12}} = f\left(\dfrac{L}{V} \cdot \sqrt{\dfrac{\rho_V}{\rho_L}}\right)_{Fl}$	R^*, $\delta(u_{V,Fl}) \le \pm 50\%$ für R^*, für metallische Raschig- und Pallringe	[5]
6	**Billet-Maćkowiak** (1985)	$F_{V,Fl}^* = \left(u_{V,Fl} \cdot \sqrt{\dfrac{\rho_V}{\rho_L - \rho_V}}\right)_{N=\text{const}} = f\left(\dfrac{L}{V} \cdot \sqrt{\dfrac{\rho_V}{\rho_L}}\right)_{Fl}$	A^* und R^*, $\delta(u_{V,Fl}) \le \pm 10\%$	[40–48]
7	**Planowski – Kafarow** (1972)	$\log\left(u_{V,Fl}^2 \cdot \dfrac{\rho_V}{\rho_L \cdot g} \dfrac{a}{\varepsilon^3} \cdot \eta_L^{0,16}\right) = C - 1,75 \cdot \left(\dfrac{L}{V} \cdot \sqrt{\dfrac{\rho_V}{\rho_L}}\right)^{1/4}$	A^*: $C = +0,022$ R^*: $C = -0,125$	[11] [50]
8	**Mersmann** (1965) **Vogt** (1985)	$\dfrac{\Delta p_0}{\rho_L \cdot g \cdot H} = f\left[\left(\dfrac{\eta_L}{\rho_L \cdot g^2}\right)^{1/3} \cdot \dfrac{u_L}{\varepsilon} \cdot \dfrac{1-\varepsilon}{\varepsilon \cdot d_P}\right] = f(B_L)$	$B_L \sim \delta_L/d_h$ A^* $\delta(u_{V,Fl}) \le \pm 20\%$	[2], [3], [34]

Tabelle 2-1 (Fortsetzung)

Nr.	Autor	Korrelation	Bemerkungen	Lit.
9	**Reichelt** (1973)	$$\frac{\Delta p_0}{\rho_L \cdot g \cdot H} = f\left[\left(\frac{\eta_L}{\rho_L \cdot g^2}\right)^{1/3} \cdot \frac{u_L}{\varepsilon} \cdot \frac{1-\varepsilon}{\varepsilon \cdot d_P \cdot K} \cdot \left(\frac{v_V}{v_L}\right)^{0,1}\right]$$ $$\frac{\Delta p_0}{\rho_L \cdot g \cdot H} = [50 \cdot (B_L^+)^{0,16} + 2,5 \cdot 10^6 \cdot (B_L^+)^{1,9}]^{-1}$$	A^*, $\delta(u_{V,Fl}) \leq \pm 20-50\%$ nach [37] gilt für $d_S/d = 1,6-1,7$	[12]
10	**Schumacher** (1976)	$B_L^* = $ Berieselungskennzahl, $C = $ Gasstromkennzahl $$B_L^* = \frac{1}{x_P} \cdot \sqrt{\frac{u_L^2}{d \cdot g} \cdot \left(\frac{x_P \cdot v_L}{d \cdot u_L}\right)^{0,1}}\; ;\quad C = \frac{1}{x_P} \cdot \sqrt{\frac{u_V^2}{d \cdot g} \cdot \frac{\rho_V}{\rho_L} \cdot \frac{\psi_V}{\psi_{Luft}}}$$	A^* und R^* $x_P = f(d)$ $x_P = $ Füllkörperfaktor, $C = f(B_L^*)$	[10]
11	**Blaß und Kurz** (1976)	$$Re_{V,Fl} = k_0 \cdot \left(\frac{\eta_L}{\eta_V}\right)^{0,85} \cdot \left[\frac{d_h}{\left(\dfrac{3 \cdot v_L^2}{g}\right)^{1/3}} - 1\right]^{m_1} \cdot Re_{L,Fl}^{m_2}$$	A^*, k_0, m_1, $m_2 = $ const $\delta(u_{V,Fl}) \leq \pm 50\%$	[37]
12	**Kister/Gill** (1992)	GRDC – graphische Korrelation, erweiterter Flutpunktfaktor $F_{V,Fl}^* = f(X_{Fl})$	$X_{Fl} = \left(\dfrac{L}{V}\right)_{Fl} \cdot \sqrt{\dfrac{\rho_V}{\rho_L}}$	[88]
13	**Bornhüter/ Mersmann** (1992)	$$\frac{\Delta p_0}{\rho_L \cdot g \cdot h} \cdot P = f(B_L) \qquad P \equiv \frac{\varepsilon - h_{L,Fl}}{a \cdot d_T} \cdot (1 - h_{L,Fl})^{2,5}$$	Gilt auch für Gitterfüllkörper 25–90 mm	[66], [87]
14	**Billet, Schultes** (1995)	$$u_{V,Fl} = \sqrt{\frac{2g}{\xi_{Fl}} \cdot \frac{(\varepsilon - h_{L,Fl})^{1,5}}{\varepsilon^{0,5}} \cdot \sqrt{\frac{h_{L,Fl}}{a}} \cdot \sqrt{\frac{\rho_L}{\rho_V}}}\quad \text{mit}$$ $$h_{L,Fl} = 0,3741\varepsilon \cdot \left(\frac{\eta_L}{\rho_L} \cdot \frac{\rho_w}{\eta_w}\right)^{0,05}_{\eta_L > 10^{-4}} \quad \text{und}\quad h_{L,Fl} = f\left(\frac{\eta_L}{\rho_L}\right),$$ $$\varepsilon/3 \leq h_{L,Fl} \leq \varepsilon$$	$\xi_{Fl} = $ Widerstandsbeiwert $=$ $$f\left(C_{Fl} \cdot \left(\frac{L}{V} \cdot \sqrt{\frac{\rho_L}{\rho_V}} \cdot \left(\frac{\eta_L}{\eta_V}\right)^{0,2}\right)^{2 \cdot n_{Fl}}\right)$$ $n_{Fl} = f(X_{Fl})$ $C_{Fl} = $ füllkörperspezifische Konstante für $u_L < 80\ \text{m}^3(\text{m}^2\text{h})^{-1}$, gültig für 44 Füllkörpertypen	[89]

a

MP	System	p_T [mbar]	d_S [m]	H [m]	N [1/m³]	Lit.
o	Chlorbenzol /	33				
⊕	Ethylbenzol, L/V=1	66,7	0,22	1,45	250000	[A]
⊗		133				
◑	Toluol/n-Oktan, L/V=1	80	0,22	1,45	259820	A
◐		133				
●	Ethylbenzol/Styrol, L/V=1	133	0,5	1,5	236000	[5]
			0,8	2	224000	
o	Luft/Wasser, 293 K	1000	0,15	1,25	229000	[A]
◆	Methanol/Ethanol, L/V=1	1000	0,5	1,5	230700	[5]

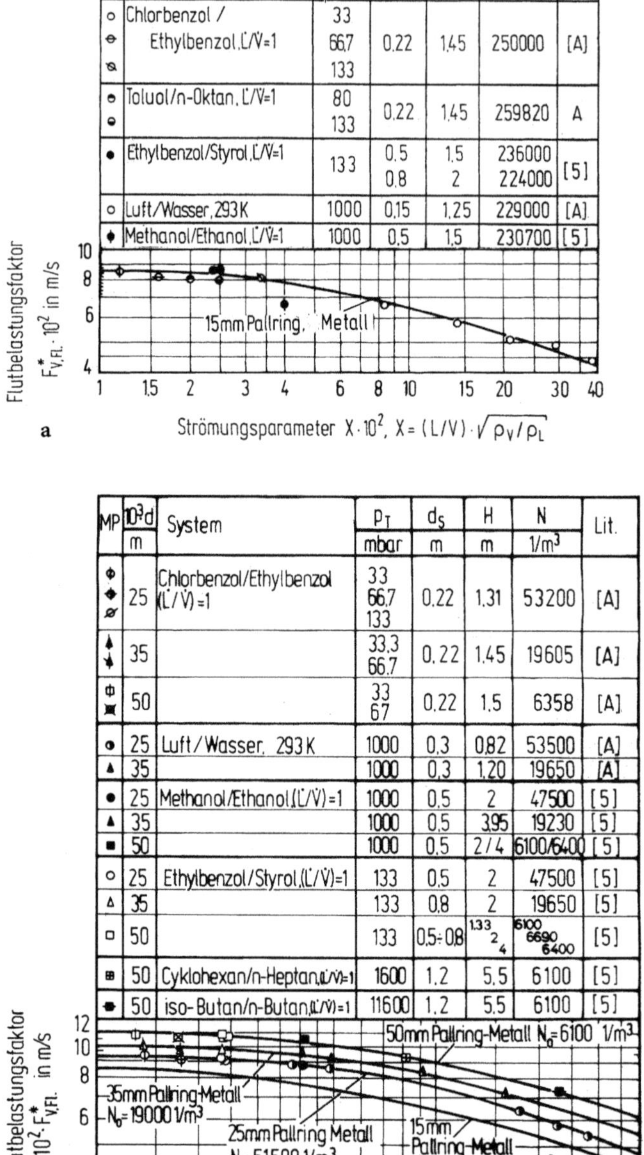

b

MP	$10^3 d$ / m	System	p_T / mbar	d_S / m	H / m	N / 1/m³	Lit.
φ ◆ ∅	25	Chlorbenzol/Ethylbenzol (L/V)=1	33 66,7 133	0,22	1,31	53200	[A]
▲ ▼	35		33,3 66,7	0,22	1,45	19605	[A]
φ ⊠	50		33 67	0,22	1,5	6358	[A]
◐	25	Luft/Wasser, 293 K	1000	0,3	0,82	53500	[A]
▲	35		1000	0,3	1,20	19650	[A]
●	25	Methanol/Ethanol,(L/V)=1	1000	0,5	2	47500	[5]
▲	35		1000	0,5	3,95	19230	[5]
■	50		1000	0,5	2/4	6100/6400	[5]
o	25	Ethylbenzol/Styrol,(L/V)=1	133	0,5	2	47500	[5]
△	35		133	0,8	2	19650	[5]
□	50		133	0,5÷0,8	1,33/2/4	6100/6690/6400	[5]
⊞	50	Cyklohexan/n-Heptan,(L/V)=1	1600	1,2	5,5	6100	[5]
⬟	50	iso-Butan/n-Butan,(L/V)=1	11600	1,2	5,5	6100	[5]

Bild 2-4 a–b. a Flutbelastungsdiagramm für metallische, regellos geschüttete 15-mm Pallringe. **b** Flutbelastungsdiagramm für metallische, regellos geschüttete 15- bis 50-mm Pallringe. Die Messwerte sind auf die Standardschüttdichte N_0 bezogen

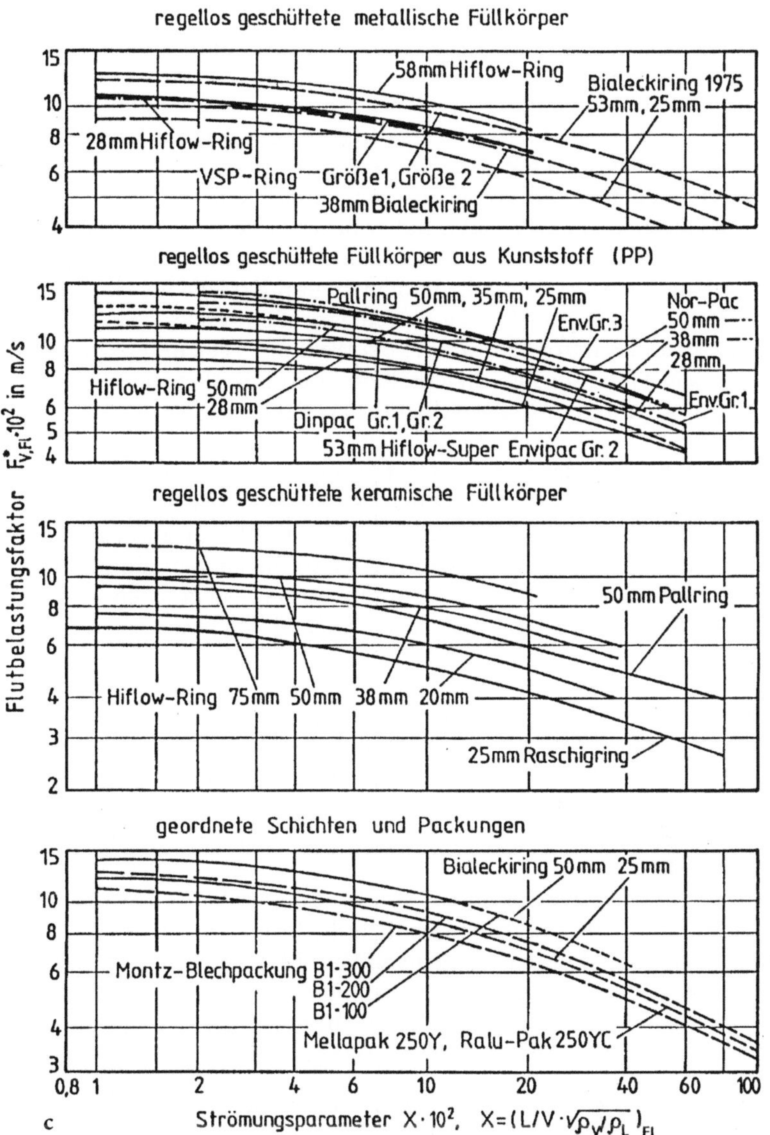

Bild 2-4. c Flutbelastungsdiagramm für verschiedene Füllkörperformen. Die Messwerte sind auf Standardschüttungsdichte N_0 bezogen. Messdaten s. Bilder in Anhang zu Kap. 2

Je nach Füllkörpergröße gemäß Gl. (2-4), Tabelle 2-1, führt die Verwendung der Packungsfaktoren $F_{p,exp}$ nach Eckert [9] bei der Bestimmung der Dampfgeschwindigkeit $u_{V,Fl}$ zu einer Abweichung von ca. +29,1 %.

Bolles und Fair [8] verglichen die Literaturdaten, insbesondere experimentell ermittelte Daten von Billet [5] und eigene Daten mit denen nach der Eckert'schen Korrelation [9] ermittelten Werten. Dieser Vergleich zeigte ebenfalls, dass die nach der Eckert'schen Korrelation rechnerisch ermittelten Werte für die Dampfgeschwindigkeit $u_{V,Fl}$ um bis zu 50 % höher liegen, als die experimentell ermittelten Zahlenwerte, insbesondere für Systeme im Vakuumbereich und für Füllkörper größeren Durchmessers. Somit kann man folgern, dass die für Luft/Wasser gültige Korrelation auf die Dampf/Flüssig-Systeme nicht anwendbar ist.

Planovski und Kafarov [50], zitiert bei Weiß u.a. [11], unterscheiden ebenfalls zwischen dem Fluten in Rektifizierkolonnen und in Absorptionskolonnen. Dies äußert sich quantitativ in unterschiedlichen Zahlenwerten für die Konstante C_i (s. Tabelle 2-1).

Bei der Herleitung der anderen Gruppe von Ansätzen (Nr. 8-11 in Tabelle 2-1), die für vollflächige klassische Füllkörper kleinerer Größe bis 0,025 m gelten, wird vom sog. *Rieselfilm-Gas-Schubspannungs-Modell* [3, 60] ausgegangen, das von Mersmann (1965) entwickelt wurde. Die Schüttung wird annahmegemäß als Bündel von Strömungskanälen gleichen Durchmessers d_h angesehen. Alle Strömungskanäle werden durch die beiden Phasen gleichmäßig durchströmt, wobei sich ein abwärts strömender Flüssigkeitsfilm der Stärke δ_L bildet. Das Belastungsdiagramm gibt den Zusammenhang zwischen dem dimensionslosen Druckverlust $\Delta p_0/(\rho_L \cdot g \cdot H)$ am Flutpunkt (proportional zu $(F_{V,Fl})^2$) und der dimensionslosen Filmdicke δ_L/d_h an, Bild 2-5a. Die maximale Kolonnenbelastbarkeit hängt von dieser Filmdicke δ_L ab. Steigende Flüssigkeitsbelastungen u_L führen zu einer Vergrößerung der Filmdicke δ_L und somit zu einer Reduzierung der freien Kanalquerschnitte, die sich in der Zunahme des Druckverlustes $\Delta p/H$ des Gases wiederspiegeln, s. Bild 2-1b.

Als Maß für die Filmstärke wird von Mersmann die dimensionslose Flüssigkeitsbelastung B_L gewählt, da bekanntlich die Proportionalität $B_L \sim (\delta_L/d_h)^2$ besteht [2, 3]. Weitere Modifizierungen von Vogt [49], Reichelt [12] und Bornhütter [66, 87] tragen zur Erweiterung des Gültigkeitsbereiches der Korrelation von Mersmann [2, 3, 34] bei, siehe Tabelle 2-1. Die von Billet und Schultes [89] (1995) entwickelte Korrelation basiert ebenfalls auf dem Filmmodell.

Schlussfolgerungen zu Absatz 2.2.3 – Literaturüberblick

Als die ersten Korrelationen zur Bestimmung der Flutgrenze entwickelt wurden, s. Tabelle 2-1, gab es nur klassische vollflächige, keramische Füllkörper der Bauart Raschig, Lessing, Intalox und Berlsättel sowie Kugeln, vorzugsweise bis 35 mm Durchmesser. Erst Ende der sechziger Jahre kamen in größerem Maße auch metallische Füllkörper [5] und die ersten Kunststofffüllkörper auf den Markt. Das von Mersmann (1965) [2, 3] entwickelte Flutpunktmodell setzte deshalb eine Filmströmung in der Schüttung voraus. Es basiert auf der Annahme, dass sich in der Schüttung ein Rieselfilm nach unten bewegt und an dessen Oberfläche die Schubkraft des Gases angreift. Deshalb wird dieses Modell als *Rieselfilm-Gas-Schubspannungs-Modell* bezeichnet [60].

Beim Überschreiten bestimmter Gasgeschwindigkeiten u_V für eine vorgegebene Flüssigkeitsbelastung u_L staut sich der Rieselfilm in den Hohlräumen der Schüttung, die Räume zwischen den Füllkörpern füllen sich mit der Flüssigkeit, bis schließlich der Flutpunkt eintritt. Dieses Modell beschreibt also sinnvoll den Flutpunktmechanismus, wenn nur wenige Tropfen entstehen, also bei *großflächigen Füllkörpern* mit geringem Lückenvolumen, wenn *sehr hohe Flüssigkeitsbelastungen* auftreten, z.B. bei Druckrektifikation und Druckabsorption.

Dies wird auch durch Messungen in dieser Arbeit bestätigt. In den Bildern 2-5a–d wird das von Mersmann entwickelte Flutpunktdiagramm gezeigt. Man sieht, dass für 25-mm Raschigringe, 25-mm metallische Pall-, Białecki- und Hiflow-Ringe, VSP-Ringe u.a. die Messwerte nur wenig um die von Mersmann [2, 3] angegebene Flutgrenze streuen. Der bezogene Druckverlust $\Delta p_0 / \rho_L \cdot g \cdot H$ liegt dabei bei 0,25. Mit zunehmender Füllkörpergröße sowie bei kleinen dimensionslosen Berieselungsdichten B_L weichen die Messwerte immer mehr von der Grundlinie nach Mersmann ab, s. Bilder 2-5b, c, d. Es lässt sich aus der Lage der Messpunkte eine Tendenz erkennen, nämlich: für Füllkörper mit einer geometrischen Oberfläche von $a \approx$ 150 m^{2}m^{-3} beginnt die Kolonne beim bezogenen Druckverlust von $\Delta p_0 / \rho_L \cdot g \cdot H \approx$ 0,15 zu fluten, bei noch größeren Füllkörpern mit $a \cong 100$ m^{2}m^{-3} und $a \cong 80$ m^{2}m^{-3} entsprechend bei $\Delta p_0 / \rho_L \cdot g \cdot H = 0,1$ bzw. 0,05. Mit größer werdender dimensionsloser Flüssigkeitsbelastung B_L nähern sich die einzelnen oberflächenabhängigen Flutlinien immer mehr der von Mersmann angegebenen Grundlinie an. Dies lässt erkennen, dass bei extrem großen dimensionslosen Flüssigkeitsbelastungen B_L der Flutpunktmechanismus auch bei Verwendung großer Füllkörpern durch das *Rieselfilm-Gas-Schubspannungs-Modell* von Mersmann [3] beschrieben werden kann. Bei solchen Betriebsbedingungen bilden sich immer weniger Tropfen, und die Energie des Gases reicht nicht aus, um die Tropfen in Schwebe zu halten.

Der Gültigkeitsbereich des *Rieselfilm-Gas-Schubspannungs-Modells* ist damit deutlich aufgezeigt worden, es gilt im Bereich sehr kleiner Gasgeschwindigkeiten und für Flüssigkeiten mit großer Oberflächenspannung, insbesondere für großflächige, glattwandige und leicht benetzbare Füllkörpermaterialien, wie z.B. Keramik. Um die Fluiddynamik außerhalb des Gültigkeitsbereiches dieses Modells zu beschreiben, ist es sinnvoll für Füllkörper mit durchbrochener Oberfläche mit Abmessungen $d \geq 0,015$ m und für strukturierte Packungen ein neues Modell zu entwickeln, welches berücksichtigt, dass das Gas in nennenswertem Umfang Tropfen mitreißt.

2.2.4
Eigener Ansatz zur Bestimmung der Dampfgeschwindigkeit $u_{V,Fl}$ am Flutpunkt

In der Technik tritt oft der Grundvorgang auf, in welchem ein Partikelbett durch eine andere Phase durchströmt wird. Als Beispiele sind zu nennen: Durchströmung von Festbetten, Wirbelschichten, pneumatischer Transport u.a. Solche Vorgänge sind qualitativ ähnlich. Es handelt sich hierbei um die Umströmung eines Einzelpartikels in Anwesenheit von benachbarten Partikeln. Zu den obigen Grundvorgängen kann bei bestimmten Betriebsbedingungen auch der Flutvorgang in Füllkörperkolonnen gezählt werden. In diesem Falle handelt es sich um die Durchströmung des Gases durch das schwebende Bett von Tropfen. Für die

Bild 2-5 a–d. a Flutgrenze, abhängig von der dimensionslosen Berieselungsdichte nach Mersmann [3] mit eingetragenen Messwerten für verschiedene Füllkörper und Systeme. **b** Flutgrenze, abhängig von der dimensionslosen Berieselungsdichte nach Mersmann [3] mit eingetragenen Messwerten für verschiedene Füllkörper und Systeme

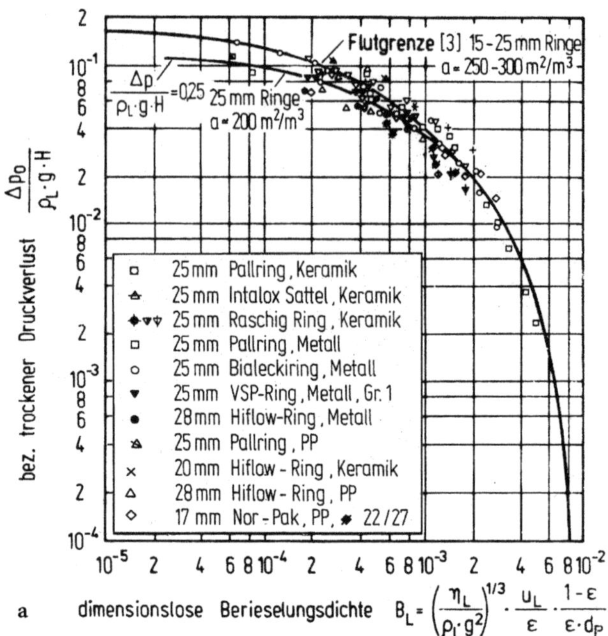

a

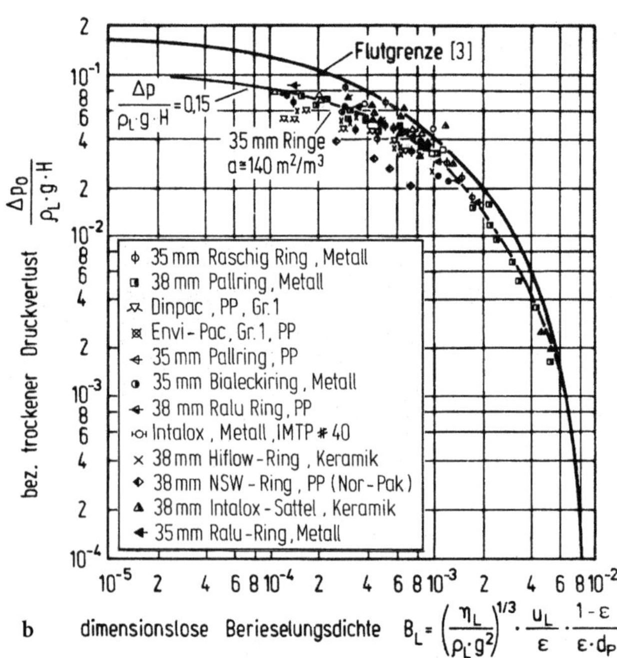

b

Bild 2-5 a–d. (Fortsetzung) c Flutgrenze, abhängig von der dimensionslosen Berieselungsdichte nach Mersmann [3] mit eingetragenen Messwerten für verschiedene Füllkörper und Systeme. d Flutgrenze, abhängig von der dimensionslosen Berieselungsdichte nach Mersmann [3] mit eingetragenen Messwerten für verschiedene Füllkörper und Systeme

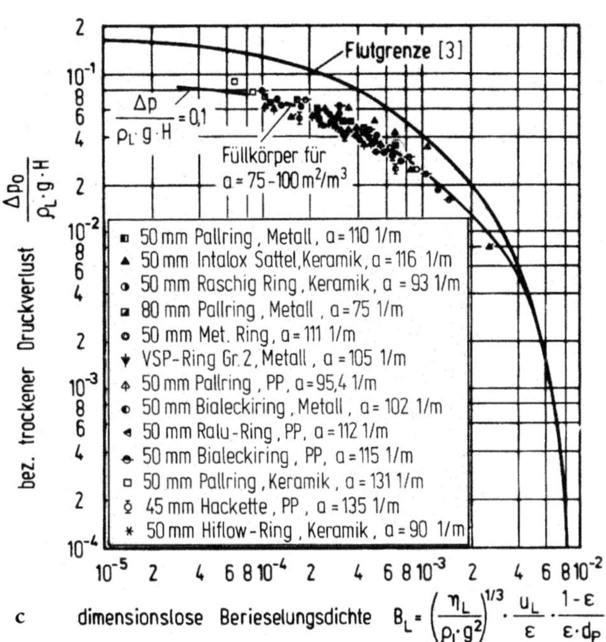

c dimensionslose Berieselungsdichte $B_L = \left(\dfrac{\eta_L}{\rho_L \cdot g^2}\right)^{1/3} \cdot \dfrac{u_L}{\varepsilon} \cdot \dfrac{1-\varepsilon}{\varepsilon \cdot d_P}$

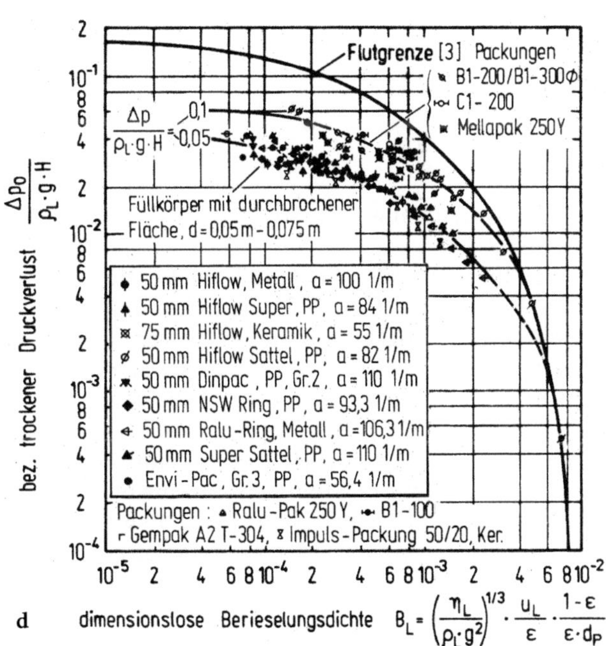

d dimensionslose Berieselungsdichte $B_L = \left(\dfrac{\eta_L}{\rho_L \cdot g^2}\right)^{1/3} \cdot \dfrac{u_L}{\varepsilon} \cdot \dfrac{1-\varepsilon}{\varepsilon \cdot d_P}$

Bild 2-6. Tropfen-Schwebebett-Modell zur Beschreibung des Flutpunktes in Füllkörper-kolonnen für Gas- bzw. Dampf-Flüssigkeitssysteme

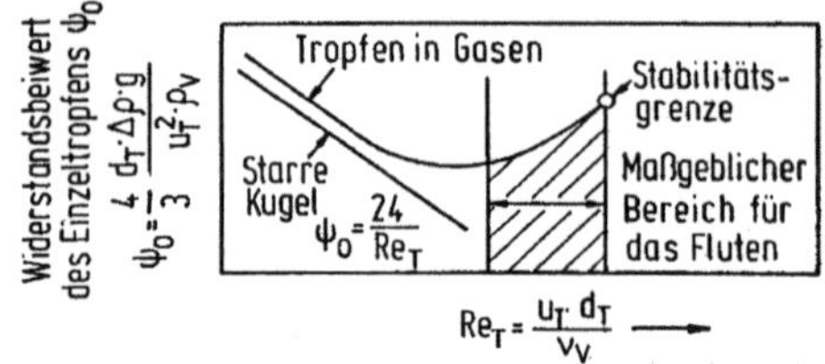

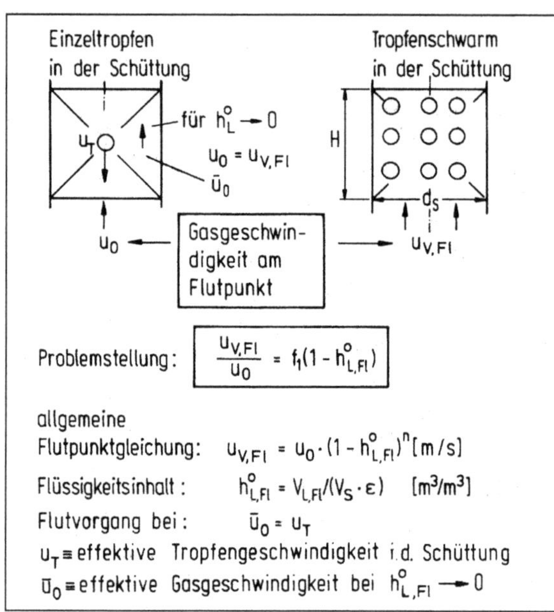

Modellvorstellung trifft somit die Bezeichnung *Tropfen-Schwebebett-Modell* zu, s. Bild 2-6.

In Bild 2-6 sind schematisch die Bezeichnungen angegeben, die zur Ableitung der Berechnungsformel für den Flutpunkt hilfreich sind. Mit u_0 wird die Leer-rohrgeschwindigkeit des Gases bezeichnet, die in der Lage ist, den gebildeten Einzeltropfen mit Durchmesser d_T in der Schwebe zu halten. Mit $u_{V,Fl}$ wird die Leer-rohrgeschwindigkeit des Gases bezeichnet, die einen Tropfenschwarm in der Schwebe hält. Steigt der Tropfenanteil $h_{L,Fl}^0$ im Gas an, so kommt die Kolonne bei kleineren Geschwindigkeiten $u_{V,Fl}$ zum Fluten. Somit ist der Flüssigkeitsinhalt $h_{L,Fl}^0$ die wichtigste Größe, die das aus beiden Geschwindigkeiten gebildete Verhältnis $u_{V,Fl}/u_0$ beeinflusst. In Bild 2-7 sind beispielhaft die experimentellen Flutpunktsdaten gemäß Bild 2-2a in Form der Funktion $u_{V,Fl} = f_1(1 - h_{L,Fl}^0)$ dargestellt. Somit ist die Brauchbarkeit des folgenden Ansatzes belegt.

$$\frac{u_{V,Fl}}{u_0} = (1 - h_{L,Fl}^0)^n \qquad (2\text{-}19)$$

$h_{L,Fl}^0$ bedeutet den auf das freie Schüttungsvolumen bezogenen Flüssigkeitsinhalt $h_{L,Fl}^0$ am Flutpunkt gemäß Gl. (2-19a).

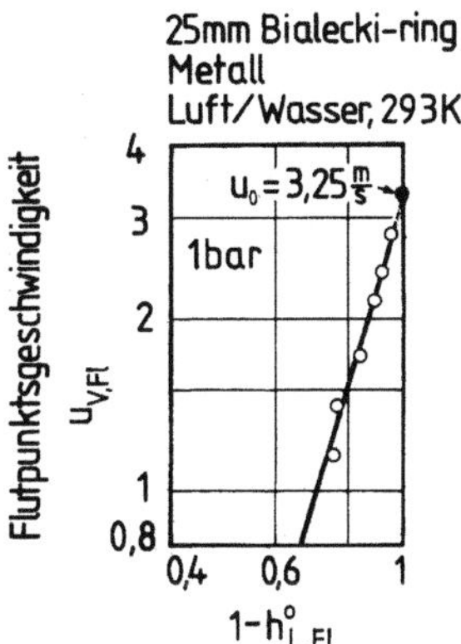

Bild 2-7. Abhängigkeit $u_{V,Fl}$ $= f(1 - h^0_{L,Fl})$ für regellos geschüttete, metallische Białeckiringe. Messdaten s. Bild 2-3

$$h^0_{L,Fl} = \frac{V_{L,Fl}}{V_S \cdot \varepsilon} = \frac{h_{L,Fl}}{\varepsilon} \quad [\mathrm{m^3\,m^{-3}}] \qquad (2\text{-}19\,\mathrm{a})$$

Der Flutpunkt beginnt nach der Modellvorstellung dann, wenn die effektive Gasgeschwindigkeit in der Schüttung $\bar{u}_0$ den Wert der effektiven Tropfengeschwindigkeit u_T in der Schüttung erreicht, d. h. es gilt für

$$h^0_{L,Fl} \rightarrow 0 \quad \Rightarrow \quad \bar{u}_0 = u_T \qquad (2\text{-}20)$$

Eine analoge Bedingung muss für den Tropfenschwarm gelten.

Die Gln. (2-19) und (2-20) besagen, dass ein Tropfenschwarm langsamer als der einzelne Tropfen fällt. Dies ist auf die erhöhte Relativgeschwindigkeit beider Phasen unter Einfluss einer veränderten Auftriebskraft zurückzuführen [55]. Diese ändert sich infolge der geänderten mittleren Dichte des Zweiphasengemisches, ähnlich wie bei dem Sedimentations- bzw. Fluidisationsvorgang.

Die Funktion $f_1(1 - h^0_{L,Fl})$ beschreibt den Verengungseffekt, der bei der Gasströmung durch den Tropfenschwarm auftritt. Die Anwendung der Gl. (2-19) zur Berechnung der Gasgeschwindigkeit am Flutpunkt $u_{V,Fl}$ erfordert die Kenntnis der Geschwindigkeit u_0, des Exponenten n sowie des Flüssigkeitsinhaltes am Flutpunkt $h^0_{L,Fl}$, welcher in Analogie zu den Flüssig-Flüssig-Systemen vom Phasendurchsatzverhältnis λ_0 am Flutpunkt [13, 17, 18, 38] abhängig ist. Auf die Ableitung der Berechnungsgleichung für den Flüssigkeitsinhalt $h^0_{L,Fl}$ für Gas-Flüssigkeitssysteme in Füllkörperkolonnen wird näher in Kap. 2.2.4.4 eingegangen. In Tabelle 2-2a,b sind die Stoffeigenschaften der Gemische bei verschiedenen Kopfdrücken p_T bis 100 bar zusammengestellt, für welche eigene Messdaten zum Flutpunkt und solche aus der Literatur zur Auswertung herangezogen wurden.

2.2.4.1
Effektive Fallgeschwindigkeit des Einzeltropfens in der Schüttung u_T

Die Basis für die Bestimmung der effektiven Fallgeschwindigkeit u_T des Tropfens in der Schüttung liefert die Gl. (2-12). Aus der Kräftebilanz um einen Tropfen folgt

Tabelle 2-2a. Stoffeigenschaften der untersuchten Systeme im Vakuum- und Normaldruckbereich

Nr.	System	p_T [mbar]	ρ_V [kg/m^3]	ρ_L [kg/m^3]	$\eta_L \cdot 10^3$ [kg/(ms)]	$\eta_V \cdot 10^6$ [kg/(ms)]	$\sigma_L \cdot 10^3$ [N/m]	Literatur
1	**Luft/Wasser**	1000	1,180	998,2	1,0	18,2	72,5	[A] u.a.
2	**Ethylbenzol/Styrol** $y_T \approx 0,8$ mol/mol	133,0 66,7	0,486 0,256	826,0 837,0	0,38 0,44	7,57	23,0 25,0	[5]
3	**Methanol/Ethanol** $y_T \approx 0,8$ mol/mol	1000	1,250	742,0	0,355	11,2	17,7	
4	**Cyclohexan/n-Heptan** $y_T \approx 0,8$ mol/mol	344	1,140	727,0	0,505	7,06	20,6	
5	**1,2-Propylenglykol/ Ethylenglykol**	13	0,032	1018,0	4,0	9,5	35,0	
6	**Chlorbenzol/Ethylbenzol** $y_T \approx 0,65\text{–}0,8$ mol/mol	33,0 66,7 66,7 133,0 266,0 532,0 1000,0	0,142 0,270 0,268 0,517 0,963 1,863 3,334	954,0 992,0 941,0 974,0 911,0 957,8 995,0	0,58 0,50 0,43 0,38 0,32 0,27	7,53 7,90 7,68 8,27 9,76	30,0 27,3 25,0 23,2 22,4 19,5	[A] u.a.
7	**Toluol/n-Oktan** $y_T \approx 0,85$ mol/mol	133 80	0,473 0,300	792,0 829,9	0,39 0,42	7,23 6,83	23,0 24,7	
8	**Ethanol/Wasser** $y_T \approx 0,65$ mol/mol	1000	1,210	786,0	0,495	10,5	25,0	
9	**iso-Oktan/Toluol**	133 1000	0,545 3,460	713,3 660,9	0,40 0,23	6,71 8,00	22,5 14,4	[8, 16, 25]
10	**Benzol/Toluol**	400 1000	1,170 2,740	831,0 803,0	0,37 0,28	8,3 9,0	23,0 20,0	[7, 26]
11	**trans-Dekalin/cis-Dekalin**	13	0,066	850,0	1,27	7,0	26,3	[5]

Tabelle 2-2a (Fortsetzung)

Nr.	System	p_T [mbar]	ρ_V [kg/m^3]	ρ_L [kg/m^3]	$\eta_L \cdot 10^3$ [kg/(ms)]	$\eta_V \cdot 10^6$ [kg/(ms)]	$\sigma_L \cdot 10^3$ [N/m]	Literatur
12	**p-Xylol/m-Xylol**	66,7	0,250	830,0	0,42	7,28	24,2	[A] u.a.
13	**Benzol/Ethylenchlorid**	1000	3,0	816,0	0,45	8,9	20,0	[5, 19]
14	**Ethylenchlorid/Toluol**	20 1000	0,088 3,300	1127,0 1158,0	1,11 0,40	 10,9	36,0 24,0	
15[+]	**Methanol/Wasser** $y_T \approx 0{,}9$ mol/mol	466 1000	0,54 1,10	778,0 760,0	0,41 0,33	11,81 11,60	21,7 19,8	[A]
16	**Wasserdampf/Wasser**	1000	0,598	958,3	0,282	15,0	58,8	[19]
17	**Luft/Ethylenglykol** 305 K	1000	1,160	1110,0	18,50	18,2	48,0	[5, 36, 37]
18	**Luft/Maschinenöl** 305 K	1000	1,160	850,0	90,0	18,2	25,6	[5]
19	**Luft/Propylencarbonat** 293 K	1000	1,160	1259,0	2,70	18,2	44,5	[39]
20	**Luft/Silikonöl**	1000	1,160	932,0	9,60	18,2	21,3	[36, 37]
21	**Luft/98 %ige Schwefelsäure** 293 K	1000	1,160	1830,0	29,0	18,2	80,0	[29]
22	**Luft/4%ige NaOH** 293 K	1000	1,160	1040,0	1,50	18,2	27,0	[A]
23[+]	**1,2-Dichlorethan/Toluol** $y_T \approx 0{,}7$ mol/mol	1000	3,260	1020,0	0,36	0,45	22,0	
31	**Benzol/n-Heptan**	1000	2,84	765,9	0,296	8,55	19,5	[A]
32	**Ethanol/Benzol**	1000	2,55	787,7	0,375	8,95	21,7	[A]

A $\equiv$ Autor. [+] $\equiv$ Systeme, für die keine Flutpunktdaten in der Flutpunktdatenbank vorlagen. Für diese Systeme lagen die Druckverluste $\Delta p/H$ vor.

Tabelle 2-2b. Stoffeigenschaften der untersuchten Systeme im Druckbereich

Nr.	System	p_T [mbar]	ρ_V [kg/m^3]	ρ_L [kg/m^3]	$\eta_L \cdot 10^3$ [kg/(m s)]	$\eta_V \cdot 10^6$ [kg/(m s)]	$\sigma_L \cdot 10^3$ [N/m]	Literatur
24	Luft/Propylenkarbonat	5	5,92	1204	2,69	18,2	43,7	[39]
		10	11,61				42,7	
		15	17,40				41,4	
25	Cyclohexan/n-Heptan	1,69	4,74	682,9	0,285		15,7	[5]
26	iso-Butan/n-Butan	11,6	32,2	477	0,083		6,15	[5]
27	Methanol/Stickstoff (N$_2$)	5	6,7	830	1,32	15,6	26,3	[75]
		10	12,5	813	0,87	16,8	23,8	
		15	20,9	833	1,27	15,9	25,4	
		20	26,6	826	1,10	16,5	24,4	
		30	41,6	834	1,32	16,0	24,5	
		40	53,8	826	1,11	16,7	23,0	
		65	86,5	822	1,03	17,4	21,5	
		80	110,4	826	0,93	18,2	20,7	
		90	127,0	833	1,27	17,9	20,7	
		100	128,8	816	0,91	18,8	18,6	
28	Ethandiol/Stickstoff (N$_2$)	20	23/25	1111/1128	19,1	18,6	49,7	[75]
29	Wasser/Stickstoff (N$_2$)	12,8	15,2	1000	1,30	17,5	73,8	
		20	24,0		1,27	17,7		
30	Methan/Ethan	30	51/63	393	0,08	9,0	1,8/2,5	[72]

analog Gl. (2-13) die Formel (2-21)

$$u_\mathrm{T} = \sqrt{\frac{4}{3}} \cdot \sqrt{\frac{d_\mathrm{T} \cdot g}{\psi_0}} \cdot \sqrt{\frac{\rho_\mathrm{L} - \rho_\mathrm{V}}{\rho_\mathrm{V}}} \qquad (2\text{-}21)$$

in welcher ψ_0 den Widerstandsbeiwert eines Einzeltropfens beim Fall durch die Schüttung dargestellt.

Der Ausdruck

$$\sqrt{\frac{4}{3}} \cdot \sqrt{\frac{d_\mathrm{T} \cdot g}{\psi_0}} \equiv \overline{u}_\mathrm{T} \quad \Rightarrow \quad \overline{u}_\mathrm{T} = u_\mathrm{T} \cdot \sqrt{\frac{\rho_\mathrm{V}}{\rho_\mathrm{L} - \rho_\mathrm{V}}} \qquad (2\text{-}22)$$

wird ferner als reduzierte Sinkgeschwindigkeit des Einzeltropfens $\overline{u}_\mathrm{T}$ in der Schüttung bezeichnet.

Die Bilder 2-4a bis 2-4c sowie die Analyse der bekannten Ansätze nach Absatz 2.2.3 liefern wichtige Informationen über die effektive Tropfengeschwindigkeit u_T beeinflussenden Größen. Für kleiner werdende Werte des Strömungsparameters $X < 10^{-2}$ erhält man einen annähernd konstanten Wert für den Flutbelastungsfaktor $F_{\mathrm{V,Fl}}^{*}$, zu welchem die reduzierte Tropfengeschwindigkeit $\overline{u}_\mathrm{T}$ proportional ist und welche sich für $h_{\mathrm{L,Fl}}^{0} \to 0$ dem Wert $F_{\mathrm{V,Fl}}^{*}$, immer mehr nähert; d.h. $u_\mathrm{T} \to F_{\mathrm{V,Fl}}^{*}$. Diese Aussage gilt exakt für ein gegebenes Gemisch und für eine Füllkörpergröße.

Aus den Bildern 2-4a–c geht ferner hervor, dass mit zunehmender Füllkörpergröße d die reduzierte Tropfengeschwindigkeit $\overline{u}_\mathrm{T}$ zunimmt. Auch das Material, aus welchem die Füllkörper hergestellt werden, beeinflusst die Größe u_T. Daraus folgt, dass der Widerstandsbeiwert ψ_0 in Gl. (2-21) eine Funktion der Füllkörpergröße und der Oberflächenbeschaffenheit des Füllkörpers darstellt. Der erste Einflussfaktor kann dimensionslos in Form des Quotienten $f_2(d_\mathrm{h}/d_\mathrm{T})$ erfasst werden. Die zweite Einflussgröße hängt mit dem Widerstandsbeiwert der trockenen Schüttung ψ zusammen. Diese beiden Effekte lassen sich mit der allgemeinen Abhängigkeit (2-23)

$$u_\mathrm{T} = C_1 \cdot \sqrt{\frac{d_\mathrm{T} \cdot \Delta\rho \cdot g}{\rho_\mathrm{V}}} \cdot f_2\left(\frac{d_\mathrm{h}}{d_\mathrm{T}}\right) \cdot f_3(\psi) \qquad (2\text{-}23)$$

wiedergegeben, in der C_1 eine dimensionslose Konstante ist. Auf die genaue Ableitung der Funktion $f_2(d_\mathrm{h}/d_\mathrm{T})$ und $f_3(\psi)$ wird in den Absätzen 2.2.4.5 und 2.2.4.6 eingegangen.

2.2.4.2
Tropfengröße und Bereiche der Tropfenbewegung

Aus Bild 2-8 [15] ist ersichtlich, dass für Tropfen-Reynolds-Zahlen $\mathrm{Re}_\mathrm{T} > 400$ der Widerstandsbeiwert ψ_0 mit zunehmender Reynolds-Zahl Re_T entgegen den Erwartungen zunimmt. Dies gilt nach Untersuchungen zahlreicher Autoren u.a. Mersmann [33, 38], Reinhart [63], Kovalenko [64] im Bereich von $\mathrm{Re}_\mathrm{T} > 400$ nur für große in Flüssigkeiten und Gasen fallende deformierte Tropfen über 1 mm und für $\eta_V/\eta_L \to 0$ und $\rho_V/\rho_L \ll 1$. Solche Tropfen sind nach Mersmann [2, 38, 60] im Bereich

$$\frac{d_T^2 \cdot \Delta\rho \cdot g}{\sigma} < 9 \qquad (2\text{-}23a)$$

stabil.

Zur Berechnung der Tropfen-Reynolds-Zahl in der Schüttung ist neben der Tropfengeschwindigkeit u_T auch die Tropfengröße d_T sowie die kinematische Viskosität der umgebenden Phase ν_V erforderlich.

Für die Bestimmung der Tropfengröße in Füllkörperkolonnen liegen Berechnungsgleichungen für große, deformierte Tropfen vor, die an Flüssig-Flüssig-Systemen gewonnen wurden, welche in Arbeiten von Mersmann [38] sowie Maćkowiak und Billet [17, 18] angegeben werden.

Zur Beschreibung der Fluiddynamik des Tropfens wurde aus Zweckmäßigkeitsgründen der mittlere Tropfendurchmesser

$$d_T = C_T \sqrt{\frac{\sigma_L}{(\rho_L - \rho_V)g}} \qquad \text{mit } C_T = 1 \quad [17, 18] \qquad (2\text{-}24)$$

gewählt, mit welchem die Größenordnung der Reynolds-Zahlen Re_T nach Gl. (2-9) mit $u_V = u_T$ abgeschätzt werden kann [17, 18, 38].

$$\mathrm{Re}_T = \frac{\overline{u}_V \cdot d_T}{\nu_V} \qquad (2\text{-}9)$$

Für die maximal noch stabilen Tropfen gilt Gl. (2-24) mit $C_T = 2{,}44$ [38, 57].

Neue Untersuchungsergebnisse zur Vorausberechnung der Tropfengrößen in Gas-Flüssigkeitssystemen werden in der Arbeit von Bornhütter [66] für den Fall der Abtropfvorgänge sowie des Strahl- und Fadenzerfalls unter Verwendung von Wasser, Ethylenglykol und Methanol angegeben. Als Befund ergab die Auswertung der Messergebnisse, dass der Tropfendurchmesser nach Gl. (2-24) unabhängig von der spezifischen Flüssigkeitsbelastung und von der Füllkörpergröße sowie der Füllkörperform ist. Der Tropfendurchmesser hängt dagegen von den Benetzungs- und Stoffeigenschaften der Flüssigkeit ab. Bei Keramik als Material wurden größere Tropfen gemessen als bei den übrigen Materialien wie PP, PTFE, VA-Stahl, wobei für die Adhäsionsarbeit $(1 + \cos\theta) \cdot 10^3 = 80\text{--}120$ die Konstante C_T um $1 \pm 0{,}15$ liegt.

Für die in Tabelle 2-2 zusammengestellten Systeme ergeben sich daher gemäß Gl. (2-24) mit $C_T = 1$ Tropfen mit einer Größe von ca. $1{,}5 \cdot 10^{-3}$ bis $2{,}7 \cdot 10^{-3}$ m, die dazugehörigen Reynolds-Zahlen nach Gl. (2-9) liegen im Bereich von $400 < \mathrm{Re}_T < 1400$. Nach Bild 2-8 entspricht das dem Bereich, in dem der Widerstandsbeiwert ψ_0 mit zunehmender Reynolds-Zahl Re_T zunimmt, s. Bild 2-6.

Bei Systemen mit sehr kleinen Oberflächenspannungen σ_L befindet man sich im Bereich kleinerer Reynolds-Zahlen Re_T, im Übergangs- bzw. im laminaren Bereich, wobei dann der Widerstandsbeiwert ψ_0 in Bild 2-8 mit zunehmender Reynolds-Zahl sinkt.

Bild 2-8. Die Abhängigkeit des Widerstandsbeiwertes ψ_0 der Einzeltropfen von der Reynolds-Zahl Re_T nach Hu und Kinter [15]. ν_C = kinematische Viskosität der umgebenden flüssigen Phase. Beim Tropfenfall in Gasen gilt $\nu_C = \nu_V$

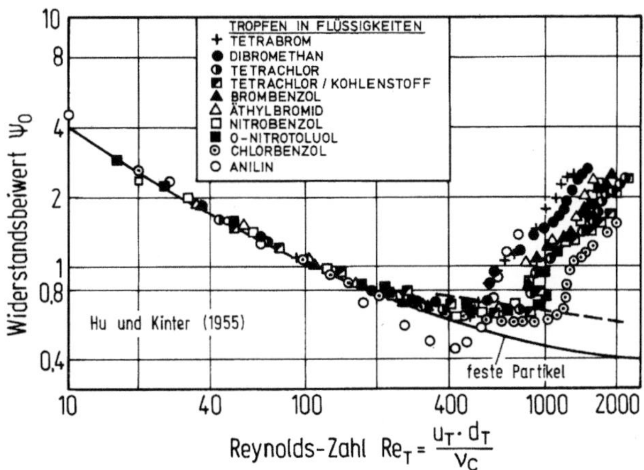

Demzufolge kann C_1 in Gl. (2-23) nicht mehr als Konstante angesehen werden. Es sind in den Bereichen andere Abhängigkeiten für die effektiven Tropfengeschwindigkeit u_T zu erwarten als es die Gl. (2-23) vorsieht. Dieser Bereich ist jedoch für praktische Anwendungen weniger bedeutsam.

2.2.4.3
Analogie zwischen dem Sinkvorgang von Partikeln in Wirbelschichten und dem Tropfenfall in Schüttungen

Zu Beginn des Kap. 2.2.4 wurde auf die Analogie zwischen dem Flutvorgang in Füllkörperkolonnen und den Wirbelschichten hingewiesen. Zur Bestimmung der Fallgeschwindigkeit von Partikeln in solchen Systemen wird das in Bild 2-9 gezeigte Diagramm von Zenz [61] modifiziert von Wunder, zitiert u. a. bei Mersmann [2] und Stichlmair [55], verwendet. In diesem Diagramm wird auf der Ordinate die dimensionslose Leerrohrgeschwindigkeit

$$u_0 \cdot \sqrt[3]{\frac{\rho_V^2}{\Delta\rho \cdot g \cdot \eta_V}}$$

und auf der Abszisse der dimensionslose Partikeldurchmesser d_T^* nach Gl. (2-25)

$$d_T^* = Ar^{1/3} \tag{2-25}$$

aufgetragen. Ar – bedeutet hier die Archimedes-Zahl, für welche gilt:

$$Ar = \frac{d_T^3 \cdot \rho_V}{\eta_V^2} \cdot \Delta\rho \cdot g \ . \tag{2-26}$$

Für die in der Tabelle 2-2 zusammengestellten Gemische ergeben sich nach Gl. (2-25) dimensionslose Partikeldurchmesser d_T^* in der Größenordnung zwischen 40 und 170. Nach Bild 2-9 hängt in diesem Bereich die dimensionslose Leerrohrgeschwindigkeit annähernd von der Wurzel aus dem dimensionslosen Partikel-

Bild 2-9. Diagramm zur Ermittlung der Schwebege-
schwindigkeit von Partikeln
[55]. —— Homogene Zwei-
phasenschicht (particulate
Fluidization); –·–·– Inho-
mogene Zweiphasenschicht
(aggregative Fluidization)

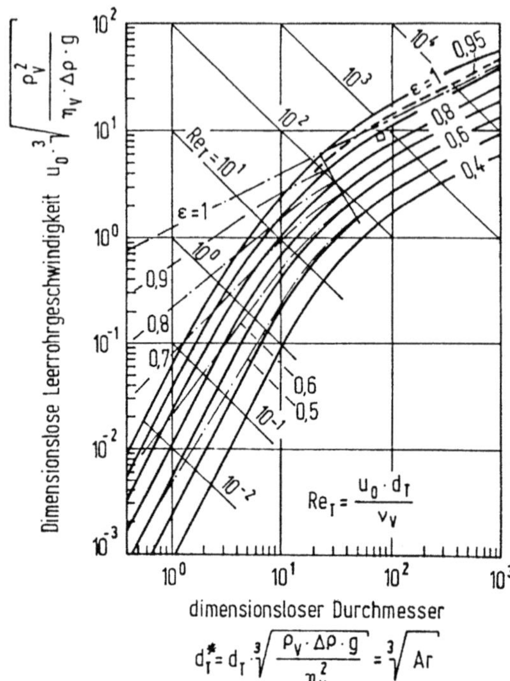

durchmesser d_T^* ab, d.h. es gilt:

$$u_0 \cdot \sqrt[3]{\frac{\rho_V^2}{\Delta\rho \cdot g \cdot \eta_V}} = A_i \cdot d_T^{*\,1/2}. \qquad (2\text{-}27)$$

A_i bedeutet hier die Füllkörperkonstante.

Nach dem Einsetzen der Gln. (2-25) und (2-26) in Gl. (2-27) erhält man schließlich die Abhängigkeit (2-28) für die Leerrohrgeschwindigkeit u_0, bei welcher in einer bestimmten Füllkörperschüttung ein Tropfen in Schwebe gehalten wird.

$$u_0 = A_i \cdot \sqrt[3]{\frac{\Delta\rho \cdot \eta_V \cdot g}{\rho_V^2}} \cdot (\sqrt{Ar})^{1/2}$$

$$= A_i \cdot \sqrt{\frac{\Delta\rho \cdot d_T \cdot g}{\rho_V}} \qquad\qquad A_i = \text{Füllkörperkonstante} \qquad (2\text{-}28)$$

Diese funktionelle Abhängigkeit ist vergleichbar mit der nach Gl. (2-21).

Daraus folgt, dass beide Geschwindigkeiten u_0 nach Gl. (2-28) und u_T nach Gl.
(2-21) vom gleichen Term

$$u_0, u_T \approx \sqrt{\frac{d_T \cdot \Delta\rho \cdot g}{\rho_V}} \quad \text{für } d_T^* \in (40-170) \qquad (2\text{-}29)$$

abhängig sind.

Durch die Ableitung der Formel (2-25) bis (2-29) wurde die Analogie des *Tropfen-Schwebebett-Modells* mit dem bekannten Wirbelschichtmodell, Bild 2-9, im Bereich $d_T^* \geq 40$ gezeigt.

2.2.4.4
Bestimmung des Flüssigkeitsinhaltes $h_{L,Fl}^0$ am Flutpunkt

In Anwesenheit von mehreren Tropfen (Tropfenschwarm) ändert sich der freie, für die Gasströmung verfügbare Querschnitt. Der Tropfenschwarm bewegt sich aufgrund geänderter Auftriebskraft langsamer als der Einzeltropfen, wobei der Verengungseffekt mit der Funktion $f_1(h_{L,Fl}^0) = (1 - h_{L,Fl}^0)^n$ erfasst werden kann, s. Gl. (2-19).

Gemäß dem vorgestellten TSB-(Tropfen-Schwebe-Bett)-Modell beginnt der Flutvorgang für $h_{L,Fl}^0 \to 0$ dann, wenn die effektive Gasgeschwindigkeit $\bar{u}_0$ gleich der effektiven Fallgeschwindigkeit eines Tropfens u_T wird, Gl. (2-20).

Für einen gegebenen Füllkörper lässt sich mit Gl. (2-19) sowohl die auf die leere Kolonne bezogene Gasgeschwindigkeit u_0 als auch der Exponent n ermitteln, wenn mehrere experimentelle Daten zum Flüssigkeitsinhalt $h_{L,Fl}^0$ und die dazugehörigen Flutpunktgeschwindigkeiten $u_{V,Fl}$ vorliegen. Zur Bestimmung der Größen u_0 und n für Gl. (2-19) wurden beispielhaft die für 25-mm Białeckiringe geltenden Daten der Bilder 2-2 und 2-3 in Tabelle 2-3 zusammengestellt, s. Bild 2-7. Aus den experimentell bestimmten Gasgeschwindigkeiten $u_{V,Fl}$ am Flutpunkt, den dazugehörigen spezifischen Flüssigkeitsbelastungen u_L und den jeweiligen Flüssigkeitsinhalten $h_{L,Fl}^0$ sowie mit den für das System Luft/Wasser unter Umgebungsbedingungen geltenden Stoffwerten ρ_V, ρ_L und σ_L wurden die Größen u_0 und n für die Gl. (2-19) unter Verwendung des Optimierungsverfahrens nach der Simplex-Methode zu

$$u_0 \cong 3{,}25 \text{ ms}^{-1} \pm 3\% \quad \text{und } n = 3{,}5 = \text{const} \tag{2-30}$$

bestimmt.

Bei der Simplex-Methode wird bekanntlich der mittlere Quadratfehler der Berechnung der Gasgeschwindigkeit am Flutpunkt $u_{V,Fl}$ gemäß der Formel

$$\bar{\delta}(u_{V,Fl}) = \frac{1}{n_i} \sqrt{\sum_{i=1}^{n_i} \left[\frac{u_{V,Fl,exp} - u_{V,Fl,ber}}{u_{V,Fl,exp}} \right]_i^2} \tag{2-31}$$

minimiert. n_i bedeutet hier die Zahl der Messpunkte. $\bar{\delta}(u_{V,Fl})$ wird ferner als mittlerer Fehler der Bestimmung der Gasgeschwindigkeit am Flutpunkt bezeichnet.

Der konstante Zahlenwert des Exponenten $n = 3{,}5$ ergibt sich auch für andere Füllkörper, für welche die Messdaten zum Flutpunkt $u_{V,Fl}$ und u_L sowie die Flüssigkeitsinhalte $h_{L,Fl}^0$ vorliegen, z. B. [3, 12, 22, 36, 37].

Die Verifizierung der Gültigkeit des Ansatzes nach Gl. (2-19) für beliebige Systeme ist erst dann möglich, wenn der spezifische Flüssigkeitsinhalt $h_{L,Fl}^0$ am Flutpunkt bekannt ist oder sich berechnen lässt. Eine solche Korrelation liegt in der Literatur für Gas/Flüssigkeitssysteme nicht vor. Meist sind jedoch aus der Litera-

Tabelle 2-3. Zusammenstellung der Messdaten zum Flutpunkt nach den Bildern 2-2a und 2-2b, gültig für regellos geschüttete 25-mm Białeckiringe aus Metall. System: Luft/Wasser, 1 bar, 293 K, $d_S = 0{,}15$ m, $H = 1{,}4$ m, $\varepsilon = 0{,}94$ m³m⁻³, $a = 238$ m²m⁻³, $Re_L \geq 2$

MP	$u_{V,Fl}$	$u_L \cdot 10^3$	$h_{L,Fl} \cdot 10^2$	$\lambda_0 \cdot 10^3$	$h_{L,Fl}^0 \cdot 10^2$	$\dfrac{u_{V,Fl}}{(1-h_{L,Fl}^0)^{3,5}}$	u_0
–	m s⁻¹	m s⁻¹	m³m⁻³	[–]	m³m⁻³	m s⁻¹	m s⁻¹
1	2,80	1,39	4,26	0,496	4,84	3,330	3,331
2	2,45	2,78	6,38	1,135	7,20	3,183	3,184
3	2,15	5,55	9,79	2,58	10,60	3,186	3,187
4	1,75	11,1	16,0	6,53	16,2	3,164	3,249
5	1,40	16,7	21,3	11,93	21,2	3,225	3,227
6	1,15	22,2	23,4	19,3	26,0	3,302	3,305

tur die Geschwindigkeiten $u_{V,Fl}$ und u_L am Flutpunkt bekannt. Somit muss zur Auswertung der Gl. (2-19) zuerst eine für alle Systeme gültige Beziehung zur Bestimmung des Flüssigkeitsinhaltes $h_{L,Fl}^0$ hergeleitet werden.

Herleitung des Ansatzes für den Flüssigkeitsinhalt am Flutpunkt $h_{L,Fl}^0$

Gemäß dem Zweischichtenmodell für Gegenstromprozesse [13, 14, 38] ergibt sich die Relativgeschwindigkeit u_R aus der Summe der effektiven Geschwindigkeiten beider Phasen $u_{V,eff}$ und $u_{L,eff}$

$$u_R = u_{V,eff} + u_{L,eff} = \frac{u_L}{\varepsilon \cdot h_L^0} + \frac{u_V}{\varepsilon \cdot (1-h_L^0)} = f_1(1-h_L^0) \,. \tag{2-32}$$

Die mittlere Relativgeschwindigkeit u_R wird in der englischsprachigen Literatur als „slip velocity" bezeichnet. Sie ist vom Gasgehalt $(1-h_L^0)$ und von der Fallgeschwindigkeit eines Tropfens in einer unendlich ausgedehnten, kontinuierlichen Phase abhängig. Die Fallgeschwindigkeit eines Tropfens nach Gl. (2-29) berücksichtigt nur die physikalischen Eigenschaften des Systems und die Tropfengröße, während der Gasgehalt $(1-h_L^0)$ die gegenseitige Beeinflussung der einzelnen Tropfen einbezieht. Für die Funktion $f_1(1-h_L^0)$ in Gl. (2-32) findet man in der Literatur eine ganze Reihe von Berechnungsformeln für Blasensäulen, Wirbelschichten, Flüssig/Flüssig-Extraktoren, für Fluidisierung und Sedimentation [14, 38, 52]. Für Systeme, in welchen Gas als kontinuierliche Phase durch die Schüttung im Gegenstrom zu der herabfließenden flüssigen Phase strömt, liegen ähnliche Ansätze nicht vor.

In Bild 2-10 wird beispielhaft die gemessene Relativgeschwindigkeit u_R über dem Flüssigkeitsinhalt h_L^0 für regellos geschüttete Białecki-Ringe aufgetragen. Als Parameter wird die Flüssigkeitsbelastung u_L gewählt.

Für verschiedene Flüssigkeitsbelastungen $u_{L,i}$ erhält man eine Kurvenschar, welche in der Nähe des Flutpunktes mit nachfolgender Gleichung

$$u_{R,i} = P_i \cdot (1-h_L^0)^m \tag{2-33}$$

in Analogie zu den bekannten Ansätzen, z.B. von Mersmann [38], beschrieben werden kann. Aus Bild 2-10 ist zu erkennen, dass die charakteristische Geschwindigkeit P_i eine Funktion der spezifischen Flüssigkeitsbelastung ist, d.h. $f(u_L)$ ist,

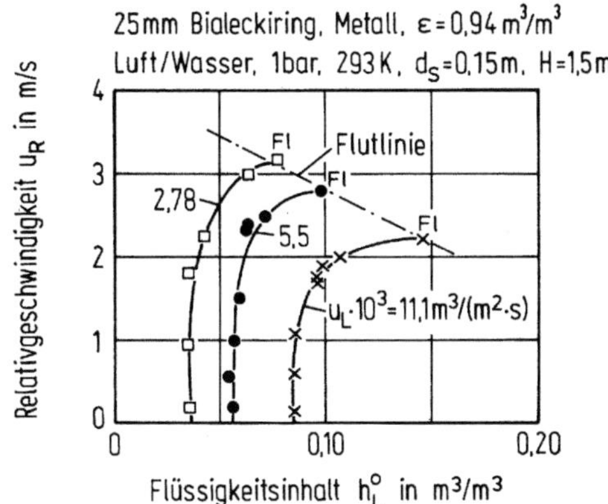

Bild 2-10. Gemessene Relativgeschwindigkeit u_R als Funktion des Flüssigkeitsinhaltes h_L^0, gültig für 25-mm regellos geschüttete, metallische Białeckiringe, erstellt gemäß Daten des Bildes 2-3

d.h. P_i ist nur für eine Flüssigkeitsbelastung $u_{L,i}$ konstant und die Steigung der Kurve $u_R = f(h_L^0)$ geht in der Nähe des Flutpunktes gegen Null. Das Zweischichtenmodell eignet sich somit gut zur Bestimmung des Flüssigkeitsinhaltes am Flutpunkt $h_{L,Fl}^0$, nicht aber zur Ableitung eines allgemein gültigen Ansatzes für die Gasgeschwindigkeit am Flutpunkt. Aus diesem Grunde wurde bei der Herleitung des Ansatzes für die Gasgeschwindigkeit $u_{V,Fl}$ auf Gl. (2-19) zurückgegriffen.

Durch die Kombination der Gln. (2-32) und (2-33) erhält man den Zusammenhang

$$\frac{u_L}{\varepsilon \cdot h_L^0} + \frac{u_V}{\varepsilon(1-h_L^0)} = P_i(1-h_L^0)^m \tag{2-34}$$

In Bild 2-11 ist schematisch die Abhängigkeit des Flüssigkeitsinhaltes h_L^0 von der Gasgeschwindigkeit u_V dargestellt. Dabei sind die Annahmen ersichtlich, die zur Herleitung der Beziehung für $h_{L,Fl}^0$ erforderlich sind. Sie lauten: für u_L = const gilt am Flutpunkt $(\partial u/\partial h_L^0) = 0$.

Im Betriebsbereich oberhalb 65% der Flutgrenze führt die Differentiation der umgeformten Gl. (2-34)

$$u_V = \varepsilon \cdot [P_i \cdot (1-h_L^0)^{m+1} - u_L \cdot (h_L^0-1)^{-1}] \tag{2-35}$$

für $(\partial u_V/\partial h_L^0) = 0$ und für gewählte spezifische Flüssigkeitsbelastungen $u_{L,i}$ = const

$$\left[\frac{\partial u_V}{\partial h_L^0}\right]_{u_{L,i}=\text{const}} = (P_i \cdot \varepsilon) \cdot (m+1) \cdot (1-h_L^0)^m \, (-1) - u_L \cdot \left(-\frac{1}{(h_L^0)^2}\right) = 0 \tag{2-36}$$

zu folgender Lösung:

$$(1-h_L^0)_{Fl}^m = \frac{u_{L,Fl}}{(P_i \cdot \varepsilon) \cdot (h_{L,Fl}^0)^2 \cdot (m+1)} \tag{2-37}$$

Durch das Einsetzen der Gln. (2-1) und (2-37) in Gl. (2-34) erhält man den für den Flutpunkt geltenden Zusammenhang zwischen dem Phasendurchsatzverhältnis

Bild 2-11. Schematische Darstellung der Abhängigkeit h_L^0 von der Gasgeschwindigkeit u_V in Füllkörperkolonnen

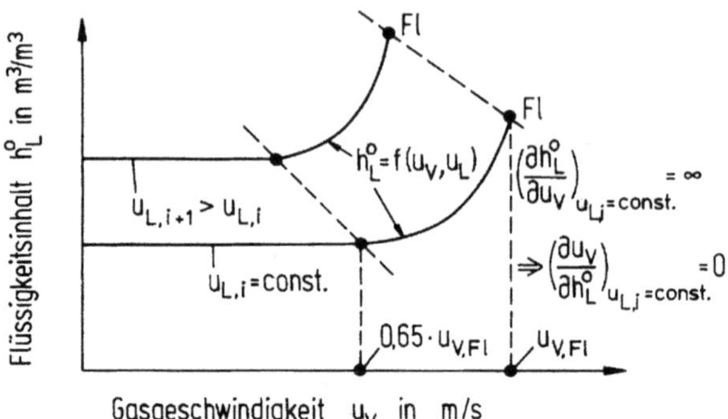

und dem Flüssigkeitsinhalt $h_{L,Fl}^0$. Er lautet:

$$\lambda_0 = \frac{(h_{L,Fl}^0)^2 \,(m+1)}{[1 - h_{L,Fl}^0]\,[1 - h_{L,Fl}^0 \,(m+1)]} \tag{2-38}$$

Zur identischen Beziehung (2-38) führt die Differentiation der Gl. (2-34) bei folgenden Bedingungen:

$$\text{für } u_V = \text{const} \quad \rightarrow \quad (\partial u_V / \partial h_L^0) = 0 \quad \text{und}$$

$$\text{für } u_L/u_V = \text{const} \quad \rightarrow \quad (\partial u_V / \partial h_L^0) = 0$$

Auf den analogen Ableitungsgang wie den nach Gln. (2-34) (2-38) wird hier jedoch aus Platzgründen verzichtet.

Die abgeleitete Beziehung (2-38) zeigt, dass der Flüssigkeitsinhalt am Flutpunkt $h_{L,Fl}^0$ lediglich vom Phasendurchsatzverhältnis λ_0 am Flutpunkt und vom Parameter m abhängig ist. Der Exponent m kann aus Experimenten für bekannte Wertepaare $\lambda_0 = (u_L/u_V)_{Fl}$ nach Gl. (2-1) und $h_{L,Fl}^0$ durch Umformung der Gl. (2-28) nach folgender Formel bestimmt werden:

$$m = \left[h_{L,Fl}^0 \left(\frac{h_{L,Fl}^0}{\lambda_0 \cdot (1 - h_{L,Fl}^0)} + 1 \right) \right]^{-1} - 1 \tag{2-39}$$

Auswertung der Messergebnisse – Bereich kleiner und mäßiger Phasendurchsatzverhältnisse λ_0 am Flutpunkt

Die für die Auswertung der Gl. (2-39) zur Verfügung stehenden Messpunkte ergeben für $\lambda_0 \le 0{,}025$ und für die Reynolds-Zahlen der Flüssigkeit $Re_L = u_L/a \cdot v_L \ge 2$ einen konstanten Zahlenwert für den Exponenten m, Gl. (2-40a)

$$m \approx -0{,}8 \pm 12\% \tag{2-40a}$$

Der Zahlenwert des Parameters m wurde für unterschiedliche Systeme, nämlich Luft/Wasser, Ethanol/Wasser, Wasserdampf/Wasser [7], Luft/Silikonöl [36, 37] sowie unter Verwendung verschiedener Füllkörper- und Packungstypen aus verschiedenen Materialien ermittelt. Der Parameter m ist im Bereich kleiner und mäßiger λ_0-Zahlen unterhalb $\lambda_0 < 0{,}025$ unabhängig vom Phasendurchsatzverhältnis λ_0 am Flutpunkt, s. Bild 2-12a.

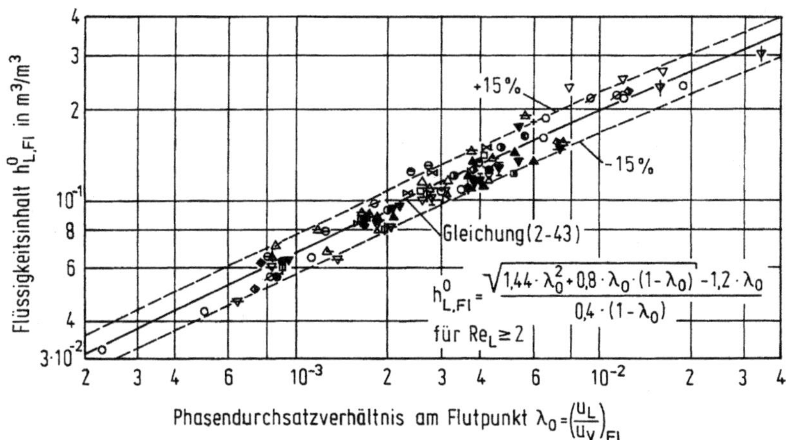

Bild 2-12a. Die Abhängigkeit des Flüssigkeitsinhaltes $h^0_{L,Fl}$ am Flutpunkt vom Phasendurchsatzverhältnis λ_0, gültig für verschiedene Systeme und unterschiedliche Füllkörperformen aus Metall, Keramik und Kunststoff, $Re_L \geq 2$. Vergleich der Messwerte mit Rechnung nach Gl. (2-43) – Messdaten des Autors.

Tabelle zu Bild 2-12a. Messungen zum Flüssigkeitsinhalt am Flutpunkt $h^0_{L,Fl}$

MP	$d \cdot 10^3$ [m]	Füllkörper oder Packung	Werkstoff	System	ε [m³/m³]	d_S [m]	H [m]	Lit.
○	25	**Białeckiringe** regellos	Metall	Luft/Wasser 1 bar, 293 K	0,94	0,154	1,5	[43]
▽	15	**Raschigringe** regellos	Keramik		0,676	0,226	0,63	[22]
▼	25		Glas	Luft/Silikonöl 1 bar, 293 K	0,82	0,15	1,0	[36,37]
⩔	25	**Raschigringe** regellos						
⩓	25		Keramik	C_2H_5OH/H_2O	0,667	0,3	2,0	[7]
⩕				H_2O/H_2O				
+	20	**Hiflow-Ring** regellos		Luft/Wasser 1 bar, 293 K	0,762	0,3	1,2	
⊕	75				0,865	0,45	2,0	
●	28	**Hiflow-Ring** regellos			0,962	0,3	1,46	
⬤	58				0,97	0,45	2,0	
□	25	**Pallring** regellos	Metall		0,95	0,3	1,46	
◪	35				0,95	0,3	1,46	
◧	58				0,97	0,45	2,0	
▷	32 (Gr.1)	**VSP-Ring** regellos			0,976	0,30/0,45	1,46/2,0	
▶	50 (Gr.2)				0,98	0,45	2,0	
▲	30 (Gr.1A)	**ENVIPAC** regellos	Kunststoff (PP)		0,932	0,3	1,96	[A]
△	35	**Intalox-Sättel** regellos			0,90	0,3	1,36	
▲	50	**Hiflow-Ring** regellos	Kunststoff		0,94	0,45	2,0	
⊞		**Pallring**			0,926			
⧊	25	**Intalox-Sättel** regellos	Keramik		0,73	0,30	0,9	
⧊	38				0,757		1,4	
◆	50	**NSW-Ring**			0,950	0,45	2,0	
◺		**Ralu-Ring**	Kunststoff		0,940			
◈	25	**NSW-Ring, Typ C** regellos			0,92	0,15	1,3	[40]
⊘	25	**Białeckiring** geordnet	Metall		0,928	0,15	1,5	[A]
◖	–	**Montzpackung B1-300**	Blech		0,972	0,3	1,4	
◗	–	**Montzpackung B1-200**			0,978			
⊕	–	**Montzpackung C1-200**	Kunststoff		0,954			
⊖	–	**Mellapak 250Y**	Blech		0,96	0,22	1,25	
⋈	70 (Gr.2)	**Dtnpac**	Kunststoff		0,938	0,3	1,4	
⋈	45 (Gr.1)				0,92	0,45	2,0	

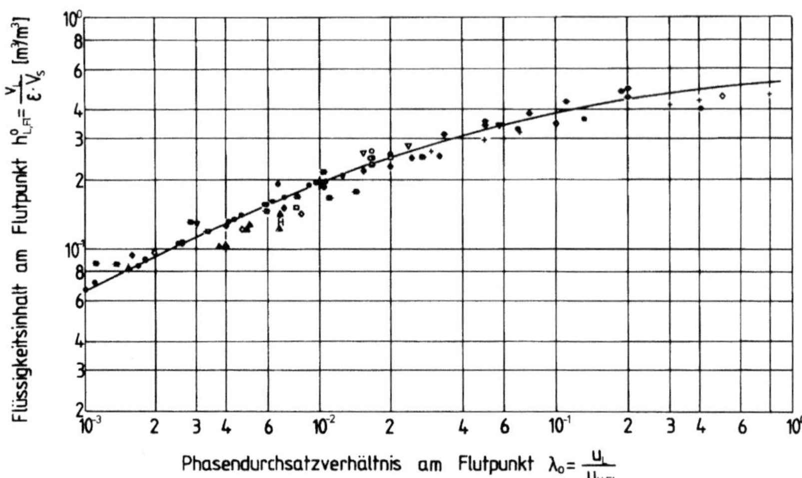

Bild 2-12b. Die Abhängigkeit des Flüssigkeitsinhaltes $h^0_{L,Fl}$ am Flutpunkt vom Phasendurch-satzverhältnis λ_0, gültig für verschiedene Systeme und unterschiedliche Füllkörperformen aus Metall, Keramik und Kunststoff, $Re_L \geq 2$. Vergleich der Messwerte mit Rechnung nach Gl. (2-43)-Messdaten [67–71] für große Phasendurchsatzverhältnisse λ_0 und Kolonnendurchmesser

Tabelle zu Bild 2-12b. Messungen zum Flüssigkeitsinhalt am Flutpunkt $h^0_{L,Fl}$. System: Luft/Wasser, 1 bar, 293 K

MP	$d \cdot 10^3$ [m]	Füllkörper oder Packung	Werkstoff	a [m²/m³]	ε [m³/m³]	d_S [m]	H [m]	Literatur
▲	50	**Hiflow-Ring** 6874 m⁻³	PP	90,7	0,926	1,0	3,70	1991 [66]
⧗	58	**Hiflow-Ring** 5060 m⁻³	Metall (V2A)	93,0	0,979	1,0	3,15	1991 [66]
H	90	**Hiflow-Ring** 1415 m⁻³	PP	61,0	0,954	1,0	3,51	1991 [60]
⊖	–	**K-Packung** (25 x 12 x 2 mm)	Keramik	192	0,810	0,2	1,00	[70]
⊠	–	**Mellapak 250 X** $\varphi = 30°$	Blech	250	0,980	1,0	3,50	1995 [68,69]
⊟	–	**Mellapak 250 Y** $\varphi = 45°$	Blech	256	0,975	1,0	3,50	1995 [68,69]
▽	–	**Mellapak 500 Y** $\varphi = 45°$	Blech	500	0,975	1,0	3,50	1995 [68,69]
+	50	**Pallring** 6846 m⁻³	PP	112	0,929	1,0	3,43	1991 [66]
●	15	**Raschigring**	Keramik	300	0,700	0,2	1,00	[71]
△	50	**VSP-Ring** Gr.2	Metall (V4A)	100	0,98	1,0	3,50 6,00	1991 [67]

Für $h^0_{\mathrm{L,FI}} \leq 0{,}3$ wurde kein Einfluss der Archimedes-Zahl festgestellt, was auch für Wirbelschichten [2, 55, 38] zutrifft. Die Messdaten von Pliss, Ender [67] und Bornhütter [66] für moderne 50- bis 90-mm Gitterfüllkörper des Typs ENVIPAC Gr. 3, Hiflow-Ringe, VSP-Ringe und 50-mm Pallringe aus Metall und Kunststoff, die an einer großtechnischen Versuchsanlage der TU München mit $d_{\mathrm{S}} = 1$ m und ca. 3,5 m Schütthöhe gewonnen wurden, sowie die Messdaten für strukturierte Packungen vom Typ Mellapak-250Y, -250X und -500Y, welche in einer großtechnischen Versuchsanlage der Firma Sulzer mit $d_{\mathrm{S}} = 1$ m und $H = 3{,}7$ m aufgenommen wurden [67–69], ergänzt um weitere Daten [70, 71], stellen die Grundlage des Bildes 2-12b dar. In dem Diagramm ist der Hold-up am Flutpunkt $h^0_{\mathrm{L,FI}}$ als Funktion des Phasendurchsatzverhältnisses am Flutpunkt λ_0 im Bereich bis $\lambda_0 \to 1$ dargestellt.

Der mit der Simplex-Methode ermittelte Parameter m lässt sich im Bereich der Phasendurchsatzverhältnisse von $\lambda_0 = 0{,}001$ bis $1{,}0$ mit dem neuen Ansatz

$$m = -0{,}82 + \frac{\lambda_0}{\lambda_0 + 0{,}5} \qquad (2\text{-}40\,\mathrm{b})$$

beschreiben, der für kleinere Phasendurchsatzverhältnisse λ_0 im in Bild 2-12a dargestellten Bereich in Gl. (2-40a) zu $m \approx -0{,}80$ übergeht. Mit der Beziehung nach Gl. (2-40b) wird eine Abhängigkeit für $m = (\lambda_0)$ gefunden, die praktisch alle möglichen Anwendungsbereiche von Füllkörperkolonnen für Gas-Flüssig-Systeme vom Bereich der Vakuumrektifikation bis zur Druckrektifikationen und Druckabsorption abdeckt.

Für Reynolds-Zahlen $\mathrm{Re_L} < 2$, s. Kap. 4, wenn die Flüssigkeit laminar durch die Schüttung strömt, wurde ein Zahlenwert von

$$m = -0{,}82 + \frac{\lambda_0}{\lambda_0 + 0{,}5} \qquad (2\text{-}41\,\mathrm{a})$$

gefunden, der für $h^0_{\mathrm{L,FI}} < 0{,}20$ zu

$$m \approx -0{,}88 \pm 12\% \qquad (2\text{-}41\,\mathrm{b})$$

übergeht. Der Parameter m in Gl. (2-39) hängt somit für Gas/Flüssigkeitssysteme von der Art der Flüssigkeitsströmung in der Schüttung und bei höheren Flüssigkeitsinhalten $h^0_{\mathrm{L,FI}} > 0{,}2$ noch vom Phasendurchsatzverhältnis am Flutpunkt λ_0 ab.

Ist nun das Phasendurchsatzverhältnis λ_0 und der Exponent m bekannt, so kann die Gl. (2-38) nach $h^0_{\mathrm{L,FI}}$ aufgelöst werden. Die allgemeine reale Lösung der quadratischen Gl. (2-38) $h^0_{\mathrm{L,FI}} = f(\lambda_0)$ lautet:

$$h^0_{\mathrm{L,FI}} = \frac{\sqrt{\lambda_0^2 (m+2)^2 + 4\lambda_0(m+1)(1-\lambda_0)} - (m+2)\lambda_0}{2\cdot(m+1)(1-\lambda_0)} \quad [\mathrm{m^3\,m^{-3}}] \qquad (2\text{-}42)$$

die für $\lambda_0 < 0{,}025$ mit $m = -0{,}8$ und für mäßige Phasendurchsatzverhältnisse $\lambda_0 < 0{,}025$ gemäß Bild 2-12a zur Gl. (2-43) für den Flüssigkeitsinhalt $h^0_{\mathrm{L,FI}}$ für $\mathrm{Re_L} \geq 2$ am Flutpunkt führt.

$$h^0_{\mathrm{L,FI}} = \frac{\sqrt{1{,}44\lambda_0^2 + 0{,}8\lambda_0(1-\lambda_0)} - 1{,}2\lambda_0}{0{,}4\cdot(1-\lambda_0)} \quad [\mathrm{m^3\,m^{-3}}] \qquad (2\text{-}43)$$

Diese Gleichung kommt für Vakuumrektifikationen und Absorptionen zur Anwendung, die unter kleinen bzw. mäßigen Flüssigkeitsbelastungen u_L betrieben werden.

Die Bilder 2-12a und 2-12b zeigen den Vergleich zwischen den berechneten $h^0_{L,Fl}$-Werten und den experimentell bestimmten Werten. In die Auswertung wurden Messdaten für regellos geschüttete und geordnete Füllkörper sowie Packungen mit Lückenvolumina von $0{,}65 \leq \varepsilon \leq 0{,}98$ m^{3}m^{-3} sowie für Füllkörper mit Durchmessern von $d = 0{,}015$ bis $d = 0{,}090$ m einbezogen. Die Abweichungen der Messwerte von der nach Gl. (2-43) berechneten Kurve liegen bei $\delta(h^0_{L,Fl}) \leq \pm 15\%$. Aus den Bildern 2-12a und 2-12b ergibt sich, dass der Flüssigkeitsinhalt $h^0_{L,Fl}$ am Flutpunkt vom Phasendurchsatzverhältnis λ_0 am Flutpunkt abhängig ist und somit für beliebige Systeme nach der einparametrigen Gl. (2-43) bestimmt werden kann.

Für die untersuchten Systeme variieren die Stoffwerte und konstruktiven Parameter in folgenden Bereichen:

$$\left.\begin{array}{l} \sigma_L = 26.............72 \text{ mNm}^{-1} \\[4pt] \eta_L = 0{,}35............10 \text{ mPas} \\[4pt] \rho_V = 0{,}09..........1{,}2 \text{ kgm}^{-3} \\[4pt] \rho_L = 932............1000 \text{ kgm}^{-3} \\[4pt] d \cdot 10^3 = 15........90 \text{ m} \\[4pt] d_S = 0{,}15............1{,}0 \text{ m} \\[4pt] H = 0{,}7...............7{,}0 \text{ m} \\[4pt] \lambda_0 \cdot 10^3 = 0{,}2......1000 \; [-] \end{array}\right\} \text{ für Re}_L \geq 2$$

Für laminare Flüssigkeitsströmung bei $\text{Re}_L < 2$ liegen nur wenige Messwerte für die Stoffpaare Luft/Wasser [A] für 12-mm Białeckiringe, 15-mm Pallringe, Norpac und Hiflowringe bzw. für Luft/Silikonöl [36, 37] vor. Bild 2-13 zeigt den Vergleich der nach Gl. (2-42) mit dem Parameter m nach Gl. (2-41a) berechneten Flüssigkeitsinhalte $h^0_{L,Fl}$ mit den experimentell ermittelten Werten $(h^0_{L,Fl})_{exp}$. Die Abweichungen von der die Gl. (2-44) wiedergebenden Kurve mit $m = 0{,}88$ nach Gl. (2-41a) liegen bei $\pm 10\%$ im Bereich der Phasendurchsatzverhältnisse $\lambda_0 = (0{,}2\text{–}6) \cdot 10^{-3}$.

$$h^0_{L,Fl} = \frac{\sqrt{1{,}254 \cdot \lambda_0 + 0{,}48 \cdot \lambda_0 \cdot (1 - \lambda_0)} - 1{,}12\lambda_0}{0{,}24 \cdot (1 - \lambda_0)} \quad [\text{m}^3 \, \text{m}^{-3}] \tag{2-44}$$

Die Brauchbarkeit der gefundenen Gln. (2-43) und (2-44) zur Bestimmung der Gasgeschwindigkeit am Flutpunkt für niedrigviskose sowie viskose Gemische zeigt beispielhaft Tabelle 2-4. Die Auswertung gilt hier für 25-mm metallische Pallringe.

2.2.4.5
Einfluss der Füllkörpergröße auf die Tropfengeschwindigkeit u_0

Die Vorausberechnung der effektiven Einzeltropfengeschwindigkeit u_T nach Gl. (2-23) ist für Füllkörper beliebiger Größe erst dann möglich, wenn die Beziehungen für die Funktionen $f_2(d_h/d_T)$ und $f_3(\psi)$ gefunden werden. In Tabelle 2-5 sind

Tabelle 2-4. Zusammenstellung der Messdaten zum Flutpunkt für regellos geschüttete 25-mm metallische Pallringe, gültig für verschiedene Systeme

–	a) gültig für $Re_{L,Fl} \geq 2$, $h^0_{L,Fl}$ berechnet nach Gl. (2-43), $u_{V,Fl}$ nach Gl. (2-53b), $C_{Fl,0} = 0{,}566$					b) gültig für $Re_{L,Fl} < 2$, $h^0_{L,Fl}$ berechnet nach Gl. (2-44), $u_{V,Fl}$, $C_{Fl,0}$ wie a)	
System	Ethylbenzol/ Styrol $\dot{L}/\dot{V} = 1$ $N = 47500$ m^{-3}	Luft/Wasser 293 K $N = 51500$ m^{-3}	Luft/Wasser 293 K $N = 52388$ m^{-3}	Chlorbenzol/ Ethylbenzol $\dot{L}/\dot{V} = 1$ $N = 53200$ m^{-3}	Luft/Glykol 305 K $N = 51500$ m^{-3}	Ethylenglykol/ Prophylenglykol $N = 47500$ m^{-3}	Luft/ Maschinenöl 305 K
p_T [mbar]	133	1000	1000	33 66,7 133	1000	13,3	1000
d_S/H [m/m]	0,8/2	0,435/ 1,65	0,3/0,8	0,22/1,31 0,22/1,31 0,22/1,31	0,435/1,65	0,5/2	0,435/1,65
ρ_V [kg m^{-3}]	0,482	1,165	1,165	0,212 0,327 0,578	1,135	0,036	1,135
ρ_L [kg m^{-3}]	854,0	998,2	998,2	1026,0 995,0 974,7	1110	1017	850
a [m^2 m^{-3}]	198,7	215,0	218,7	222,1 222,1 222,1	215,0	198,7	215
σ_L [mNm^{-1}]	21,7	72,74	72,74	30,0 28,0 25,6	48,0	30,0	25,6
ε [m^3 m^{-3}]	0,947	0,942	0,941	0,94 0,94 0,94	0,942	0,947	0,942 0,942 0,940 0,940
$\eta_L \cdot 10^3$ [kgm^{-1}s^{-1}]	0,32	1,0	1,0	0,62 0,50 0,41	18,5	4,0	85,5 89,5 91,2 92,6

Tabelle 2-4 (Fortsetzung)

–	a) gültig für $Re_{L,Fl} \geq 2$, $h_{L,Fl}^0$ berechnet nach Gl. (2-43), $u_{V,Fl}$ nach Gl. (2-53b), $C_{Fl,0} = 0{,}566$					b) gültig für $Re_{L,Fl} < 2$, $h_{L,Fl}^0$ berechnet nach Gl. (2-44), $u_{V,Fl}$, $C_{Fl,0}$ wie a)	
System	Ethylbenzol/ Styrol $\dot{L}/\dot{V} = 1$ $N = 47500 \ \mathrm{m^{-3}}$	Luft/Wasser 293 K $N = 51500 \ \mathrm{m^{-3}}$	Luft/Wasser 293 K $N = 52388 \ \mathrm{m^{-3}}$	Chlorbenzol/ Ethylbenzol $\dot{L}/\dot{V} = 1$ $N = 53200 \ \mathrm{m^{-3}}$	Luft/Glykol 305 K $N = 51500 \ \mathrm{m^{-3}}$	Ethylenglykol/ Prophylenglykol $N = 47500 \ \mathrm{m^{-3}}$	Luft/ Maschinenöl 305 K
$(u_{V,Fl})_{exp}$ [ms^{-1}]	3,90	1,550 1,643 1,826	2,51 2,17 2,05 1,91	6,26 5,04 3,705	1,89 1,78 1,72	15,6	1,76 1,57 1,36 1,34
$(u_L \cdot 10^3)_{exp}$ [ms^{-1}]	2,63	14,92 13,05 10,83	2,78 5,54 8,40 11,10	1,30 1,66 2,20	9,27 11,08 12,90	0,55	5,27 6,95 8,60 10,30
$\lambda_0 \cdot 10^3$ [–]	0,670	9,63 7,94 5,93	1,11 2,55 4,09 5,81	0,21 0,33 0,60	5,08 6,40 8,11	0,03	3,00 4,43 6,32 7,68
Re_L [–]	27,33	69,23 60,63 50,30	12,70 25,30 38,30 50,65	9,7 14,9 23,5	2,59 3,09 3,60	0,75	0,224 0,300 0,365 0,440
$(u_{V,Fl})_{ber}$ [ms^{-1}]	3,68	1,66 1,767 1,907	2,657 2,333 2,083 1,89	6,12 4,71 3,30	2,023 1,90 1,782	16,44	1,56 1,38 1,223 1,09
$\delta(u_{V,Fl})$ [%]	5,6	−8,38 −7,5 −4,4	−5,85 −5,85 −1,6 +0,5	+2,2 +6,6 +10,8	−7,04 −7,9 −3,6	−5,40	+11,4 +12,0 +10,04 +18,6
Literatur	Billet [5]	Billet [5]	[A]	[A]	Billet [5]	Billet [5]	Billet [5]

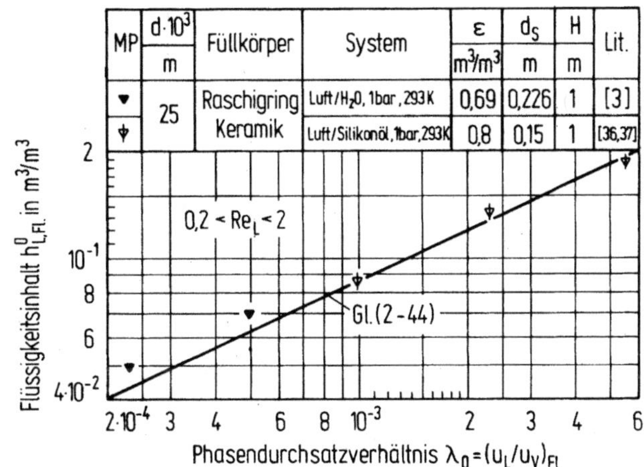

Bild 2-13. Die Abhängigkeit des Flüssigkeitsinhaltes $h^0_{L,\text{Fl}}$ am Flutpunkt vom Phasendurchsatzverhältnis für $Re_L < 2$. Vergleich der Messwerte mit Rechnung nach Gl. (2-44)

MP	$d \cdot 10^3$ m	Füllkörper	System	ε m³/m³	d_S m	H m	Lit.
▼	25	Raschigring Keramik	Luft/H₂O, 1bar, 293K	0,69	0,226	1	[3]
⚥			Luft/Silikonöl, 1bar, 293K	0,8	0,15	1	[36,37]

die Zahlenwerte für die reduzierte Tropfengeschwindigkeit $\bar{u}_T$ für verschiedene Füllkörper zusammengestellt. Danach hängt $\bar{u}_T$ von der Füllkörperart und -größe, demzufolge von den füllkörperspezifischen Größen a und ε ab. Physikalisch lässt sich dieser Sachverhalt mit dem Fall eines einzelnen Tropfens im Rohr in der Nähe einer kreisförmigen Wand vergleichen. Von Strom und Kinter [62], Reinhart [63] sowie Clift u.a. [65] wird er als *Wandeffekt* bezeichnet, der schematisch in Bild 2-14 gezeigt wird.

Liegt der Tropfendurchmesser d_T in der gleichen Größenordnung wie der Rohrdurchmesser d_R, d.h. $d_T \cong d_R$ vor, so geht die Sinkgeschwindigkeit u_T des Tropfens gegenüber der maximalen Geschwindigkeit $u_{T,\max}$ gegen Null. Erst bei ausreichend großen Durchmesserverhältnissen d_R/d_T erreicht der Tropfen seine maximale Sinkgeschwindigkeit $u_{T,\max}$.

Der Wandeffekt in Füllkörperkolonnen wird durch Analogie zum Fall von Tropfen in Rohren nach [62, 63, 65] beispielhaft mit folgenden Funktionen

$$\frac{u_T}{u_{T,\max}} = \left[1 - \left(\frac{d_T}{d_h} \right)^b \right]^c \qquad b,c = \text{Exponent} \qquad\qquad (2\text{-}45a)$$

bzw. nach der Gleichung von Wallis [65]

$$\frac{u_T}{u_{T,\max}} = d \cdot \left[\frac{d_T}{d_h} \right]^c \qquad d = \text{const}, \ \ e = \text{Exponent} \qquad\qquad (2\text{-}45b)$$

Bild 2-14. Schematische Darstellung zum Einfluss des Durchmesserverhältnisses d_R/d_T auf die Sinkgeschwindigkeit von Tropfen

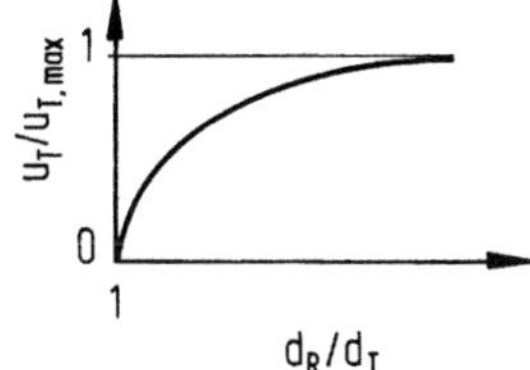

beschrieben, wobei statt für d_p der hydraulische Durchmesser der Schüttung d_h eingeführt wird. Aus Zweckmäßigkeitsgründen wird der Wandeffekt in Füllkörperkolonnen mit der Abhängigkeit nach Gl. (2-45b) erfasst, da dadurch bei der Herleitung der Endgleichung für die Flutpunktgeschwindigkeit $u_{V,Fl}$ eine Konstante weniger zu ermitteln ist.

Die Nähe der Füllkörperwand beeinflusst auch den Tropfenfall in der Schüttung. Im Kanalmodell ist für den Rohrdurchmesser der Kanaldurchmesser nach Gl. (2-46) maßgebend, Kap. 3.

$$d_h = 4 \cdot \frac{\varepsilon}{a} \tag{2-46}$$

Wird die Tropfengröße gleich dem hydraulischen Durchmesser d_h der Schüttung nach Gl. (2-46), so kann der Tropfen in der Schüttung nicht fallen, d.h. $u_T \to 0$. Es ist somit zu erwarten, dass sich die reduzierte Tropfengeschwindigkeit $\bar{u}_T$ ebenfalls mit dem Durchmesserverhältnis d_h/d_T ändert, wenn d_h nur größer wird als der Tropfendurchmesser d_T nach Gl. (2-24).

Aus der Darstellung nach Bild 2-15 ergibt sich folgende Abhängigkeit der reduzierten Tropfengeschwindigkeit $\bar{u}_T$ vom Verhältnis d_h/d_T und somit der effektiven Tropfengeschwindigkeit u_T vom Quotienten (d_h/d_T), s. Gl. (2-47a):

$$\text{für} \quad \bar{u}_T \approx \left[\frac{d_h}{d_T}\right]^{1/4} \quad \to \quad u_T \approx \left[\frac{d_h}{d_T}\right]^{1/4} \tag{2-47a}$$

Daraus folgt, dass $f_2(d_h/d_T)$ in Gl. (2-23) die Form

$$f_2\left(\frac{d_h}{d_T}\right) = C_2 \cdot \left(\frac{d_h}{d_T}\right)^{1/4} \quad \text{für} \quad \frac{d_h}{d_T} > 3 \tag{2-47b}$$

annimmt.

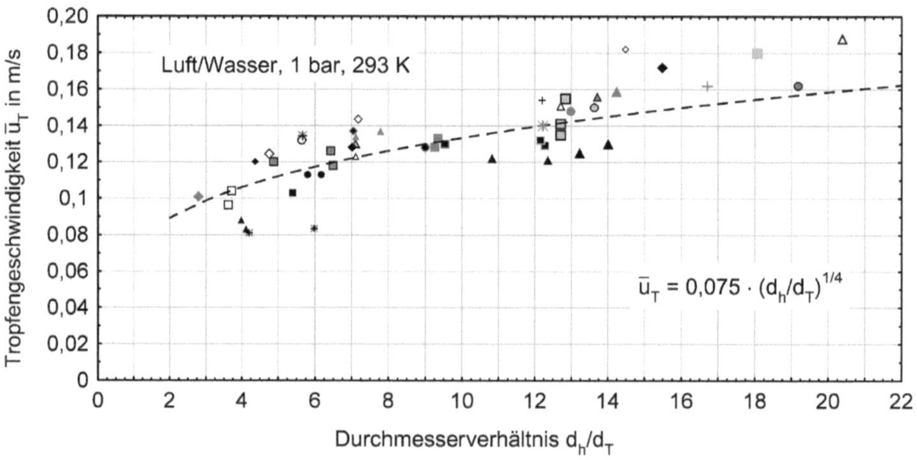

Bild 2-15. Reduzierte Tropfengeschwindigkeit $\bar{u}_T$ als Funktion des Durchmesserverhältnisses d_h/d_T, gültig für metallische Pall-, Białecki- und VSP-Ringe, $d = 15$–80 mm und System Luft/Wasser unter Normalbedingungen

Tabelle 2-5. Zusammenstellung der experimentell ermittelten reduzierten Tropfengeschwindigkeit $\bar{u}_T$ für verschiedene Füllkörper zur Bestimmung der Gas- bzw. Dampfgeschwindigkeit $u_{V,Fl}$ – Angaben zu Bild 2-15

Nr.	MP	Zahl der MP	Füllkörper	Werkstoff	$d \cdot 10^3$ [m]	a [m²/m³]	ε [m³/m³]	$\bar{u}_T \cdot 10^2$ [m/s]	d_S [m]	H [m]	Literatur
1	□	4	**Pallring**	Metall	15	376,8	0,93	9,63	0,22–0,3	1,4	[A], [5, 28]
		5			15	368,4	0,933	10,4	0,15-0,8	2	
2	▣	24			25	215	0,950	11,8	0,22–0,8	2	[A], [5, 16, 25]
		4			25	217	0,950	12,6	0,3	0,8	
		5			25	292	0,970	12,0	0,15	1,3	
3	▩	12			35	150	0,946	12,8	0,3–0,8	1,2–4	[A], [5]
		5			38	149,6	0,952	13,3	0,22-0,3	1,45	[A]
4	▢	8			50	110	0,952	13,5	0,5–1,2	2–5,5	[5]
		4			50	110	0,952	14,1	0,305–0,75	3,85	[16, 25, 28]
		5			58	112	0,979	15,5	0,45	2	[A]
5	▨	4			80	78	0,96	18,0	0,75	3	[28]
6	■	12		Kunststoff (PP, PVDF)	25	239,7	0,88	10,3	0,22–0,5	1,4–2	[A], [23]
7	■	5			35	142	0,922	13,0	0,3–0,45	1,4	[A]
8	■	2			50	110	0,92	12,9	0,75	3	[28]
		2			50	111	0,919	13,2	0,3	1,4	[A]
9	●	8	**Białeckiring**	Metall	25	238	0,94	11,3	0,3	1,4	[20]
		7			25	225	0,945	11,3	0,15	1,4	[A]
10	◕	7			35	155	0,95	12,8	0,22–0,3	1,45	[A], [20]
11	⬤	7			53,5	110	0,973	14,8	0,3	1,4	[20]
12	△	9	**VSP-Ring**	Metall	32 (Gr. 1)	200,8	0,972	13	0,22–0,45	1,4–2	[A]
13	△	5			50 (Gr. 2)	104,9	0,98	15,6	0,22–0,45	1,4–2	[A]
14	✳	2	**Intalox-Sattel**	Keramik	25	255	0,73	8,1	0,3	2	[19]
		5			25	194	0,79	8,35	0,3	0,8	[A]

Tabelle 2-5 (Fortsetzung)

Nr.	MP	Zahl der MP	Füllkörper	Werkstoff	$d \cdot 10^3$ [m]	a [m^2/m^3]	ε [m^3/m^3]	$\bar{u}_\mathrm{T} \cdot 10^2$ [m/s]	d_S [m]	H [m]	Literatur
15	◐	2	**Top-Pak**	Metall	45 (Gr. 1)	105	0,975	15,0	0,4	2	[27]
16	◐	4			80 (Gr. 2)	75	0,98	16,2	0,45	2	[A]
17	+	8	**Dtnpac**	Kunststoff (PP, PVDF)	50	112,7	0,937	15,4	0,3	1,4	[A]
18	◆	4	**NSW-Ring** (Nor-Pac)		15	309	0,92	12,0	0,30	1,4	[40]
19	◆	6			28	193	0,922	12,8	0,15	1,4	
20	◆	7			50	90,3	0,952	17,2	0,3–0,45	2	
21	▲	3	**Hiflow-Ring**	Metall	28	198,5	0,962	13,4	0,3	1,4	[A]
		4			28	182	0,965	13,7	0,45	2	[A]
22	▲	8			58	100,6	0,976	15,9	0,45	2	[45]
23	▲	4		Kunststoff (PP, PVDF)	28	190	0,920	12,3	0,30	1,4	[44]
24	△	5			50	108	0,935	15,1	0,30	1,4	[44]
25	△	3			90	69,5	0,965	18,8	0,45	2	[44]
26	▲	1		Keramik	20	272	0,763	8,3	0,22	1,4	[46]
		4			20	280	0,76	8,8	0,3	1,4	
27	▲	3			35	111,8	0,824	12,2	0,3	1,4	[A]
		5			35	110	0,926	12,1	0,3	1,4	
28	▲	4			50	89,8	0,809	12,5	0,3	1,2	[A]
		4			50	85,6	0,817	13,0	0,3	0,9	
29	+	4	**Hiflow-Sattel**	Kunststoff	50	82,6	0,94	16,2	0,45	2	[A]
30	✳	3	**Ralu-Ring**	(PP)	50	112,7	0,938	14,0	0,45	2	[A]

Tabelle 2-5 (Fortsetzung)

Nr.	MP	Zahl der MP	Füllkörper	Werkstoff	$d \cdot 10^3$ [m]	a [m²/m³]	ε [m³/m³]	$\bar{u}_\mathrm{T} \cdot 10^2$ [m/s]	d_S [m]	H [m]	Literatur
31	○	10	**Mellapak**	Blech	–	250	0,96	13,2	0,22–1	1,2–4	[A], [24, 26]
32	✳	7	**Ralu Pak**		–	250	0,963	13,45	0,45	2	[48]
33	◇	4	**Montz-Packung**		B1-100	100	0,987	18,2	0,3	1,4	[A]
34	◇	9			B1-200	200	0,978	14,36	0,3	1,4	[A]
35	◇	12			B1-300	300	0,972	12,44	0,22–0,45	1,4–2	[A]
36	◈	3		PP	C1-200	200	0,96	13,7	0,3	1,4	[A]
37	◆	3		Blech	B2-500	500	0,95	10,1	0,22	1,5	[A]

A ≡ Autor

2.2.4.6
Herleitung der End-Gleichung für die Flutpunktgeschwindigkeit $u_{V,Fl}$

Stichlmair [53] fand, dass bei der Umströmung von einzelnen Füllkörpern die effektive Tropfengeschwindigkeit $\bar{u}_0$ größer wird als u_0/ε, was auf eine Umlenkung des Fluids zwischen den Partikeln und den Wirbelablösungen zurückzuführen ist. Für die effektive Gasgeschwindigkeit $\bar{u}_0$ gilt somit folgende Abhängigkeit:

$$\bar{u}_0 = \frac{u_0}{f_4(\varepsilon)} \qquad (2\text{-}48\,\text{a})$$

Unter der Annahme, dass für $f_4(\varepsilon) = \varepsilon^q$ gilt, ergibt sich folgender Zusammenhang für $\bar{u}_0$ nach Gl. (2-48b), hierbei muss der Exponent q experimentell ermittelt werden.

$$\bar{u}_0 = \frac{u_0}{\varepsilon^q} \qquad (2\text{-}48\,\text{b})$$

Die Kolonne beginnt gemäß der Modellvorstellung nach Bild 2-6 und Gl. (2-20) für $h_{L,Fl}^0 \to 0$ dann zu fluten, wenn nach Gl. (2-20) die effektive Fallgeschwindigkeit u_T eines Einzeltropfens der effektiven Gasgeschwindigkeit $\bar{u}_0$, die den Tropfen in Schwebe hält, gleichgesetzt wird, d. h. es gilt:

$$\bar{u}_0 = u_T \quad \Rightarrow \quad \frac{u_0}{\varepsilon^q} = u_T$$

Aus Gl. (2-49a), (2-21), (2-47a), (2-47b) und (2-48b) ergibt sich nun:

$$u_0 = C_1 \cdot C_2 \left[\frac{d_T \cdot \Delta\rho \cdot g}{\rho_V} \right]^{1/2} \cdot \left[\frac{d_h}{d_T} \right]^{1/4} \cdot \varepsilon^q \cdot f_3(\psi) \qquad (2.49)$$

Aus den Gln. (2-19), (2-30) und (2-49) und für Füllkörper, für welche die Widerstandsbeiwerte ψ_{Fl} zahlenmäßig vergleichbar sind, s. Tabelle 6-1a, resultiert folgende Beziehung für die Flutpunktgeschwindigkeit $u_{V,Fl}$:

$$u_{V,Fl} = u_0 \cdot (1 - h_{L,Fl}^0)^n \quad \Rightarrow$$

$$C_{Fl} \cdot \left[\frac{d_T \cdot \Delta\rho \cdot g}{\rho_V} \right]^{1/2} \left[\frac{d_h}{d_T} \right]^{1/4} \cdot \varepsilon^q \cdot (1 - h_{L,Fl}^0)^{7/2} \qquad (2\text{-}50)$$

wobei $C_{Fl} = C_1 \cdot C_2 \cdot f_3(\psi_{Fl})$ ist.

Die Auswertung der in den Tabellen 2-6, 2-7, 2-8 und 2-9 zusammengestellten Messdaten für verschiedene Füllkörper führte unter Verwendung des Minimierungsverfahrens zum folgenden Ansatz:

$$u_{V,Fl} = C_{Fl} \cdot \varepsilon^{6/5} \cdot \left[\frac{d_h}{d_T} \right]^{1/4} \left[\frac{d_T \cdot \Delta\rho \cdot g}{\rho_V} \right]^{1/2} \cdot (1 - h_{L,Fl}^0)^{7/2} \qquad (2\text{-}51)$$

in welchem C_{Fl} eine dimensionslose Konstante ist und welche für klassische, regellos geschüttete Füllkörper zu

$$C_{Fl} \approx 0{,}50 \tag{2-51a}$$

ermittelt wurde.

Zu dieser Gruppe von Schüttungen gehören: 15- bis 80-mm Pallringe aus Metall, Kunststoff, Keramik, 25- bis 50-mm metallische Białeckiringe, metallische VSP-Ringe Gr. 1 und 2, metallische Top-Pak-Füllkörper Gr. 1 und 2, 10–50 mm Intalox-Sättel aus Kunststoff und Keramik, 8- bis 50-mm keramische Raschig-Ringe, Glitsch-Ringe aus Metall und Kunststoff, Gr. 0,5–3, I-13-Ringe und PSL-Ringe.

Um ca. 10 % größer wurde die Flutpunktskonstante C_{Fl}

$$C_{Fl} \approx 0{,}55 \tag{2-51b}$$

für moderne Füllkörper mit stark durchbrochener Wand, wie 20–90 mm Hiflow-Ringe aus Metall, Kunststoff und Keramik, 17- bis 50-mm Nor Pac-Ringe, VSP-Ringe aus Kunststoff Gr. 2, Raluringe Gr. $1^{1}/_{2}$ und 2, Tellerette Gr. 1 und 2, ENVIPAC Gr. 1, 2 und 3, Dtnpac Gr. 1 und 2, R-Pac, SR-Pac, Mc-Pac sowie für ungelochte Packungen Bauart Montz aus Blech und Kunststoff und Impulspackung gefunden.

Für die gelochte Packung Bauart Mellapak 250 Y, geschlitzte Ralu-Pak 25 OYC, Gempak 200 AT, geordnete metallische 25-mm Białeckiringe ergab sich für die Flutpunktkonstante C_{Fl} ein Zahlenwert von:

$$C_{Fl} \approx 0{,}615 \tag{2-51c}$$

Verschiedene Zahlenwerte für die Konstante C_{Fl} (Gl. (2-51a, b, c)) deuten darauf hin, dass der Wandeffekt alleine mit der Funktion $f_2(d_h/d_T)$ noch nicht ausreichend erfasst wird. Es muss offensichtlich nicht nur der Wandabstand sondern auch die Wandform der Füllkörper in die Betrachtung einbezogen werden. Diese hängt mit dem Widerstandsbeiwert ψ_{Fl} bei der Einphasenströmung zusammen.

Trägt man nun wie in Bild 2-16 die nach Gl. (2-51) aus Experimenten bestimmten $(C_{Fl,i})$-Werte für die einzelnen Messdaten der Tabellen 2-6, 2-7, 2-8, 2-9 über dem der jeweiligen Flutpunktgeschwindigkeit $u_{V,Fl}$ entsprechenden Widerstandsbeiwert ψ_{Fl} nach Gl. (3-14)

$$\psi_{Fl} = K_1 \cdot (Re_V)_{Fl}^{K2}$$

mit den im Rahmen dieser Arbeit bestimmten Zahlenwerte K_1 und K_2 nach den Tabellen 6-1a–c auf, so erhält man folgende Beziehung (2-52) zur Bestimmung der Flutpunktkostante C_{Fl} für Gl. (2-51):

$$C_{Fl} = (C_{Fl,0})_{45°} \cdot \psi_{Fl}^{-1/6} \leq \pm 8\,\% \tag{2-52}$$

mit $C_{Fl,0} = 0{,}566$ für $\alpha = 45°$ als eine vom *Füllkörpertyp, Füllkörpergröße und Material unabhängige dimensionslose Konstante.*

Gleichung (2-52) gilt für beliebige regellos geschüttete Füllkörper und strukturierte Packungen mit Strömungskanälen vom Typ Y (ca. 45°) im Bereich der Widerstandsbeiwerte ψ_{FI} = 0,1–8. Nach Bild 2-16 und Gl. (2-51) ergibt sich, dass die Flutpunktgeschwindigkeit $u_{V,Fl}$ mit zunehmendem Widerstandsbeiwert ψ_{FI} abnimmt. Dieser Gruppe von Füllkörpern, für welche der Widerstandsbeiwert ψ_{FI} am Flutpunkt zwischen 1,8 und 3,0 liegt, entspricht die Flutpunktkonstante von $C_{Fl} \cong 0,5$, s. Gl. (2-51a). Für die Widerstandsbeiwerte im Bereich ψ_{FI} = 0,9–1,6 kann ein Mittelwert für die Flutpunktkonstante von $C_{Fl} \cong 0,55$ angenommen werden. Zu der Gruppe von Füllkörpern mit durchbrochener Wand gehören auch strukturierte Packungen aus Blech, Kunststoff und Keramik Typ Y ohne Öffnungen in der Wand. Für die Widerstandsbeiwerte ψ_{FI} im Bereich von 0,5–0,9 ergibt sich für praktische Berechnungen eine Flutpunktkonstante von $C_{Fl} \cong 0,615$, welche die Gruppe von strukturierten Blechpackungen des Typs Y mit Schlitzen, z. B. Ralu-Pak 250 YC oder mit Perforierungen wie Mellapak 250 Y, Gempak 202 AT, sowie Kunststoffpackung 250 Y einbezieht.

Die kleinsten Widerstandsbeiwerte ψ_{FI} werden für regelmäßig angeordnete Füllkörper, Wabenpackungen, Rohrkolonnen, sowie Blechpackungen des Typs X und Gewebepackungen des Typs BX mit Strömungskanälen von 30° beobachtet. Sie liegen im Bereich von ψ_{FI} = 0,1–0,4.

Metallische Raschigringe weisen die größten Widerstandsbeiwerte auf. Für den Widerstandsbeiwert von ca. $\psi_{FI} \cong 8,18$ im turbulenten Strömungsbereich von $Re_V \geq 2100$ ergibt sich eine Flutpunktkonstante zu $C_{FI} \cong 0,4$.

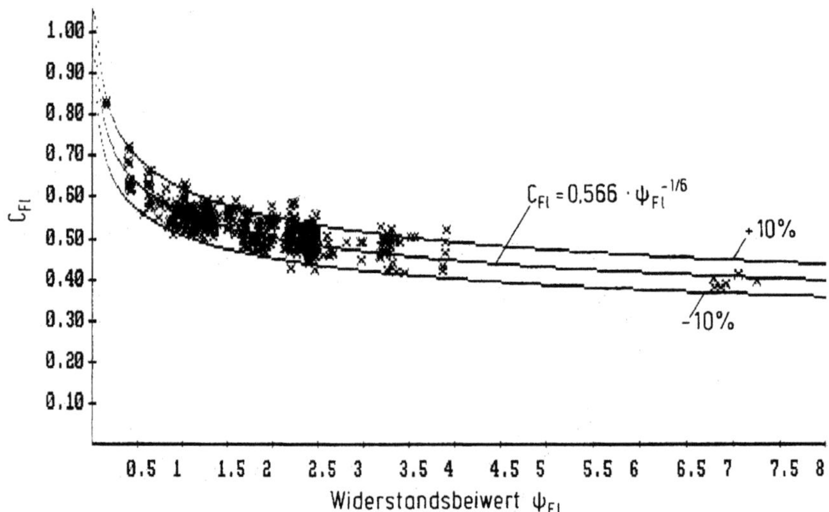

Bild 2-16. Abhängigkeit der Konstante C_{FI} vom Widerstandsbeiwert ψ_{Fl} am Flutpunkt, erstellt anhand der gewählten Daten der Tabellen 2-6, 2-7, 2-8 und 2-9

Einfluss der Neigung der Strömungskanäle α auf die Flutpunktgeschwindigkeit $u_{V,Fl}$

Die Auswertung der Messdaten aus Tabelle 2-9 für regelmäßig angeordnete Hiflow-, Raschig- und Pallringschichten, Rohrkolonnen mit geordneten Pall- und Białeckiringen, Hiflow-Ringen, strukturierte Sulzergewebepackungen des Typs BX und Blechpackungen vom Typ X und Montzpackungen X mit Strömungskanälen $\alpha = 30°$ ergab eine größere Flutpunktkonstante $C_{Fl,0}$ als in Gl. (2-52), und zwar

$$(C_{Fl,0})_{30°} = 0{,}693 \quad \text{für} \quad \alpha = 30° \tag{2-52a}$$

Ein konstanter Zahlenwert $C_{Fl,0} = 0{,}566$, der für regellose Schüttungen und für strukturierte Packungen des Typs Y mit dem Neigungswinkel der Strömungskanäle zur Kolonnenachse von $\alpha = 45°$ führt zu der Erkenntnis, dass das Gas in Schüttungen durch ein Bündel von parallelen Strömungskanälen mit dem Durchmesser d_h mit einem mittleren Neigungswinkel von ca. $\alpha = 45°$ durchströmt. Sinkt der Neigungswinkel der Strömungskanäle α, so nimmt die Flutpunktgeschwindigkeit zu, um bei $\alpha = 0°$ den höchstmöglichen Wert $C_{Fl,0}$ zu erreichen. Die Beziehung (2-52) geht dann durch Einsetzen der gefundenen Wertepaare $(C_{Fl,0})_\alpha$ für $\alpha = 45°$ und $\alpha = 30°$ in die Beziehung (2-52b) über.

$$C_{Fl} = C_{Fl,0} \cdot \cos\alpha \cdot \psi_{Fl}^{-1/6} = 0{,}80 \cdot \cos\alpha \cdot \psi_{Fl}^{-1/6} \tag{2-52b}$$

mit: $C_{Fl,0} = 0{,}693$ für Strömungskanäle mit $\alpha = 30°$
        $C_{Fl,0} = 0{,}566$ für Strömungskanäle mit $\alpha = 45°$.
        $C_{Fl,0} = 0{,}800$ für Strömungskanäle mit $\alpha = 0°$.

Die gefundene dimensionslose Flutpunktkonstante $C_{Fl,0} = 0{,}80$ für Gl. (2-52b) gilt für beliebige Packungskolonnen unterschiedlicher Bauart und zwar für:

a) regellos geschüttete Füllkörperkolonnen
b) strukturierte Packungen
c) regelmäßig angeordnete Füllkörperschichten
d) Rohrkolonnen mit fluchtend angeordneten Füllkörpern
e) leere Säulen.

Der Zahlenwert $C_{Fl,0} = 0{,}8$ gilt für Kolonnen, in denen der Neigungswinkel der Strömungskanäle zu $\alpha = 0°$ angenommen werden kann. Dieser Fall trifft in der Praxis annähernd auf Rohrkolonnen mit fluchtend angeordneten metallischen Pallringen zu [76].

Setzt man nun die Abhängigkeit nach Gl. (2-52a) in Gl. (2-51) ein, so erhält man die folgende Gl. (2-53) für die Bestimmung der Flutpunktgeschwindigkeit $u_{V,Fl}$ in Füllkörperkolonnen mit beliebigen Einbauten. Sie lautet:

$$u_{V,Fl} = 0{,}80 \cdot \cos\alpha \cdot \varepsilon^{6/5} \cdot \psi_{Fl}^{-1/6} \left[\frac{d_T \cdot \Delta\rho \cdot g}{\rho_V} \right]^{1/2} \cdot \left[\frac{d_h}{d_T} \right]^{1/4} \cdot (1 - h_{L,Fl}^0)^{7/2} \quad [\text{ms}^{-1}] \tag{2-53}$$

Hieraus folgt, dass mit zunehmender Gasgeschwindigkeit zunehmend auch größere Tropfen mit nach oben geschleppt werden können. Die Flutpunktsgasgeschwindigkeit $u_{V,Fl}$ nimmt auch mit dem hydraulischen Durchmesser d_h und dem

Lückenvolumen ε zu. Für Füllkörper mit stark durchbrochener Wand ergeben sich wegen geringer Widerstandsbeiwerte ψ_{Fl} auch höhere Flutpunktgeschwindigkeiten. Für Packungen mit Ausführung X mit Neigungswinkeln $\alpha = 30°$ sind stets höhere Flutpunktsgeschwindigkeiten zu erwarten, als bei der Ausführung Y mit Neigungswinkeln von $\alpha = 45°$. Bei sehr kleiner Flüssigkeitsbelastung, was beispielhaft bei der Rektifikation unter Vakuum zutrifft, kann bei Gasgeschwindigkeiten, die über den nach Gl. (2-53) berechneten Wert vorliegen, der Flüssigkeitsinhalt der Schüttung in so kleine Tropfen zerteilt werden, dass die Schüttung durch das Gas leergeblasen wird.

2.2.4.7
Vergleich der Messwerte zum Flutpunkt mit der Rechnung nach dem neuen Ansatz nach Gl. (2-53)

Zur Auswertung eigener Messwerte sowie der verfügbaren Messwerte aus der Literatur für Kolonnen mit $d_S = 0{,}025\text{–}1{,}4$ m darunter Daten von Billet [5], Bornhütter [66], zahlreiche Messdaten von Sulzer [67–71], Możenski, Kucharski [39] und Krehenwinkel [75] u.a. wurde eine Datenbank mit ca. 1200 Messdaten für 32 verschiedene Gemische aus dem Bereich der Vakuum- und Normalrektifikation sowie der Druckabsorption, bzw. Druckrektifikation bis 100 bar, angelegt, s. Tabelle 2-2.

Auswertung der Messdaten zum Flutpunkt für den Bereich der Vakuumrektifikation und den Normaldruckbereich

Der Vergleich zwischen Rechnung und den experimentellen Flutpunktgeschwindigkeiten ist in den Bildern 2-17a–d gezeigt. Nähere Angaben zu den Versuchsbedingungen und den Stoffsystemen findet man in den Tabellen 2-6, 2-7, 2-8 und 2-9.

Die Flutpunktgeschwindigkeiten $(u_{V,Fl})_{ber}$ wurden für die Startwerte $(u_{V,Fl})_{exp}$, $(u_{L,Fl})_{exp}$ nach Gl. (2-53) iterativ ermittelt. Ein Vergleich der nach Gl. (2-53) berechneten Gasgeschwindigkeiten $(u_{V,Fl})_{ber}$ mit den Messwerten $(u_{V,Fl})_{exp}$ für metallische Füllkörper zeigt Bild 2-17a. Ausgewertet wurden ca. 340 Messpunkte, von welchen 80–91% mittels Gl. (2-53) mit einem maximalen relativen Fehler von weniger als ±8% wiedergegeben werden. Der mittlere Fehler bei der Bestimmung der Flutpunktgeschwindigkeit $(u_{V,Fl})_{ber}$ für metallische Füllkörper bei der Auswertung der Messdaten ergab einen Zahlenwert von $\overline{\delta}(u_{V,Fl}) = 4{,}7\%$. Dies gilt für die Messwerte mit $d_S/d \geq 6$, welche im Gültigkeitsbereich dieses Modells liegen, d.h. für die auf Luft bezogenen Gasgeschwindigkeiten von $u_{V,Fl} > 0{,}5$ ms^{-1} und $B_L < 5 \cdot 10^{-3}$, s. Bild 2-17a.

In den Bildern 2-17b, c, d werden die experimentell ermittelten Flutpunktgeschwindigkeiten $(u_{V,Fl})_{exp}$ mit den berechneten $(u_{V,Fl})_{ber}$-Werten für Füllkörper aus Kunststoff, Bild 2-17b, für keramische Füllkörper, Bild 2-17c und für strukturierte Packungen und geordnete Füllkörperschichten, Bild 2-17d verglichen. Dabei streuen ca. 75–91% aller für Packungen geltenden Messpunkte in einem Bereich von ±12%, s. Bild 2-17d.

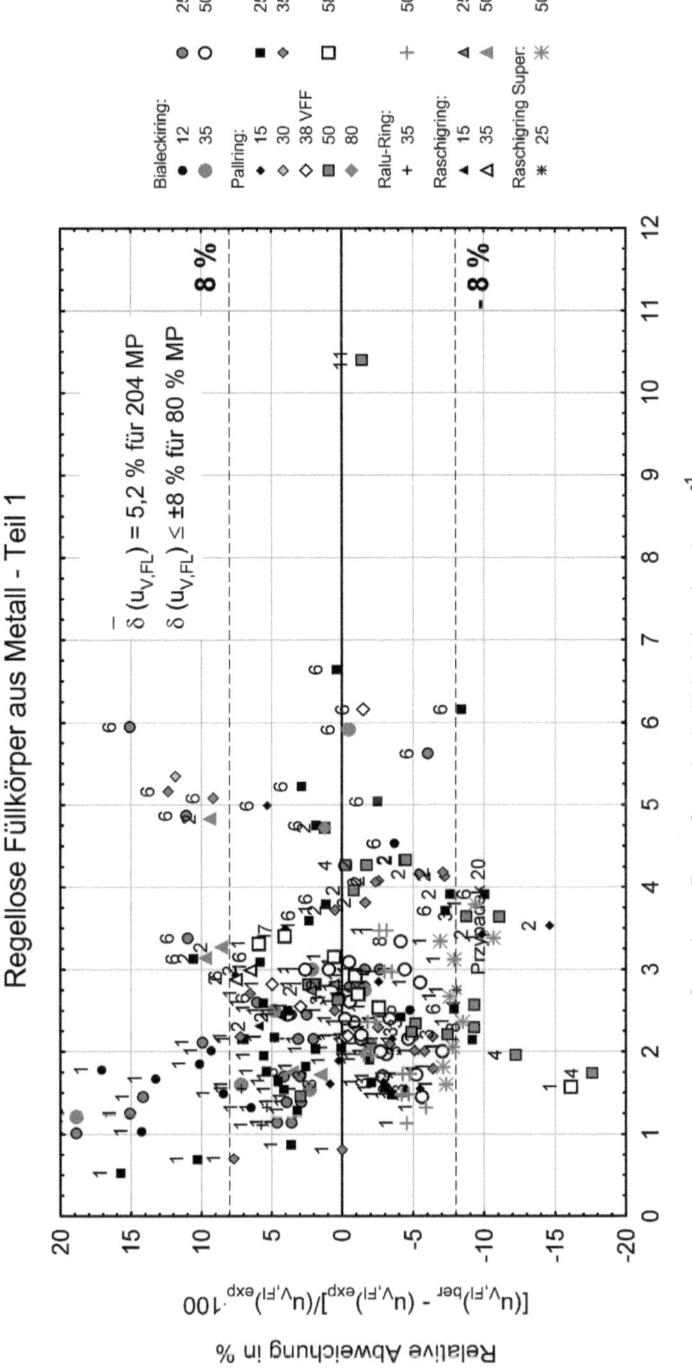

Bild 2-17a. Vergleich der experimentell ermittelten Gas- bzw. Dampfgeschwindigkeit $(u_{V,Fl})_{exp}$ mit der Rechnung nach Gl. (2-53), gültig für regellos geschüttete, metallische Füllkörper unterschiedlicher Bauart, Nr. des verwendeten Systems nach Tabelle 2-2

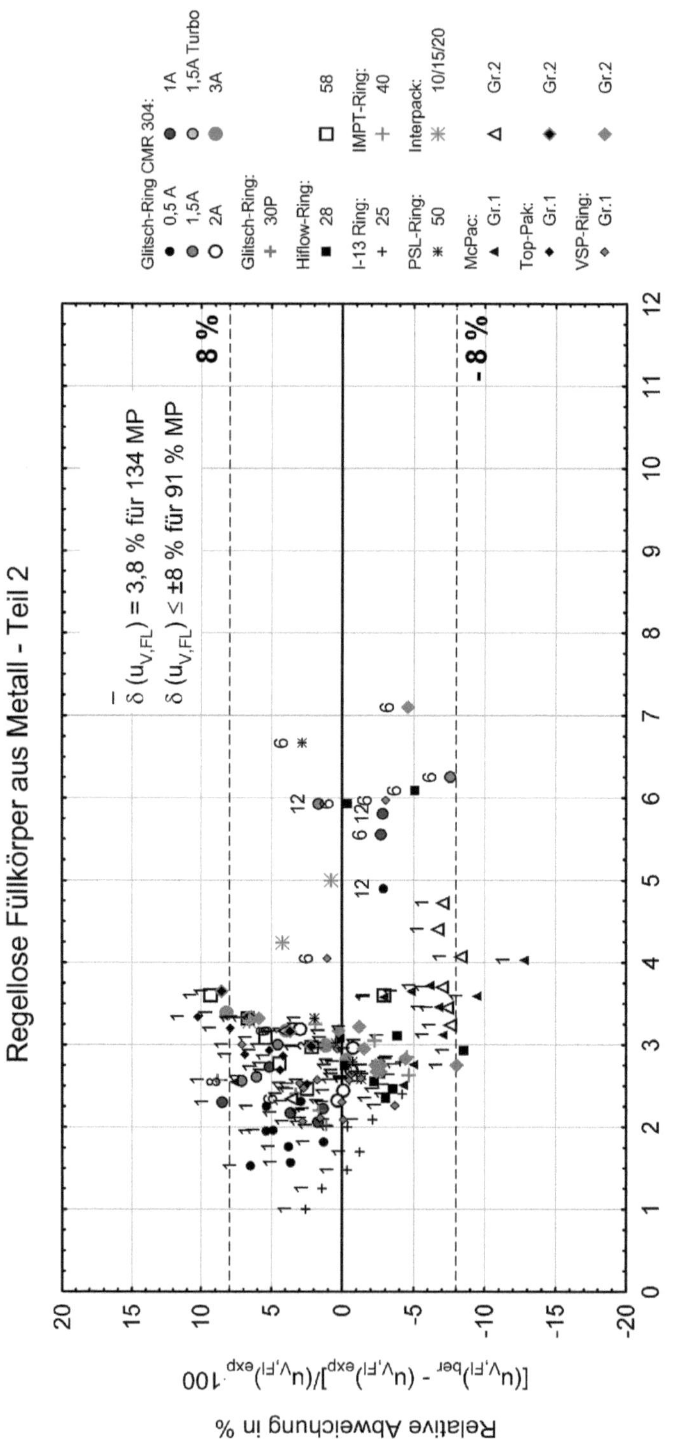

Bild 2-17a (Fortsetzung)

Tabelle 2-6. Angaben zu den in Bild 2-17a dargestellten Messwerten zum Flutpunkt in Kolonnen mit metallischen, regellos geschütteten Füllkörpern. Nr. des Testgemisches nach Tabelle 2-2

MP	$d \cdot 10^3$ [m]	Füllkörper	Test-gemisch	d_S [m]	H [m]	Literatur
Teil 1						
●	12	**Białeckiring**	1, 6	0,22–0,3	0,8–1,4	[A]
◓	25		1, 6, 10	0,15–0,30	0,7–1,4	[A], [20]
◓	35		1, 6, 10	0,15–0,50	0,7–2,0	[A], [20, 39]
○	50		1, 6, 8	0,15–0,80	1,0–2,5	[A], [20, 39]
◆	15	**Pallring**	1, 2, 3, 6, 7	0,30–0,788	1,4–2,0	[A], [5]
■	25		1, 2, 6, 16	0,15–0,75	1,4–4,0	[A], [5]
◇	30-Glitsch		12	0,22	1,5	[A]
◇	35		1, 2, 3, 6	0,22–0,80	1,4–4,0	[A], [5]
◇	38-VFF		1, 6	0,22–0,30	1,46	[A]
▣	50		1, 2, 3, 4, 8, 11	0,50–1,20	1,4–5,5	[A], [5, 7, 66]
□	58		1	0,45–1,00	2–3,5	[A], [67]
◆	80		2	0,80	2,0	[5]
+	35	**Ralu-Ring**	1	0,75	3,0	[28]
+	50					
▲	15	**Raschigring**	2	0,5	2,0	[5]
△	25		2			
△	35		2			
▲	50		2, 3			
✳	25	**Raschigring Super**	1	0,30	1,4–3,0	[86]
✳	50			0,30–0,75		
Teil 2						
●	0,5A	**Glitsch-Ring**	1, 12	0,22–0,30	1,4–1,54	[A]
●	1A	**CMR 304**	1, 6, 12	0,22–0,30	1,4–1,54	
◓	1,5A		1, 6, 12	0,22–0,30	1,4–1,54	
◓	1,5A Turbo		6	0,22	1,54	
○	2A		1	0,45	2,0	
◓	3A		1	0,45	2,0	
+	30P	**Glitsch-Ring**	1	0,30	1,4	[A]
■	28	**Hiflow-Ring**	1, 6	0,22–0,60	1,4–2,0	[A]
□	58		11	0,45–1,00	2,0–3,5	[A], [45, 60]
+	25	**I-13 Ring**	1	0,30	0,7–1,4	[20]
+	40	**IMPT-Ring**	1	0,45	2	[A]
✳	10/15/20	**Interpack**	6	0,218	1,5	[5]
◆	Gr. 1	**McPac**	1, 8	0,18–0,32	2,8–3,0	[A], [79, 80]
△	Gr. 2		1, 6	0,32–0,60	1,5–3,0	
✳	50	**PSL-Ring**	1, 6	0,22–0,3	1,4	[A]
◆	Gr. 1	**Top-Pak**	1	0,30–0,45	1,45–2,0	[A]
◈	Gr. 2			0,45	2,0	
◇	Gr. 1	**VSP-Ring**	1, 6	0,218–0,45	1,45–2,0	[A], [27, 93]
▲	Gr. 2			0,218–1,00	1,45–6,0	[A], [67, 93]

Zahl der Messpunkte: 338, mittlerer rel. Fehler $\overline{\delta}(u_{V,Fl}) = 4{,}71\,\%$. A $\equiv$ Autor.

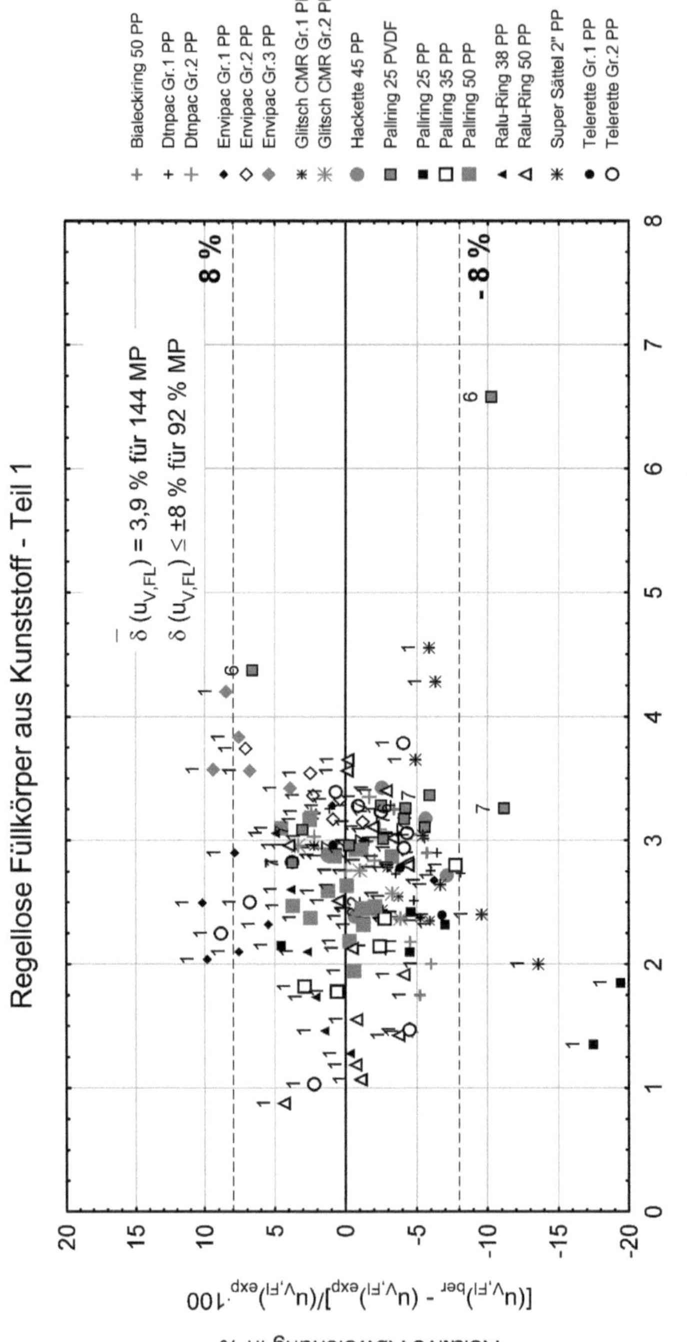

$$\overline{\delta}\,(u_{V,FL}) = 3{,}9\ \%\ \text{für 144 MP}$$
$$\delta\,(u_{V,FL}) \leq \pm 8\ \%\ \text{für 92 \% MP}$$

Gas- bzw. Dampfgeschwindigkeit $(u_{V,Fl})_{exp}$ in ms^{-1}

Relative Abweichung in %
$$[(u_{V,Fl})_{ber} - (u_{V,Fl})_{exp}]/(u_{V,Fl})_{exp}\cdot 100$$

Bild 2-17b. Vergleich der experimentell ermittelten Gas- bzw. Dampfgeschwindigkeiten $(u_{V,Fl})_{exp}$ mit der Rechnung nach Gl. (2-53), gültig für regellos geschüttete Füllkörper aus Kunststoff, Nr. des verwendeten Systems nach Tabelle 2-2

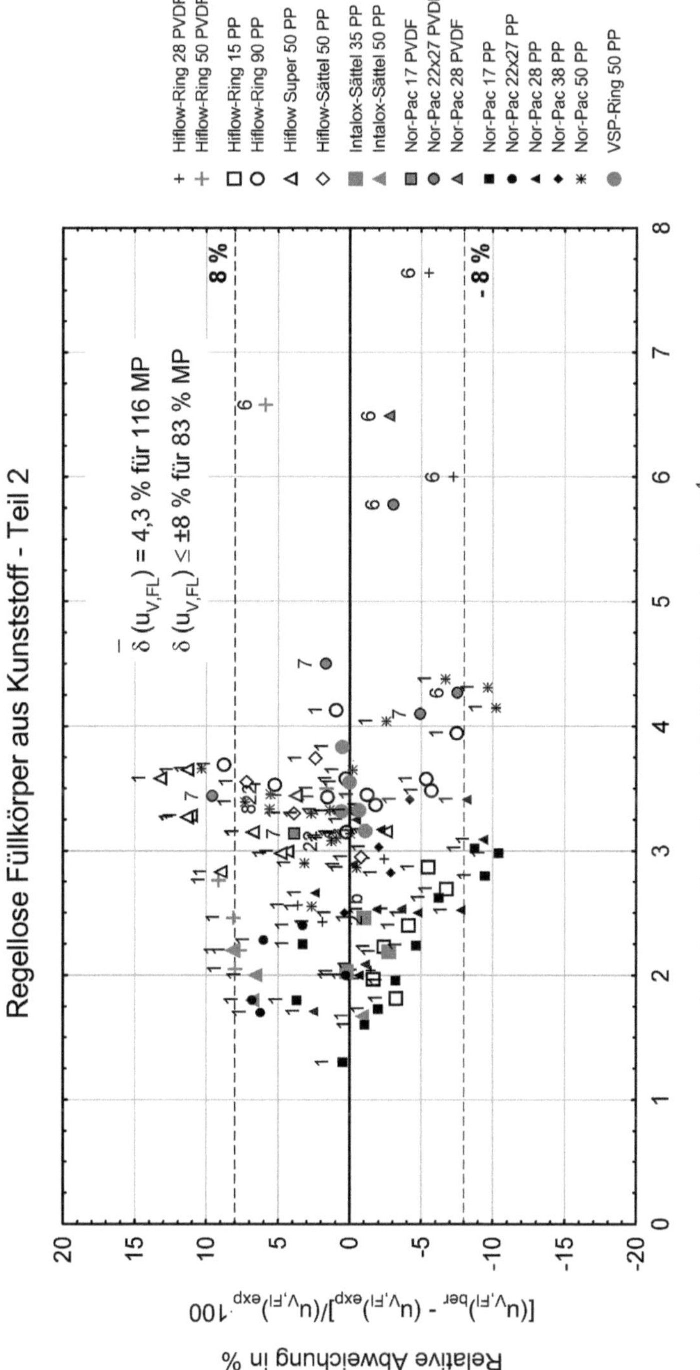

Bild 2-17b (Fortsetzung)

Tabelle 2-7. Angaben zu den in Bild 2-17b dargestellten Messwerten zum Flutpunkt in Kolonnen mit regellos geschütteten Füllkörpern aus Kunststoff (PP, PVDF). Nr. des Testgemisches nach Tabelle 2-2

Symbol	$d \cdot 10^3$ [m]	Füllkörper	Werkstoff	Testgemisch	d_S [m]	H [m]	Literatur
Teil 1							
+	50	**Białeckiring**	PP	1	0,30	1,4	[20]
+	Gr. 1	**Dtnpac**	PP	1	0,45	2,0	[A]
+	Gr. 2				0,30		
◆	Gr. 1	**Envipac**	PP	1	0,30	1,4	[A]
◇	Gr. 2				0,30–0,45	1,4–2,0	
◈	Gr. 3				0,45	2,0	
✳	Gr. 1	**Glitsch CMR**	PP	1	0,30–0,45	1,4–2,0	[A]
✳	Gr. 2				0,45	2,0	
●	45	**Hackette**	PP	1	0,45	2,0	[A]
▨	25	**Pallring**	PVDF	6, 7	0,218–0,22	1,4	[A]
■	25	**Pallring**	PP	1	0,30	1,4	[A], [44]
□	35				0,30–0,45	1,4	[A]
▨	50				0,30–1,00	1,4–3,5	[A], [44,66]
▲	38	**Ralu-Ring**	PP	1	0,75	3,0	[28]
△	50				0,30–0,75	1,4–3,0	[A], [28]
✳	2″	**Super Sattel PP**	PP	1	0,75	3,0	[28]
●	Gr. 1	**Telerette**	PP	1	0,15	1,3	[A], [40]
○	Gr. 2				0,45	2,0	[A], [54]
Teil 2							
+	28	**Hiflow-Ring**	PVDF	1, 6	0,218–0,30	1,4	[A], [44]
+	50						
□	15	**Hiflow-Ring**	PP	1	0,30	1,4	[A]
○	90				0,45–1,00	2,0–3,5	[66], [A]
△	50	**Hiflow Super**	PP	1	0,30–0,45	1,4–2,0	[A]
◇	50	**Hiflow-Sattel**	PP	1	0,45	2,0	[A]
▨	35	**Intalox-Sattel**	PP	1	0,30	1,4	[A]
▲	50				0,45	2,0	
■	17	**Nor-Pac**	PVDF	7	0,218	1,4	[A]
◉	22 × 27			6, 7			
▲	28			6			
■	17	**Nor-Pac**	PP	1	0,30	0,9–1,4	[A]
●	22 × 27			1	0,30	1,4	[A]
▲	28			1, 21b	0,15–1,40	1,0–2,0	[A], 40]
◆	38			1	0,30	1,4	[A]
✳	50			1, 8, 22	0,30–1,40	0,9–2,0	[A], [Fi/Lu]
●		**VSP-Ring 50 PP**		1	0,45	2,0	[A]

Zahl der Messpunkte: 260, mittlerer rel. Fehler $\overline{\delta}(u_{V,Fl}) = 4{,}10\,\%$. A ≡ Autor.

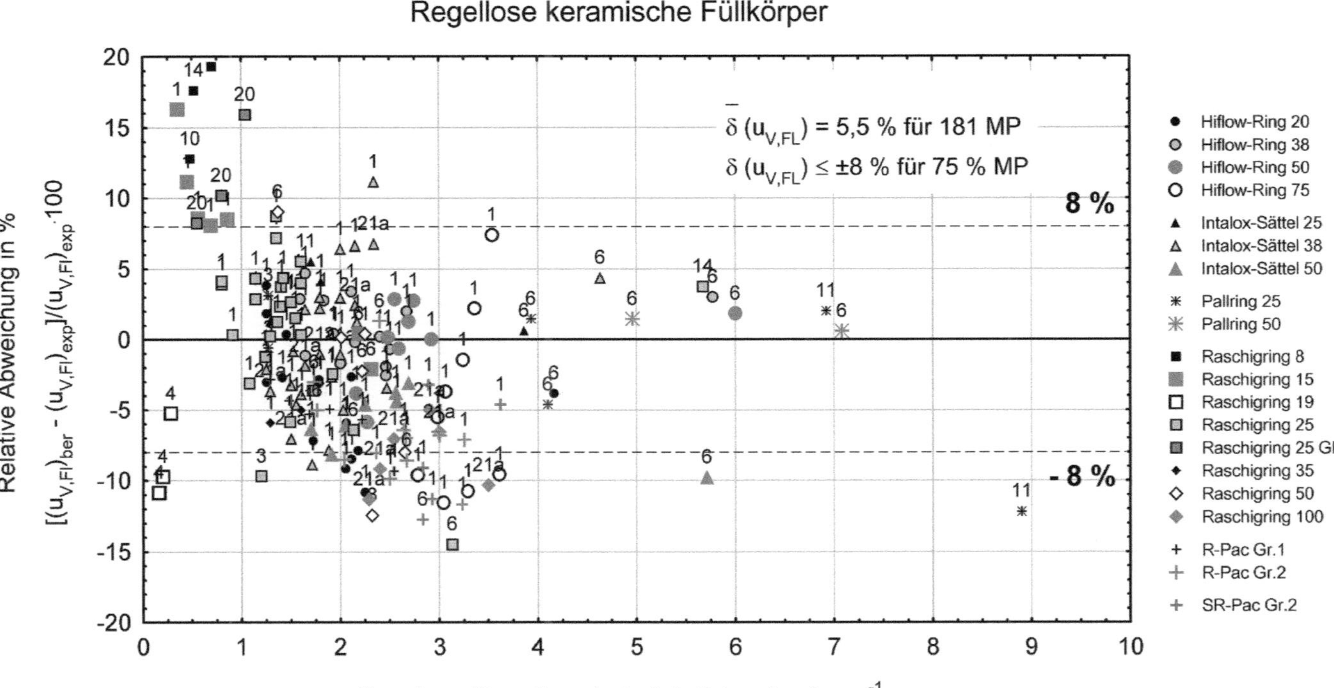

Bild 2-17c. Vergleich der experimentell ermittelten Gas- bzw. Dampfgeschwindigkeiten $(u_{V,Fl})_{exp}$ mit der Rechnung nach Gl. (2-53), gültig für regellos geschüttete Füllkörper aus Keramik, Nr. des verwendeten Systems nach Tabelle 2-2

Tabelle 2-8. Angaben zu den in Bild 2-17c dargestellten Messwerten zum Flutpunkt in Kolonnen mit keramischen, regellos geschütteten Füllkörpern. Nr. des Testgemisches nach Tabelle 2-2

Symbol	$d \cdot 10^3$ [m]	Füllkörper	Testgemisch	d_S [m]	H [m]	Literatur
●	20	**Hiflow-Ring**	1,6	0,218–0,30	1,25–1,4	[A]
○	38		1,6	0,218–0,45	1,4–2,0	
◍	50		1,6	0,218–0,30	0,9–1,4	
○	75		1	0,45	2,0	
▲	25	**Intalox-Sattel**	1,6	0,220–0,30	1,4	[A]
△	38		1,6, 21a	0,220–0,50	1,4–2,0	[A], [29]
▲	50		1,6	0,220–0,75	1,4–3,0	[A], [28]
✳	25	**Pallring**	3,6,11	0,218–0,50	1,0–1,4	[A], [23]
✳	50		6	0,220		[A], [21]
■	8	**Raschigring**	8,10,14	0,10	1,0	[A], [5]
▨	15		1,6	0,20–0,220	1,0	[A], [3,5,71]
□	19		4	1,2	5,5	[5]
▣	25		1,3,6,14	0,220–0,50	1,0–2,0	[A], [5, 32]
▢	25 Glas		20	0,150	1,6	[36, 37]
◆	35		1	0,30	0,7	[20]
◇	50		1,6,8	0,30–0,60	0,7–1,4	[A], [Fi], [20, 82]
◈	100		21a	1,20	2,0	[84, 85]
+	Gr. 1	**R-Pac**	1	0,316	1,0–3,0	[82, 83]
+	Gr. 2		1,6	0,320–0,60		
+	Gr. 2	**SR-Pac**	1,6	0,320–0,60	1,0–3,0	[82, 83]

Zahl der Messpunkte: 181, mittlerer rel. Fehler $\overline{\delta}(u_{V,Fl})$ = 5,53 %. A ≡ Autor.

Der für die Messdaten der Bilder 2-17a-d ermittelte mittlere relative Fehler $\overline{\delta}(u_{V,Fl})$ bei der Bestimmung der Flutpunktgeschwindigkeit $(u_{V,Fl})_{ber}$ nach Gl. (2-53) beträgt:

$\overline{\delta}(u_{V,Fl})$ = 4,10 % für regellose Füllkörper aus Kunststoff-260 Messpunkte

$\overline{\delta}(u_{V,Fl})$ = 5,50 % für regellose Füllkörper aus Keramik-181 Messpunkte

$\overline{\delta}(u_{V,Fl})$ = 6,10 % für strukturierte Packungen, geordnete Füllkörperschichten, Rohrkolonnen aus Blech, Kunststoff, Keramik-196 Messpunkte

Gleichung (2-53) gibt auch gut die Messwerte für Durchmesserverhältnisse $d_S/d \ll 6$ wieder, wenn die experimentell ermittelten Widerstandsbeiwerte ψ_{Fl} für kleine Kolonnen $d_S/d \ll 6$ in Gl. (2-53) eingesetzt werden. Dies zeigen die Ergebnisse der Auswertung von Messdaten, die unter Verwendung des Gemisches Chlorbenzol/Ethylbenzol bei 33 und 66,7 mbar in der Rektifizierkolonne mit d_S = 0,22 m $(d_S/d \cong 3{,}8)$ für 50-mm keramische Intalox-Sättel, Hiflow-Ringe sowie 50-mm metallische Pall- und Białecki-Ringe gewonnen wurden. Es ist bemerkenswert, dass die experimentellen Dampfgeschwindigkeiten $u_{V,Fl}$ auch im Bereich kleiner $u_{V,Fl}$-Werte von 0,4–1 ms^{-1} für 8-mm und 15-mm Raschigringe mit

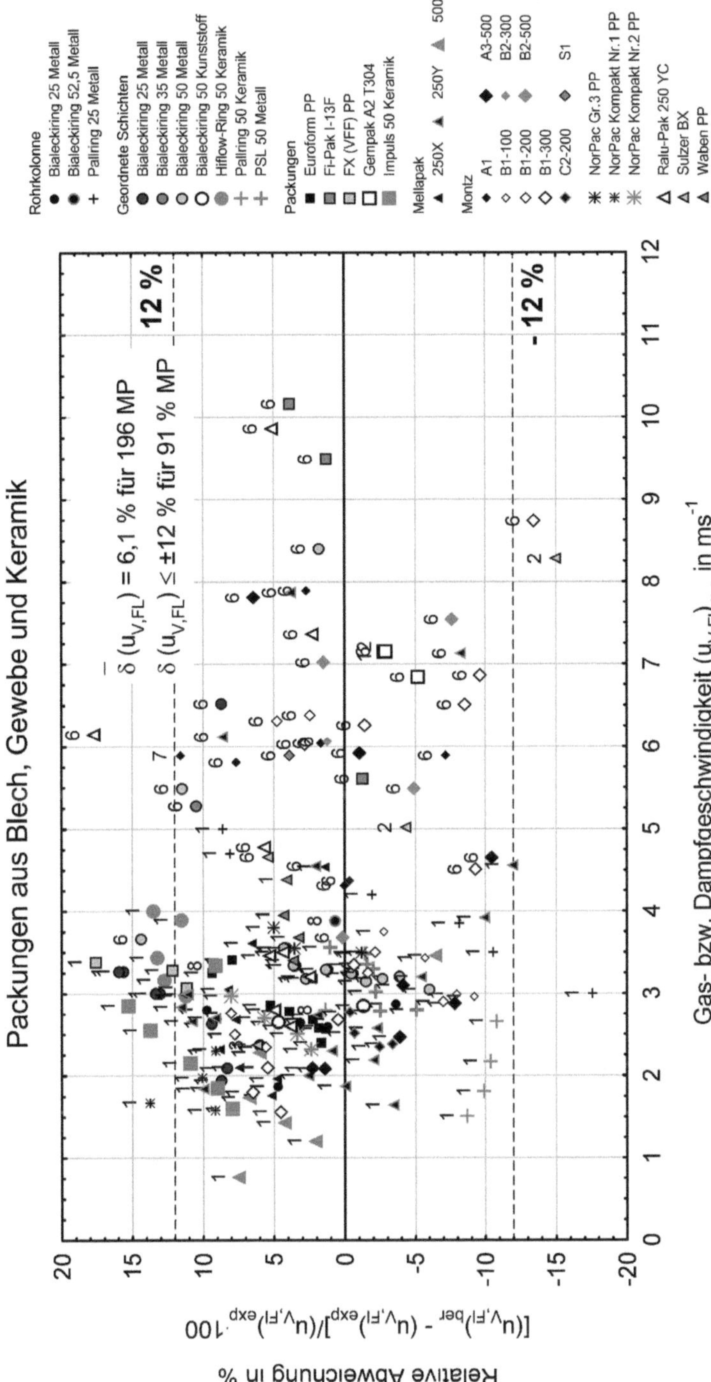

Bild 2-17d. Vergleich der experimentell ermittelten Gas- bzw. Dampfgeschwindigkeiten $(u_{V,Fl})_{exp}$ mit der Rechnung nach Gl. (2-53), gültig für Packungen, Rohrkolonnen und geordnete Füllkörperschichten, Nr. des verwendeten Systems nach Tabelle 2-2

Tabelle 2-9. Angaben zu den in Bild 2-17d dargestellten Messwerten zum Flutpunkt in Kolonnen mit Packungen oder geordneten Füllkörpern. Nr. des Testgemisches nach Tabelle 2-2

MP	Packung	Typ	Werkstoff	Testgemisch	d_S [m]	H [m]	Literatur
Rohrkolonne							
●	**Białeckiring**	25	Metall	1	0,025	1,5	[A]
●		52,5		8	0,273	1	[A]
+	**Pallring**	25	Metall	1		1	[76]
Geordnete Schichten							
●	**Białeckiring**	25	Metall	1, 6	0,150–0,218	1,4–1,7	[A]
○		35		6	0,218	1,5	
○		50		1, 6	0,151–0,30	1,0–1,7	
○	**Białeckiring**	50	Kunststoff	1	0,30	1,0	[77], [A]
●	**Hiflow-Ring**	50	Keramik	1	0,45	1,0	[A]
+	**Pallring**	50		1, 8	0,40–0,487	1,0	[A], [21]
+	**PSL-Ring**	50	Metall	1	0,28	1,4	[A]
Packungen							
■	**Euroform**		PP	1	0,30	1,4	[40]
▣	**Fi-Pak (I-13F)**		Metall	6	0,147–0,218	1,4	[A]
▣	**FX (VFF) 260**		PP	1	0,45	2	[A]
□	**Gempak A2 T304**		Metall	6, 12	0,218	1,4	[A], [A1]
▨	**Impuls 50**		Keramik	1	0,385–0,40	1,4	[21]
▲	**Mellapak**	250X	Blech	1	1,00	3,5	[26, 68, 69]
▲		250Y		1, 6	0,218–1,00	1,4–3,5	[A], [26, 68, 69]
▲		500Y		1	1,00	3,5	[68, 69]
◆	**Montz**	A1	Metall	6, 7	0,218	1,4	[A]
◆		A3-500		1, 6	0,218–0,45	2,0	[A], [A1]
◇		B1-100	Blech	1	0,30	1,4	[A]
◇		B1-200		1, 6	0,218–0,30	1,4	[A], [47]
◇		B1-300		1, 6	0,218–0,30	1,4	[A], [47]
◆		B2-300		6	0,218	1,4	[A], [A1]
◆		B2-500		6	0,218	1,4	[A], [A1]
◆		C2-200		1	0,30	1,4	[A]
◇		S1	Metall	6	0,218	1,4	[A]
✳	**NorPac**	Gr. 3	PP	1	0,30	1,4	[A]
✳		Kompakt Nr. 1		1	0,30	1,4	[A]
✳		Kompakt Nr. 2		1	0,30	1,4	[A]
△	**Ralu-Pak**	250 YC	Blech	1, 6	0,218–0,45	1,4–2,0	[A], [48]
△	**Sulzer Gewebpackung**	BX	Metall	2, 3, 6	0,218–0,50	1,4–2,0	[A], [5]
△	**Wabenpackung**		PP	1	0,30	1,4	[A]

Zahl der Messpunkte: 196, mittlerer rel. Fehler $\overline{\delta}(u_{V,\mathrm{Fl}}) = 6,06\,\%$. A $\equiv$ Autor.

dem neuen Ansatz genau wiedergegeben werden. Größere Abweichungen als $\pm 8\%$ wurden meist für einige Literaturdaten festgestellt, für welche keine genauen Angaben zur Schüttdichte N sowie zu den Geometriedaten a und ε der eingesetzten Packungen vorlagen.

Auswertung der Messdaten zum Flutpunkt für den Druckbereich

Bei der Auswertung der Messdaten hat sich wegen der hohen Dichte der Gasphase gemäß den Empfehlungen von Mersmann [2] die Einführung eines Korrekturfaktors zur Berechnung der Tropfengeschwindigkeit u_T nach Gl. (2-57) und der Flutpunktgeschwindigkeit $u_{V,Fl}$ als sinnvoll erwiesen.

Für die Dichte der kontinuierlichen Phase ρ_V, die größer als die Dichte der Umgebungsluft ρ_{Luft} unter den Umgebungsbedingungen ist, wird die Flutpunktgeschwindigkeit $u_{V,Fl}$ nach folgender Beziehung ermittelt:

$$u_{V,Fl} = u_{V,Fl,Gl.(2-53)} \cdot \left(\frac{\rho_V}{\rho_{Luft}}\right)^{0,18} \quad [ms^{-1}] \, . \tag{2-53a}$$

Aus Gl. (2-53) und (2-53a) erhält man nun folgende dimensionsbehaftete Endgleichung (2-53b) zur Bestimmung der Flutpunktgeschwindigkeit in beliebigen Packungskolonnen.

Sie lautet:

$$u_{V,Fl} = 0,80 \cdot \cos\alpha \cdot \varepsilon^{6/5} \cdot \psi_{Fl}^{-1/6} \left[\frac{d_T \cdot \Delta\rho \cdot g}{\rho_V}\right]^{1/2} \cdot \left[\frac{d_h}{d_T}\right]^{1/4} \cdot (1 - h_{L,Fl}^0)^{7/2} \cdot K_{\rho V} \quad [ms^{-1}] \tag{2-53b}$$

wobei: $K_{\rho V} = 1$ für $\rho_V \leq \rho_{Luft(1,165\,kg\,m^{-3})}$ bzw.

$$K_{\rho V} = \left(\frac{\rho_V}{1,165}\right)^{0,18} \quad \text{für} \quad \rho_V > \rho_{Luft} \tag{2-53c}$$

Der Exponent $n = 0,18$ in obiger Beziehung wurde durch Auswertung von ca. 180 Messdaten dieser Arbeit am Flutpunkt im Bereich höherer Drücke bis 100 bar gefunden, s. Bild 2-17e.

Im Bild 2-17e ist der Vergleich von Messdaten zur Flutpunktgeschwindigkeit $u_{V,Fl,exp}$ von Krehenwinkel [75] , Możenski u. a. [39] mit der Rechnung nach Gl. (2-53b,c) $u_{V,Fl,ber}$ dargestellt. Diese Messdaten gelten für diverse Stoffsysteme bis zu einem Betriebsdruck von 100 bar. Die experimentell ermittelten Gasgeschwindigkeiten am Flutpunkt $u_{V,Fl}$ liegen im Bereich von ca. 0,01 bis 0,85 ms^{-1}.

Die Zusammenstellung der einzelnen Symbole und der eingesetzten Systeme findet man in Tabelle 2-10. Der Vergleich zeigt eine sehr gute Übereinstimmung zwischen Experiment und Rechnung. 80% der Messwerte streuen um $\pm 15\%$ um die Diagonale. Der mittlere relative Fehler bei der Bestimmung der Flutpunktgeschwindigkeit bei Drucksystemen liegt nach der Auszählung der Abweichungen für ca. 180 Messpunkte bei ca. 8,93%.

Aus der durchgeführten Analyse der Messergebnisse ergibt sich die weitreichende Erkenntnis, die besagt, dass in Zukunft auf die Durchführung von experimentellen Arbeiten im Druck- oder Vakuumbereich durchaus verzichtet werden

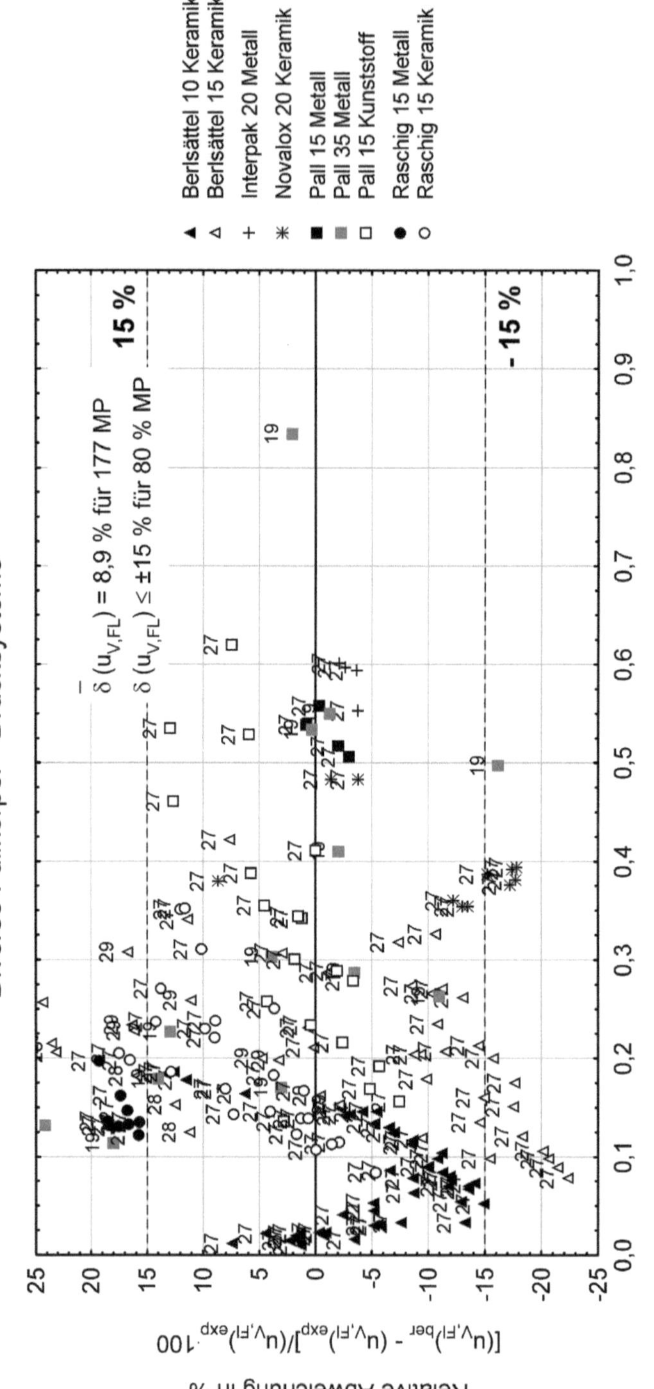

Bild 2-17e. Vergleich der experimentell ermittelten Gas- bzw. Dampfgeschwindigkeiten $(u_{V,Fl})_{exp}$ mit der Rechnung nach Gl. (2-53b), gültig für Füllkörperschüttungen und Packungen im Druckbereich bis 100 bar. Nr. des verwendeten Systems nach Tabelle 2-2

Tabelle 2-10. Angaben zu den in Bild 2-17 e dargestellten Messwerten zum Flutpunkt in Kolonnen in Drucksysteme. Nr. des Testgemisches nach Tabelle 2-2

Symbol	$d \cdot 10^3$	Füllkörper	Werkstoff	Testgemisch	d_S [m]	H [m]	Literatur
▲	10	**Berlsattel**	Keramik	27	0,086–1,550	0,8	[75]
△	15			27, 28, 29	0,155		
+	20	**Interpak**	Metall	27	0,155		
✳	20	**Novalox Sattel**	Keramik	27	0,155		
■	15	**Pallring**	Metall	27	0,155		
▨	35			19	0,50	2,5	[39]
□	15		Kunststoff	27	0,155		
●	15	**Raschigring**	Keramik	27	0,155	0,8	[75]
○			Metall				

Zahl der Messpunkte: 177, mittlerer rel. Fehler $\overline{\delta}(u_{V,Fl}) = 8{,}93\,\%$.

kann, um die Fluiddynamik von Packungskolonnen für diesen Bereich zu bestimmen, da die mit Hilfe der gezeigten Beziehungen gewonnen Ergebnisse auf beliebige Druckbereiche und Füllkörperformen übertragbar sind. Dies ist eine, vor allem für die Praxis wichtige Erkenntnis, da die Versuche im Druck- und Unterdruckbereich extrem kompliziert und kostenintensiv sind.

Als wichtigstes Ergebnis dieser Arbeit ist zu erwähnen, dass das TSB-Modell das Fluten in Kolonnen mit beliebigen Einbauten, für beliebige Stoffsysteme im Vakuumbereich, im Normaldruckbereich und im Druckbereich bis 100 bar ausreichend genau für praktische Anwendungen beschreibt.

Darüber hinaus wurde anhand von zahlreichen Messdaten des Stoffpaares Luft/Wasser unter Umgebungsbedingungen eindrucksvoll der Beweis erbracht, dass die Übertragbarkeit der Ergebnisse auf beliebige Stoffsysteme und Gemische mit extrem unterschiedlichen Stoffeigenschaften gegeben ist. Damit kann der experimentelle Aufwand bei der Modellierung von Packungskolonnen bis auf wenige einfache Versuche mit dem Stoffpaar Luft/Wasser bzw. auf Versuche zur Einphasenströmung eingeschränkt werden, um den Widerstandsbeiwert ψ zu in Abhängigkeit der Reynoldszahl der Gasphase bestimmen.

2.2.4.8
Neue dimensionslose Beziehung für die Flutpunktgeschwindigkeit nach dem TSB-Modell

Die Beziehung (2-53 b) lässt sich nun in Anlehnung an die Beziehung (2-54) mit einer erweiterten Froude-Zahl Fr_{Fl}^* am Flutpunkt darstellen. Durch die Einführung der dimensionslosen, erweiterten Froude-Zahl der Gasphase

$$Fr_{Fl}^* = \frac{u_{V,Fl}^2}{d_T \cdot g} \cdot \frac{\rho_V}{\Delta \rho} \tag{2-54}$$

erhält man als Hauptergebnis dieser Arbeit folgende, für beliebige Einbauten geltende Flutpunktbeziehung:

$$\mathrm{Fr}_{\mathrm{Fl}}^{*1,2} = 0{,}8 \cdot \cos\alpha \cdot \psi_{\mathrm{Fl}}^{-1/6} \cdot \left[\frac{d_{\mathrm{h}}}{d_{\mathrm{T}}}\right]^{1/4} K_{\rho_{\mathrm{V}}} \cdot \varepsilon^{6/5} \cdot (1 - h_{\mathrm{L,Fl}}^{0})^{7/2} \tag{2-55}$$

Die Gl. (2-55) ist nun in den Grenzen

$$\frac{d_{\mathrm{T}}^{2} \cdot \Delta\rho \cdot g}{\sigma} < 9 \, , \qquad \eta_{\mathrm{V}}/\eta_{\mathrm{L}} \to 0 \qquad \text{sowie} \qquad \rho_{\mathrm{V}}/\rho_{L} \ll 1 \text{ und } d_{\mathrm{h}}/d_{\mathrm{T}} > 3 \tag{2-56}$$

und für $\mathrm{Re}_{\mathrm{L}} \leq 600$, $\mathrm{Ar} = 6{,}4 \cdot 10^{4}$–$10^{6}$ für Füllkörper beliebiger Bauform und Packungen im Bereich der Widerstandsbeiwerte von $\psi_{\mathrm{Fl}} \in (0{,}1$–$8{,}5)$ gültig.

2.2.4.9
Auswertung der Messdaten nach dem Filmmodell von Mersmann [3]

Zur Erstellung der Flutkurven in der Darstellung von Mersmann [3] in den Bildern 2-5a, b, c, d wurde der Druckverlust von unberieselten Schüttungen oder Packungen $\Delta p_{0}/H$ mittels der in Kap. 3 angegebenen Beziehungen (3-8) und (3-14) ermittelt. Die empirischen Konstanten zur Bestimmung des Widerstandsbeiwertes ψ nach Gl. (3-14) im Bereich $\mathrm{Re}_{\mathrm{V}} \in (400$–$20000)$, wurden der Sammeltabelle 6-1a–c entnommen.

Die Messergebnisse sind in den Bildern 2-5a–d dargestellt. Sie zeigen, dass für große Füllkörper insbesondere für die mit Gitterstrukturen sowie für Packungen bei kleinen Berieselungsdichten starke Abweichungen von der Darstellung nach dem Filmmodell nach Mersmann [3] von bis zu +50% und mehr auftreten. Bei größeren dimensionslosen Berieselungsdichten $B_{\mathrm{L}} > 2$–$3 \cdot 10^{-3}$ streuen die Messdaten immer weniger um die von Mersmann [3] angegebene Flutpunktkurve, und das um so mehr, je flächiger die Füllkörper sind, d.h. für große geometrische Oberflächen a und kleine Lückenvolumina ε der Schüttung.

In der Arbeit von Mersmann [3] wurden lediglich die Daten der Systeme Luft/Flüssigkeiten bei Umgebungsbedingungen für vollflächige Füllkörper wie Raschig-Ringe, Kugeln, Berlsättel ausgewertet. Die im Rahmen dieser Arbeit durchgeführte Auswertung der Rektifizierdaten bestätigt auch die Brauchbarkeit des Flutpunktdiagramms nach Bild 2-5 zur Bestimmung der Dampfgeschwindigkeit $u_{\mathrm{V,Fl}}$ am Flutpunkt für kleine Füllkörper $d \leq 0{,}015$ m, z.B. für regellos geschüttete, metallische 10- und 20-mm Interpack, 12-mm metallische Białeckiringe, 17-mm Nor-Pac aus Kunststoff, 15-mm Pallringe aus Metall und Kunststoff, sowie 17-mm Hiflowringe aus Kunststoff, soweit es den Gültigkeitsbereich des Verfahrens betrifft.

Das Flutpunktdiagramm von Mersmann [3] beschreibt das Fluten in Packungskolonnen für kleine Füllkörper mit $d < 25$ mm ausreichend genau im gesamten Belastungsbereich B_{L}. Für Gitterfüllkörper und strukturierte Packungen gilt das Modell nur im Bereich hoher Berieselungsdichten $B_{\mathrm{L}} > 3$–$5 \cdot 10^{-3}$.

2.2.4.10
Neue Gleichung für die Einzeltropfengeschwindigkeit u_T

Aus Gl. (2-19), (2-20), (2-48b) und aus Gl. (2-53) erhält man für die effektive Sinkgeschwindigkeit des Einzeltropfens in der Schüttung die Beziehung (2-57)

$$u_\mathrm{T} = \frac{u_\mathrm{V,Fl}}{\varepsilon^{1.2} \cdot (1 - h_\mathrm{L,Fl}^0)^{3.5}} \cdot 0,566$$

$$= 0,80 \cdot \cos\alpha \cdot \psi_\mathrm{Fl}^{-1/6} \cdot \left(\frac{d_\mathrm{h}}{d_\mathrm{T}}\right)^{1/4} \cdot \left(\frac{d_\mathrm{T}\Delta\rho \cdot g}{\rho_\mathrm{V}}\right)^{1/2} \qquad [\mathrm{ms}^{-1}] \tag{2-57}$$

Der erste Term der Gl. (2-57) ermöglicht die Bestimmung der effektiven Tropfengeschwindigkeit u_T aus den Flutpunktmessungen bei bekannten $u_\mathrm{V,FL}$, $h_\mathrm{L,Fl}^0$-Werten sowie beim bekannten Lückenvolumen ε. Gleichung (2-57) stellt somit die volle Form der Abhängigkeit nach Gl. (2-23) dar. Der zweite Term der Gl. (2-57) ist für diverse Auslegungsaufgaben von Bedeutung und stellt die Endgleichung für die Tropfenfallgeschwindigkeit in Füllkörperkolonnen dar.

Eine ähnliche Abhängigkeit mit d_T nach Gl. (2-24)

$$u_\mathrm{T} \approx A_\mathrm{i} \cdot \sqrt{\frac{d_\mathrm{T} \cdot \Delta\rho \cdot g}{\rho_\mathrm{V}}}$$

$$u_\mathrm{T} \approx A_\mathrm{i} \cdot \sqrt{\frac{\sigma_\mathrm{L} \cdot \Delta\rho \cdot g}{\rho_\mathrm{V}^2}}$$

und mit $A_\mathrm{i} = 1,55$ hat Mersmann [38] für deformierte, in Gasen und Flüssigkeiten fallende Tropfen in Kolonnen ohne Einbauten gefunden.

Für Systeme mit höherer Dichte der Gasphase gilt in Analogie zu Gl. (2-53 b) die Beziehung (2-58)

$$u_\mathrm{T} = u_\mathrm{T,Gl.(2\text{-}57)} \cdot K_{\rho\mathrm{V}} = u_\mathrm{T,Gl.(2\text{-}57)} \cdot \left(\frac{\rho_\mathrm{V}}{\rho_\mathrm{Luft}}\right)^{0,18} \tag{2-58}$$

mit $K_{\rho\mathrm{V}}$ nach der Beziehung (2-53 c).

2.2.4.11
Schlussbetrachtungen zu Kapitel 2.2

1. Das in der Arbeit vorgestellte *Tropfen-Schwebebett-Modell* (TSB-Modell) ist nach Auswertung von ca. 1200 Messdaten zum Flutpunkt für beliebige regellose Füllkörperschüttungen, geordnete Schichten, strukturierte Packungen und Rohrkolonnen mit fluchtend angeordneten Füllkörpern im Bereich kleiner, mäßiger und großer Durchsatzverhältnisse λ_0 im Vakuum, Normaldruckbereich und bei hohen Drücken bis 100 bar gültig.

Die neusten Versuche [66] an Füllkörperschüttungen bestätigen die Tropfenbildung in Packungskolonnen durch Abtropfen aus den Kanten und Wänden der einzelnen Füllkörper. Bereits bei kleinen Gasgeschwindigkeiten kann es dadurch in einer Packungskolonne bei bestimmten Phasendurchsatzverhältnissen zum Fluten kommen, bereits vor dem Vollfüllen mit Filmen und Strahlen, wie es das Filmmodell voraussetzt. Daher flutet die Packungskolonne früher, als es das Filmmodell [3] vorsieht und deshalb werden die nach dem Filmmodell berechneten Flutpunktgeschwindigkeiten [3] für größere Gitterfüllkörper und strukturierte Packungen viel größer als die experimentell ermittelten Werte, s. Zahlenbeispiel 2.1.

Das TSB-Modell setzt die Tropfenbildung am Flutpunkt voraus und beschreibt daher genau den Flutpunktmechanismus sowohl für größere als auch für kleine Gasgeschwindigkeiten, die bei Druckabsorptionen und Rektifikationen auftreten, s. Bild 2-17a–e.

Die neue dimensionslose Berechnungsgleichung der Gasgeschwindigkeit am Flutpunkt (2-55) nach dem *Tropfen-Schwebebett-Modell* lautet:

$$\mathrm{Fr}_{\mathrm{Fl}}^{*1/2} = 0{,}8 \cdot \cos\alpha \cdot \psi_{\mathrm{Fl}}^{-1/6} \cdot \left[\frac{d_{\mathrm{h}}}{d_{\mathrm{T}}}\right]^{1/4} K_{\rho\mathrm{V}} \cdot \varepsilon^{6/5} \cdot (1 - h_{\mathrm{L,Fl}}^{0})^{7/2} \, ,$$

mit der dimensionslosen erweiterten Froude-Zahl nach Gl. (2-54)

$$\mathrm{Fr}_{\mathrm{Fl,Fl}}^{*} = \frac{u^{2}_{\mathrm{V,Fl}}}{d_{\mathrm{T}} \cdot g} \cdot \frac{\rho_{\mathrm{V}}}{\Delta\rho} , \rho$$

die in der Praxis auch in dimensionsbehafteter Form nach Gl. (2-53b)

$$u_{\mathrm{V,Fl}} = 0{,}80 \cdot \cos\alpha \cdot \varepsilon^{6/5} \cdot \psi_{\mathrm{Fl}}^{-1/6} \left[\frac{d_{\mathrm{T}} \cdot \Delta\rho \cdot g}{\rho_{\mathrm{V}}}\right]^{1/2} \cdot \left[\frac{d_{\mathrm{h}}}{d_{\mathrm{T}}}\right]^{1/4}$$

$$\cdot (1 - h_{\mathrm{L,Fl}}^{0})^{7/2} \cdot K_{\rho\mathrm{V}} \quad [\mathrm{ms}^{-1}]$$

wobei: $K_{\rho\mathrm{V}} = 1$ für $\rho_{\mathrm{V}} \leq \rho_{\mathrm{Luft}(1,165\,\mathrm{kg\,m^{-3}})}$ bzw.

$$K_{\rho\mathrm{V}} = \left(\frac{\rho_{\mathrm{V}}}{1{,}165}\right)^{0{,}18} \quad \text{für} \quad \frac{\rho_{\mathrm{V}}}{\rho_{\mathrm{Luft}}} > 1$$

nach Gl. (2-53c) angewendet werden kann.

Gleichung (2-53b) gilt für beliebige Füllkörper und Packungen aus beliebigen Werkstoffen, wenn der Widerstandsbeiwert ψ_{Fl} am Flutpunkt für die Einphasenströmung bekannt ist. Die Gültigkeit der Gl. (2-53b) wurde für Einbauten im Bereich $\psi_{\mathrm{Fl}} = 0{,}1$–$8{,}2$ nachgeprüft. Die Berechnung der Gasgeschwindigkeit $u_{\mathrm{V,FL}}$ am Flutpunkt nach Gl. (2-53) bzw. nach erweiterter Gl. (2-53b) erfolgt iterativ. Die Vereinfachung der Gl. (2-53) führt zur Gl. (2-51).

2. Mit der Beziehung nach Gl. (2-55) bzw. (2-53b) lässt sich die Gas- bzw. Dampfgeschwindigkeit bei bekannten Stoffwerten ρ_{L}, ρ_{V}, σ_{L}, η_{V}, η_{L} sowie der geometrischen Füllkörperdaten a und ε und bei bekanntem Flüssigkeitsinhalt am Flutpunkt $h_{\mathrm{L,Fl}}^{0}$ mit einem mittleren relativen Fehler von $\leq 6\%$ für Stoffsysteme der Vakuum- und Normaldruckrektifikation sowie Absorption bestimmen. Für Drucksysteme liegt die Genauigkeit der Bestimmung der Flutpunktgeschwindigkeit bei $\pm 15\%$, s. Bild 2-17e.

3. Die Kenntnis des Phasendurchsatzverhältnisses am Flutpunkt λ_0 ermöglicht die Bestimmung des Flüssigkeitsinhaltes $h^0_{L,Fl}$ nach Gl. (2-42) für die turbulente Flüssigkeitsströmung $Re_L \geq 2$, wobei der Parameter m nach Gl. (2-41a)

$$m = -0,82 + \frac{\lambda_0}{\lambda_0 + 0,5} \tag{2-41a}$$

berechnet wird bzw. nach Gl. (2-41a) für laminare Strömung $Re_L < 2$.

Für größere Füllkörper und bei mäßigem Unterdruck und im Normaldruckbereich strömt die Flüssigkeit praktisch turbulent, so dass meist die Gln. (2-42) und (2-40a) zur Anwendung kommen. Der Flutpunkt kann somit ohne experimentelle Werte für den Hold-up am Flutpunkt ermittelt werden.

4. Zur Auswertung der Messdaten zum Flutpunkt nach Gl. (2-55) bzw. (2-53b) wurden ungefähr 1200 Messdaten für ca. 160 Füllkörper, Packungen und Rohrkolonnen herangezogen. Dabei variierten die Kolonnen-, Einbauten- und Betriebsparameter in folgenden Bereichen:

$$
\begin{aligned}
0,1 &\leq \psi_{Fl} &&\leq 8,5 &&[-] \\
0,025 &\leq d_S &&\leq 1,4 &&\mathrm{m} \\
0,59 &\leq \varepsilon &&\leq 0,988 &&\mathrm{m^3 m^{-3}} \\
0,008 &\leq d &&\leq 0,100 &&\mathrm{m} \\
54 &\leq a &&\leq 750 &&\mathrm{m^2 m^{-3}} \\
0,45 &\leq H &&\leq 6,0 &&\mathrm{m} \\
0,013 &\leq p_T &&\leq 100 &&\mathrm{bar} \\
0 &\leq \lambda_0 \cdot 10^3 &&\leq 1000 &&[-] \\
0,01 &\leq u_V &&\leq 18 &&\mathrm{ms^{-1}} \\
0,1 &\leq F_{V,Fl} &&\leq 5,5 &&\sqrt{Pa} \\
0 &< u_L &&\leq 56 \cdot 10^{-3}\,\mathrm{ms^{-1}} \\
0 &< Re_L &&\leq 600 &&[-]
\end{aligned}
\tag{2-59}
$$

In Tabelle 2-2 sind die Stoffeigenschaften von 32 Gemischen mit extrem unterschiedlichen Stoffeigenschaften zusammengestellt, für welche die Messdaten zum Flutpunkt ausgewertet wurden.

5. Die Bestimmung der Gas- bzw. Dampfgeschwindigkeit am Flutpunkt kann nach dem *Tropfen-Schwebebett-Modell* auf folgende Weise durchgeführt werden: Als erstes wird nach Gl. (2-1) für $V_{V,Fl} = V_V$ das Phasendurchsatzverhältnis λ_0 als Startwert berechnet. Dann erfolgt im ersten Iterationsschritt die Berechnung des Flüssigkeitsinhaltes am Flutpunkt $h^0_{L,Fl}$ nach Gl. (2-42). Als nächstes wird mit Gl. (2-53b) bei bekannten Stoffeigenschaften des Systems $\rho_V, \rho_L, \sigma_L, \eta_V, \eta_L$ sowie aufgrund der geometrischen Daten a und ε des gewählten Füllkörpers, des mittleren Widerstandbeiwertes ψ_{Fl} nach Tabelle 6-1a–c die Gas- bzw. Dampfgeschwindigkeit am Flutpunkt $u_{V,Fl}$ bestimmt.

Zum Schluss wird noch geprüft, ob die Annahme $Re_L \geq 2$ gilt. Ist Re_L kleiner als 2, so erfolgt die neue Berechnung des Hold-up am Flutpunkt nach Gl. (2-40a). Anschließend wird die Flutpunktgeschwindigkeit berechnet. Bereits nach wenigen Iterationsschritten erhält man einen ausreichend genauen Wert für $u_{V,Fl}$ und somit für die Größen λ_0 und $h^0_{L,Fl}$.

Zur Vertiefung der dargestellten Zusammenhänge sind am Schluss des Kapitels Rechenbeispiele beigefügt, in denen gezeigt wird, wie nach der Modellvorstellung die Dampfgeschwindigkeit am Flutpunkt für 50-mm regellos geschüttete Pallringe für das System Ethylbenzol/Styrol unter Vakuum, die Gasgeschwindigkeit am Flutpunkt und für 25-mm regellos geschüttete Białeckiringe für das Stoffpaar Luft/Wasser, für strukturierte Gewebepackung BX sowie für 15-mm Pallringe aus Kunststoff unter Druck bestimmt werden.

6. Das von Mersmann (1965) [3] entwickelte *Rieselfilm-Gas-Schubspannungs-modell* ist zur Bestimmung der Gasgeschwindigkeit am Flutpunkt am besten dann geeignet, wenn kleine vollflächige bzw. großflächige Füllkörper für $a \geq 300$ m^{2}m^{-3} im ganzen Belastungsbereich eingesetzt werden. Dies lässt sich im von Mersmann [3] entwickelten Flutpunktdiagramm nach Bild 2-18 durch Schraffierungen erkennen. Das *Rieselfilm-Gas-Schubspannungsmodell* gilt dagegen für Füllkörper mit durchbrochener Fläche erst bei großen dimensionslosen Berieselungsdichten $B_L \geq 5 \cdot 10^{-3}$, was aus den Bildern 2-5a bis 2-5d sowie Bild 2-19 hervorgeht. Solche Betriebszustände treten meist bei extrem hohen Berieselungsdichten, bei der Druckabsorption und Druckrektifikation auf.

Eine weitere Modifizierung des Diagramms von Mersmann in Anlehnung an die Modellvorstellung gemäß der ersten Ausgabe dieser Arbeit [90, 91] findet man in der Arbeit von Bornhütter (1991) [66, 87].

2.3
Bestimmung des Kolonnendurchmessers

Wird der Gasbelastungsfaktor $F_{V,Fl}$ am Flutpunkt für einen gegebenen Füllkörper ermittelt, so kann man den durch den Gasbelastungsfaktor F_V gekennzeichneten Betriebspunkt bestimmen, wobei dann gelten muss:

$F_{V,U} < F_V < F_{V,Fl}$. Der Gasbelastungsfaktor F_V wird je nach Trennverfahren bei etwa 10 bis 80 % des Wertes am Flutpunkt festgelegt. Daraus resultiert für den zu bestimmenden Kolonnendurchmesser d_s die Beziehung

$$d_S = \sqrt{\frac{4 \cdot A_S}{\pi}} = \sqrt{\frac{4}{\pi}} \cdot \sqrt{\frac{V}{\sqrt{\rho_V \cdot F_V}}} \qquad \text{[m]} \tag{2-60}$$

mit V als Gasbelastung in kg s^{-1}.

2.4
Untere Belastungsgrenze

Vakuumrektifizierkolonnen werden meist mit sehr kleinen Flüssigkeitsbelastungen u_L, insbesondere im Verstärkungsteil, betrieben. Neben der Flutgrenze muss daher die untere Belastungsgrenze $u_{L,U}$, Bild 2-20, bekannt sein. Untersuchungen zur Bestimmung der unteren Belastungsgrenze sind bereits von Kirschbaum [19] und Schmidt [7, 32] durchgeführt worden.

Physikalische Eigenschaften des zu trennenden Gemisches, des Materials und der geometrischen Abmessungen der Füllkörper haben großen Einfluss auf die

Bild 2-18. Flutgrenze, abhängig von der dimensionslosen Berieselungsdichte mit eingetragenen Bereichen der Gültigkeit des Tropfen-Schwebebett-Modells gemäß dieser Arbeit und des Rieselfilm-Gas-Schubspannungsmodells von Mersmann [3], neue Bezeichnung von Mersmann [60]

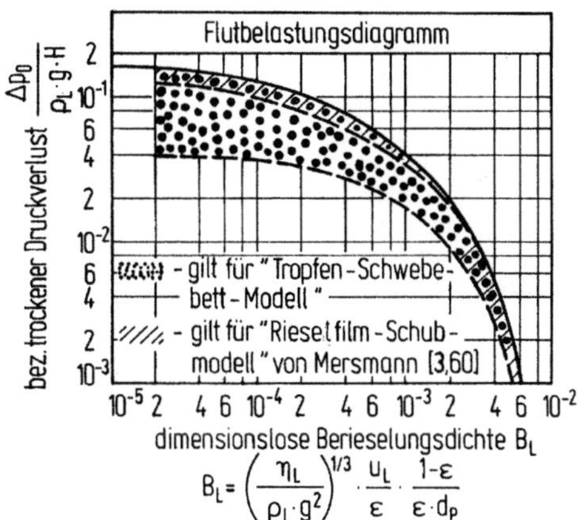

Bild 2-19. Flutgrenze für verschiedene Füllkörper. Zusammenstellung der Ergebnisse aus Bildern 2-5a–d

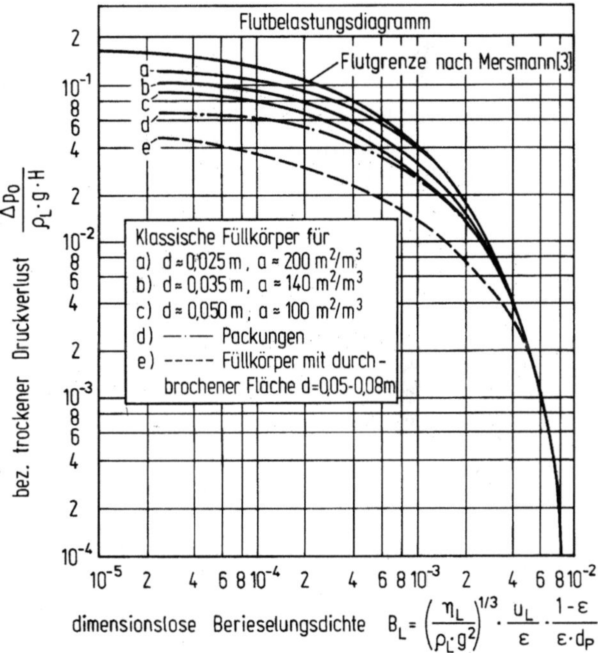

untere Belastungsgrenze, während ein direkter Einfluss der Grenzflächeninstabilitäten nicht festgestellt wurde [32].

Zur Bestimmung der unteren Belastungsgrenze $u_{L,U}$ gibt Schmidt [32] verschiedene gleichwertige Beziehungen an. Die einfachste, zudem auch übersichtlichste und am leichtesten anwendbare Gleichung ist die folgende Beziehung

$$u_{L,U} = 7{,}7 \cdot 10^{-6} \cdot \frac{C_L^{2/9}}{(1-T_L)^{1/2}} \cdot \left[\frac{g}{a}\right]^{1/2} \ [\text{ms}^{-1}], \qquad (2\text{-}61)$$

Bild 2-20. Die Höhe einer Übertragungseinheit bei verschiedenen L/V-Verhältnissen als Funktion der Reynolds-Zahl Re_V des Dampfes und der Flüssigkeit Re_L^* nach Schmidt [32]. Nach dieser Darstellung liegt die untere Belastungsgrenze unterhalb der Flutgrenze

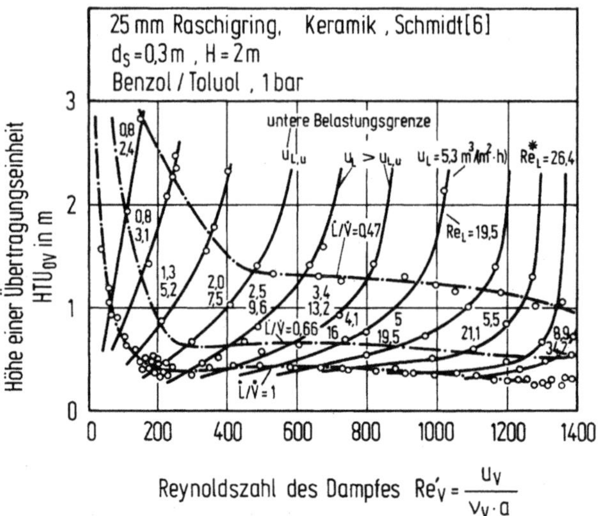

deren relativer Fehler $\pm 20\%$ beträgt und für Vakuum bis 20 mbar und für Flüssigkeit/Dampfverhältnisse von $L/V = 0{,}5{-}1{,}25$ überprüft wurde.

Für die Flüssigkeitskennzahl gilt:

$$C_L = \frac{\rho_L \cdot \sigma_L^3}{\eta_L^4 \cdot g} \tag{2-62}$$

und für die Schubspannungskennzahl

$$T_L \cong 0{,}9 \cdot \left[\frac{u_V}{u_{V,\mathrm{Fl}}}\right]^{2.8} = 0{,}9 \cdot \left[\frac{F_V}{F_{V,\mathrm{Fl}}}\right]^{2.8} \tag{2-63}$$

Die Gl. (2-61) wurde von Schmidt [7, 32] aufgrund eigener sowie der Literatur entnommener Versuchsergebnisse mit den Systemen Ethanol/Wasser, Dichlorethan/Toluol und Benzol/Toluol bei Normaldruck und Vakuum bis zu 20 mbar hergeleitet. Sie ist gültig für 25–50-mm keramische Raschigringe und metallische Pallringe.

Das von Schmidt [7, 32] festgestellte Entnetzen, das für die Trennwirkungsabnahme unterhalb der Belastungsgrenze $u_{L,U}$ verantwortlich ist, tritt um so eher ein, je kleiner die spezifische Flüssigkeitsbelastung u_L wird. Aus Gl. (2-61) ist ersichtlich, dass sich für Gemische mit kleiner werdender Flüssigkeitskennzahl C_L die untere Belastungsgrenze $u_{L,U}$ zu kleineren Werten der spezifischen Flüssigkeitsbelastung u_L verschiebt, was sich durchaus positiv auf die Elastizität der Kolonne auswirkt. Der Belastungsbereich einer Füllkörperkolonne für solche Systeme ist daher entsprechend groß, Bild 2-21.

Bei der Trennung von Gemischen mit kleiner Viskosität η_L und hoher Oberflächenspannung σ_L, wie es bei wässrigen Gemischen der Fall ist, kann die spezifische Flüssigkeitsbelastung am Flutpunkt $u_{L,\mathrm{Fl}}$ unterhalb der unteren Belastungsgrenze $u_{L,U}$ liegen, d.h. $u_{L,\mathrm{Fl}} < u_{L,U}$. Dies lässt sich aus Bild 2-21 entnehmen

Bild 2-21. Untere Belastungsgrenze $u_{L,U}$ und Flutgrenze der 25-mm Pallringkolonne nach Schmidt [32]. Diese Darstellung verdeutlicht die Überschneidung von beiden Grenzlinien und zeigt den Belastungsbereich einer Füllkörperkolonne für ein gegebenes System

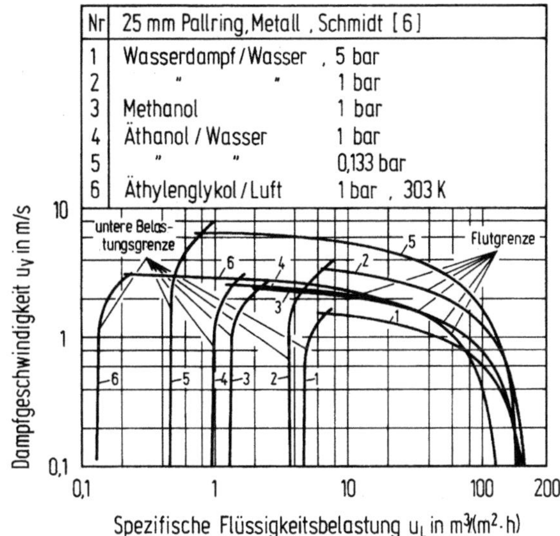

[7, 32]. Bei solchen Betriebsbedingungen wird die in der Kolonne herabfließende Flüssigkeit aufgestaut und vom Gas (Dampf) mitgerissen, ohne eine genügende Benetzung der Füllkörperoberfläche zu gewährleisten.

2.4.1
Schlussbetrachtungen zu Kapitel 2.4

Mit der von Schmidt [32] angegebenen Beziehung (2-61) für die Berechnung der unteren Belastungsgrenze $u_{L,U}$ und bei Kenntnis der Belastungsgrenze des verwendeten Füllkörpertyps lässt sich rechnerisch problemlos feststellen, ob die für eine Trennaufgabe die für die Kolonne gewählte spezifische Flüssigkeitsbelastung u_L oberhalb der unteren Belastungsgrenze $u_{L,U}$ liegt, $u_{L,U} < u_L < u_{L,Fl}$.

Liste der Zahlenbeispiele zu Kapitel 2 „Flutgrenze"

2.1 Bestimmung des Dampfbelastungsfaktors $F_{V,Fl}$ am Flutpunkt nach Gl. (2-53) und des Kolonnendurchmessers d_S für metallische, regellos geschüttete 50-mm Pallringe bei der Trennung des Gemisches Ethylbenzol/Styrol unter Vakuum.

2.2 Bestimmung des Dampfbelastungsfaktors $F_{V,Fl}$ nach Gl. (2-53) für metallische, regellos geschüttete 25-mm Białeckiringe für das Stoffpaar Luft/Wasser unter Umgebungsbedingungen.

2.3 Bestimmung des Dampfbelastungsfaktors $F_{V,Fl}$ nach Gl. (2-53) für Sulzer Gewebepackung BX bei der Trennung des Gemischs Ethylbenzol/Styrol bei einem Kopfdruck von 66,7 mbar.

2.4 Bestimmung des Dampfbelastungsfaktors $F_{V,Fl}$ am Flutpunkt nach Gl. (2-53b) und des Kolonnendurchmessers d_S für regellos geschüttete 15-mm Pallringe aus Kunststoff bei der Trennung des Gemisches Methanol/Stickstoff (N_2) bei 30 bar.

2.5 Bestimmung des Dampfbelastungsfaktors $F_{V,Fl}$ am Flutpunkt nach Gl. (2-53b) und der relativen Kolonnenbelastung $F_V/F_{V,Fl}$ in einer vorhandenen Kolonne eines Demethanizers bei der Umrüstung auf strukturierte Blechpackung Bauart Mellapak 350Y bei einem Betriebsdruck von 32 bar.

Zahlenbeispiel 2.1 zu Kapitel 2.2.4 und 2.3

In einer mit metallischen 50-mm Pallringen gefüllten Kolonne sollen stündlich 1000 kg des Gemisches Ethylbenzol/Styrol mit $x_F = 0,5895$ mol mol^{-1} bei einem Kopfdruck von $p_T = 66,7$ mbar derart getrennt werden, dass das Kopfprodukt einen Molanteil an leichter siedendem Äthylbenzol von $x_D = 0,9618$ mol mol^{-1} und das Sumpfprodukt einen Molanteil von $x_W = 0,0018$ mol mol^{-1} aufweist. Welchen Durchmesser muss die Kolonne haben, wenn sie bei 46,3 % der Flutbelastung betrieben wird und das Rücklaufverhältnis $r = 6,28$ beträgt?

Die Bestimmung des Dampfbelastungsfaktors $F_{V,Fl}$ am Flutpunkt soll nach dem in Kapitel 2.2.4 angegebenen Verfahren sowie nach Gl. (2-53) erfolgen. Die folgenden Größen sind vorgegeben, wobei die Stoffwerte für den Kopfdruck $p_T = 66,7$ mbar gelten:

- Dampfdichte $\qquad\qquad\qquad\quad$ $\rho_V \qquad = 0,257$ kg m^{-3}
- Flüssigkeitsdichte $\qquad\qquad\;\;$ $\rho_L \qquad = 835,2$ kg m^{-3}
- Oberflächenspannung $\qquad\;\;$ $\sigma_L \qquad = 25,1$ mNm^{-1}
- Viskosität der Flüssigkeit $\quad$ $\eta_L \qquad = 0,437 \cdot 10^{-3}$ kg m^{-1}s^{-1}
- Viskosität des Dampfgemisches $\;$ $\eta_V \qquad = 7,14 \cdot 10^{-6}$ kg m^{-1}s^{-1}
- Molmasse des Destillatproduktes $\;$ $M_D \qquad = 106,1$ kg kmol^{-1}
- Molmasse des Zulaufs $\qquad\quad$ $M_F \qquad = 105,34$ kg kmol^{-1}
- Relative Dampfbelastung $\qquad\;$ $F_V/F_{V,F} = 0,463$

Lösung

A. Berechnungen der Ströme und der Durchsätze am Kolonnenkopf gemäß der Aufgabenstellung

1. *Zulaufmenge:*

$$F = 100 \text{ kg h}^{-1}$$
$$\dot{F} = F/M_F$$
$$= 100/105,34 = 9,493 \text{ kmol h}^{-1}$$

2. *Destillatmenge:*

$$\dot{D} = \dot{F} \cdot \frac{x_F - x_W}{x_D - x_W}$$

$$= 9,493 \cdot \frac{0,5895 - 0,0018}{0,9618 - 0,0018} = 5,812 \text{ kmol h}^{-1}$$

3. *Dampfmenge am Kolonnenkopf:*

$$\dot{V} = (r + 1) \cdot \dot{D}$$
$$= (6,28 + 1) \cdot 5,812 = 42,3 \text{ kmol h}^{-1}$$

mit der Molmasse $M_D = 106,1$ kg kmol^{-1} ergibt sich

$$V = \dot{V} \cdot M_D$$
$$= 42,3 \cdot 106,1 = 4488,9 \text{ kg h}^{-1}$$

4. *Rücklaufmenge L am Kolonnenkopf:*

$$L = r \cdot \dot{D} \cdot \dot{M}_D$$
$$= 6{,}28 \cdot 5{,}812 \cdot 106{,}1 = 3872{,}2 \ \mathrm{kg\,h^{-1}}$$

B. Bestimmung des Dampfbelastungsfaktors $F_{V,Fl}$

1. Für das Phasendurchsatzverhältnis λ_0 ergibt sich

$$\lambda_0 = \frac{\dot{V}_L}{\dot{V}_V} = \frac{L \cdot \rho_V}{\rho_L \cdot V}$$
$$= \frac{3872{,}2 \cdot 0{,}257}{835{,}2 \cdot 4488{,}9} = 2{,}654 \cdot 10^{-4}$$

2. Für die Bestimmung des Flüssigkeitsinhaltes $h^0_{L,Fl}$ am Flutpunkt nach Gl. (2-43) wird als Startwert $\lambda_0 = 2{,}654 \cdot 10^{-4}$ angenommen. Für $h^0_{L,Fl}$ ergibt sich somit:

$$h^0_{L,FL} = \frac{\sqrt{1{,}44 \cdot \lambda_0^2 + 0{,}8 \cdot \lambda_0 \cdot (1 - \lambda_0)} - 1{,}2 \cdot \lambda_0}{0{,}4 \cdot (1 - \lambda_0)}$$

$$= \frac{\sqrt{1{,}44 \cdot (2{,}654 \cdot 10^{-4})^2 + 0{,}8 \cdot 2{,}654 \cdot 10^{-4} \cdot (1 - 2{,}654 \cdot 10^{-4})} - 1{,}2 \cdot 2{,}654 \cdot 10^{-4}}{0{,}4 \cdot (1 - 2{,}654 \cdot 10^{-4})}$$

$$= 3{,}565 \cdot 10^{-2} \ \mathrm{m^3 m^{-3}}$$

3. Die Dampfgeschwindigkeit am Flutpunkt wird für 50-mm metallische Pallringe nach Gl. (2-53) ermittelt, wobei für die Geometriedaten a und ε sowie Konstanten K_1, K_2 für $Re_V > 2100$ für Gl. (3-14) nach Tabelle 6-1a folgende Werte gelten:

für $N_0 = 6100 \ \mathrm{Nm^{-3}} \Rightarrow a_0 = 110 \ \mathrm{m^2 m^{-3}}$, $\varepsilon_0 = 0{,}952 \ \mathrm{m^3 m^{-3}}$, $K_1 = 3{,}23$; $K_2 = -0{,}0343$
für Gl. (3-15) zur Berechnung des Widerstandsbeiwertes.
Zur Anwendung der Gl. (2-53) werden außerdem folgende Größen benötigt:

- der hydraulische Durchmesser
  $d_h = 4 \cdot \varepsilon/a = 4 \cdot 0{,}952/110 = 0{,}0346 \ \mathrm{m}$
- der Tropfendurchmesser

$$d_T = \sqrt{\sigma / \Delta\rho \cdot g} =$$

$$= \sqrt{0{,}0251 / ((835{,}2 - 0{,}257) \cdot 9{,}81)} = 1{,}75 \cdot 10^{-3} \ \mathrm{m}$$

4. Aus Gl. (2-53) wird zuerst die Flutpunktgeschwindigkeit $u_{V,Fl}$ für $\psi_{Fl} \cong 2{,}42$ bei $Re_V \geq 2100$ und $h_{L,Fl} = 0{,}0365 \ \mathrm{m^3 m^{-3}}$ abgeschätzt.

$$u_{V,Fl} = 0{,}566 \cdot \psi_{Fl}^{-1/6} \left[\frac{d_h}{d_T}\right]^{1/4} \cdot \varepsilon^{6/5} \cdot \left[\frac{d_T \Delta\rho \cdot g}{\rho_V}\right]^{1/2} \cdot [1 - h^0_{L,Fl}]^{3,5}$$

$$= 6{,}43 \ \mathrm{ms^{-1}}$$

Daraus folgt für die Dampfgeschwindigkeit u_V bei $F_V/F_{V,Fl} = 0{,}463$:

$$u_V = 0{,}463 \cdot u_{V,Fl}$$
$$= 0{,}463 \cdot 6{,}43 = 2{,}98 \ \mathrm{ms^{-1}}$$

für den Kolonnenquerschnitt A_S

$$A_S = \frac{V_w}{3600 \cdot \rho_V \cdot u_V} = \frac{4488,9}{3600 \cdot 0,257 \cdot 2,98} = 1,628 \text{ m}^2$$

und schließlich für den Kolonnendurchmesser d_S

$$d_S = \sqrt{\frac{4 \cdot A_S}{\pi}} = 1,44 \text{ m}; \text{ angenommen: } d_S = 1,45 \text{ m}$$

5. Mit der spezifischen Flüssigkeitsbelastung u_L

$$u_L = \frac{L}{3600 \cdot \rho_L \cdot A_S} = \frac{3872,2}{3600 \cdot 835,2 \cdot 1,65}$$
$$= 7,8 \cdot 10^{-4} \text{ ms}^{-1}$$

wird die Reynolds-Zahl Re_L berechnet zu

$$\text{Re}_L = \frac{u_L}{v_L \cdot a} = \frac{u_L \cdot \rho_L}{\eta_L \cdot a} =$$
$$= \frac{7,8 \cdot 10^{-4} \cdot 835,2}{0,437 \cdot 10^{-3} \cdot 110} = 13,55 > 2$$

Somit ist die Anwendung der Formel (2-43) zur Berechnung des Flüssigkeitsinhaltes $h^0_{L,Fl}$ am Flutpunkt gerechtfertigt.

6. Die Dampfgeschwindigkeit am Flutpunkt $u_{V,Fl}$ wird mit der spezifischen Flüssigkeitsbelastung von $u_L = 7,8 \cdot 10^{-4}$ ms^{-1} nach Gl. (2-53) aufgrund der iterativen Rechnung zu $u_{V,Fl} = 6,69$ ms^{-1} ermittelt. Für das Phasendurchsatzverhältnis am Flutpunkt λ_0 ergibt sich ein Zahlenwert von $1,1 \cdot 10^{-4}$, für $\psi_{Fl} = 2,34$, und für $h^0_{L,Fl} = 2,38 \cdot 10^{-2}$ m^{3}m^{-3}.

Der ermittelte Wert für $u_{V,Fl}$ ist nur um 4,1 % größer als die in Punkt 4 anhand der Näherungsrechnung ermittelte Geschwindigkeit von 6,43 ms^{-1}.

Der Dampfbelastungsfaktor am Flutpunkt $F_{V,Fl}$ ergibt sich nun zu

$$F_{V,Fl} = u_{V,Fl} \cdot \sqrt{\rho_V} = 3,39 \text{ ms}^{-1}\sqrt{\text{kgm}^{-3}}$$

Für das gleiche System und für ein geringfügig anderes Phasendurchsatzverhältnis als in der Aufgabenstellung fand Billet [5], Kapitel 2 bei $\dot{L}/\dot{V} = 1$ für den Dampfbelastungsfaktor $F_{V,Fl}$ den Zahlenwert von

$$F_{V,Fl} = 3,3 \text{ ms}^{-1}\sqrt{\text{kgm}^{-3}}$$

Relativer Fehler $\delta(F_{V,Fl})$

$$\delta(F_{V,Fl}) = \frac{(F_{V,Fl})_{ber} - (F_{V,Fl})_{exp}}{(F_{V,Fl})_{exp}} \cdot 100$$
$$= \frac{3,39 - 3,3}{3,3} \cdot 100 = 2,73\%$$

Für diese Aufgabenstellung wurden noch weitere Berechnungen des Flutbelastungsfaktors $F_{V,Fl}$ nach anderen Verfahren durchgeführt. Dabei ergaben sich folgende Ergebnisse:

1. Nach Eckert [9]: $\quad F_{V,Fl} = 5{,}0 \text{ ms}^{-1} \text{ kg}^{1/2} \text{m}^{-3/2} \quad \delta(F_{V,Fl}) = 51{,}5\,\%$
2. Nach Mersmann [3]: $\quad F_{V,Fl} = 4{,}98 \qquad\qquad\qquad\quad \delta(F_{V,Fl}) = 50{,}9\,\%$
3. Nach Billet [5]: $\quad F_{V,Fl} = 3{,}55 \qquad\qquad\qquad\quad \delta(F_{V,Fl}) = 7{,}6\,\%$
4. Nach Gl.(2-53): $\quad F_{V,Fl} = 3{,}39 \qquad\qquad\qquad\quad \delta(F_{V,Fl}) = 2{,}73\,\%$
5. Exp. Wert: $\quad F_{V,Fl} = 3{,}3$ nach Billet [5] für $(\dot{L}/\dot{V}) = 1$.

Zahlenbeispiel 2.2 zu Kapitel 2

Es ist die Flutpunktgeschwindigkeit $u_{V,Fl}$ in einer mit regellos geschütteten 25-mm metallischen Białeckiringen gefüllten Kolonne mit Durchmesser $d_S = 0{,}15$ m zu bestimmen. Die Kolonne wird bei einer Gasgeschwindigkeit von $u_V = 1 \text{ ms}^{-1}$ und mit der spezifischen Flüssigkeitsbelastung $u_L = 0{,}0111 \text{ ms}^{-1}$ betrieben. Es wird das Stoffsystem Luft/Wasser bei 1 bar und 293 K verwendet. Die technischen Daten der eingesetzten Białeckiringe sind:

$$N = 55000 \text{ m}^{-3}$$
$$\Rightarrow a = 238 \text{ m}^2\text{m}^{-3}, \varepsilon = 0{,}94 \text{ m}^3\text{m}^{-3} \,.$$

Die Stoffwerte gelten für 1 bar und 293 K:

$$\eta_V = 18{,}2 \cdot 10^{-6} \text{ m}^2\text{s}^{-1} \qquad \rho_L = 998{,}2 \text{ kg m}^{-3}$$
$$\eta_L = 10^{-3} \text{ Pa s} \qquad\qquad \rho_V = 1{,}17 \text{ kg m}^{-3}$$
$$\sigma_L = 72{,}4 \cdot 10^{-3} \text{ Nm}^{-1} \qquad g = 9{,}80665 \text{ ms}^{-2}$$

Lösung

1. Zur Bestimmung der Flutpunktgeschwindigkeit $u_{V,Fl}$ nach Gl. (2-53) werden folgende Größen benötigt:

1.1 K_3, K_4 – Koeffizienten zur Bestimmung des Widerstandsbeiwertes am Flutpunkt für $Re_V > 2100$.

Nach Gl. (3-16) und Tabelle 6-1a ergeben sich für $Re_V \geq 2100$ folgende Zahlenwerte für die Modellkonstanten K_3, K_4, [20]:

$$K_3 = 4{,}13, K_4 = -0{,}0522.$$

Als Startwert wird nach der Tabelle 6-1a ein Mittelwert von $\psi_{Fl,m} \cong 2{,}60$ angenommen.

1.2 Hydraulischer Durchmesser d_h:

$$d_h = 4 \cdot \frac{\varepsilon}{a} = 4 \cdot \frac{0{,}942}{238} = 1{,}583 \cdot 10^{-2}\text{m}$$

1.3 Tropfendurchmesser:

$$d_T = \sqrt{\frac{\sigma_L}{(\rho_L - \rho_V) \cdot g}} = \sqrt{\frac{0{,}0724}{(988{,}2 - 1{,}17) \cdot 9{,}80665}}$$
$$= 2{,}72 \cdot 10^{-3}\text{ m}$$

2. Für die Reynolds-Zahl $\mathrm{Re_L}$ ergibt sich ein Zahlenwert von

$$\mathrm{Re_L} = \frac{u_\mathrm{L}}{v_\mathrm{L} \cdot a} = \frac{u_\mathrm{L} \cdot \rho_\mathrm{L}}{\eta_\mathrm{L} \cdot a}$$

$$= \frac{11{,}1 \cdot 10^{-3} \cdot 998{,}2}{10^{-3} \cdot 238} = 46{,}55 > 2$$

Zur Bestimmung des Flüssigkeitsinhaltes $h^0_{\mathrm{L,Fl}}$ wird die Beziehung (2-43) verwendet. Als Startwert wurde für das Phasendurchsatzverhältnis am Flutpunkt λ_0 ein Zahlenwert von:

$$\lambda_0 = \frac{u_\mathrm{L}}{u_\mathrm{V}} = 11{,}1 \cdot 10^{-3} \quad \text{mit } u_\mathrm{V} = 1\,\mathrm{ms^{-1}}$$

angenommen.

Daraus ergibt sich nach Gl. (2-43) der Wert $h^0_{\mathrm{L,Fl}} = 0{,}2056\ \mathrm{m^3 m^{-3}}$. Für die Gasgeschwindigkeit $(u_{\mathrm{V,Fl}})_1$ erhält man nach dem 1. Iterationsschritt den Zahlenwert $(u_{\mathrm{V,Fl}})_1 = 1{,}7132\ \mathrm{ms^{-1}}$. Danach wird ein neues Phasendurchsatzverhältnis $\lambda_0 = 11{,}1 \cdot 10^{-3}/1{,}713 = 6{,}46 \cdot 10^{-3}$ gebildet, für welches nun iterativ der $(u_{\mathrm{V,Fl}})_2$-Wert berechnet wird. Unterscheidet sich der Wert $(u_{\mathrm{V,Fl}})_{i+1}$ nach der Iteration $i+1$ vom Wert $(u_{\mathrm{V,Fl}})_i$ nach der Iteration i um weniger als $0.01\ \mathrm{ms^{-1}}$, dann wird die Iteration abgebrochen.

Die Iterationsrechnung ergab für $u_{\mathrm{V,Fl}}$ den Zahlenwert von:

$$u_{\mathrm{V,Fl}} = 1{,}776\ \mathrm{ms^{-1}},$$

der praktisch identisch mit dem nach Bild 2-2a,b für $u_\mathrm{L} = 11{,}1 \cdot 10^{-3}\ \mathrm{ms^{-1}}$ experimentell ermittelten Wert $u_{\mathrm{V,Fl}} = 1{,}75\ \mathrm{ms^{-1}}$ ist. Der relative Fehler beträgt somit:

$$\delta(u_{\mathrm{V,Fl}}) = \frac{1{,}75 - 1{,}776}{1{,}75} \cdot 100\ \% = -1{,}49\ \%$$

Die Kolonne wird bei ca.

$$\frac{F_\mathrm{V}}{F_{\mathrm{V,Fl}}} = \frac{u_\mathrm{V}}{u_{\mathrm{V,Fl}}} = \frac{1}{1{,}776} = 0{,}563$$

d.h. bei $56{,}3\,\%$ Flutbelastung betrieben. Für das Phasendurchsatzverhältnis am Flutpunkt

$$\lambda_0 = \frac{u_\mathrm{L}}{u_{\mathrm{V,Fl}}} = \frac{11{,}1 \cdot 10^{-3}}{1{,}776} = 6{,}25 \cdot 10^{-3}$$

ergibt sich nun der Flüssigkeitsinhalt am Flutpunkt:

$$h^0_{\mathrm{L,Fl}} = 15{,}3 \cdot 10^{-2}\ \mathrm{m^3 m^{-3}}$$

Nach Tabelle 2-3 ergibt sich ein experimentell ermittelter $h^0_{\mathrm{L,Fl}}$-Wert von $16{,}2\,\%$. Der relative Fehler beträgt:

$$\delta(h^0_{\mathrm{L,Fl}}) = \frac{15{,}3 - 16{,}2}{16{,}2} \cdot 100\ \% = -5{,}55\ \%$$

für $\mathrm{Re_{V,Fl}} = 2553{,}7$ folgt

$$\psi_{\mathrm{Fl}} = 4{,}13 \cdot 2553{,}7^{-0{,}0522} = 2{,}745$$

Beispiel 2.3 zu Kapitel 2

Für die Stoffdaten des Systems Ethylbenzol/Styrol bei 66.7 mbar ist die Flutpunktgeschwindigkeit für Sulzer-Gewebepackung BX zu bestimmen. Der Kolonnendurchmesser beträgt $d_S = 0,5$ m. Die Rücklaufmenge am Kolonnenkopf beträgt nach Bild 6-33 [5] $L = 1491$ kg/h; $L/V = 1$. Der Neigungswinkel der Strömungskanäle beträgt bei der BX-Packung $\alpha = 30°$. Die experimentell ermittelte Flutpunktgeschwindigkeit von Billet [5] beträgt $u_{V,Fl} = 7{,}50$ ms^{-1}.

Lösung

Für einen Mittelwert von $\psi_m \in (2100\text{–}10000)$ $\psi_m = 0{,}374$ sowie gemäß den Geometriedaten a und ε nach Tabelle 6-1 c ergeben sich folgende Zahlenwerte für die Gl. (2-53):

$$d_h = 4 \cdot \frac{\varepsilon}{a} = 4 \cdot \frac{0,95}{500} = 0,0076 \text{ m}$$

$$d_T = 1{,}75 \cdot 10^{-3} \text{ m}$$

$$u_L = \frac{1491}{0,52 \cdot \dfrac{\pi}{4} \cdot 835,2 \cdot 3600} = 2{,}52 \cdot 10^{-3} \text{ ms}^{-1}$$

$$\lambda_0 = \frac{L}{V} \cdot \frac{\rho_V}{\rho_L} = 1 \cdot \frac{0,257}{835,2} = 3{,}08 \cdot 10^{-4}$$

Für $\lambda_0 = 3{,}08 \cdot 10^{-4}$ ergibt sich mit m nach Gl. (2-40b):

$$m = -0,82 + \frac{\lambda_0}{\lambda_0 + 0,5} = -0,82 + \frac{3,08 \cdot 10^{-4}}{3,08 \cdot 10^{-4} + 0,5} \cong -0,82$$

und nach Gl. (2-43) für den Flüssigkeitsinhalt am Flutpunkt der Zahlenwert von:

$$h^0_{L,Fl} = 3{,}834 \cdot 10^{-2} \text{ m}^3\text{m}^{-3}$$

Aus Gl. (2-53) folgt nun für die Flutpunktgeschwindigkeit nach dem ersten Iterationsschritt:

$$u_{V,Fl} = 0{,}8 \cdot \cos 30° \cdot 0{,}374^{-1/6} \cdot \left[\frac{7,6 \cdot 10^{-3} \text{ m}}{1,75 \cdot 10^{-3} \text{ m}} \right]^{0,25} \cdot 0{,}95^{1,2}$$

$$\cdot \left[\frac{1,75 \cdot 10^{-3} \cdot 835 \cdot 9,81}{0,257} \right]^{1/2} \cdot (1 - 0{,}03834)^{3,5}$$

$$= 7{,}222 \text{ ms}^{-1}$$

Im zweiten Iterationsschritt erhält man für die Zahlenwerte λ_0 und Re_V:

$$\lambda_0 = \left(\frac{u_L}{u_V} \right)_{Fl} = \frac{2,52 \cdot 10^{-3}}{7,677} = 3{,}28 \cdot 10^{-3} \quad \Rightarrow \quad h^0_{L,Fl} = 4 \cdot 10^{-2} \text{ m}^3 \text{ m}^{-3}$$

und für

$$\mathrm{Re}_{V} = \frac{u_{V} \cdot d_{P}}{(1-\varepsilon) \cdot \nu_{V}} = \frac{6 \cdot u_{V}}{a \cdot \nu_{V}} = \frac{6 \cdot 7{,}220 \cdot 0{,}257}{500 \cdot 7{,}14 \cdot 10^{-6}} = 3116{,}8$$

Nach Gl. (3-14) und Tabelle 6-1c folgt nun für den Widerstandsbeiwert ψ ein Zahlenwert von:

$$\psi = 1{,}21 \cdot 1336{,}8^{-0{,}14} = 0{,}3823$$

und anschließend folgt nach Gl. (2-53) für die Flutpunktgeschwindigkeit $u_{V,Fl}$:

$$u_{V,Fl} = 0{,}8 \cdot \cos 30^{\circ} \cdot 0{,}3823^{-1/6} \cdot \left[\frac{7{,}61}{1{,}75}\right]^{0{,}25} \cdot 0{,}95^{1{,}2} \cdot \left[\frac{1{,}75 \cdot 10^{-3} \cdot 835 \cdot 9{,}81}{0{,}257}\right]^{1/2}$$

$$\cdot (1-0{,}039)^{3{,}5} = 7{,}18 \,\mathrm{ms}^{-1}$$

Dieser Wert unterscheidet sich nur unwesentlich um 0,58 % von dem Zahlenwert aus der ersten Iteration, so dass für die gesuchte Flutpunktgeschwindigkeit der Wert

$$u_{V,Fl} \cong 7{,}18 \,\mathrm{ms}^{-1}$$

angenommen werden kann.

Der relative Fehler bei der Bestimmung der Flutpunktgeschwindigkeit $u_{V,Fl,exp}$ beträgt somit

$$\delta(u_{V,Fl}) = \frac{7{,}18-7{,}50}{7{,}50} \cdot 100\,\% = -6{,}18\,\%$$

Zahlenbeispiel 2.4 zu Kapitel 2

In einer Kolonne mit einem Durchmesser $d_{S} = 0{,}155$ m werden 15-mm Pallringe aus Kunststoff für die Trennung des Gemisches Methanol/Stickstoff bei 30 bar und bei 251 K eingesetzt. Wie hoch ist die Kolonnenbelastung, wenn 464 kg h^{-1} Flüssigkeit und 472 kg h^{-1} Gasphase durch die Schüttung strömen? Die Stoffwerte und die technischen Daten der Schüttung sind nachfolgend zusammengestellt.

Stoffwerte:

Gasdichte:	$\rho_{V} = 41{,}06$ kg m^{-3}
Flüssigkeitsdichte:	$\rho_{L} = 831{,}0$ kg m^{-3}
Oberflächenspannung:	$\sigma_{L} = 24{,}17 \cdot 10^{-3}$ Nm^{-1}
Viskosität:	
– Flüssigkeit	$\eta_{L} = 122 \cdot 10^{-5}$ Pa s
– Gasphase	$\eta_{V} = 16{,}2 \cdot 10^{-6}$ Pa s

Technische Daten des Füllkörpers:

(nach Krehenwinkel, Kapitel 2 [75])	15-mm Pallring – PP
Kolonnendurchmesser:	$d_{S} = 0{,}155$ m
Stückzahl:	$N = 247600$ m^{-3}
Spezifisches Gewicht:	$G = 130$ kg m^{-3}

Geometrische Füllkörperoberfläche: $a = 375\ \mathrm{m^2 m^{-3}}$
Lückenvolumen: $\varepsilon = 0{,}846\ \mathrm{m^3 m^{-3}}$

Belastungen:
Gasphase: $V = 472\ \mathrm{kg\,h^{-1}}$
Flüssigkeitsphase: $L = 464\ \mathrm{kg\,h^{-1}}$
Spezifische Kolonnenbelastungen: $u_\mathrm{V} = 0{,}169\ \mathrm{m\,s^{-1}}$
    $u_\mathrm{L} = 29{,}6\ \mathrm{m^3 m^{-2} h^{-1}}$
    $= 8{,}22 \cdot 10^{-3}\ \mathrm{m\,s^{-1}}$

Lösung

Bestimmung der Flutpunktgeschwindigkeit $u_\mathrm{V,Fl}$ erfolgt für höhere Gasdichten nach Gl. (2-53 b).

Für das Phasendurchsatzverhältnis am Flutpunkt $\lambda_{0,1}$

$$\lambda_{0,1} = \frac{u_\mathrm{L}}{u_\mathrm{V}} = \frac{8{,}22 \cdot 10^{-3}}{0{,}169} = 4{,}864 \cdot 10^{-2}$$

ergibt sich nach Gl. (2-42) und für $m = -0{,}7313$ nach Gl. (2-40 b) für den Flüssigkeitsinhalt am Flutpunkt $h^0_\mathrm{L,Fl}$ der Zahlenwert von:

$$h^0_\mathrm{L,Fl} = 33{,}19 \cdot 10^{-2}\ \mathrm{m^3 m^{-3}}$$

Zur Anwendung der Gl. (2-53 b) werden folgende Größen benötigt:

– der hydraulische Durchmesser der Schüttung d_h:

$$d_\mathrm{h} = 4 \cdot \frac{\varepsilon}{a} = 4 \cdot \frac{0{,}846}{375} = 9{,}024 \cdot 10^{-3}\ \mathrm{m}$$

– der Tropfendurchmesser d_T nach Gleichung:

$$d_\mathrm{T} = \sqrt{\frac{\sigma}{(\rho_\mathrm{L} - \rho_\mathrm{V})}} = \sqrt{\frac{0{,}0242}{(831 - 41{,}06) \cdot 9{,}81}} = 1{,}77 \cdot 10^{-3}\ \mathrm{m}$$

– der Zahlenwert für die Reynolds-Zahl der Gasphase $\mathrm{Re_V}$, die nach der Beziehung (3-10) berechnet wird:

$$\mathrm{Re_V} = \frac{u_\mathrm{V} \cdot d_\mathrm{p}}{(1 - \varepsilon) \cdot \nu_\mathrm{V}} \cdot K$$

bei konstantem Partikeldurchmesser d_p

$$d_\mathrm{p} = 6 \cdot \frac{1 - \varepsilon}{a} = 2{,}464 \cdot 10^{-3}\ \mathrm{m}$$

und dem Wandfaktor K

$$K = \left(1 + \frac{4}{d_\mathrm{S} \cdot a}\right)^{-1} = 0{,}936$$

sowie der kinetischen Viskosität der Gasphase

$$\nu_\mathrm{V} = \frac{\eta_\mathrm{V}}{\rho_\mathrm{V}} = \frac{16{,}2 \cdot 10^{-6}}{41{,}06} = 3{,}945 \cdot 10^{-7}\ \mathrm{m^2\,s^{-1}}$$

und für

$$u_{\mathrm{V}} = 0{,}169 \ \mathrm{ms}^{-1}$$

zu

$$\mathrm{Re}_{\mathrm{V}} = \frac{0{,}169 \cdot 2{,}464 \cdot 10^{-3}}{(1-0{,}846) \cdot 3{,}945 \cdot 10^{-7}} \cdot 0{,}936 = 6415{,}6 \geq 2100$$

Für den turbulenten Strömungsbereich $\mathrm{Re}_{\mathrm{V}} > 2100$ gelten nach Tabelle 6-1a folgende Zahlenwerte K_3 und K_4 für die Bestimmung des Widerstandsbeiwertes ψ:

$$K_3 = 3{,}23 \qquad K_4 = -0{,}0343$$

Somit gilt:

$$\psi = 3{,}23 \cdot 6415{,}6^{-0{,}0343} = 2{,}391$$

Da $\rho_{\mathrm{V}} \gg \rho_{\mathrm{V,Luft}}$ gilt, folgt:

$$K_{\rho_{\mathrm{V}}} = \left(\frac{\rho_{\mathrm{V}}}{1{,}165}\right)^{0{,}18} = 1{,}90$$

Nun folgt aus Gl. (2-53b)

$$u_{\mathrm{V,Fl}} = 1{,}90 \cdot 0{,}566 \cdot 2{,}391^{-1/6} \left[\frac{9{,}024 \cdot 10^{-3}}{1{,}77 \cdot 10^{-3}}\right]^{1/4}$$

$$\cdot \, 0{,}846^{1,2} \left[\frac{1{,}77 \cdot 10^{-3} \cdot (831{,}0 - 41{,}06) \cdot 9{,}81}{41{,}06}\right]^{1/2} \cdot [1 - 0{,}3319]^{7/2}$$

$$= 0{,}161 \ \mathrm{ms}^{-1}$$

Vermerk

Die Kolonne flutet, da die gemessene Gasgeschwindigkeit u_{V} nach [75] in der Kolonne $u_{\mathrm{V}} = 0{,}169 \ \mathrm{ms}^{-1}$ mit der nach Gl. (2-53b) berechneten Flutpunktgeschwindigkeit $u_{\mathrm{V,Fl}} = 0{,}161 \ \mathrm{ms}^{-1}$ annähernd übereinstimmt, die relative Abweichung befragt: $\delta(u_{\mathrm{V,Fl}}) = 4{,}72\,\%$.

Zahlenbeispiel 2.5 zu Kapitel 2

In einem bei ca. 32 bar betriebenen Demethaniser D-C1 wurden Böden auf Mellapak 350 Y umgerüstet [72]. Zu bestimmen ist die maximale Belastbarkeit der umgerüsteten Packungskolonne im Verstärkungsteil mit einem Durchmesser $d_{\mathrm{S}} = 1{,}2$ m und im Abtriebsteil mit $d_{\mathrm{S}} = 2{,}282$ m [72]. Die Betriebsdaten sind dem Beitrag von Ghelfi, Kreis, Alvarez, Hunkeler [72] zu entnehmen.

Lösung

1.

Tabelle 2-11. Stoffdaten und Betriebsdaten der betrachteten Kolonne

Kolonnendurchmesser d_S [m]	$d_S = 1,2$	$d_S = 2,282$
Kopfdruck p [bar]	30,8	28,7
Temperatur $t_V = t_L$ [°C]	19,8	-2,7
Gasdichte ρ_V [kg m^{-3}]	51,46	63,10
Flüssigkeitsdichte ρ_L [kg m^{-3}]	394,6	392,2
Oberflächenspannung σ_L [mN m^{-1}]	2,5	1,8
Gasviskosität η_V [Pa s]	$8,9 \cdot 10^{-6}$	$9,0 \cdot 10^{-6}$
Flüssigkeitsviskosität η_L [Pa s]	$0,083 \cdot 10^{-3}$	$0,078 \cdot 10^{-3}$
Massenstrom des Gases V [kg h^{-1}]	12438	42930,7
Massenstrom der Flüssigkeit L [kg h^{-1}]	16.060	93731,9
Spezifische Flüssigkeitsbelastung u_L [ms^{-1}]	$10 \cdot 10^{-3}$	$16,21 \cdot 10^{-3}$
Spezifische Flüssigkeitsbelastung u_V [ms^{-1}]	0,0534	0,0462

2. Die technischen Daten der Mellapak 350 Y nach Tabelle 6-1 c betragen:

$a = 350 \text{ m}^2 \text{m}^{-3}$

$\varepsilon = 0,965 \text{ m}^3 \text{m}^{-3}$

$K_1 = 5,756, \quad K_2 = -0,321, \quad K_3 = 1,3662, \quad K_4 = -0,133$

$C_{Fl,0} = 0,566$

Die Bestimmung der maximal zu erwartenden Belastbarkeit der Mellapak 350 Y erfolgt iterativ nach Gl. (2-53 b) für zunächst

$$\lambda_{0,I} \leq \left(\frac{u_L}{u_{V,Fl}} \right) = \frac{L \cdot \rho_V}{\rho_L \cdot V}$$

Für den Verstärkungsteil mit $d_S = 1,2$ m gilt:

$$\lambda_{0,I} = \frac{16060 \cdot 51,46}{12438 \cdot 394,6} = 0,1684$$

Für $d_S = 2,282$ m gilt:

$$\lambda_{0,I} = \frac{93731,9 \cdot 63,10}{42930,7 \cdot 392,2} = 0,3513$$

Nun wird der Flüssigkeitsinhalt $h^0_{L,Fl}$ am Flutpunkt nach Gl. (2-42) mit dem Parameter m nach Gl. (2-40 b) zu:

$$m = -0,82 + \frac{\lambda_{0,I}}{\lambda_{0,I} + 0,5} = -0,82 + \frac{0,1684}{0,1684 + 0,5} = -0,568 \quad (d_S = 1,2 \text{ m})$$

und

$$m = -0,82 + \frac{0,3513}{0,3513 + 0,5} = -0,4073 \quad (d_S = 2,282 \text{ m})$$

ermittelt.

Aus Gl. (2-42) folgt nun für $d_S = 1,2$ m und $\lambda_0 = 0,1684$:

$$h_{L,Fl}^0 = \frac{\sqrt{0,1684^2 \cdot (-0,568+2)^2 + (4 \cdot 0,1684 \cdot (-0,568+1) \cdot (1-0,1684))}}{2 \cdot (-0,568+1) \cdot (1-0,1684)}$$

$$- \frac{(-0,568+2) \cdot 0,1684}{2 \cdot (0,568+1) \cdot (1-0,1684)} = 0,427 \text{ m}^3 \text{ m}^{-3}$$

Für $d_S = 2,282$ m und $\lambda_{0,I} = -0,4073$ folgt:

$$h_{L,Fl}^0 = 0,47 \text{ m}^3 \text{m}^{-3}$$

3. Die Berechnung der Flutpunktgeschwindigkeit $u_{V,Fl}$ erfolgt nach Gl. (2-53b) für:

$$d_h = 4 \cdot \frac{\varepsilon}{a} = 4 \cdot \frac{0,965}{350} = 0,01103 \text{ m}$$

$$d_T = \sqrt{\frac{\sigma_L}{\Delta\rho \cdot g}} = \sqrt{\frac{0,0025}{(394,6-51,46) \cdot 9,81}} = 8,62 \cdot 10^{-4} \text{ m} \quad (d_S = 1,2 \text{ m})$$

bzw.

$$d_T = 7,47 \cdot 10^{-4} \text{ m} \quad (d_S = 2,282 \text{ m})$$

Für den Widerstandsbeiwert ψ gilt für $d_S = 1,2$ m und $u_V = 4 \cdot V/(\pi \cdot d_S^2 \cdot \rho_V) = 0,0594 \text{ ms}^{-1}$:

$$\text{Re}_V = \frac{u_V \cdot d_p}{(1-\varepsilon) \cdot v_V} = \frac{6 \cdot u_V}{a \cdot v_V} = \frac{6 \cdot 0,0594 \cdot 51,46}{350 \cdot 8,9 \cdot 10^{-6}} = 5887,2$$

$$\Rightarrow \psi = K_3 \cdot \text{Re}_V^{K_4} = 0,4306$$

und für $d_S = 1,2$ m und $u_V = 0,0462 \text{ ms}^{-1}$

$$\text{Re}_V = 5556,6 \quad \text{und} \quad \psi = 0,343$$

Aus Gl. (2-53b) wird nun die Flutpunktgeschwindigkeit $u_{V,I}$ für $d_S = 1,2$ m zu:

$$u_{V,Fl} = 0,566 \cdot 0,4306^{-1/6} \cdot 0,97^{1,2} \cdot \left(\frac{11,03 \cdot 10^{-3}}{0,862 \cdot 10^{-3}}\right)^{1/4}$$

$$\cdot \left(\frac{8,62 \cdot 10^{-4} \cdot (394,6-5,46) \cdot 9,81}{51,46}\right)^{1/2}$$

$$\cdot \left(\frac{51,46}{1,17}\right)^{0,18} \cdot (1-0,43)^{3,5} = 0,0809 \text{ ms}^{-1}$$

berechnet. Somit ergibt sich für den Flutpunktbelastungsfaktor

$$F_{V,Fl,I} = u_{V,Fl,I} \cdot \sqrt{\rho_V} = 0,5805 \sqrt{\text{Pa}}$$

Nach weiteren Iterationsschritten nach der Bildung von neuen Phasendurchsatzverhältnissen $\lambda_{0,\mathrm{II}}$ und $\lambda_{0,\mathrm{III}}$ erhält man für $d_\mathrm{S} = 1,2$ m als Endergebnis:

$$u_{\mathrm{V,Fl}} = 0,096\ \mathrm{ms^{-1}} \qquad \text{und} \qquad F_{\mathrm{V,Fl}} = 0,69\ \sqrt{\mathrm{Pa}}$$

und für $d_\mathrm{S} = 2,282$ m:

$$u_{\mathrm{V,Fl}} = 0,056\ \mathrm{ms^{-1}} \qquad \text{und} \qquad F_{\mathrm{V,Fl}} = 0,44\ \sqrt{\mathrm{Pa}}$$

Die Kolonnenbelastung im Verstärkungsteil für $d_\mathrm{S} = 1,2$ m beträgt:

$$\frac{F_\mathrm{V}}{F_{\mathrm{V,Fl}}} = \frac{u_\mathrm{V}}{u_{\mathrm{V,Fl}}} = \frac{0,0594}{0,096} \cdot 100 = 61,9\%$$

und im Abtriebsteil $d_\mathrm{S} = 2,282$ m:

$$\frac{F_\mathrm{V}}{F_{\mathrm{V,Fl}}} = \frac{u_\mathrm{V}}{u_{\mathrm{V,Fl}}} = \frac{0,0462}{0,056} \cdot 100 = 82,5\%$$

Nach Literaturangaben [72] beträgt die maximale Kolonnenbelastung entsprechend:

$$\frac{F_\mathrm{V}}{F_{\mathrm{V,Fl}}} = 58\% \qquad \text{für} \quad d_\mathrm{S} = 1,2\ \mathrm{m}$$

und

$$\frac{F_\mathrm{V}}{F_{\mathrm{V,Fl}}} = 72\% \qquad \text{für} \quad d_\mathrm{S} = 2,282\ \mathrm{m}$$

Somit ergeben sich die Flutpunktbelastungsfaktoren $F_{\mathrm{V,Fl}}$ zu:

$$F_{\mathrm{V,Fl}} = 0,735\ \sqrt{\mathrm{Pa}} \qquad \text{für} \quad d_\mathrm{S} = 1,2\ \mathrm{m}$$

und

$$F_{\mathrm{V,Fl}} = 0,509\ \sqrt{\mathrm{Pa}} \qquad \text{für} \quad d_\mathrm{S} = 2,282\ \mathrm{m}$$

Die relativen Abweichungen $\delta(F_{\mathrm{V,Fl}})$ betragen somit:

$$\delta(F_{\mathrm{V,Fl}}) = -6,12\% \qquad \text{für} \quad d_\mathrm{S} = 1,2\ \mathrm{m}$$

und

$$\delta(F_{\mathrm{V,Fl}}) = -13,5\% \qquad \text{für} \quad d_\mathrm{S} = 2,282\ \mathrm{m}$$

Vermerk
Die nach dem TSB-Modell bestimmten Kolonnenbelastungen der Mellapak-Druckkolonne liegen auf der sicheren Seite und weichen, in anbetracht der extremen Stoffwerte des getrennten Systems und den Betriebsbedingungen unter hohen Drücken, gering von den Literaturangaben ab.

Anhang Kapitel 2

Flutbelastungsdiagramme für verschiedene Füllkörper und Packungen

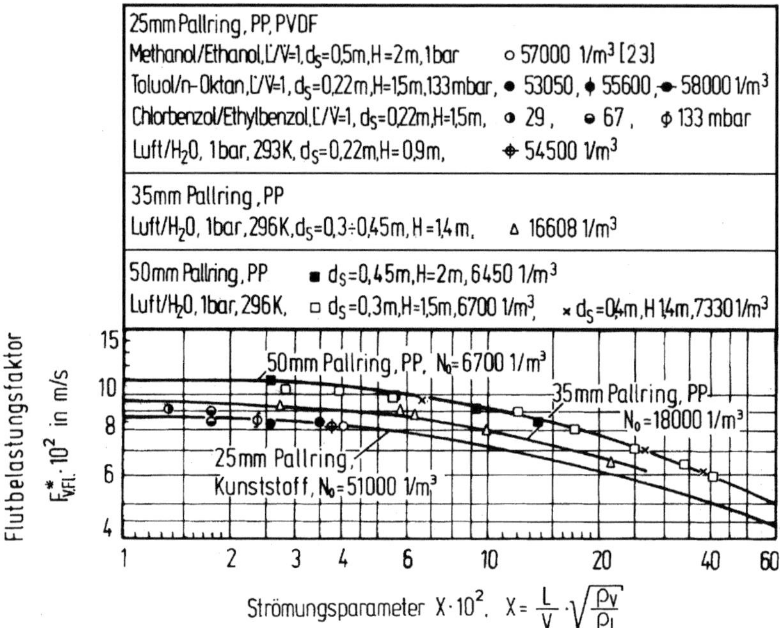

Bild 2-22. Belastungsdiagramm $F^*_{V,Fl} = f(X_{Fl})$ für 25- bis 50-mm regellos geschüttete Pallringe aus Kunststoff

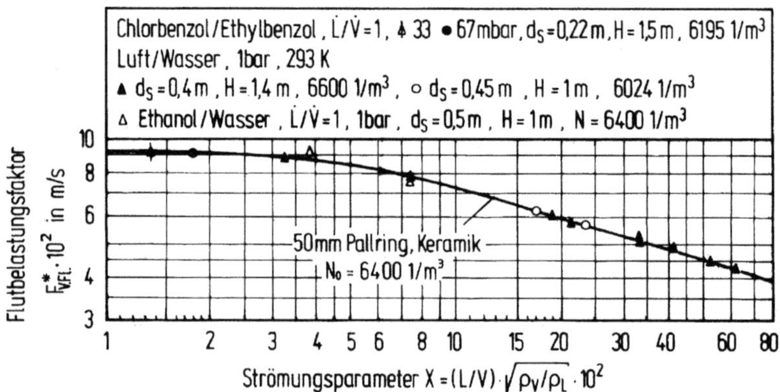

Bild 2-23. Belastungsdiagramm $F^*_{V,Fl} = f(X_{Fl})$ für 50-mm regellos geschüttete Pallringe aus Keramik

Bild 2-24. Belastungsdiagramm $F^*_{V,Fl} = f(X_{Fl})$ für 25- bis 50-mm regellos geschüttete Białeckiringe aus Metall

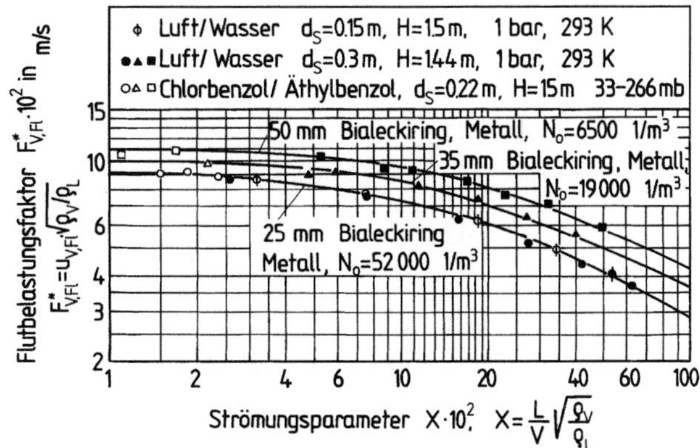

Bild 2-25. Belastungsdiagramm $F^*_{V,Fl} = f(X_{Fl})$ für regellos geschüttete 25- bis 50-mm Hiflow-Ringe aus Metall

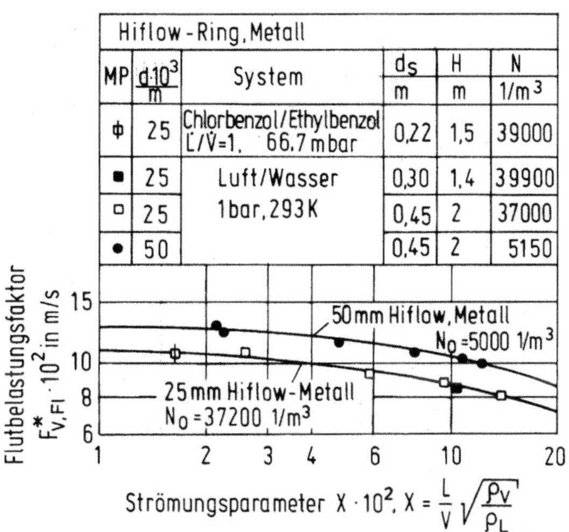

Bild 2-26. Belastungsdiagramm $F^*_{V,Fl} = f(X_{Fl})$ für regellos geschüttete 25- bis 50-mm Hiflow-Ringe aus Kunststoff

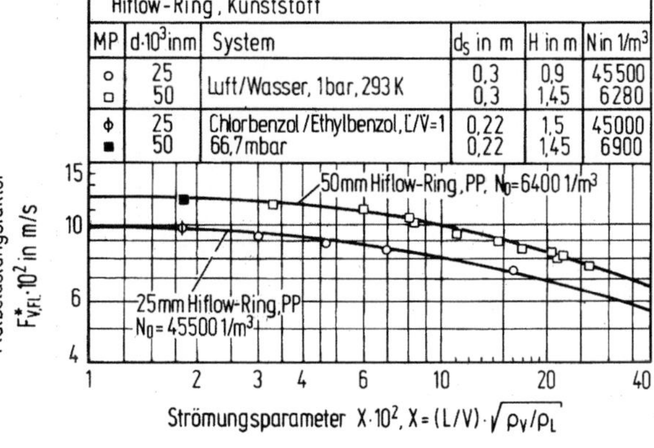

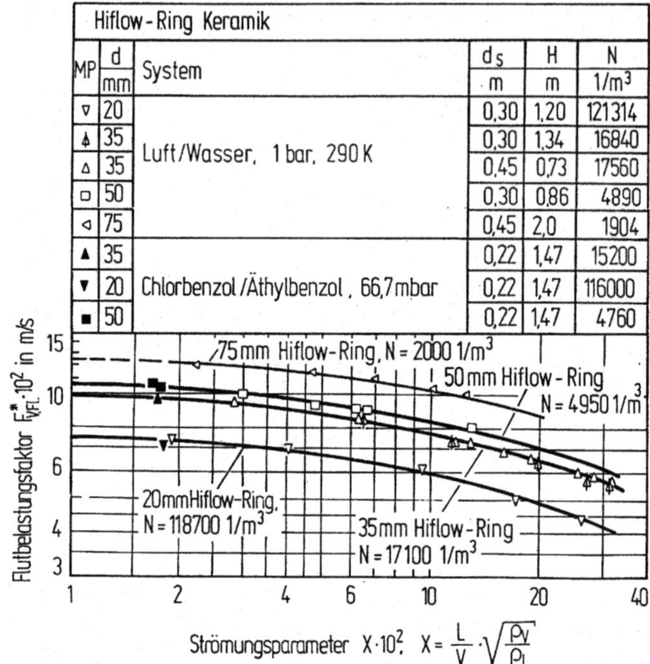

MP	d (mm)	System	d_S (m)	H (m)	N (1/m³)
▽	20		0,30	1,20	121314
⬕	35		0,30	1,34	16840
△	35	Luft/Wasser, 1 bar, 290 K	0,45	0,73	17560
□	50		0,30	0,86	4890
◁	75		0,45	2,0	1904
▲	35		0,22	1,47	15200
▼	20	Chlorbenzol/Äthylbenzol, 66,7 mbar	0,22	1,47	116000
■	50		0,22	1,47	4760

Bild 2-27. Belastungsdiagramm $F^*_{V,Fl} = f(X_{Fl})$ für regellos geschüttete 20- bis 75-mm Hiflow-Ringe aus Keramik

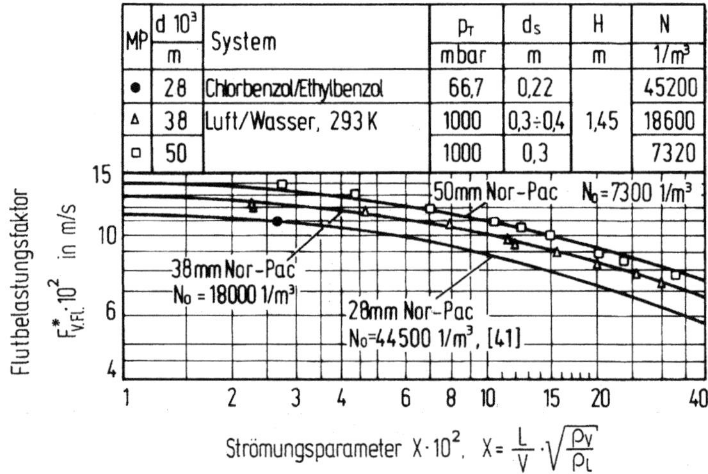

MP	$d \cdot 10^3$ (m)	System	p_T (mbar)	d_S (m)	H (m)	N (1/m³)
●	28	Chlorbenzol/Ethylbenzol	66,7	0,22		45200
△	38	Luft/Wasser, 293 K	1000	0,3÷0,4	1,45	18600
□	50		1000	0,3		7320

Bild 2-28. Belastungsdiagramm $F^*_{V,Fl} = f(X_{Fl})$ für regellos geschüttete 28- bis 50-mm Nor-Pac Füllkörper aus Kunststoff

Bild 2-29. Belastungsdiagramm $F^*_{V,Fl} = f(X_{Fl})$ für regellos geschüttete VSP-Ringe aus Metall Gr. 1 und 2

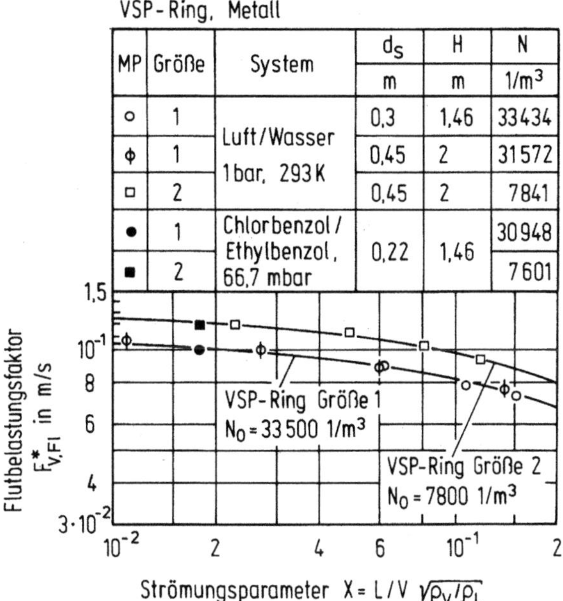

MP	Größe	System	d_S m	H m	N 1/m³
○	1	Luft/Wasser 1 bar, 293 K	0,3	1,46	33434
⏀	1		0,45	2	31572
□	2		0,45	2	7841
●	1	Chlorbenzol/ Ethylbenzol, 66,7 mbar	0,22	1,46	30948
■	2				7601

Bild 2-30. Belastungsdiagramm $F^*_{V,Fl} = f(X_{Fl})$ für regellos geschüttete Dtnpac aus Kunststoff Gr. 1 und 2

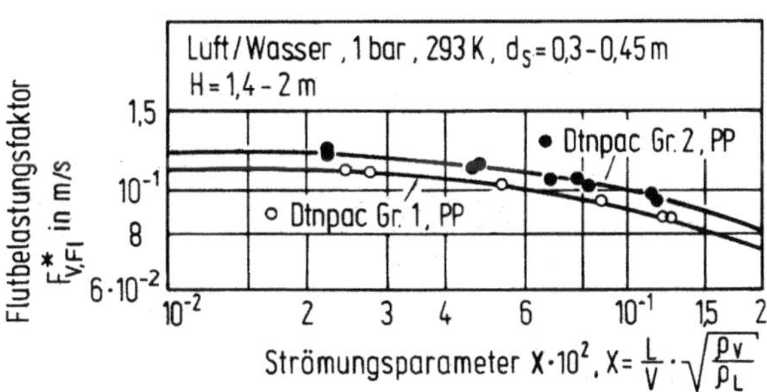

Bild 2-31. Belastungsdiagramm $F^*_{V,Fl} = f(X_{Fl})$ für regellos geschüttete Envipac aus Kunststoff Gr. 1 bis 3

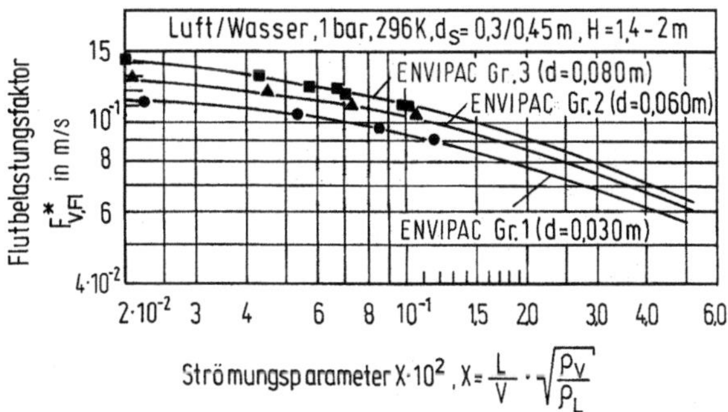

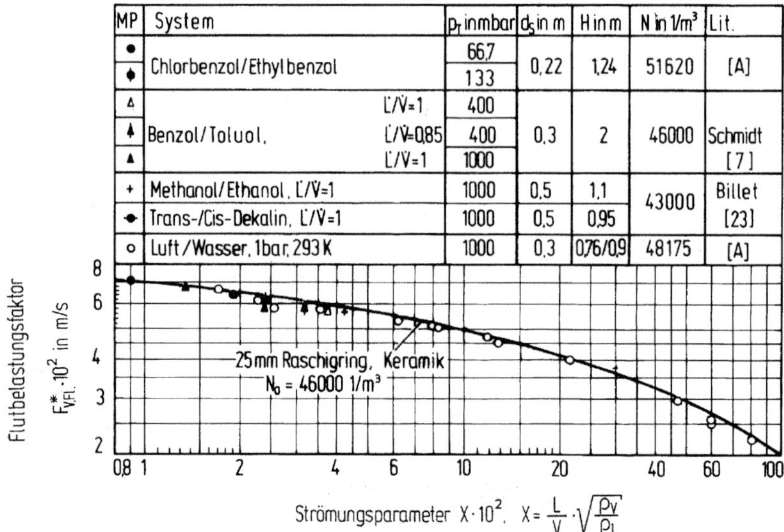

MP	System		p_T in mbar	d_S in m	H in m	N in 1/m³	Lit.
●	Chlorbenzol/Ethylbenzol		66,7	0,22	1,24	51620	[A]
◆			133				
△		L'/V=1	400				
▲	Benzol/Toluol,	L'/V=0,85	400	0,3	2	46000	Schmidt
▲		L'/V=1	1000				[7]
+	Methanol/Ethanol, L'/V=1		1000	0,5	1,1	43000	Billet
◆	Trans-/Cis-Dekalin, L'/V=1		1000	0,5	0,95		[23]
○	Luft/Wasser, 1bar, 293 K		1000	0,3	0,76/0,9	48175	[A]

Bild 2-32. Belastungsdiagramm $F^*_{V,Fl} = f(X_{Fl})$ für regellos geschüttete 25-mm Raschigringe aus Keramik

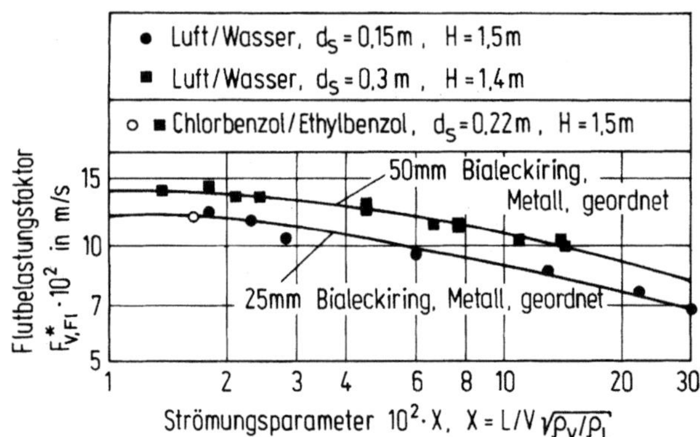

Bild 2-33. Belastungsdiagramm $F^*_{V,Fl} = f(X_{Fl})$ für geordnete 25- und 50-mm Białeckiringe aus Metall

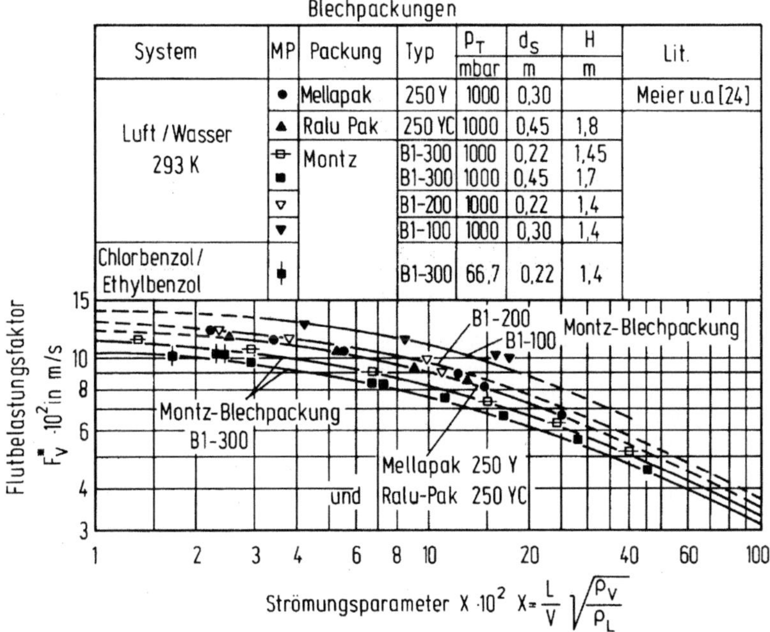

System	MP	Packung	Typ	p_T mbar	d_S m	H m	Lit.
Luft / Wasser 293 K	●	Mellapak	250 Y	1000	0,30		Meier u.a [24]
	▲	Ralu Pak	250 YC	1000	0,45	1,8	
	⊟	Montz	B1-300	1000	0,22	1,45	
	■		B1-300	1000	0,45	1,7	
	▽		B1-200	1000	0,22	1,4	
	▼		B1-100	1000	0,30	1,4	
Chlorbenzol / Ethylbenzol	⯪		B1-300	66,7	0,22	1,4	

$$X = \frac{L}{V}\sqrt{\frac{\rho_V}{\rho_L}}$$

Bild 2-34. Belastungsdiagramm $F^*_{V,Fl} = f(X_{Fl})$ für diverse strukturierte Packungen

Literatur zu Kapitel 2

1. Walker WH, Levis WK, Mc Adams WH, Gilliland ER. Principles of Chemical Engineering 3rd ed., Mc Graw-Hill, New York (1937)
2. Mersmann A. Thermische Verfahrenstechnik. Springer, Berlin Heidelberg (1980)
3. Mersmann A. Zur Berechnung des Flutpunktes in Füllkörperschüttungen. Chem.-Ing.-Techn., Bd 37 (1965) Nr. 3, S 218/226
4. Sherwood TK, Shipley GH, Holloway FA. Flooding Velocities in Packed Column. Ing. Eng. Chem., Bd 30 (1938) Nr. 7, S 765/769
5. Billet R. Recent Investigations of Metal Pall Rings. Chem. Eng. Prog., Bd 63 (1967) Nr. 9, S 53/65 (deutsche Fassung siehe: Industrielle Destillation Verlag Chemie, Weinheim, Bergstraße (1973))
6. Lobo WE, Friend L, Hashmall F, Zenz F. Trans AICHE-J, Bd 41 (1945), S 693
7. Schmidt R. Zweiphasenstrom und Stoffaustausch in Schüttungsdichten. VDI-Verlag, Düsseldorf (1972), VDI-Forschungsheft 550
8. Bolles WL, Fair JR. Performance and design of packed distillation columns. 3rd Int. Symp. on Destillation, London, April (1979) EFCE Publications Series No. 3, Bd 2, S 3.3./35–89
9. Eckert JS. Selecting the proper distillation column packing. Chem. Eng. Progr., Bd 66 (1970) Nr. 3, S 39 bzw. Chem. Eng. Progr., Bd 59 (1963) Nr. 5, S 76
10. Schumacher R. Gasbelastung und Druckverlust von berieselten Füllkörperschüttungen. „vt"-Verfahrenstechnik, Bd 10 (1976) Nr. 11, S 727/732
11. Weiß S, Schmidt E, Hoppe K. Obere Belastungsgrenze und Druckverlust bei der Destillation in Füllkörperkolonnen. Chem.Techn., Leipzig, Bd 27 (1975) Nr. 7, S 394/396
12. Reichelt W. Strömung in Füllkörperapparaten bei Gegenstrom einer flüssigen und einer gasförmigen Phase. Verlag Chemie, Weinheim (1974)
13. Lapidus L, Elgin JC. Mechanics of vertical-moving fluidized systems. AIChE-J., Bd 1 (1957), S 63/68

14. Richardson JF, Zaki WN. Trans. Inst. Chem. Eng., Bd 32 (1954), S 35/53
15. Hu S, Kinter RC. The fall of single drops through water. AICHE J. (1955) Nr. 1, S 42
16. Eckert JS, Walter LF. What affects packed bed distillation. Hydrocarbon Processing, Bd 43 (1964) Nr. 2, S 107/114
17. Maćkowiak J, Billet R. New Method of Packed Column Design for Liquid-Liquid. Processes with Random and Stacked Packings Ger. Chem. Eng., Bd 9 (1986) Nr. 1, S 48/64 bzw. Chem.-Ing.-Tech., Bd 57 (1985) Nr. 1, S 56/57
18. Billet R, Maćkowiak J, Pająk M. Hydraulic and mass transfer in filled tube columns. Chem. Eng. Processing, Bd 2 (1985), Nr. 1
19. Kirschbaum E. Destillier- und Rektifiziertechnik. Springer, Berlin Heidelberg New York (1969)
20. Maćkowiak J. Einfluss der Form eines Füllkörpers auf die Hydraulik und den Stoffübergang bei der Absorption. Dissertation TU-Wrocław (Polen) (1975)
21. Billet R, Maćkowiak J, Ługowski Z, Filip S. Development and performance of impulse packing for gas/liquid-systems. Fette, Seifen, Anstrichmittel, Bd 85 (1983) Nr. 10, S 383/391
22. Wiggert U. Druckverlust und Flüssigkeitsinhalt in berieselten Schüttungen. Mitteilung im Max Planck-Institut (1959) Nr. 92, S 243
23. Billet R. Stand, Entwicklung und Aussichten der Destillation und Rektifikation im Vergleich zu anderen Trennmethoden. Chemie-Technik, Bd 2 (1974), S 355/361
24. Meier W, Hunkeler R, Stöcker WD. Performance of a new regular tower packing 'Mellapak' 3rd Int. Symp. on Distillation, London, April (1979). Bd 2, S 3.3/1–17 bzw. Chem.-Ing.-Tech., Bd 51 (1979) Nr. 2, S 119/122
25. Eckert JS, Foote EH, Walter LF. What affects packing performance. Chem. Eng. Process, Bd 62 (1966) Nr. 1, S 59/67
26. Informationsmaterial der Firma Sulzer/Winterthur. Trennkolonnen für Destillation und Absorption Packungen, Kolonnen, Anlagen d./22.13.06.20-V.85-20
27. Informationsmaterial der Firma VFF, Ransbach/Baumbach, Westerwald (1986)
28. Informationsmaterial der Firma Raschig, Raschig GmbH Ludwigshafen/Rhein Nr. 6 (1985) und VPR-5903/86
29. Bańczyk L, Grobelny A, Jarzynowski M. Porównawcze badania ceramiczynch siodełek. Intalox i pierścieni Raschiga (orig. poln.). Inż. Chem. i Procesowa Bd 4 (1983) Nr. 1, S 3/14 sowie Inż. Chem. i Procesowa, Bd 4 (1983) Nr. 2, S 267/279
30. Yilmaz T. Flüssigkeitsseitiger Stoffübergang in berieselten Füllkörperschüttungen. Chem.-Ing.-Techn., Bd 45 (1973) Nr. 5, S 253/259
31. Strigle RR, Porter JKE. Metal Intalox – A new distillation packing. 3rd Int. Symp. on Distillation, London (1979)
32. Schmidt R. The lower capacity limits of packed column. I. Chem. E. Symp. Series No. 56, EFCE Publications. Series No. 3, Bd 2, S 3.1/1–3.1/13
33. Mersmann A, Beyer von Morgenstern L, Deixler A. Deformation, Stabilität und Geschwindigkeit fluider Partikel. Chem.-Ing.-Tech., Bd 55 (1983) Nr. 11, S 865/867
34. Mersmann A, Deixler A. Packungskolonnen. Chem.-Ing.-Tech., Bd 56 (1986) Nr. 1, S 19/31
35. Gieseler M. Durchströmungsverhalten von Packungen und Schüttungen aus Koksen unterschiedlicher Größe und Gestalt in Gegenwart einer Flüssigkeit hoher Viskosität. Dissertation TU Clausthal (1972)
36. Blaß E, Kurtz R. Der Einfluss grenzflächenenergetischer Größen auf den Zweiphasen-Gegenstrom durch Raschigring-Füllkörpersäulen; Teil 1: Flüssigkeitsinhalt. „vt"-verfahrenstechnik, Bd 10 (1 976) Nr. 11, S 721/724
37. Blaß E, Kurtz R. Der Einfluss grenzflächenenergetischer Größen auf den Zweiphasen-Gegenstrom durch Raschigring-Füllkörpersäulen; Teil 2: Druckverlust und Flutpunkt. „vt"-verfahrenstechnik, Bd 11 (1977) Nr. 1, S 44/48
38. Mersmann A. Zum Flutpunkt in Flüssig-Flüssig-Gegenstromkolonnen. Chem.-Ing.-Tech., Bd 52 (1980) Nr. 12, S 933/942
39. Możeński C, Kucharski E. Hydraulika wypełnień pod zwiększonym ciśnieniem (orig. poln.) Inż. Chem. i Procesowa, Bd 3 (1986) Nr. 3, S 373/384
40. Billet R, Maćkowiak J. Neuartige Füllkörper aus Kunststoffen für thermische Stofftrennverfahren. Chemie-Technik, Bd 9 (1980) Nr. 5, S 219/226
41. Billet R, Maćkowiak J. Wirksamkeit von Kunststoff-Füllkörper bei der Absorption, Desorption und Vakuumrektifikation. „vt"-verfahrenstechnik, Bd 15 (1982) Nr. 2, S 67/74

42. Billet R, Maćkowiak J. Neues Verfahren zur Auslegung von Füllkörperkolonnen für die Rektifikation. „vt"-verfahrenstechnik, Bd 17 (1983) Nr. 4, S 203/211

43. Billet R, Maćkowiak J. How to Use the Absorption Data for Design and Scale-up of Packed Columns. Fette, Seifen, Anstrichmittel, Bd 86 (1984) Nr. 9, S 349/358

44. Billet R, Maćkowiak J. Hiflow-Ring ein Hochleistungsfüllkörper für Gas-Flüssig-Systeme Teil 1: Ausführung in Kunststoff. Chemie-Technik, Bd 13 (1984) Nr. 12, S 37/46

45. Billet R, Maćkowiak J. Hiflow-Ring ein Hochleistungsfüllkörper für Gas-Flüssig-Systeme Teil 2: Ausführung in Metall. Chemie-Technik, Bd 14 (1985) Nr. 4, S 91/99

46. Billet R, Maćkowiak J. Hiflow-Ring ein Hochleistungsfüllkörper für Gas-Flüssig-Systeme Teil 3: Ausführung in Keramik. Chemie-Technik, Bd 14 (1985) Nr. 5, S 195/206

47. Billet R, Maćkowiak J. Application of Modern Packings in Thermal Separation Processes. Chem. Eng. Technol. Bd 11 (1988), S 213/227

48. Billet R, Maćkowiak J. Hochwirksame metallische Packung für Gas- und Dampf-Flüssig-Systeme. Chem.-Ing.-Tech., Bd 57 (1985) Nr. 11, S 976/978

49. Vogt M. Modifizierte Darstellung der Flutgrenze in Füllkörperschüttungen. Chem.-Ing.-Tech., Bd 57 (1985) Nr. 4, S 332/333

50. Kafarow WW. Osnovy massopjeredatschi, (orig. russisch). Verlag für chemische Literatur, Moskau (1972), S 391

51. Kleinhückenkotten H. Untersuchung zur Auslegung von Füllkörperkolonnen mit geschütteter Füllung. „vt"-verfahrenstechnik, Bd 2 (1975) Nr. 6, S 275/279

52. Won-Hi Hong, Brauer H. Stoffaustausch zwischen Gas und Flüssigkeit in Blasensäulen. VDI-Forschungsheft Nr. 624 (1984), VDI-Verlag Düsseldorf

53. Stichlmair J. Berechnung des Druckverlustes bei der Durchströmung ruhender Feststoffschüttungen. Vortrag auf der Internen Sitzung des Fachausschusses „Thermische Zerlegung von Gas- und Flüssigkeitsgemischen" der GVD-VDI-Gesellschaft Verfahrenstechnik und Chemieanlagen in Bochum (1983)

54. Informationsmaterial der Firma Ceilcote. Tellerette-Manual, Ceilcote Company, 140 Sheldon Road/Berea, Ohio 44017

55. Stichlmair J. Grundlagen der Dimensionierung des Gas/Flüssigkeits-Kontaktapparates, BODENKOLONNE. Verlag Chemie (Reprotext), Weinheim, New York (1978)

56. Billet R, Maćkowiak J. „Hydraulisches Verhalten und Stoffübertragung einer neuartigen Kolonnenpackung für Gas-Flüssig-Systeme". Chemie-Technik, Bd 11 (1982), S 1107–1114

57. Levich VG. Physicochemical hydrodynamics. Prentice-Hall, Ing. Englewood Cliffs, New York (1962)

58. Covelli B, Mülli R. Mitschleppen von Flüssigkeitstropfen über einer Sprudelschicht. Chem.-Ing.-Tech., Bd 51 (1981) Nr. 11, S 877/879

59. Soo SL. Fluid dynamics of multiphase systems. BlaisdeU Publishing Company (1967), Waltham, M

60. Mersmann A. persönliche Mitteilung (1987)

61. Zenz FA. Petroleum Refiner, Bd 36 (1957) Nr. 8, S 147/155

62. Strom JR, Kinter RC. Wall effect for the fall of single drops. AIChE-J., Bd 4 (1958), S 153/156

63. Reinhart A. Das Verhalten fallender Tropfen. Dissertation Nr. 3412, Eidgenössische TH in Zürich (1964)

64. Kovalenko VS. Zur Berechnung der stationären Sinkgeschwindigkeit von Tropfen (orig. russisch) Meor. Osnovy khim. tekhnol., Moskau, Bd 12 (1978) Nr. 3, S 464/466

65. Clift R, Grace JR, Weber ME. Bubbles, Drops and Particles. Acad. Press, New York, San Francisco, London (1978)

66. Bornhütter H. Stoffaustausch von Füllkörperschüttungen unter Berücksichtigung der Flüssigkeitsströmungsform. Dissertation, TU München (1991)

67. Plüs RC, Ender Ch. A new high-efficiency packing „Mellaring-VSP" Vortrag auf der Achema 1991 – Frankfurt a.M. am 9.6.1991. Tagungsband Verlag: Dechema

68. Süess A, Spiegel L. Hold-up of Mellapak structured packings. Sulzer Bros AG (Schweiz) Ltd., Separation Column, Winterthur

69. Spiegel L, Meier L. Structured packings – Capacity and pressure drop at very high liquids loads. Chemical plants + Processing, Bd 1 (1995) and Chemical Eng. Technology – Wiley VCM-Verlag (1995)

70. Gierczycki A. Hydraulika aparatów wypełnionych z wybranym wypełnieniem (orig. polnisch) Inż. Chem. i. Procesowa Bd 4 (1995) Nr. 4, S 507–518

71. Viricny V, Stanek V. An experimental Set-up to Messure Flow Transierts in Counter-Current Packed Bed Column, Chem. Biochem. Eng. Bd 10 (1996), Nr. 2, S 55–61
72. Ghelfi L, Kneis H, Alvarez JA, Hurnkeln H. Structured Packing in Pressure Columns, Vortrag, Birminghan (England) 7.–9.9.1992. c) 1994 by Sulzer Chemtech Ltd., Wintertur
73. Piche S, Larachi F, Grandjean B. Floading Capacity in Packed Towers, Database, Correlations and Analysis. Ind. Eng. Chem. Res. 2 Bd 40 (2001), S 476–487
74. Kuźniewska-Lach I. Bestimmung der Flutpunktgeschwindigkeit in Füllkörperkolonnen. Inż. Chem. i Procesowa (orig. poln.) Bd 17 (1996) Nr. 2, S 267–277
75. Krehenwinkel H. Experimentelle Untersuchungen der Fluiddynamik und der Stoffübertragung in Füllkörper-Kolonnen bei Drücken bis 100 bar. Dissertation, TU Berlin, Dezember 1986)
76. Maćkowiak J, Suder S. „The new tube column with Pall-Rings for countercurrent and cucurrent processes" Vortrag Vesprem (Ungarn) 1979 und Chem.-Ing.-Techn., Bd 50 (1978) Nr. 7, S 550–551
77. Maćkowiak J, Suder S. Hydraulika i wymiana masy w kolumnie wypełnionej układanymi pierścieniami Białeckiego (orig. poln.) Inż. Chem. i. Procesowa Bd 8 (1977) Nr. 3, S 651–664
78. Maćkowiak J. Hydraulische Untersuchungen von geordneten 50 mm keramischen Raschigringen. Interne Arbeit – TU-Wrocław 1975
79. Maćkowiak J. Mc-Pac – ein neuer metallischer Füllkörper für Gas-Flüssigkeitssysteme. Chem.-Ing.-Techn. Bd 73, Nr. 1+2 (2001) S 74–79
80. Maćkowiak J. „Mc-Pac – Nowe metalowe wypełnienie dha układów gaz-ciecz" Inż. Chemiczna i Procesowa, Bd 21 (2000) S 679–689
81. Bylica J, Jaroszyński M. Badania porównawcze hydrauliki wypełnień usypowych i konstrukcyjnych (orig. poln.) Inż. Chem. i Procesowa, (1995) Nr. 3, S 421–439
82. Maćkowiak J, Ługowski Z. Geringe Apparatevolumina und Betriebskosten mit neuen keramischen Füllkörpern – R-Pac und SR-Pac. Verfahrenstechnik, Bd 29 (1995), Nr. 6, S 19–22
83. Maćkowiak J, Szust J. Hydraulika i wymiana masy w kolumnach wypełnionych ceramicznymi pierścieniami. R-Pac i SR-Pac w układach gaz/ciecz (orig. poln.) Inż. Chem. i Procesowa, Bd 18 (1997), Nr. 4, S 675–691
84. Bańczyk L, Woźniak A, Szymkowiak E. Hydraulika kolumny wypełnionej ceramicznymi pierścieniami. Białeckiego (orig. poln.) Inż. Chem. i Procesowa, Bd 7 (1977), Nr. 1, S 261–274
85. Bańczyk L, Woźniak A, Jarzynowski M, Grobelny A. Hydraulika kolumny wypełnionej ceramicznymi pierścieniami. IChN oraz Raschiga (orig. poln.) Inż. Chem. i Procesowa, Bd 9 (1979), Nr. 1, S 15–28
86. Produktinformationen – Firma Raschig-Ludwigshafen-vt (1996). Raschig- Super Ring Nr. 1 u. 2, Metall und Kunststoff
87. Bornhüter K, Mersmann A. Druckverlust und Flutpunkt in Füllkörperschüttungen. CIT-Chem.-Ing.-Tech. Bd 64 (1992) Nr. 3, S 305/305
88. Kister MZ. Destillation design. McGraw-Hill, Inc. (1992)
89. Billet R. Packed towers. VCH-Weinheim (1995)
90. Maćkowiak J. Determinition of flooding gasvelocity and liquid hold-up at flooding in packed columns for gas/liquid-systems. Chem. Eng. Tech. 13 (1991) S 184–196
91. Maćkowiak J, Mersmann A. Zur maximalen Belastbarkeit von Kolonnen mit modernen Füllkörpern und Packungen für Gas/Flüssigkeitssysteme. Chem.-Ing.-Tech. Bd 63 (1991) Nr. 5, S 503–506

KAPITEL 3

Druckverlust von unberieselten Packungskolonnen   3

3.1
Einführung

Bei der Zweiphasenströmung von Gas und Flüssigkeit im Gegenstrom entsteht in einer Packungskolonne ein Druckverlust. Die Kenntnis des gasseitigen Druckverlustes bei Ein- und Zweiphasenströmung durch die Schüttung oder Packung im Gegenstrom ist ein wichtiges Kriterium zur Beurteilung der Betriebsweise von Füllkörperkolonnen. Der gesamte auf 1 m Packungshöhe bezogene Druckverlust in der Füllkörperschüttung $\Delta p/H$ wird häufig aus dem Produkt des Druckverlustes $\Delta p_0/H$ der unberieselten trockenen Packung und aus dem Quotienten $\Delta p/\Delta p_0$, der den Einfluss der spezifischen Flüssigkeitsbelastung u_L berücksichtigt, gebildet [1-5]:

$$\frac{\Delta p}{H} = \frac{\Delta p_0}{H} \cdot \left[\frac{\Delta p}{\Delta p_0} \right]. \tag{3-1}$$

In diesem Kapitel wird zunächst auf die Berechnung des Druckverlustes der unberieselten Packung $\Delta p_0/H$ für diverse Füllkörperformen näher eingegangen und anschließend in Kap. 4 auf die Berechnung des Druckverlustes von berieselten Packungen $\Delta p/H$. Zur Anwendung des in Kap. 2 vorgestellten TSB-Modells ist die Kenntnis des Widerstandsbeiwertes ψ eines Füllkörpers eine Voraussetzung für die genaue Bestimmung der Flutpunktgeschwindigkeit $u_{V,\,Fl}$. Daher wird der genauen Bestimmung dieses Parameters große Bedeutung beigemessen.

3.2
Widerstandsgesetz für die Einphasenströmung in Packungskolonnen

Ableitung der Berechnungsgleichung

Das Strömen eines Gases durch eine regellose Füllkörperschüttung oder geordnete Packung kann als ein Strömen durch ein Bündel von gleichen Kanälen mit der Höhe H und dem Durchmesser d_h angesehen werden, s. Bild 3-1. Somit müssen auch für diesen Durchfluss die Gesetze der Gasströmung durch das leere Rohr gelten.

Mathematisch wird dies durch die fundamentale Gleichung von Darcy und Weißbach beschrieben [1-3]:

$$\frac{\Delta p_0}{H} = \lambda \cdot \frac{\overline{u}_V^2 \cdot \rho_V}{2 \cdot d_h} \, . \tag{3-2}$$

Zur Darstellung der Abhängigkeit des Widerstandsbeiwertes ψ von der die Strömung kennzeichnenden Reynolds-Zahl Re_V der Gasphase, wird in dieser Arbeit vom sogenannten Kanalmodell ausgegangen, mit dem die Packung durch ein Bündel paralleler Rohre gleichen Durchmessers beschrieben wird, s. Bild 3-1 und [1-12, 19-29].

Andere Modellvorstellungen von Reichelt [1, 2], Brauer [3, 4], Ergun [5] und Kast [11] weichen nicht wesentlich vom Kanalmodell ab und werden hier nicht näher vorgestellt.

Die Größe des einzelnen hypothetischen Strömungskanals d_h in der Schüttung wird im Kanalmodell indirekt bestimmt, indem man für alle Füllkörper unterschiedlicher Form den rechnerischen Partikeldurchmesser d_P aus den schüttungskennzeichnenden Größen a und ε gemäß der folgenden Beziehung ermittelt [1-5, 10, 11].

$$d_P = 6 \cdot \frac{V_1}{A_1} = 6 \cdot \frac{V_1 \cdot N}{A_1 \cdot N} = 6 \cdot \frac{V_F}{A_F}$$

$$= 6 \cdot \frac{1-\varepsilon}{a} \quad [\mathrm{m}] \tag{3-3}$$

Bei Kugeln stimmt d_P mit dem geometrischen Durchmesser d überein. Das relative Lückenvolumen einer Schüttung ε ergibt sich zu

$$\varepsilon = \frac{V_S - V_F}{V_S} = 1 - \frac{V_F}{V_S} = 1 - \frac{V_1 \cdot N}{V_S} \quad [\mathrm{m^3 m^{-3}}] \, . \tag{3-4}$$

Während V_1 das Volumen und A_1 die Oberfläche eines einzelnen Füllkörpers bedeutet, ist V_F das Feststoffvolumen und A_F die Oberfläche aller N im Kolonnenvolumen V_S befindlichen Füllkörper. Mit N [$\mathrm{m^{-3}}$] wird die Schüttungsdichte bezeichnet, die von Herstellern als eine der wichtigsten, die Schüttung kennzeichnenden Größen angegeben wird. Bei Kenntnis der Schüttungsdichte lassen sich die beiden weiteren geometrischen Füllkörperdaten ε und a auf einfache Weise rechnerisch bestimmen.

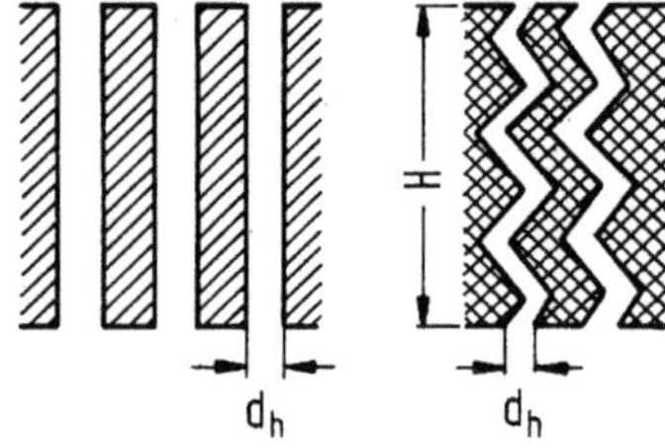

Bild 3-1. Hydraulisches Modell einer Füllkörperschüttung oder Packung als Bündel von Kanälen gleicher Länge H und gleichen Durchmessers d_h bei Einphasenströmung

Anhand des Zahlenbeispiels 3.1 am Ende des Kapitels wird gezeigt, wie man für unterschiedliche Schüttungsdichten N die geometrischen Daten eines Füllkörpers a und ε bestimmt, wenn die Standardgrößen a_0, ε_0 und N_0 nach Herstellerangaben vorliegen.

Wie die Arbeiten von Brauer [3, 4] und Reichelt [1, 2] sowie [6, 19–24] zeigen, hat es sich als sehr sinnvoll erwiesen, bei Füllkörperkolonnen mit regellosen Schüttungen und geordneten Füllkörperschichten den Einfluss der Kolonnenwand auf den hydraulischen Durchmesser d_h zu berücksichtigen.

Zwischen dem hydraulischen Durchmesser d_h und dem Partikeldurchmesser d_P besteht dann unter Einbeziehung der Randzone bzw. der Wandfläche A_F folgender Zusammenhang [3, 4]:

$$d_\mathrm{h} = 4 \cdot \frac{V_\mathrm{S} - V_\mathrm{F}}{A_\mathrm{F} - A_\mathrm{W}} = \frac{2}{3} \cdot \frac{\varepsilon}{1-\varepsilon} \cdot d_\mathrm{P} \cdot K \quad [\mathrm{m}] \, . \tag{3-5}$$

Hierbei ist K der Wandfaktor, der sich durch die Beziehung nach Gl. (3-6) ebenfalls einfach aus den Geometriedaten der Schüttung und der Kolonnengröße d_S ermitteln lässt [3].

$$\frac{1}{K} = 1 + \frac{2}{3} \cdot \frac{\varepsilon}{1-\varepsilon} \cdot \frac{d_\mathrm{P}}{d_\mathrm{S}} \quad [-] \tag{3-6}$$

Aus Gl. (3-6) folgt, dass in Kolonnen mit kleinen Durchmessern d_S K-Werte von $K < 1$ zu erwarten sind. Erst bei großen Kolonnendurchmessern d_S gilt annähernd $K \approx 1$.

Diese Überlegungen gelten sowohl für regellose Schüttungen als auch für geordnete Füllkörperschichten [6].

Für strukturierte Packungen wird bei größeren Kolonnen kein Einfluss der Kolonnenwand auf den Druckverlust berücksichtigt, d. h. hier gilt $K = 1$, wie es in den folgenden Teilen dieses Kapitels näher erläutert wird.

Durch das Ersetzen der effektiven Gasgeschwindigkeit $\bar{u}_\mathrm{V}$ durch den Quotienten u_V/ε und Einsetzen der Gln. (3-5) und (3-6) in die Gl. (3-2) ergibt sich für den Druckverlust Δp_0 je 1 m Schüttungshöhe Gl. (3-7); [1–4].

$$\frac{\Delta p_0}{H} = \frac{3}{4} \cdot \lambda \cdot \frac{1-\varepsilon}{\varepsilon^3} \cdot \frac{u_\mathrm{V}^2 \rho_\mathrm{V}}{d_\mathrm{P} \cdot K} \quad [\mathrm{Pa\,m^{-1}}] \tag{3-7}$$

Wird in Gl. (3-7) für $0{,}75 \cdot \lambda$ der Widerstandsbeiwert ψ und für das Produkt $u_\mathrm{V} \cdot \sqrt{\rho_\mathrm{V}}$ der Gasbelastungsfaktor F_V eingeführt [7], so erhält man zur Berechnung des Druckverlustes der unberieselten Schüttung die Gl. (3-8), deren Anwendung erst mit bekanntem Widerstandsbeiwert ψ im laminaren, Übergangs- und im turbulenten Strömungsbereich möglich ist.

$$\frac{\Delta p_0}{H} = \psi \cdot \frac{1-\varepsilon}{\varepsilon^3} \cdot \frac{F_\mathrm{V}^2}{d_\mathrm{P} \cdot K} \quad [\mathrm{Pa\,m^{-1}}] \tag{3-8}$$

Der Widerstandsbeiwert ψ ist von der Reynolds-Zahl Re_V der Gasphase abhängig, das heißt $\psi = f(\mathrm{Re}_\mathrm{V})$. Gemäß des angenommenen Modells wird die Reynolds-

Zahl Re_V folgendermaßen definiert:

$$Re_V = \frac{3}{2} \cdot \frac{\bar{u}_V \cdot d_h}{\nu_V} \, . \tag{3-9}$$

Analog erhält man durch Ersetzen der effektiven Gasgeschwindigkeit $\bar{u}_V$ durch u_V/ε und Einsetzen der Gl. (3-5) in Gl. (3-9) die modifizierte, den Wandeinfluss berücksichtigende Reynolds-Zahl des Dampfes bzw. des Gases [3, 4, 6].

$$Re_V = \frac{u_V \cdot d_p}{(1-\varepsilon) \cdot \nu_V} \cdot K \tag{3-10}$$

Die Bestimmung des Widerstandsbeiwertes für einen bestimmten Füllkörper, dessen füllkörperspezifische Geometriedaten a und ε bekannt sind, erfolgt gemäß der umgeformten Beziehung nach Gl. (3-8).

$$\psi = \frac{d_p \cdot K \cdot \varepsilon^3}{1-\varepsilon} \cdot \frac{\left[\dfrac{\Delta p_0}{H}\right]}{F_V^2} \tag{3-11}$$

Aufgrund von Messungen des Druckverlustes $\Delta p_0/H$ der unberieselten Schüttung in der Kolonne mit dem Durchmesser d_S wird der Widerstandsbeiwert ψ bei unterschiedlichen Dampfbelastungsfaktoren F_V und der Schüttungsdichte N bestimmt.

Die Abhängigkeit $\psi = f(Re_V)$ wird *Widerstandsgesetz* genannt [1–5]. Für verschiedene Packungskolonnen sind in der Literatur empirische Widerstandsgesetze angegeben [1–4], wie z. B. das Widerstandsgesetz [3, 4] für Kugeln

$$\psi = \frac{160}{Re_V} + \frac{3{,}1}{Re_V^{0{,}1}} \tag{3-12}$$

und der bekannte Ansatz von Ergun [5], zitiert bei Brauer [3]

$$\psi = \frac{150}{Re_V} + 1{,}75 \, , \tag{3-13}$$

der für keramische Raschigringe, Intalox-Sättel und Berlsättel experimentell gefunden wurde.

Der erste Summand in Gl. (3-13) ist bestimmend für den Widerstandsbeiwert der laminaren Gasströmung, der zweite berücksichtigt die turbulente Durchströmung des Gases durch die Schüttung.

Andere Ansätze zur Berechnung des Widerstandsbeiwertes ψ findet man bei Reichelt [1, 2], Brauer [3, 4], Schmidt [9], Teutsch [10], Kast [11], Bemer und Kalis [12] sowie Krehenwinkel [18]. Sie wurden vorwiegend für keramische Raschigringe, Intalox-Sättel, Berlsättel/Kugeln entwickelt und anhand von Versuchen mit Luft, als die Schüttung durchströmendes Medium, aufgestellt. Wertvolle Daten und Ansätze zur Bestimmung des Widerstandsbeiwertes für zahlreiche klassische wie auch neue Gitterfüllkörper und Packungen für den Bereich der Hochdruckabsorption findet man bei Krehenwinkel [18] und für Gitterfüllkörper bei Bornhütter [17].

Trotz einer ganzen Reihe von Ansätzen, unterscheiden sich die Messergebnisse dieser Autoren deutlich voneinander, so dass große Unsicherheiten bei der Bestimmung des Widerstandsbeiwertes ψ für gleiche Füllkörperformen in der Literatur zu finden sind. Offensichtlich sind dabei nicht alle wichtigen Faktoren berücksichtigt worden, die die Gasströmung in der Schüttung beeinflussen.

Die genaue Bestimmung des Druckverlustes nach diesen Ansätzen ist somit nicht immer gegeben. Für neue Gitterfüllkörper und strukturierte Packungen findet man in der Literatur keine Ansätze zur Bestimmung des Widerstandsbeiwertes.

Der Schwerpunkt dieser Arbeit liegt in der Ermittlung des Widerstandsgesetzes sowohl für klassische Füllkörper als auch für moderne, in der Praxis immer häufiger eingesetzte, gitterartige Füllkörper und strukturierte Packungen, sowie geordnete Schichten und Rohrkolonnen, um die fluiddynamische Auslegung von Packungskolonnen genau vornehmen zu können.

Zur Bestimmung des Widerstandsbeiwertes ψ wird in dieser Arbeit von der empirischen Abhängigkeit [6, 19, 20, 22]

$$\psi = K_1 \cdot \mathrm{Re}_\mathrm{V}^{K2} \tag{3-14}$$

ausgegangen, wobei für den Übergangsbereich und den Bereich der ausgebildeten turbulenten Strömung die Konstante K_1 und der Exponent K_2 verschiedene Werte annehmen. Dabei werden keine Unterschiede in der Darstellung des Widerstandsgesetzes gemacht, egal ob das Gas eine Schüttung aus ring- oder sattelförmigen Füllkörpern oder eine strukturierte Packung durchströmt. Wird das freie Volumen einer Füllkörperschüttung unvollkommen durchströmt, so wirkt sich dies direkt auf den Wert des Widerstandsbeiwertes ψ aus und erfordert keine umständliche Korrektur des Partikeldurchmessers d_P, wie bereits aus früheren Arbeiten anderer Autoren zu ersehen ist, z. B. [1–4].

Am Beispiel der für Pallringe geltenden Messdaten wird nun gezeigt, welche Größen den Widerstandsbeiwert bei der Durchströmung des Gases durch regellose Schüttungen und geordnete Füllkörperschichten maßgeblich beeinflussen.

3.2.1
Ermittlung des Widerstandsbeiwertes ψ für Pallringe

Der Pallring gehört heute zu den klassischen und immer noch häufig eingesetzten metallischen Füllkörpern. Es liegen zahlreiche und genaue Messdaten von Billet [13] sowie [7, 8, 14, 16, 17] vor. Daher lassen sich die Einflüsse unterschiedlicher Parameter auf den Widerstandsbeiwert ψ aufzeigen.

Der Einfluss des Kolonnendurchmessers d_S und der physikalischen Eigenschaften der untersuchten Gemische auf den Druckverlust der unberieselten Schüttung $\Delta p_0/H$ bei einer konstanten Schüttungsdichte von etwa 6400 m^{-3}, gültig für 50-mm metallische Pallringe, ist aus Bild 3-2 ersichtlich. In Kolonnen mit kleinem Durchmesser ist der Druckverlust $\Delta p_0/H$ kleiner als in solchen mit größerem Durchmesser.

Aus Bild 3-3 ist der signifikante Einfluss der Schüttungsdichte N auf den Druckverlust $\Delta p_0/H$ ersichtlich. Mit steigender Schüttungsdichte N nimmt auch der

Bild 3-2. Einfluss des Kolonnendurchmessers d_S auf den Druckverlust $\Delta p_0/H$ der unberieselten Schüttung, gültig für 50-mm metallische Pallringe [8, 131]

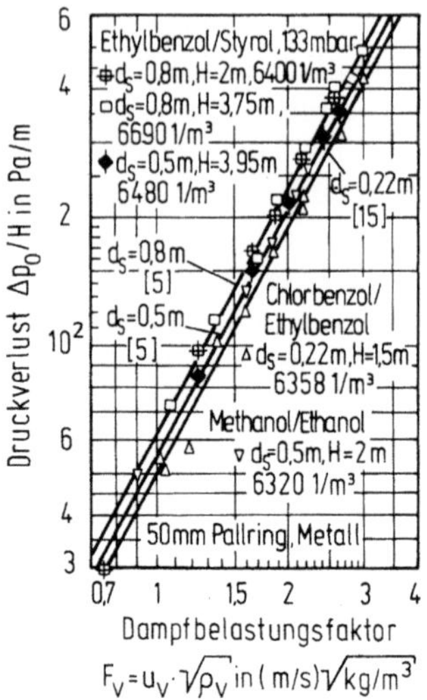

Bild 3-3. Einfluss der Schüttungsdichte auf den Druckverlust der unberieselten Schüttung, gültig für 25-mm metallische Pallringe [A]

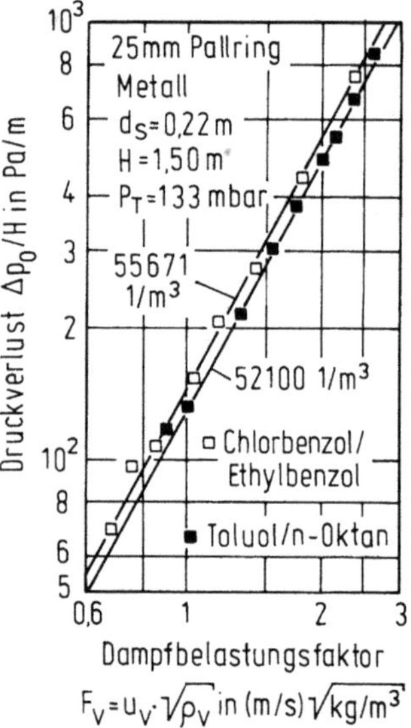

Druckverlust zu, da sich daraus eine größere spezifische Füllkörperoberfläche a und ein kleineres Lückenvolumen ε der Schüttung ergibt, s. Gl. (3-8).

Der aus den gemessenen Druckverlusten, dargestellt in den Bildern 3-2 und 3-3 und anderer Messwerte, ermittelte Widerstandsbeiwert ψ für metallische Pallringe in verschiedenen Kolonnen mit Kolonnendurchmessern von $d_S =$ 0,150 m bis 0,8 m und mit unterschiedlichen Systemen ist wie in den Bildern 3-4a und 3-4b gezeigt, im gesamten Strömungsbereich von der Schüttungsdichte N und vom Kolonnendurchmesser d_S für Durchmesserverhältnisse $d_S/d \geq 6$ un-

Bild 3-4 a, b. a Widerstandsbeiwert ψ als Funktion der modifizierten Reynolds-Zahl Re_V, der Dampfphase für 15–80 mm metallische Pallringe, gültig für verschiedene Testsysteme; erstellt aufgrund der Literaturdaten [8, 13]. **b** Widerstandsbeiwert ψ als Funktion der keramischen Pallringschüttung Reynolds-Zahl Re_V der Dampfphase, gültig für 15- bis 35-mm metallische Pallringe, und für verschiedene Testsysteme [A]

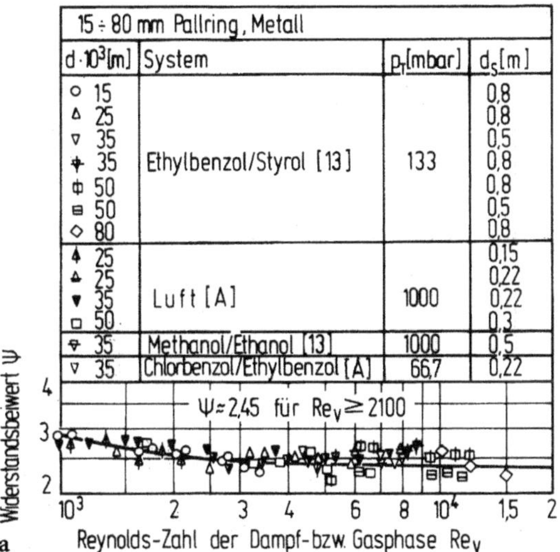

$d \cdot 10^3$ [m]	System	p_T [mbar]	d_S [m]
○ 15	Ethylbenzol/Styrol [13]	133	0,8
△ 25			0,8
▽ 35			0,5
✛ 35			0,8
⌼ 50			0,8
⊟ 50			0,5
◇ 80			0,8
◢ 25	Luft [A]	1000	0,15
◭ 25			0,22
▼ 35			0,22
□ 50			0,3
⍌ 35	Methanol/Ethanol [13]	1000	0,5
▽ 35	Chlorbenzol/Ethylbenzol [A]	66,7	0,22

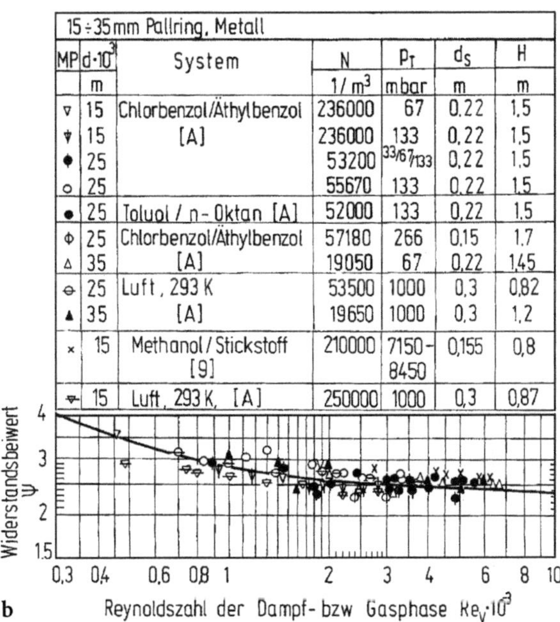

MP	$d \cdot 10^3$ m	System	N $1/m^3$	p_T mbar	d_S m	H m
▽	15	Chlorbenzol/Äthylbenzol [A]	236000	67	0,22	1,5
▼	15		236000	133	0,22	1,5
◕	25		53200	33/67/133	0,22	1,5
○	25		55670	133	0,22	1,5
●	25	Toluol / n-Oktan [A]	52000	133	0,22	1,5
⌼	25	Chlorbenzol/Äthylbenzol [A]	57180	266	0,15	1,7
△	35		19050	67	0,22	1,45
⊖	25	Luft, 293 K [A]	53500	1000	0,3	0,82
▲	35		19650	1000	0,3	1,2
×	15	Methanol / Stickstoff [9]	210000	7150–8450	0,155	0,8
⍌	15	Luft, 293 K, [A]	250000	1000	0,3	0,87

abhängig. Die Messwerte werden für die turbulente Gasströmung im Bereich $Re_V > 2100$ durch Gl. (3-15a)

$$\psi = 3{,}23 \cdot Re_V^{-0,034} \tag{3-15a}$$

mit einem relativen Fehler von $\pm 8\,\%$ beschrieben, was für praktische Anwendungen ausreichend genau ist.

Dabei sind hier alle den Widerstandsbeiwert ψ relevant beeinflussenden Parameter bereits berücksichtigt.

Im Übergangsbereich für $400 \leq \mathrm{Re_V} < 2100$ ist der Einfluss der modifizierten Reynolds-Zahl $\mathrm{Re_V}$ auf den Widerstandsbeiwert ψ wesentlich größer. In diesem Bereich werden die in den Bildern 3-4a und 3-4b eingetragenen Messdaten mit der empirischen Gl. (3-15b) wiedergegeben.

$$\psi = 10 \cdot \mathrm{Re_V^{-0,18}} \tag{3-15b}$$

Der Einfluss der Stoffwerte, des Betriebsdruckes und der konstruktiven Parameter auf den Widerstandsbeiwert ψ ist durch das Widerstandsgesetz nach den Gln. (3-15a, b) ausreichend genau erfasst. Die Messungen an luftdurchströmten Schüttungen sind daher ausreichend, um das Widerstandsgesetz $\psi = f(\mathrm{Re_V})$ auf beliebige Systeme unter Vakuum, im Normaldruckbereich und bei höheren Drücken zu übertragen. Gleichung (3-15a) gilt für den Bereich der Reynolds-Zahlen $2100 \leq \mathrm{Re_V} \leq 16000$ und für Durchmesserverhältnisse $d_S/d \geq 6$.

In Bild 3-5 und 3-6 ist die Abhängigkeit des Widerstandsbeiwertes ψ von der modifizierten Reynoldszahl der Gasphase für Pallringe aus Kunststoff und Keramik dargestellt. Für diese Materialien gelten die gleichen Beziehungen (3-15a, b) zur Bestimmung des Widerstandsbeiwertes.

Die praktisch voll ausgebildete turbulente Strömung beginnt nach Bild 3-4a und 3-4b ab $\mathrm{Re_V} \cong 2100$ bis 10000. Nach einer Faustregel entspricht das einem auf Luft bezogenen Dampfbelastungsfaktor F_V von:

$$F_V \cong 0,8 \ \mathrm{ms^{-1}}\sqrt{\mathrm{kgm^{-3}}} \qquad \text{für 50-mm Pallringe}$$

$$F_V \cong 1,0 \ \mathrm{ms^{-1}}\sqrt{\mathrm{kgm^{-3}}} \qquad \text{für 35-mm Pallringe}$$

$$F_V \cong 1,2 \ \mathrm{ms^{-1}}\sqrt{\mathrm{kgm^{-3}}} \qquad \text{für 25-mm Pallringe.}$$

Bild 3-5. Widerstandsbeiwert ψ als Funktion der modifizierten Reynolds-Zahl $\mathrm{Re_V}$ der Dampf- bzw. Gasphase, gültig für 25–50 mm Pallringe aus Kunststoff [A]

Pallringe aus Kunststoff						
MP	$10^3 \cdot d$ m	System	p_T mbar	d_S m	H m	N $1/m^3$
o	25	Luft, 293 K	1000	0,22	0,9	54500
●	25			0,3		55180
Φ	25	Toluol/n–Oktan	133	0,22	1,5	53050
◑	25					55583
♦	25					58066
⊖	25	Chlorbenzol/Ethylbenzol	66,7	0,22	1,5	54300
△	35	Luft, 291 K	1000	0,3	1,2	16284
▲	35			0,45		17140
□	50	Luft, 291 K	1000	0,3	1,35	6425
■	50			0,45	0,85	

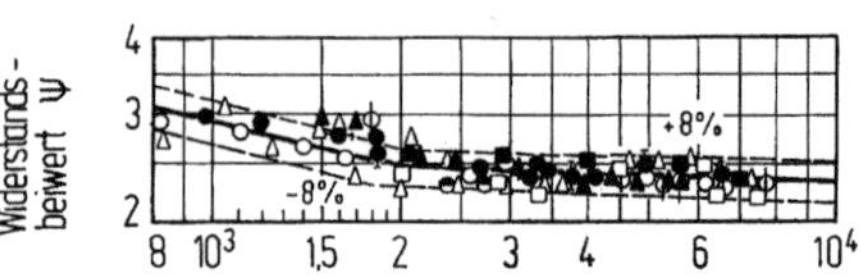

Bei der Verwendung größerer Füllkörper mit 35, 50 und 80 mm Durchmesser bei der Rektifikation kann in vielen Fällen davon ausgegangen werden, dass der Kolonnenbetrieb im turbulenten Bereich erfolgt und der Widerstandsbeiwert ψ von der Reynolds-Zahl Re_V der Dampfphase nur geringfügig abhängig ist.

3.2.2
Ermittlung des Widerstandsbeiwertes ψ für andere untersuchte Füllkörperschüttungen

In Bild 3-7 sind die mit Luft und für unterschiedliche Rektifiziersysteme experimentell ermittelten Widerstandsbeiwerte ψ über der Reynolds-Zahl der Dampfphase Re_V für eine ganze Reihe untersuchter regelloser Schüttungen aufgetragen. Die Widerstandsbeiwerte ψ nehmen nach Bild 3-7 mit steigender Reynolds-Zahl Re_V ab und liegen zwischen 0,65 und 9.

Man erkennt qualitativ ähnliche Kurvenverläufe, vergleichbar mit den Verläufen in den Bildern 3-4 bis 3-6, wobei bei der turbulenten Gasströmung für $\mathrm{Re}_V \geq$ 2100 der Widerstandsbeiwert ψ nur geringfügig von der Reynolds-Zahl Re_V abhängig ist.

Bild 3-6. Widerstandsbeiwert ψ als Funktion der Reynolds-Zahl Re_V der Dampf- bzw. Gasphase, gültig für
a eine 25-mm keramische Pallringschüttung [A]
b eine 50-mm keramische Pallringschüttung [A]

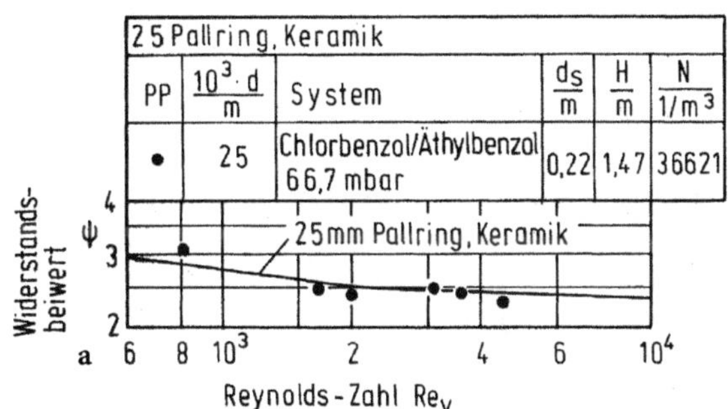

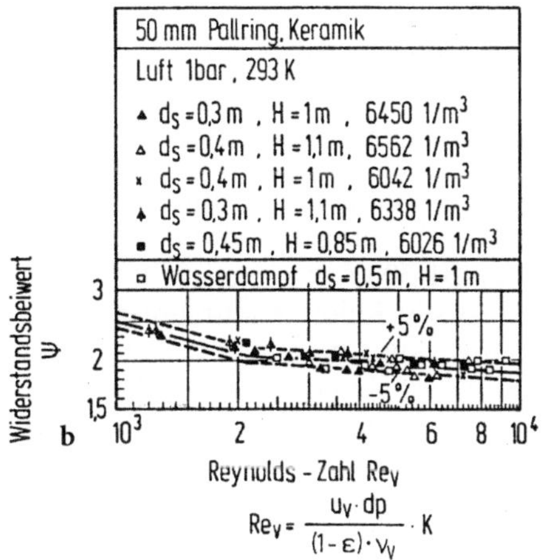

$$\mathrm{Re}_V = \frac{u_V \cdot d_P}{(1-\varepsilon) \cdot \nu_V} \cdot K$$

Es gelten somit die gleichen Gesetzmäßigkeiten hinsichtlich des Einflusses der Schüttungsdichte N, des Systems, des Betriebsdruckes und des Kolonnendurchmessers d_S wie für metallische Pallringe. Die Streuung der Messwerte um die eingetragenen Kurven beträgt $\delta(\psi) \leq 5\text{--}10\,\%$.

Aus Bild 3-7 ist ferner die Abhängigkeit des Widerstandsbeiwertes ψ von der Füllkörpergröße ersichtlich. Diese Abhängigkeit ist besonders dann zu erwarten, wenn die einzelnen Füllkörper gleicher Bauart eine unterschiedliche Größe der offenen Wandfläche aufweisen. Der Anteil der offenen Wandfläche bei Pallringen aus Metall liegt unabhängig vom Füllkörperdurchmesser bei ca. 25\%. Beim Hiflow-Ring aus Metall beträgt er 44\% bei $d = 0{,}028$ m und 57\% bei einem Ringdurchmesser $d = 0{,}058$ m. Demzufolge ist der Widerstandsbeiwert ψ für 58-mm Hiflow-Ringe kleiner als der für den gleichen Füllkörpertyp mit nur 28 mm Durchmesser.

Für metallische Białeckiringe [6] wurden folgende Abhängigkeiten zur Bestimmung des Widerstandsbeiwertes ψ gefunden.

$$\psi = 10{,}17 \cdot \mathrm{Re}_V^{-0,17} \quad \text{für } \mathrm{Re}_V \leq 2100 \tag{3-16a}$$

$$\psi = 4{,}13 \cdot \mathrm{Re}_V^{-0,0522} \quad \text{für } \mathrm{Re}_V \geq 2100 \tag{3-16b}$$

Die Widerstandsbeiwerte für Białeckiringe sind geringfügig größer als die für Pallringe, da der Anteil der offenen Fläche in der Packung ca. 22\% beträgt und somit kleiner ist als für Pallringe.

In den Tabellen 3-1, 3-2 und 6-1a–c sind die Zahlenwerte für die Konstanten K_1, K_3 und Exponenten K_2, K_4 der Gl. (3-14) zur Bestimmung der Widerstandsbeiwerte für eine Reihe untersuchter Füllkörper und strukturierter Packungen zusammengestellt. Die Tabellen sind im Anhang zu den jeweiligen Kapiteln zu finden. Die Wertepaare K_3, K_4 für Gl. (3-14) gelten für den Strömungsbereich im turbulenten Strömungsbereich für $2100 \leq \mathrm{Re}_V \leq 20000$ und die Werte K_1, K_2 gelten für den Übergangsbereich für die Reynolds-Zahlen $400 < \mathrm{Re}_V < 2100$.

3.2.3
Ermittlung des Widerstandsbeiwertes ψ für strukturierte Packungen

Einfluss des Kolonnendurchmessers

Untersuchungen an Kolonnen mit Durchmessern von $d_S = 0{,}22$ m, 0,3 m und 0,45 m unter Verwendung der luftdurchströmten ungelochten Blechpackung Bauart Montz Typ B1-300 Y sowie geschlitzten Ralu-Pak 250 YC haben einen signifikanten Einfluss des Kolonnendurchmessers d_S auf den Druckverlust $\Delta p_0/H$ der unberieselten Packung gezeigt [14, 15, 18, 25]. Die Ergebnisse sind in Bild 3-8a, b gezeigt. In Bild 3-8c sind die Druckverluste der unberieselten gelochten Mellapak 250 Y als Funktion des Gasbelastungsfaktors F_V, gemessen in Kolonnen mit Durchmessern $d_S = 0{,}15$ m [18], $d_S = 0{,}22\text{--}0{,}3$ m [A] und $d_S = 1{,}0$ m [25], dargestellt. Nach Bild 3-8a sinkt der Druckverlust $\Delta p_0/H$ in der Kolonne mit der Montzpackung B1-300 bei gleicher Gasbelastung F_V um 25\% wenn der Kolonnendurch-

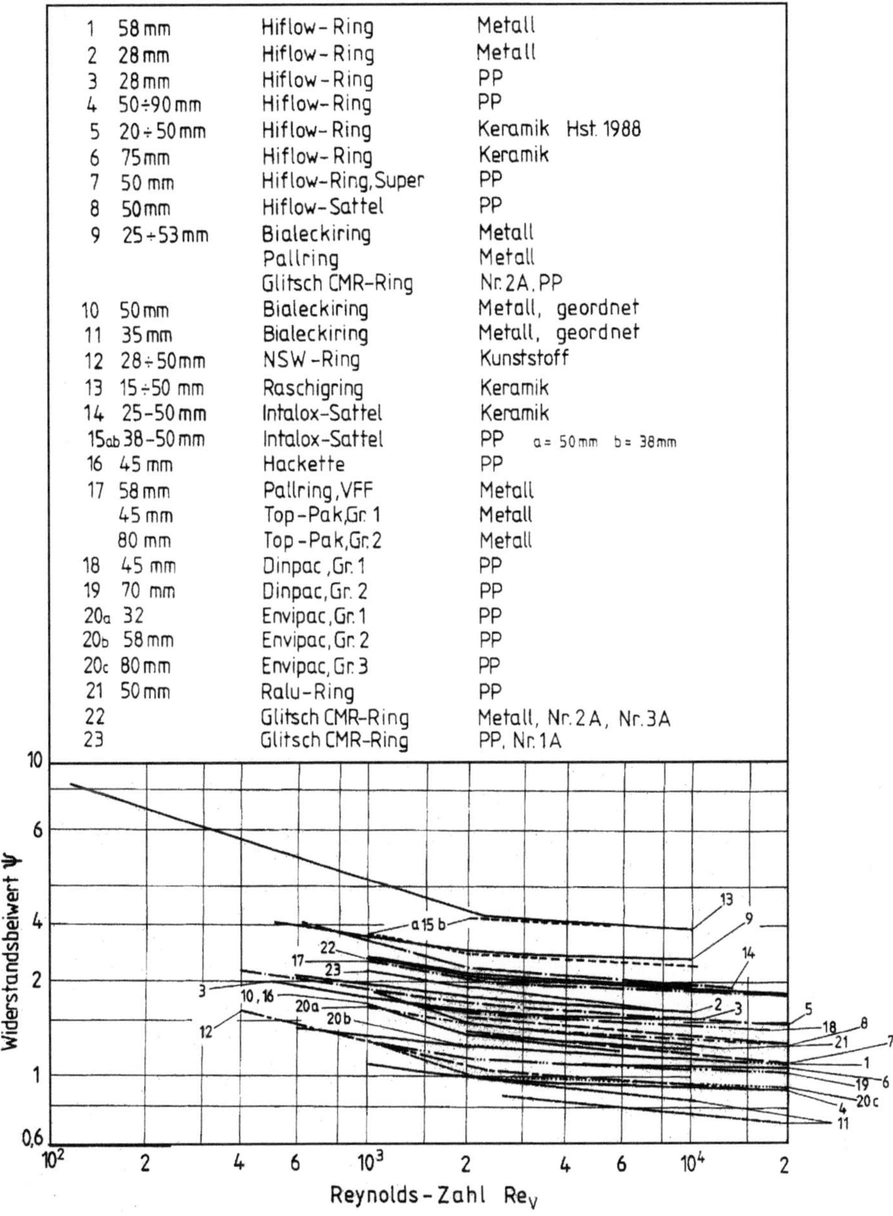

Bild 3-7. Widerstandsbeiwert ψ als Funktion der Reynolds-Zahl Re_V der Dampf- bzw. Gasphase, gültig für verschiedene Füllkörperformen – erstellt nach Bildern zu Kap. 3, siehe Anhang

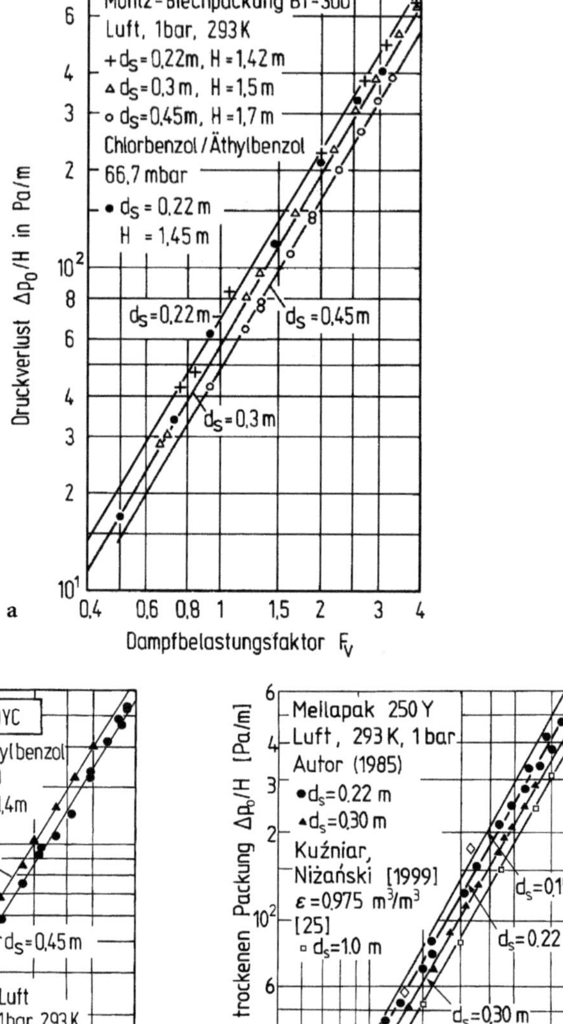

Bild 3-8a–c. Einfluss des Kolonnendurchmessers d_S auf den Druckverlust $\Delta p_0/H$ der unberieselten Packung, gültig für
a Blechpackungen Bauart Montz Typ BI-300 [15]
b Blechpackungen Bauart Ralu-Pak 250 YC, Bauart Raschig [15]
c Blechpackungen Bauart Mellapak 250 Y, Bauart Sulzer [18, A, 25]

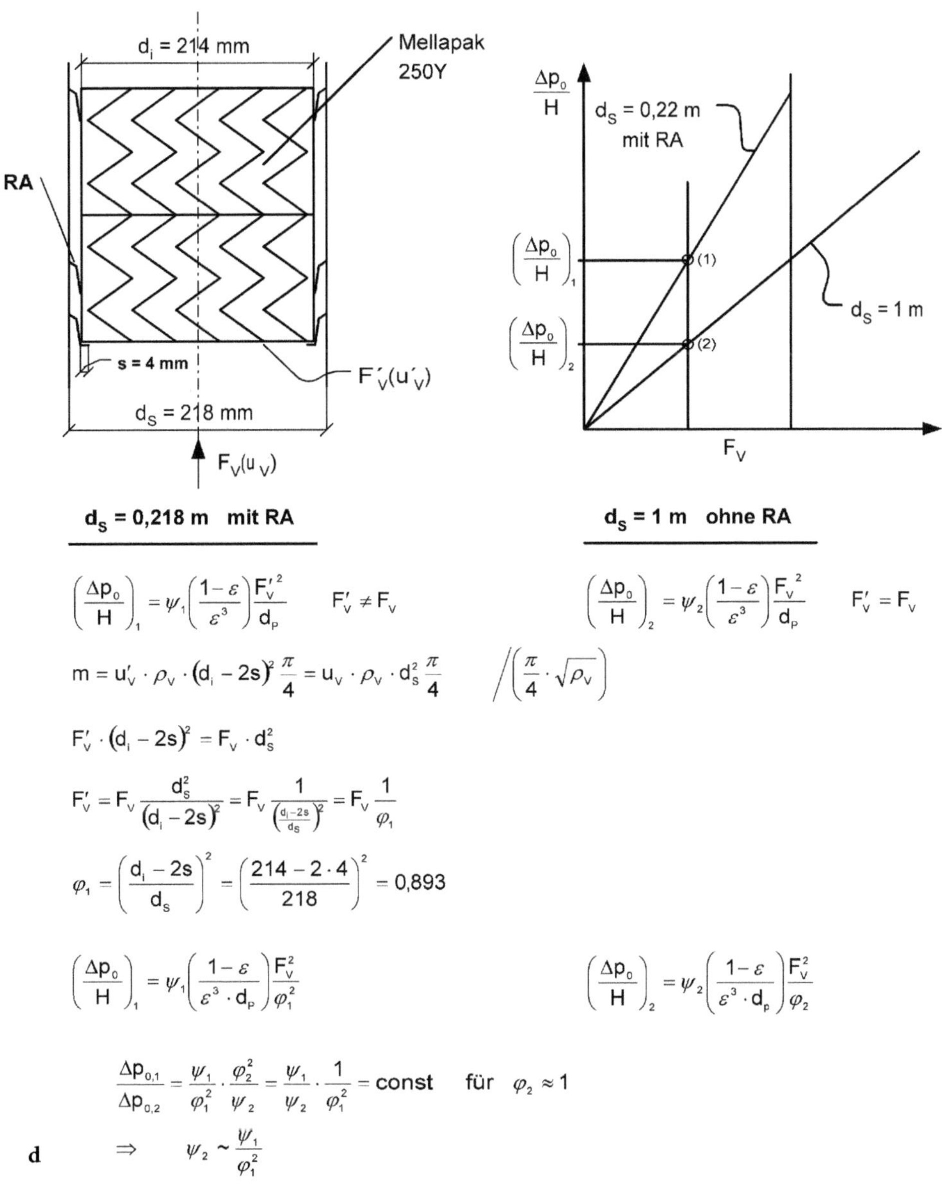

$$\left(\frac{\Delta p_0}{H}\right)_1 = \psi_1 \left(\frac{1-\varepsilon}{\varepsilon^3}\right)\frac{F_V'^{\,2}}{d_P} \qquad F_V' \neq F_V$$

$$\left(\frac{\Delta p_0}{H}\right)_2 = \psi_2 \left(\frac{1-\varepsilon}{\varepsilon^3}\right)\frac{F_V^{2}}{d_P} \qquad F_V' = F_V$$

$$m = u_V' \cdot \rho_V \cdot (d_i - 2s)^2 \frac{\pi}{4} = u_V \cdot \rho_V \cdot d_S^2 \frac{\pi}{4} \qquad \Big/ \left(\frac{\pi}{4}\cdot\sqrt{\rho_V}\right)$$

$$F_V' \cdot (d_i - 2s)^2 = F_V \cdot d_S^2$$

$$F_V' = F_V \frac{d_S^2}{(d_i - 2s)^2} = F_V \frac{1}{\left(\frac{d_i-2s}{d_S}\right)^2} = F_V \frac{1}{\varphi_1}$$

$$\varphi_1 = \left(\frac{d_i - 2s}{d_S}\right)^2 = \left(\frac{214 - 2\cdot 4}{218}\right)^2 = 0{,}893$$

$$\left(\frac{\Delta p_0}{H}\right)_1 = \psi_1 \left(\frac{1-\varepsilon}{\varepsilon^3 \cdot d_P}\right)\frac{F_V^2}{\varphi_1^2} \qquad\qquad \left(\frac{\Delta p_0}{H}\right)_2 = \psi_2 \left(\frac{1-\varepsilon}{\varepsilon^3 \cdot d_P}\right)\frac{F_V^2}{\varphi_2}$$

$$\frac{\Delta p_{0,1}}{\Delta p_{0,2}} = \frac{\psi_1}{\varphi_1^2}\cdot\frac{\varphi_2^2}{\psi_2} = \frac{\psi_1}{\psi_2}\cdot\frac{1}{\varphi_1^2} = \text{const} \qquad \text{für} \quad \varphi_2 \approx 1$$

$$\Rightarrow \qquad \psi_2 \sim \frac{\psi_1}{\varphi_1^2}$$

Bild 3-8 d. Schematische Darstellung des Einbaus von strukturierten Packungen in kleinen Versuchskolonnen und großen Kolonnen

messer von 0,22 m auf 0,45 m vergrößert wird. Noch deutlicher fällt der Vergleich des Druckverlusts $\Delta p_0/H$ aus, wenn man die Ergebnisse des Bildes 3-8 c analysiert. Der Druckverlust in der Kolonne mit Mellapak 250 Y sinkt um 35 %, wenn man die Messergebnisse an einer kleinen Kolonne mit $d_S = 0,155$ m mit denen der größeren Kolonne mit $d_S = 1$ m vergleicht.

Im Gegensatz zu den regellos geschütteten Füllkörpern nimmt der Druckverlust $\Delta p_0/H$ generell mit steigendem Kolonnendurchmesser d_S bei gleicher Gasbelastung im Packungssystem ab. Somit ist in Packungskolonnen bis zu einem bestimmten Wert des Kolonnendurchmessers d_S eine Abhängigkeit des Widerstandsbeiwertes ψ vom Kolonnendurchmesser d_S zu erwarten. Gemäß den Angaben der Firma Sulzer [16] ist bekannt, dass sich erst nach dem Überschreiten des Kolonnendurchmessers $d_S \cong 0,5$–$1,0$ m der Widerstandsbeiwert ψ nicht mehr ändert. Die Messergebnisse, dargestellt in den Bildern 3-8 a, b, c bestätigen diese Erkenntnisse.

Aus Bild 3-8 c ist ferner ersichtlich, dass in großen Kolonnen der gleiche bezogene Druckverlust $\Delta p_0/H$ bei deutlich größeren Gasbelastungsfaktoren F_V erreicht wird. Dies führt zur Änderung der fluiddynamischen Charakteristik jeder Packungskolonne. Nach Gl. (2-53 b) werden daher höhere Flutpunktgeschwindigkeiten $u_{V,Fl}$ als in kleinen Kolonnen erzielt.

Zur experimentellen Ermittlung des Widerstandsgesetzes für Packungen ist somit eine größere Anlage mit $d \geq 0,45$ m vorteilhaft, da man dann $\psi \neq f(d_S)$ voraussetzen kann. Die Verwendung des Wandfaktors K nach Gl. (3-8) und somit in Gl. (3-14) für strukturierte Packungen zur Berücksichtigung des Einflusses der Wand auf den Widerstandsbeiwert mit dieser Funktion führt nicht zu korrekten Ergebnissen.

Der in kleineren Kolonnen bei gleicher Gasbelastung F_V auftretende, höhere Druckverlust $\Delta p_0/H$ wird durch die an den einzelnen Packungselementen angebrachten Randabweiser verursacht. Sie werden zwischen Kolonnenwand und Packungselementen eingebaut und haben die Aufgabe, bei der Zweiphasenströmung die Flüssigkeitsströmung in Richtung Kolonnenwand zu verhindern und sie in Richtung des Kolonneninneren zu leiten, s. Bild 3-8 d. Für die Auslegung von strukturierten Packungskolonnen ist daher die Möglichkeit der Vorhersage des Widerstandsgesetzes in Kolonnen mit größerem Durchmesser von großer praktischer Bedeutung, wenn die Messergebnisse zum Druckverlust bei Einphasenströmung in kleinen Anlagen vorliegen.

Diese Aufgabe lässt sich annährend am Beispiel der Mellapak 250 Y durch Korrektur des Widerstandsbeiwertes ψ gemäß der im Bild 3-8 d vorgestellten Modellvorstellung lösen. Es wird dabei die Annahme getroffen, dass bei gleichem Gasstrom $\dot{V}$ in größeren Kolonnen mit dem Durchmesser $d_{S,2}$ die Randabweiser praktisch keinen Einfluss mehr auf den Druckverlust haben, hingegen in kleineren Kolonnen mit Durchmesser $d_{S,1}$ der gleiche bezogene Druckverlust $\Delta p_0/H$ bei kleineren Gasbelastungsfaktoren $F_{V,1}$ als in größeren Kolonnen erreicht wird. Daher gilt nach Bild 3-8 d für die untersuchte Mellapak 250 Y annährend die Beziehung gemäß Gl. (3-17):

$$\psi_A \cong \psi_1 \cdot \frac{\varphi_2^2}{\varphi_1^2} \tag{3-17}$$

$$\text{mit} \quad \varphi_1 = \left(\frac{d_{\mathrm{i},1} - 2s}{d_{\mathrm{S},1}}\right)^2 \quad \text{und} \quad \varphi_2 = \left(\frac{d_{\mathrm{i},2} - 2s}{d_{\mathrm{i},2}}\right)^2 . \tag{3-18}$$

Dabei stellt φ_1 das Verhältnis der effektiven Fläche einzelner Packungselemente abzüglich der Fläche des Randabweisers bezogen auf die Kolonnenquerschnittsfläche der kleineren Versuchskolonne dar, analog gilt φ_2 für die größere Kolonne mit $d_{\mathrm{S},2} > d_{\mathrm{S},1}$.

Setzt man nun die konstruktiven Daten der nach Bild 3-8c untersuchten Mellapak 250Y und Kolonnen für $d_{\mathrm{S},1} = 0{,}22$ m in Gl. (3-18) ein, so erhält man für den zu erwartenden Widerstandsbeiwert bei großen Kolonnen ψ_A die für Mellapak 250Y geltende Umrechnungsformel (3-19):

$$\psi_{A} \underset{d_{\mathrm{S}} \to 1}{=} \psi_1 \cdot \frac{\varphi_1^2}{\varphi_2^2} \underset{d_{\mathrm{S}} \to 1}{=} \frac{\psi_1}{1{,}26 \cdot \varphi_2^2} = 0{,}794 \cdot \frac{\psi_1}{\varphi_2^2} \tag{3-19}$$

An den Zahlenbeispielen 3.2 und 4.2 wird die Anwendung der Näherungsbeziehungen (3-17) bis (3-19) zur Umrechnung des Widerstandsbeiwertes und zur Bestimmung des Druckverlustes von Mellapak 250Y auf größere Kolonnen anschaulich vorgeführt. Für die Anwendung der Gln. (3-17) bis (3-19) auf andere Packungen müssen die untersuchten Geometriedaten der jeweiligen Packung, der Randabweiser und der Kolonnen bekannt sein.

Abschließend lässt sich festhalten, dass aufgrund des Einbaus von Randabweisern in die Versuchskolonnen die Übertragbarkeit der fluiddynamischen Charakteristik von strukturierten Packungen auf beliebige Kolonnendurchmesser erst ab $d_{\mathrm{S}} \geq 1$ m zu erwarten ist.

Einfluss der Bohrungen und der Neigung der Strömungskanäle in den Packungselementen auf den Druckverlust

In Bild 3-8e ist der Druckverlust der unberieselten Montz Blechpackung vom Typ B1-300 dargestellt und in Bild 3-8f für die Packung vom Typ B1-500. Dabei ist ersichtlich, dass mit zunehmender Packungsoberfläche der Einfluss der Bohrungen in den einzelnen Packungselementen zunimmt. Somit nimmt auch die Trennleistung der Packung zu. Wenn auch die Unterschiede im Druckverlust für die B1-300-Ausführung nur gering sind, so fallen sie für die B1-500-Ausführung deutlicher aus. Die gleichzeitig durchgeführten Messungen der Trennleistung der ungelochten und gelochten Packungen vom Typ B1-300 und B1-500 haben gezeigt, dass die Packung die eine höhere Trennleistung aufweist, einen größeren Druckverlust aufweist. Aufgrund der geringen Druckverlustunterschiede der B1-300 Packungen fielen bei diesem Typ die Trennleistungsunterschiede geringer aus. Beim Einsatz der Packung B1-500 stellte sich heraus, dass im Hauptbelastungsbereich die gelochte B1-500 Packung eine um den Faktor ≈ 2 höhere Trennleistung aufweist, als die ungelochte Packung. Erwartungsgemäß war die maximale Belastbarkeit der Packung mit geringem Druckverlust höher, was sich sehr gut mit dem Ansatz nach Gl. (2-53b) voraussehen lässt. Ebenfalls lässt sich nach obiger Gleichung die Zunahme der maximalen Belastbarkeit von Packungen der Ausführung X mit einer Neigung der Strömungskanäle von 60° vorausberechnen. In Bild 3-8f

Bild 3-8e. Einfluss der Bohrungen auf den Druckverlust von unberieselten strukturierten Packungen vom Typ B1-300 Bauart Montz

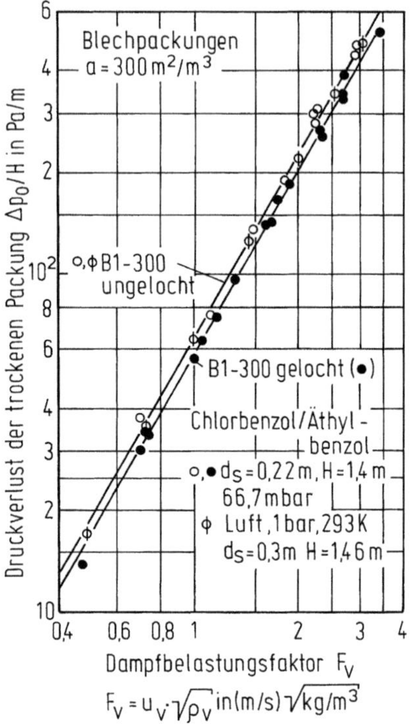

Bild 3-8f. Einfluss der Bohrungen auf den Druckverlust von unberieselten strukturierten Packungen vom Typ B1-500 Bauart Montz mit unterschiedlicher Neigung der Strömungskanäle und für unterschiedliche Werkstoffe (Blech, Stahlgewebe)

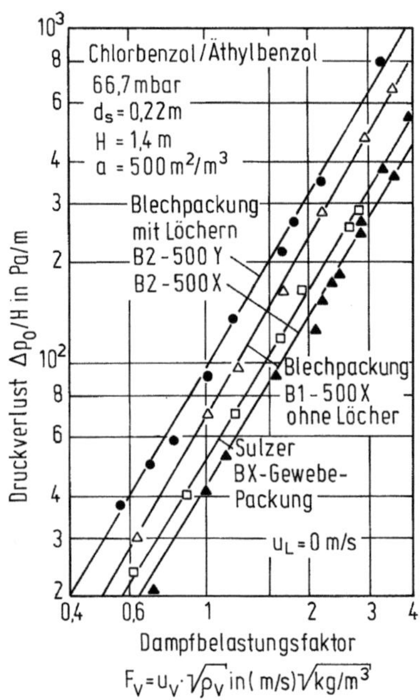

ist neben dem Druckverlust der Gewebepackung vom Typ BX auch der der Blechpackung vom Typ X mit Bohrungen dargestellt. Der Unterschied im Druckverlust der unberieselten Packung zwischen der Packung B1-500 vom Typ Y, der gleichen Packung vom Typ X und der Packung BX-500 ist enorm. Dies drückt sich in der Belastbarkeit und in der Trennleistung der einzelnen Ausführungen aus.

Widerstandsgesetz

Die Abhängigkeit des Widerstandsbeiwertes ψ von der Reynolds-Zahl Re_V mit dem Wandfaktor $K = 1$ ist für ungelochte Packungen in Bild 3-9 und für gelochte Packungen in Bild 3-10 gezeigt. Für die gelochten Packungen des Typs Mellapak 250 Y und Montz B2-500 wird kein Einfluss der Größe der Packungsoberfläche auf den Widerstandsbeiwert ψ beobachtet, s. Bild 3-10.

Trotz gleicher geometrischer Oberfläche von Ralu-Pak 250 YC und der Mellapak 250 Y resultieren aus den Bildern 3-10, 11 verschiedene Widerstandsbeiwerte bei gleicher Reynolds-Zahl und gleicher Kolonnengröße. Ralu-Pak 250 YC weist unter gleichen Gasbelastungen kleinere Widerstandsbeiwerte ψ auf als Mellapak 250 Y. Wie bei den regellosen Schüttungen wird kein Einfluss des Systems auf den Widerstandsbeiwert festgestellt.

In Tabelle 3-2 sind die benötigten Werte zur Berechnung des Widerstandsbeiwerts ψ für strukturierte Packungen, gemessen an Kolonnen mit unterschiedlichen Durchmessern zusammengestellt.

MP	Packung	Typ	System	P_T	d_S	H
				m bar	m	m
◆	Montz-Packung, PP	C1-200	Luft, 293 K	1000	0,30	1,42
▲ ▲ ▲		B1-300	Chlorbenzol/ Ethylbenzol	33 66,7 133	0,22	1,4
▲ ⬭/△	Montz-Blechpackung		Luft, 293 K	1000	0,22 0,30/0,45	1,4 1,48
▽		B1-200	Chlorbenzol/ Ethylbenzol	66,7	0,22	1,4
▼			Luft, 293 K	1000	0,30	1,6

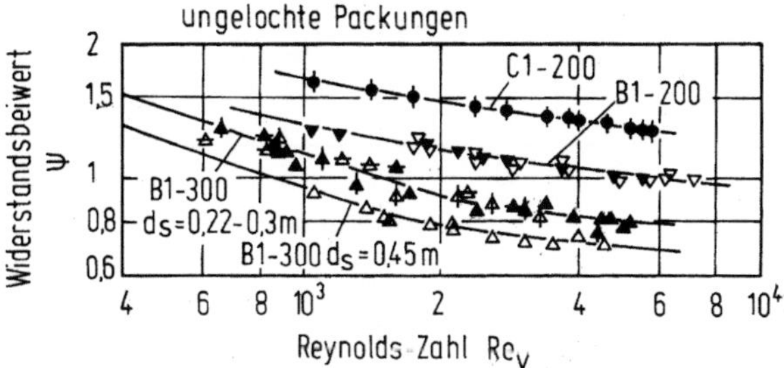

Bild 3-9. Widerstandsbeiwert ψ als Funktion der Reynolds-Zahl Re_V der Dampf- bzw. Gasphase, gültig für ungelochte Montz-Packungen

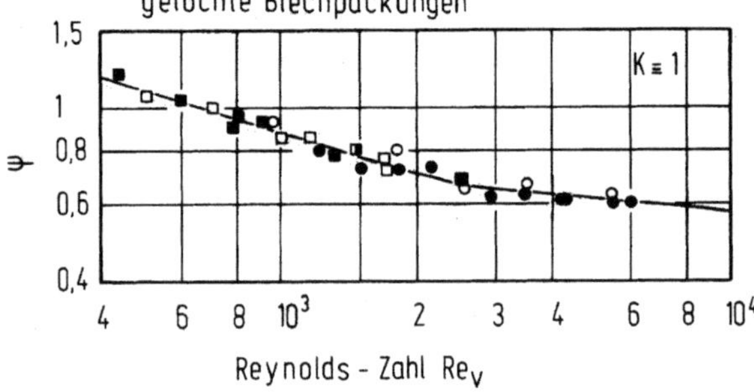

Mp	Packung	Typ	System	P_T	d_s	H
				mbar	m	m
▫	Montz-Blech	B2500	Chlorbenzol	33		
◼	gelocht		Ethylbenzol	66,7	0,22	1,4
◪				133		
●	Mellapak -	250YC	Luft, 293 K		0,22	1,2
	Sulzer			1000		
○			Chlorbenzol	66,7	0,22	1,2
			Ethylbenzol			

Bild 3-10. Widerstandsbeiwert ψ als Funktion der Reynolds-Zahl Re_V der Dampf- bzw. Gasphase, gültig für gelochte Packungen Bauart Montz und Sulzer

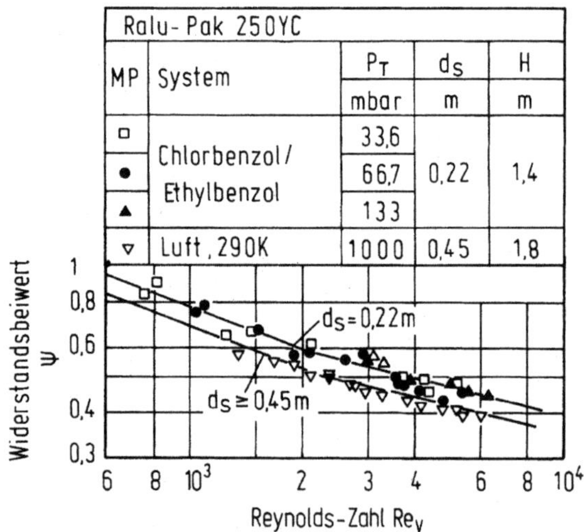

MP	System	P_T	d_S	H
		mbar	m	m
▫	Chlorbenzol /	33,6		
●		66,7	0,22	1,4
▲	Ethylbenzol	133		
▽	Luft, 290K	1000	0,45	1,8

Bild 3-11. Widerstandsbeiwert ψ als Funktion der Reynolds-Zahl Re_V der Dampf- bzw. Gasphase, gültig für geschlitzte Ralu-Pak 250 YC aus Blech, Bauart Raschig

3.3
Schlussbetrachtungen zu Kapitel 3

1. Füllkörperschüttungen

1.1 Der Einfluss des Systems auf den Widerstandsbeiwert ψ wird durch die in der modifizierten Reynolds-Zahl erfassten kinematischen Viskosität für praktische Anwendungen ausreichend genau beschrieben. Außerdem genügt es, anhand von Simulationsversuchen mit Luft unter Umgebungsbedingungen die Funktion $\psi = f(\mathrm{Re_V})$ zu ermitteln, um somit den Druckverlust $\Delta p_0/H$ der unberieselten Füllkörperschicht mit Gl. (3-8) ausreichend genau für Rektifiziersysteme unter Vakuum, Normaldruck und für den Druckbereich sowie für beliebige Absorptionen berechnen zu können.

1.2 Die Analyse der in dieser Arbeit gezeigten Ergebnisse hinsichtlich der Größe des Widerstandsbeiwerts ψ für die Füllkörperformen führt zu der folgenden Erkenntnis. Weisen die einzelnen Füllkörper einer Bauart den gleichen Anteil an offener Wandfläche auf, wie das bei metallischen Pallringen der Fall ist, behält das für eine Füllkörpergröße bestimmte Widerstandsgesetz $\psi = f(\mathrm{Re_V})$ auch für die anderen Füllkörperabmessungen seine Gültigkeit. Andernfalls muss für jede Füllkörpergröße, bei gleicher Form, die Abhängigkeit $\psi = f(\mathrm{Re_V})$ separat bestimmt werden, da in diesem Fall keine Vorhersage möglich ist.

1.3 Die für die untersuchten, regellos geschütteten Füllkörper und für geordnete Füllkörperschichten gemessenen Druckverluste $\Delta p_0/H$ der unberieselten Schüttung lassen sich durch Gl. (3-8)

$$\frac{\Delta p_0}{H} = \psi \cdot \frac{1-\varepsilon}{\varepsilon} \cdot \frac{F_V^2}{d_P \cdot K}, \quad K \neq 1$$

beschreiben, in welcher der Widerstandsbeiwert ψ eine Funktion der modifizierten Reynolds-Zahl $\mathrm{Re_V}$ der Gasphase gemäß Gl. (3-14) ist.
Für Reynolds-Zahlen $\mathrm{Re_V} \geq 2100$ strömt die Gasphase praktisch turbulent. In diesem Bereich ist der Widerstandsbeiwert ψ nur gering von der Reynolds-Zahl $\mathrm{Re_V}$ abhängig. In der Praxis werden Kolonnen, gefüllt mit Füllkörpern größerer Abmessung $d > 0{,}025$ m, praktisch stets im turbulenten Bereich betrieben.

2. Strukturierte Packungen

2.1 Im Gegensatz zu den Füllkörpern, s. Bild 3-2, sinkt der Druckverlust $\Delta p_0/H$ von unberieselten Packungen mit zunehmendem Kolonnendurchmesser d_S, s. Bild 3-8 a, b, c, da der Einfluss der Randabweiser in großen Kolonnen kleiner wird. Ab $d_S \geq 1$ m ist er praktisch vernachlässigbar. Die gemessenen Druckverluste in kleinen Kolonnen können bis zu 65 % größer sein als in großen Kolonnen. Daher ist die Vorhersage des Druckverlusts und der maximalen Belastbarkeit von Packungskolonnen auf der Grundlage von Messungen in kleinen Versuchskolonnen sehr schwierig und bedarf einer Vorgehensweise wie hier am Beispiel der Untersuchungen der Mellapak 250 Y nach Bild 3-8 d gezeigt wurde.

2.2 Die Einführung des Wandfaktors K in die Reynolds-Zahl Re_V nach Gl. (3-10) und Gl. (3-8) zur Bestimmung des Druckverlustes $\Delta p_0/H$ ist nicht berechtigt. Es gilt vielmehr $K = 1$. Die Berechnungsgleichung (3-8) des Druckverlustes $\Delta p_0/H$ für strukturierte Packungen für $K = 1$ lautet damit:

$$\frac{\Delta p_0}{H} = \psi \cdot \frac{1-\varepsilon}{\varepsilon^3} \cdot \frac{F_V^2}{d_P}$$

mit

$$\psi = f(Re_V) \ , \quad Re_V = \frac{u_V \cdot d_P}{(1-\varepsilon) \cdot \nu_V} \quad \text{und} \quad K = 1$$

2.3 Die Größe des Widerstandsbeiwertes ψ hängt bei den strukturierten Packungen auch davon ab, ob sie gelocht, ungelocht oder geschlitzt sind. Für geschlitzte Packungen werden kleinere Widerstandsbeiwerte ψ als für gelochte Packungen gemessen.

Die ungelochten Packungen weisen die größten Widerstandsbeiwerte ψ auf, s. Bilder 3-9, 3-11, die in der Größenordnung von modernen regellosen Füllkörpern mit durchbrochener Wand liegen, vergleiche Bilder 3-9 und 3-7.

Die Erstellung der Diagramme, s. Bilder 3-2 bis 3-11 erfolgte anhand von Versuchen, bei denen die Haupteinflussgrößen innerhalb folgender Bereiche variiert wurden.

$$
\begin{array}{lllll}
0,14 & \leq & \rho_V & \leq & 128 & \text{kg m}^{-3} \\
6,4 & \leq & \eta_V \cdot 10^6 & \leq & 18 & \text{kg m}^{-1}\text{s}^{-1} \\
0,66 & \leq & \varepsilon & \leq & 0,987 & \text{m}^3\text{m}^{-3} \\
0,15 & \leq & d_S & \leq & 1,8 & \text{m} \\
(0,025)^* & \leq & d_S & \leq & 1,8 & \text{m} \\
0,008 & \leq & d & \leq & 0,100 & \text{m} \\
0,65 & \leq & H & \leq & 7,0 & \text{m} \\
0,033 & \leq & p_T & \leq & 100 & \text{bar} \\
400 & < & Re_V & \leq & 25000 & [-]
\end{array}
$$

*) gilt für Rohrkolonnen

2.3 Die Konstanten K_1, K_3 bzw. Exponenten K_2, K_4 zur Berechnung des Widerstandsbeiwertes nach Gl. (3-14) für die untersuchten Füllkörper und Packungen sind in den Tabellen 3-1 und 3-2 und 6-1a–c zusammengestellt.

Zahlenbeispiele

Zahlenbeispiel 3.1

Für eine metallische 50-mm Pallringschüttung ist für die Schüttungsdichte $N = 6690$ m^{-3} die geometrische Füllkörperoberfläche a und das Lückenvolumen ε zu bestimmen. Nach Tabelle 6-1a unterscheidet sich diese Schüttungsdichte von den Standardwerten nach Herstellerangaben. Diese betragen:

$$N_0 = 6100 \text{ m}^{-3}$$

$$a_0 = 110 \text{ m}^2\text{m}^{-3}$$
$$\varepsilon_0 = 0{,}952 \text{ m}^3\text{m}^{-3}$$

Lösung

In der Regel werden von den Herstellerfirmen die Standardwerte, die in der Arbeit stets mit Index „0" bezeichnet werden, a_0, ε_0 und N_0, gültig für ein Verhältnis von $\varphi = d_S/d \cong 10$ angegeben.

Für Schüttungsdichten $N \neq N_0$, z. B. $N = 6690 \text{ m}^{-3}$, ändert sich die Oberfläche a gemäß folgender Beziehung:

$$a = a_0 \cdot \frac{N}{N_0} = 110 \cdot \frac{6690}{6100} = 120{,}63 \quad [\text{m}^2\text{m}^{-3}] \tag{3-20}$$

Das gesuchte Lückenvolumen ε der Schüttung lässt sich bei der Stückzahl N und bei Kenntnis der Firmenangaben für ε_0 und N_0 mit Hilfe der umgeformten Gl. (3-4) bestimmen. Für $N = N_0$ gilt nach Gl. (3-4):

$$\varepsilon_0 = 1 - \frac{V_1}{V_S} \cdot N_0 \quad \rightarrow \quad 1 - \varepsilon_0 = \frac{V_1}{V_S \cdot N_0} \tag{3-21}$$

und für $N \neq N_0$

$$\varepsilon = 1 - \frac{V_1}{V_S \cdot N} \quad \rightarrow \quad 1 - \varepsilon = \frac{V_1}{V_S \cdot N} \tag{3-22}$$

Durch dividieren der Gleichung (3-22) durch (3-20) und nach der einfachen Umformung erhält man:

$$\text{für} \quad \frac{1-\varepsilon}{1-\varepsilon_0} = \frac{N}{N_0} \quad \text{ergibt sich} \quad \varepsilon = 1 - (1-\varepsilon_0) \cdot N / N_0 \tag{3-23}$$

Daraus folgt:

$$\varepsilon = 1 - (1 - 0{,}952) \cdot \frac{6690}{6100} = 0{,}947 \text{ m}^3\text{m}^{-3}$$

Zahlenbeispiel 3.2

Zu berechnen ist der Druckverlust einer unberieselten und berieselten Mellapak-Packung vom Typ 250 Y in einer Kolonne mit $d_S = 1{,}0$ m bei F_V-Faktoren $F_V = 1{,}6$, $2{,}3$ und $3{,}75$ Pa$^{1/2}$. Die Konstanten zur Berechnung des Widerstandsbeiwertes für Mellapak für kleine Kolonnen mit $d_S = 0{,}22$ m sind bekannt. Die Stoffdaten gelten für das Gemisch Luft/Wasser bei 293 K und 1 bar.

Lösung

In der Tabelle 6-1 c findet man die Zahlenwerte für die Parameter K_1 bis K_4 der Gl. (3-14) zur Berechnung des Druckverlustes unberieselter Packungen für kleine Kolonnendurchmesser $d_S = 0{,}22/0{,}30$ m (s. Bild 3-10). Sie betragen:

$$K_1 = 8{,}19 \quad K_2 = -0{,}321 \quad K_3 = 1{,}936 \quad K_4 = -0{,}133$$

Für die Berechnung des Druckverlustes $\Delta p_0/H$ für Kolonnen mit $d_S = 1{,}0$ m wird die Korrektur des Widerstandsbeiwertes gemäß Gl. (3-17) vorgenommen. Für $d_S = 1{,}0$ m kann $\varphi_2 \approx 1$ angenommen werden. Somit kann man in Analogie zu Gl. (3-18) die Konstanten $K_{1,A}$ und $K_{3,A}$ für $d_S = 1{,}0$ m nach Gl.(3-19) wie folgt abschätzen:

$$K_{1,A} = 0{,}794 \cdot 8{,}19 = 6{,}50 \quad \text{bzw.} \quad K_{2,A} = 1{,}936 \cdot 0{,}794 = 1{,}537$$

Für $\text{Re}_V \geq 2100$ gilt die Beziehung: $\psi_A = K_{3,A} \cdot \text{Re}_V^{-K_4}$.
Die nach Tabelle 6-1c geltenden geometrischen Daten der Mellapak 250 Y sind:

$$a = 250 \ \text{m}^2\,\text{m}^{-3} \quad \text{und} \quad \varepsilon = 0{,}975 \ \text{m}^3\text{m}^{-3}$$

Für $\quad d_P = 6 \cdot \dfrac{(1-\varepsilon)}{a} = 0{,}006 \ m \quad$ und die nach Gl. (3-10) mit $K = 1$ berechneten Reynolds-Zahlen $\text{Re}_V \geq 2100$ errechnen sich die Widerstandsbeiwerte ψ_A zu:

a) $F_V = 1{,}6 \ \sqrt{Pa} \quad \Rightarrow \text{Re}_V = 2335{,}3 \quad \psi_A = 0{,}548$

b) $F_V = 2{,}3 \ \sqrt{Pa} \quad \Rightarrow \text{Re}_V = 3386{,}6 \quad \psi_A = 0{,}521$

c) $F_V = 3{,}75 \ \sqrt{Pa} \quad \Rightarrow \text{Re}_V = 5474{,}0 \quad \psi_A = 0{,}489$

Nach Gl. (3-8) und für $K = 1$ ergeben sich für den Druckverlust der unberieselten Packung folgende Zahlenwerte:

$$\frac{\Delta p_0}{H} = \psi_A \cdot \frac{1-\varepsilon}{\varepsilon^3} \cdot \frac{F_V^2}{dp} \quad \Rightarrow$$

a) $\dfrac{\Delta p_0}{H} = 63{,}1 \quad \text{Pam}^{-1} \qquad \left(\dfrac{\Delta p_0}{H}\right)\text{exp} \cong 60 \ \text{Pam}^{-1} \qquad [25]$

b) $\dfrac{\Delta p_0}{H} = 126 \quad \text{Pam}^{-1} \qquad \left(\dfrac{\Delta p_0}{H}\right)\text{exp} \cong 130 \ \text{Pam}^{-1} \qquad [25]$

c) $\dfrac{\Delta p_0}{H} = 309{,}0 \ \text{Pam}^{-1} \qquad \left(\dfrac{\Delta p_0}{H}\right)\text{exp} \cong 300 \ \text{Pam}^{-1} \qquad [25]$

Fazit

Die Übereinstimmung zwischen Experiment und der überschlägigen Rechnung bestätigt die Modellvorstellung zur Übertragungsmöglichkeiten der Messergebnisse zur Fluiddynamik von strukturierten Packungen von kleinen Anlagen auf großtechnische Apparate. Diese Vorgehensweise kann auch für andere strukturierte Packungen und Kolonnendurchmesser angewendet werden.

Anhang Kapitel 3

Tabellen zu Kapitel 3

Tabelle 3-1a. Zusammenstellung der Konstanten und Exponenten zur Berechnung der Widerstandsbeiwerte für metallische Füllkörper

Einbauten	Größe	d_S [m]	H [m]	N [m^{-3}]	a [m^{2}m^{-3}]	ε [%]	$Re_V < 2100$		$Re_V \geq 2100$	
							K_1	K_2	K_3	K_4
Pallring	15-mm	0,22	1,45	253817	407,92	92,63	10	−0,18	3,23	−0,0343
		0,22	1,50	235000	377,70	93,10	10	−0,18	3,23	−0,0343
		0,30	0,80	229225	368,40	93,30	10	−0,18	3,23	−0,0343
		0,50	1,50	224000	360,00	93,60	10	−0,18	3,23	−0,0343
		0,50	1,50	230700	370,30	93,30	10	−0,18	3,23	−0,0343
		0,80	2,00	236200	379,60	93,25	10	−0,18	3,23	−0,0343
	25-mm	0,30	1,46	53894	223,50	95,36	10	−0,18	3,23	−0,0343
		0,154	1,30	55603	232,00	93,73	10	−0,18	3,23	−0,0343
		0,75	3,00	–	215,00	94,20	10	−0,18	3,23	−0,0343
		0,435	1,65	51500	215,00	94,20	10	−0,18	3,23	−0,0343
		0,30	0,80	52388	218,71	94,10	10	−0,18	3,23	−0,0343
		0,435	1,65	53276	222,41	94,00	10	−0,18	3,23	−0,0343
		0,80	2,00	51500	215,00	94,20	10	−0,18	3,23	−0,0343
		0,22	1,31	53200	222,10	94,00	10	−0,18	3,23	−0,0343
		0,30	2,00	51500	215,00	94,20	10	−0,18	3,23	−0,0343
	35-mm	0,30	1,20	19000	145,0	94,8	10	−0,18	3,23	−0,0343
		0,75	3,00	19000	150,0	94,5	10	−0,18	3,23	−0,0343
		0,50	2,90	19000	150,0	94,5	10	−0,18	3,23	−0,0343
		0,50	2,00	19260	147,0	94,7	10	−0,18	3,23	−0,0343
		0,50	3,95	19230	146,8	94,74	10	−0,18	3,23	−0,0343
		0,80	2,00	19650	150,0	94,6	10	−0,18	3,23	−0,0343
		0,50	2,00	19200	146,9	94,7	10	−0,18	3,23	−0,0343
		0,50	3,95	19230	146,9	94,7	10	−0,18	3,23	−0,0343
		0,80	3,75	19320	147,4	94,7	10	−0,18	3,23	−0,0343

Tabelle 3-1a (Fortsetzung)

Einbauten	Größe	d_S [m]	H [m]	N [m^{-3}]	a [m^{2}m^{-3}]	ε [%]	Re$_V$ < 2100		Re$_V$ ≥ 2100	
							K_1	K_2	K_3	K_4
Pallring	38-mm	0,30	1,46	15572	149,64	95,19	10	−0,18	3,23	−0,0343
	50-mm	0,75	3,00	6100	110,0	95,2	10	−0,18	3,23	−0,0343
		0,50	2,00	6100	110,0	95,2	10	−0,18	3,23	−0,0343
		0,50	3,95	6480	116,9	94,9	10	−0,18	3,23	−0,0343
		0,50	1,33	6100	110,0	95,2	10	−0,18	3,23	−0,0343
		0,30	3,70	6690	120,4	94,8	10	−0,18	3,23	−0,0343
		1,20	5,50	–	110,0	95,2	10	−0,18	3,23	−0,0343
	80-mm	0,75	3,0	1600	78,0	96,0	10	−0,18	3,23	−0,0343
		0,80	2,0	1650	80,4	96,0	10	−0,18	3,23	−0,0343
Białeckiring	25-mm	0,15	1,50	55000	238	94,0	10,17	−0,17	4,17	−0,0522
		0,30	1,40	56156	243	94,0	10,17	−0,17	4,17	−0,0522
		0,15	0,83	–	210	94,3	10,17	−0,17	4,17	−0,0522
	35-mm	0,30	1,20	19000	155	96,7	10,17	−0,17	4,17	−0,0522
		0,30	0,74	19000	155	96,7	10,17	−0,17	4,17	−0,0522
		0,15	0,83	–	155	95,0	10,17	−0,17	4,17	−0,0522
	50-mm	0,30	1,35	6300	110,0	97,3	10,17	−0,17	4,17	−0,0522
		0,30	1,40	6000	104,8	96,8	10,17	−0,17	4,17	−0,0522
Raschigring	15-mm	0,5	1,5	241000	352,33	91,95	36,245	−0,19	12,00	−0,0455
	25-mm	0,5	2,0	52200	223,00	91,90	36,245	−0,19	12,00	−0,0455
	35-mm	0,5	2,0	19300	152,40	92,89	36,245	−0,19	12,00	−0,0455
	50-mm	0,5	2,0	6630	112,20	94,90	36,245	−0,19	12,00	−0,0455

Tabelle 3-1a (Fortsetzung)

Einbauten	Größe	d_S [m]	H [m]	N [m^{-3}]	a [m^{2}m^{-3}]	ε [%]	Re$_V$ < 2100		Re$_V \geq$ 2100	
							K_1	K_2	K_3	K_4
Ralu-Ring	35-mm	0,75	3,0	–	138,07	96,4	10	–0,18	3,23	–0,0343
	50-mm	0,75	3,0	6730	112,16	97,2	10	–0,18	3,23	–0,0343
VSP-Ring	Gr. 1	0,30	1,45	33434	199,6	97,20	9,1	–0,18	3,37	–0,05
	Gr. 1	0,45	2,00	31572	188,0	97,64	9,7	–0,18	3,37	–0,05
	Gr. 2	0,45	2,0	7841	104,56	98,0	9,1	–0,18	3,37	–0,05
Pallring (VFF)	58-mm	0,45	2,00	5983	107,9	97,0	8,0	–0,18	2,848	–0,045
Top-Pak	Gr. 2	0,45	2,0	2800	75,0	98,0	8	–0,18	2,85	–0,045
IMTP	#40	0,45	2,0	43400	131,7	97,5	8,57	–0,18	3,17	–0,05
Hiflow-Ring	28-mm	0,30	1,46	40790	202,9	96,20	4,49	–0,118	2,98	–0,066
		0,45	2,00	36638	182,0	96,55	4,49	–0,188	2,98	–0,066
	58-mm	0,45	2,0	5146	100,76	97,7	2,18	–0,06	2,18	–0,06
PSL-Ring	50-mm	0,3	1,45	6248	110,74	97,63	10	–0,18	3,23	–0,0343
Glitsch-Ring	No. 0,5	0,30	1,14	560811	356,8	95,5	6,534	–0,148	4,333	–0,092
CMR 404	No. 1A	0,30	1,4	158467	232,5	97,12	5,4	–0,14	3,241	–0,0733
	No. 1,5A	0,30	1,4	60744	176,37	97,37	5,4	–0,14	3,241	–0,0733
	No. 2	0,45	2,0	32956	150,68	98,87	8,124	–0,18	2,903	–0,0455
	No. 3A	0,45	2,0	9914	100,36	98,746	8,124	–0,18	2,903	–0,0445
Glitsch-Ring	30 P	0,3	1,36	32509	168,92	95,7	10	–0,17	4,03	–0,05

Tabelle 3-1b. Zusammenstellung der Konstanten und Exponenten zur Berechnung der Widerstandsbeiwerte für Füllkörper aus Kunststoff

Einbauten	Größe	d_S [m]	H [m]	N [m^{-3}]	a [m^{2}m^{-3}]	ε [%]	$Re_V < 2100$		$Re_V \geq 2100$	
							K_1	K_2	K_3	K_4
Pallring PP/PVDF	25-mm	0,22	0,91	54500	235,7	88,3	10	−0,18	3,23	−0,0343
		0,30	0,90	55200	239,8	88,0	10	−0,18	3,23	−0,0343
		0,15	1,40	55000	232,7	88,0	10	−0,18	3,23	−0,0343
		0,22	1,40	53050	228,8	88,5	10	−0,18	3,23	−0,0343
		0,22	1,50	55583	239,8	88,6	10	−0,18	3,23	−0,0343
	35-mm	0,30	1,29	16080	142,93	92,2	10	−0,18	3,23	−0,0343
		0,45	1,20	17140	148,00	90,8	10	−0,18	3,23	−0,0343
	50-mm	0,45	2,00	6480	95,4	92,6	10	−0,18	3,23	−0,0343
		0,30	1,33	6765	111,1	91,9	10	−0,18	3,23	−0,0343
		0,75	3,00	6400	110,0	92,0	10	−0,18	3,23	−0,0343
		0,30	1,45	6820	100,24	92,17	10	−0,18	3,23	−0,0343
Białeckiring PP	50-mm	0,3	1,4	6400	115	93,0	10,17	−0,17	4,17	−0,0522
ENVIPAC PP	Gr. 1*	0,3	1,36	42431	156,20	93,20	2,817	−0,07	2,12	−0,02
	Gr. 1	0,3	1,40	51681	138,02	93,65	6,205	−0,1868	2,856	−0,0854
	Gr. 2	0,45	2,0	6763	99,86	96,13	4,59	−0,187	1,46	−0,037
		0,30	1,45	6339	91,70	96,40	4,59	−0,187	1,46	−0,037
		1,20	3,4	7140	98,0	96,10	4,59	−0,187	1,46	−0,037
		1,80	3,4	7140	98,0	96,10	4,59	−0,187	1,46	−0,037
	Gr. 3	0,45	2,0	1962	56,4	95,8	1,862	−0,052	1,862	−0,052
		0,60	2,0	2018	60,5	95,4	1,862	−0,052	1,862	−0,052

Tabelle 3-1b (Fortsetzung)

Einbauten	Größe	d_S [m]	H [m]	N [m^{-3}]	a [m^{2}m^{-3}]	ε [%]	$Re_V < 2100$		$Re_V \geq 2100$	
							K_1	K_2	K_3	K_4
DTNPAC PP	Gr. 1	0,45	2,0	29039	135,0	92,00	5,4	−0,159	2,382	−0,052
		0,45	2,0	24570	127,4	93,35	5,4	−0,159	2,382	−0,052
	Gr. 2	0,30	1,4	10212	112,0	93,75	3,51	−0,145	1,75	−0,053
Hiflow-Ring	28-mm	0,3	0,9	45500	190,0	92,0	4,615	−0,145	2,258	−0,0418
	50-mm	0,3	1,4	6280	107,94	93,2	3,52	−0,154	1,6	−0,0418
	90-mm	0,45	2,0	1337	69,52	96,25	3,06	−0,0418	1,392	−0,0418
Hiflow-Super PP	50-mm	0,45	2,00	6196	84,0	94,06	2,61	−0,0843	2,61	−0,0843
		0,30	1,44	5927	80,3	94,10	2,538	−0,0843	2,538	−0,0843
Hiflow-Sattel	50-mm	0,45	2,0	9500	82,6	94,08	2,62	−0,069	2,62	−0,069
Intalox-Sattel	35-mm	0,3	1,36	27790	176	90,0	8,11	−0,108	8,11	−0,108
	50-mm	0,45	1,21	9875	139,41	89,54	10	−0,18	3,23	−0,0343
		0,45	2,0	7930	111,90	91,6	10	−0,18	3,23	−0,0343
Super-Torus-Sattel	Gr. 2	0,75	3,0	5600	110	94,0	3,206	−0,0755	3,206	−0,0755
Nor-Pac	17-mm	0,3	1,4	247982	309	92,0	7,63	−0,256	1,825	−0,069
	22×27 PVDF	0,3	1,4	49009	248	91,3	10,98	−0,284	1,963	−0,059
	28-mm	0,154	1,3	44960	181,9	93,0	7,63	−0,256	1,825	−0,069
		0,4	1,4	44500	180,0	92,7	7,63	−0,256	1,825	−0,069

Tabelle 3-1b (Fortsetzung)

Einbauten	Größe	d_S [m]	H [m]	N [m⁻³]	a [m²m⁻³]	ε [%]	$Re_V < 2100$		$Re_V \geq 2100$	
							K_1	K_2	K_3	K_4
Nor-Pac	38-mm	0,30	1,4	18629	125,9	93,80	7,63	−0,256	1,825	−0,069
	50-mm	0,3	2,00	7570	93,30	95,0	7,63	−0,256	1,825	−0,069
		0,3	1,43	7332	90,37	95,2	7,63	−0,256	1,825	−0,069
Ralu-Ring	38-mm	0,75	3,0	–	150,0	93,45	17,5	−0,321	3,4	−0,107
	50-mm	0,45	2,0	5841	112,73	93,85	17,5	−0,321	3,4	−0,107
		0,75	3,0	5508	106,30	94,20	17,5	−0,321	3,4	−0,107
Tellerette	50-mm	0,50	–	–	110	93,0	1,65	−0,0418	1,65	−0,0418
		0,45	2,0	9188	95	93,4	1,158	–	1,158	–
VSP-Ring Gr. 2	58-mm	0,45	2,0	5006	75,9	95,2	1,633	−0,05	1,633	−0,05
Hackette	45-mm	0,45	2,0	12741	1357	92,81	10,98	−0,27	2,22	−0,065
Glitsch CMR	No. 1	0,45	2,00	24150	185,78	93,84	5,4	−0,18	3,241	−0,0733
	No. 1	0,30	1,41	25568	198,69	93,48	5,4	−0,18	3,241	−0,0733
	No. 2	0,45	2,0	6244	128,64	95,21	9,5	−0,18	3,12	−0,0343

Tabelle 3-1c. Zusammenstellung der Konstanten und Exponenten zur Berechnung der Widerstandsbeiwerte für keramische Füllkörper

Einbauten	Größe	d_S [m]	H [m]	N [m^{-3}]	a [m^{2}m^{-3}]	ε [%]	$Re_V < 2100$		$Re_V \geq 2100$	
							K_1	K_2	K_3	K_4
Pallring Keramik	25-mm	0,50	1,1	43000	205,7	74,8	10	−0,18	3,23	−0,0343
		0,22	1,5	36621	156	75	10	−0,18	3,23	−0,0343
	50-mm	0,45	1,00	0	112,95	19,3	12,68	−0,235	3,81	−0,081
		0,22	1,46	6238	116,2	18,7	12,68	−0,235	3,81	−0,081
Raschig-Ring Keramik	8-mm	0,1	1,0	0	550	63,0	34,6	−0,307	6,05	−0,079
	15-mm	0,23	0,63	220000	300,8	67,6	34,6	−0,307	6,05	−0,079
	25-mm	0,30	0,8	48175	185,4	67,85	34,6	−0,307	6,05	−0,079
		0,22	1,0	52377	201,0	65,00	34,6	−0,307	6,05	−0,079
		0,30	1,0	46000	177,0	69,30	34,6	−0,307	6,05	−0,079
	35-mm	0,3	1,2	15890	121,5	77,1	34,6	−0,307	6,05	−0,079
		0,3	1,0	0	133,9	72,3	34,6	−0,307	6,05	−0,079
	50-mm	0,3	0,73	6400	92,89	78,2	34,6	−0,307	6,05	−0,079
Raschig-Ring Glas	25-mm	0,15	1,0	54081	203,2	80,46	17,508	−0,209	5,264	−0,0525
		0,15	1,0	54799	205,9	80,20	17,508	−0,209	5,264	−0,0525
Hiflow-Ring Keramik	20-mm	0,3	1,25	121314	280,0	76,2	3,285	−0,094	1,6	–
	35-mm	0,45	1,73	17156	110,0	82,6	3,047	−0,065	3,047	−0,065
		0,30	1,36	17383	114,7	82,8	3,047	−0,065	3,047	−0,065

Tabelle 3-1c (Fortsetzung)

Einbauten	Größe	d_S [m]	H [m]	N [m^{-3}]	a [m^{2}m^{-3}]	ε [%]	$Re_V < 2100$		$Re_V \geq 2100$	
							K_1	K_2	K_3	K_4
Hiflow-Ring Keramik	50-mm	0,30	1,20	5120	89,77	80,86	3,047	−0,065	3,047	−0,065
		0,45	1,45	5000	97,66	81,20	3,047	−0,065	3,047	−0,065
		0,30	0,90	4890	85,65	81,73	3,047	−0,065	3,047	−0,065
	75-mm	0,45	1,86	1904	54,8	86,52	2,4	−0,065	2,4	−0,065
Intalox-Sattel Keramik	25-mm	0,3	0,87	63890	185	72,4	15,5	−0,255	3,8	−0,071
	38-mm	0,30	1,00	19000	125,8	75,7	15,5	−0,255	3,8	−0,071
		0,385	3,05	20037	133,0	74,3	15,5	−0,255	3,8	−0,071
		0,45	2,0	19625	129,8	75,0	15,5	−0,255	3,8	−0,071
		0,5	1,33	20000	132,96	74,324	15,5	−0,255	3,8	−0,071
	50-mm	0,30	1,34	8952	125,8	75,7	15,5	−0,255	3,8	−0,071
		0,45	1,40	8880	97,7	77,3	15,5	−0,255	3,8	−0,071
		0,75	3,00	9000	99,0	77,0	15,5	−0,255	3,8	−0,071
		0,385	3,05	8998	99,0	77,0	15,5	−0,255	3,8	−0,071
		0,22	1,47	8180	50,0	79,1	15,5	−0,255	3,8	−0,071

Tabelle 3-2. Zusammenstellung der Konstanten und Exponenten zur Berechnung der Widerstandsbeiwerte für geordnete Füllkörperpackungen und strukturierte Packungen

Einbauten	Größe	d_S [m]	H [m]	N [m^{-3}]	a [m^{2}m^{-3}]	ε [%]	$Re_V < 2100$		$Re_V \geq 2100$	
							K_1	K_2	K_3	K_4
Montz	B1-300	0,22	1,4	–	300	97,2	10,50	–0,321	2,49	–0,133
		0,30	1,5		300	97,2	9,205	–0,321	2,185	–0,133
		0,45	2,0		300	97,2	8,97	–0,321	2,13	–0,133
	B1-200	0,30	1,40	–	200	97,8	4,36	–0,182	3,00	–0,133
		0,30	1,56		200	97,8	4,36	–0,182	3,00	–0,133
		0,22	1,34		200	97,8	4,626	–0,182	3,18	–0,133
	B1-100	0,3	1,4	–	100	98,7	5,835	–0,162	5,835	–0,162
	B2-500X	0,22	1,52	–	500	96,0	3,915	–0,321	0,9293	–0,133
	C1-200	0,3	1,56	–	200	95,4	7,00	–0,215	3,728	–0,133
	A3-500	0,45	2,0	–	500	95	1,21	–0,14	–	–
Mellapak	250Y	0,22	1,25	–	250	96	8,19	–0,321	1,936	–0,133
	250Y PP	0,30	–	–	250	95,5	1,62	–0,13	1	–0,068
Pallringe geordnet, Keramik	50-mm	0,40	0,90	8200	153,1	78,4	4,513	–0,18	2,25	–0,089
		0,50	0,90	7500	140,0	78,4	4,513	–0,18	2,25	–0,089
		0,22	1,48	7320	116,2	78,4	4,513	–0,18	2,25	–0,089
Białeckiring geordnet, Metall	50-mm	0,151	1,70	7821	128,24	96,18	4,773	–0,18	2,552	–0,0966
		0,30	1,45	7654	128,50	96,26	4,675	–0,18	2,47	–0,0966
	25-mm	0,15	1,4	60000	259	92,8	7,588	–0,291	1,738	–0,0966
PSL-Ringe geordnet	50-mm	0,28	1,45	7882	139,8	96,8	4,03	–0,153	2,34	–0,082
Hiflow-Ringe geordnet, Keramik	50-mm	0,45	1,0	5683	102,3	75,8	0,515	–0,075	0,515	–0,075

Tabelle 3-2 (Fortsetzung)

Einbauten	Größe	d_S [m]	H [m]	N [m^{-3}]	a [m^{2}m^{-3}]	ε [%]	Re$_V$ < 2100		Re$_V$ ≥ 2100	
							K_1	K_2	K_3	K_4
Ralu-Pak	250YC	0,22	1,42	–	250	96,3	9,72	−0,383	3,52	−0,25
		0,30	1,80	–	250	96,3	11,5	−0,383	4,00	−0,25
		0,45	1,62	–	250	96,3	10,09	−0,383	3,656	−0,25
Gempak, Blechpackung	202AT	0,22	1,47	–	202	97,0	12,447	−0,321	4,50	−0,188
		0,30	1,47	–	202	97,0	10,51	−0,321	3,8	−0,188
Impulspackung Keramik	50-mm	0,4	1,4	7890	105,9	82,4	2,64	−0,115	2,61	−0,115
Wabenpackung PP	–	0,3	0,8	–	209,4	81,7	2,749	−0,359	0,543	−0,1471
FX-260 Kunststoff-Packung	VFF	0,45	2,0	–	250	96,2	1,616	−0,156	0,83	−0,069
Euroform K = 1	50-mm	0,3	1,7	–	110	93,6	17,5	−0,104	1,75	−0,104
Nor Pac PP	Gr. 3	0,3	1,54	–	130	84,48	61,296	−0,4575	1,0274	−0,224

Diagramme zur Einphasenströmung in Füllkörperkolonnen – Widerstandsgesetz

Bild 3-12. Widerstandsbeiwert als Funktion der Reynoldszahl der Dampf- bzw. der Gasphase Re_V gültig für 12- bis 50-mm regellos geschüttete Białeckiringe aus Metall

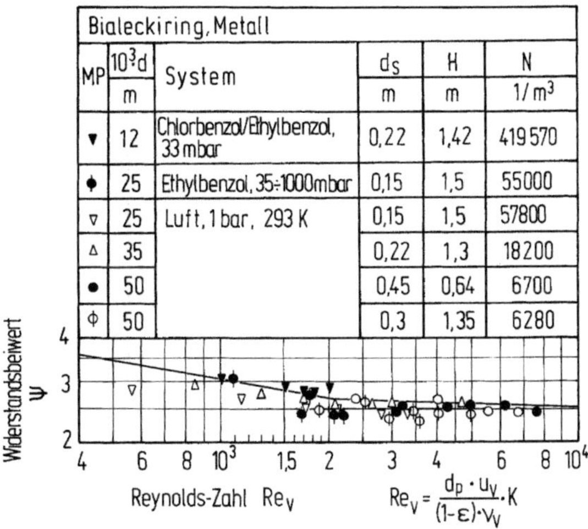

MP	$\dfrac{10^3 d}{m}$	System	$\dfrac{d_S}{m}$	$\dfrac{H}{m}$	$\dfrac{N}{1/m^3}$
▼	12	Chlorbenzol/Ethylbenzol, 33 mbar	0,22	1,42	419 570
◆	25	Ethylbenzol, 35÷1000 mbar	0,15	1,5	55 000
▽	25	Luft, 1 bar, 293 K	0,15	1,5	57 800
△	35		0,22	1,3	18 200
●	50		0,45	0,64	6700
⏀	50		0,3	1,35	6280

Bild 3-13. Widerstandsbeiwert als Funktion der Reynoldszahl der Dampf- bzw. der Gasphase Re_V gültig für regellos geschüttete VSP-Ringe Gr. 1 und 2 aus Metall

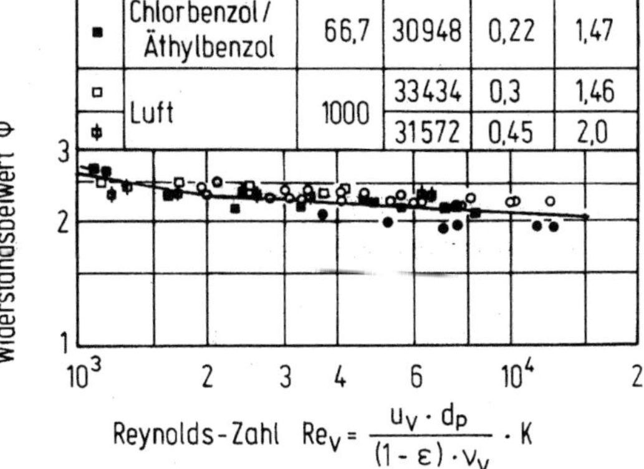

VSP-Ring Größe 2, Bauart VFF, Metall (1.44 02)

Mp	System	$\dfrac{p_T}{mbar}$	$\dfrac{N}{1/m^3}$	$\dfrac{d_S}{m}$	$\dfrac{H}{m}$
●	Chlorbenzol / Äthylbenzol	66,7	7621	0,22	1,48
○	Luft	1000	7841	0,45	2

VSP-Ring Größe 1, Bauart VFF, Metall

Mp	System	$\dfrac{p_T}{mbar}$	$\dfrac{N}{1/m^3}$	$\dfrac{d_S}{m}$	$\dfrac{H}{m}$
■	Chlorbenzol / Äthylbenzol	66,7	30948	0,22	1,47
▫	Luft	1000	33434	0,3	1,46
⏀			31572	0,45	2,0

Bild 3-14. Widerstandsbeiwert als Funktion der Reynoldszahl der Dampf- bzw. der Gasphase Re_V gültig für regellos geschüttete 28- bis 58-mm Hiflow-Ringe aus Metall

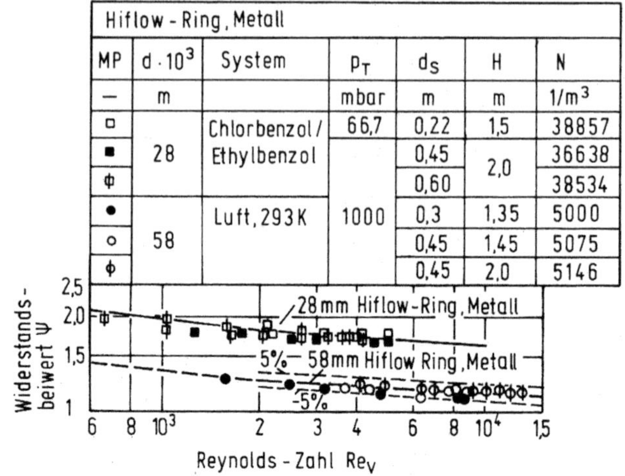

MP	$d \cdot 10^3$	System	p_T	d_S	H	N
—	m		mbar	m	m	$1/m^3$
□		Chlorbenzol /	66,7	0,22	1,5	38857
■	28	Ethylbenzol		0,45	2,0	36638
⏀				0,60		38534
●		Luft, 293 K	1000	0,3	1,35	5000
○	58			0,45	1,45	5075
⏀				0,45	2,0	5146

Bild 3-15. Widerstandsbeiwert als Funktion der Reynoldszahl der Dampf- bzw. der Gasphase Re_V gültig für regellos geschüttete 28- bis 90-mm Hiflow-Ringe aus Kunststoff

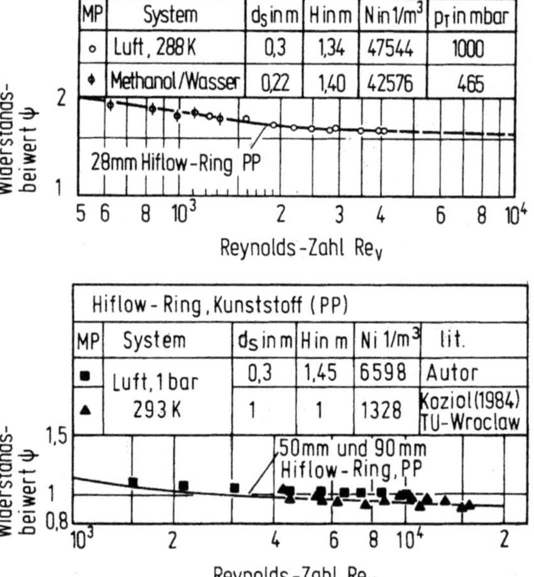

MP	System	d_S in m	H in m	N in $1/m^3$	p_T in mbar
○	Luft, 288 K	0,3	1,34	47544	1000
◆	Methanol/Wasser	0,22	1,40	42576	465

MP	System	d_S in m	H in m	Ni $1/m^3$	lit.
■	Luft, 1 bar	0,3	1,45	6598	Autor
▲	293 K	1	1	1328	Koziol (1984) TU-Wroclaw

Bild 3-16. Widerstandsbeiwert als Funktion der
Reynoldszahl der Dampf-
bzw. der Gasphase Re_V
gültig für regellos geschüttete
50-mm Hiflow-Ringe
Super und Hiflow-Sättel

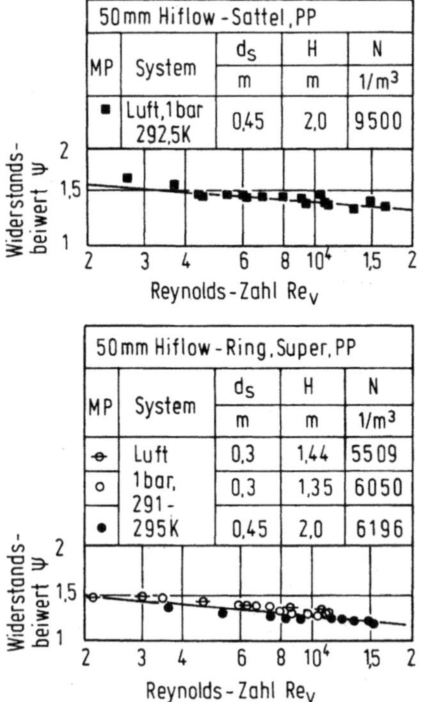

Bild 3-17. Widerstandsbeiwert als Funktion der Reynoldszahl der Dampf- bzw.
der Gasphase Re_V gültig für
regellos geschüttete 20- bis
75-mm Hiflow-Ringe aus
Keramik (1988)

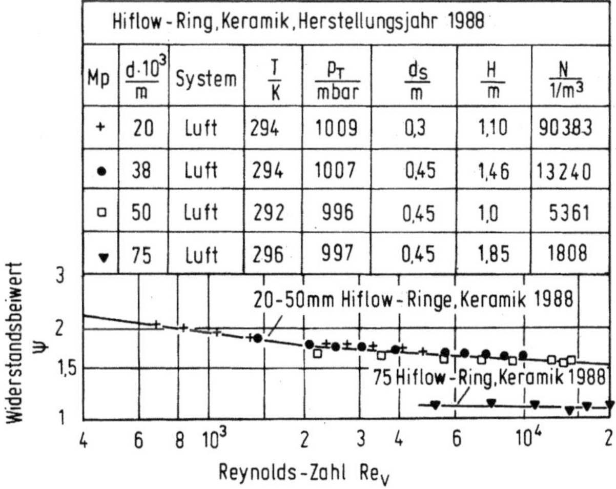

Bild 3-18. Widerstandsbeiwert als Funktion der Reynoldszahl der Dampf- bzw. der Gasphase Re_V gültig für regellos geschüttete 28- bis 50-mm Nor-Pac Füllkörper aus Kunststoff

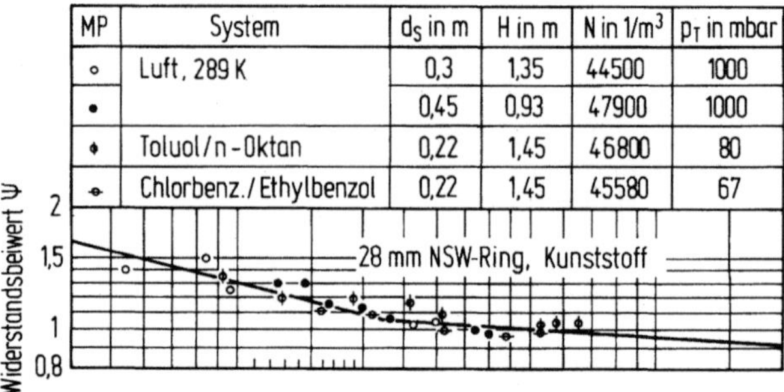

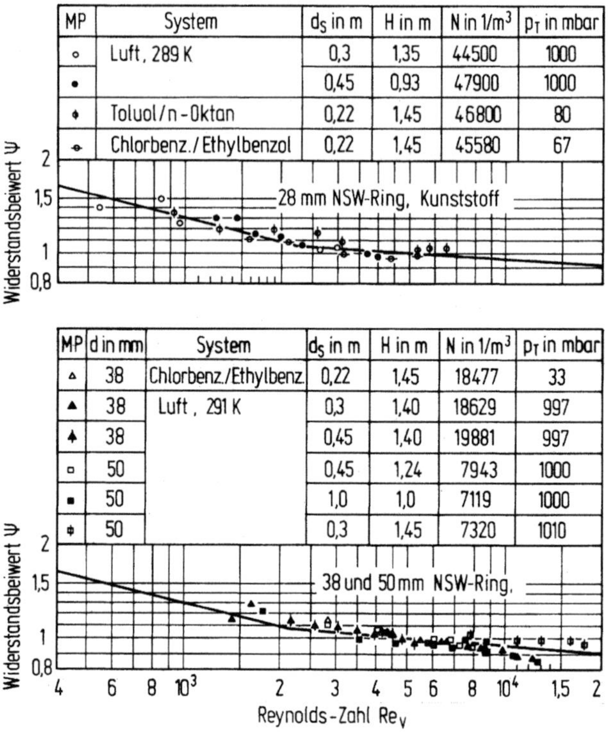

MP	System	d_S in m	H in m	N in 1/m³	p_T in mbar
○	Luft, 289 K	0,3	1,35	44500	1000
●		0,45	0,93	47900	1000
◆	Toluol/n-Oktan	0,22	1,45	46800	80
◒	Chlorbenz./Ethylbenzol	0,22	1,45	45580	67

MP	d in mm	System	d_S in m	H in m	N in 1/m³	p_T in mbar
△	38	Chlorbenz./Ethylbenz.	0,22	1,45	18477	33
▲	38	Luft, 291 K	0,3	1,40	18629	997
♠	38		0,45	1,40	19881	997
□	50		0,45	1,24	7943	1000
■	50		1,0	1,0	7119	1000
�	50		0,3	1,45	7320	1010

Bild 3-19. Widerstandsbeiwert als Funktion der Reynoldszahl der Dampf- bzw. der Gasphase Re_V gültig für regellos geschüttete 45-mm Hackette aus Kunststoff

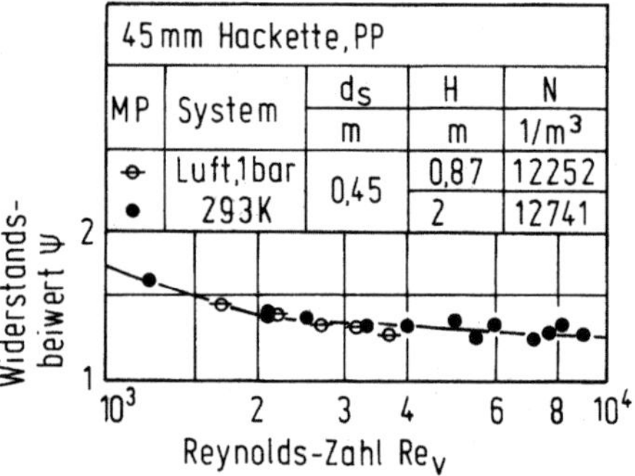

MP	System	d_S (m)	H (m)	N (1/m³)
◒	Luft,1bar	0,45	0,87	12252
●	293K		2	12741

Bild 3-20. Widerstandsbeiwert als Funktion der Reynoldszahl der Dampf- bzw. der Gasphase Re_V gültig für regellos geschüttete 58-mm Pallringe aus Metall und Top-Pak Gr. 1 und 2

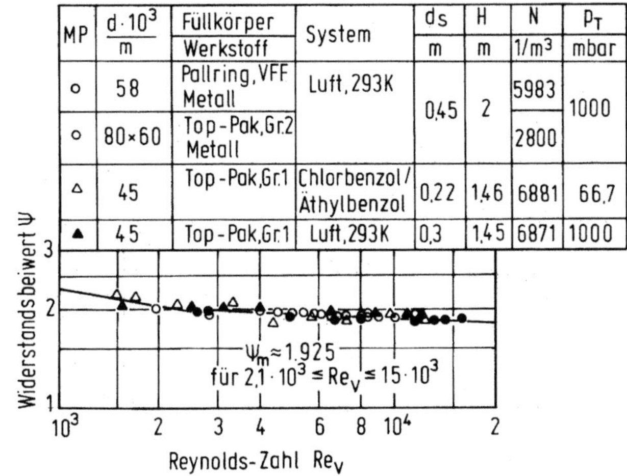

Bild 3-21. Widerstandsbeiwert als Funktion der Reynoldszahl der Dampf- bzw. der Gasphase Re_V gültig für regellos geschüttete Envipac-Füllkörper Gr. 1 bis 3 aus Kunststoff

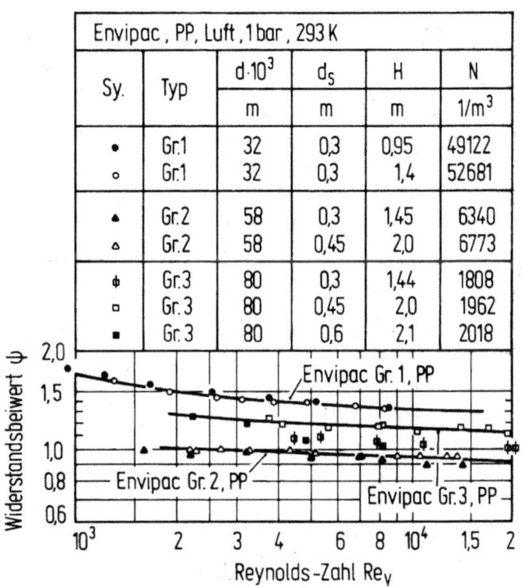

Bild 3-22. Widerstandsbeiwert als Funktion der Reynoldszahl der Dampf- bzw. der Gasphase Re$_V$ gültig für regellos geschüttete Dtnpac-Füllkörper Gr. 1 und 2 aus Kunststoff

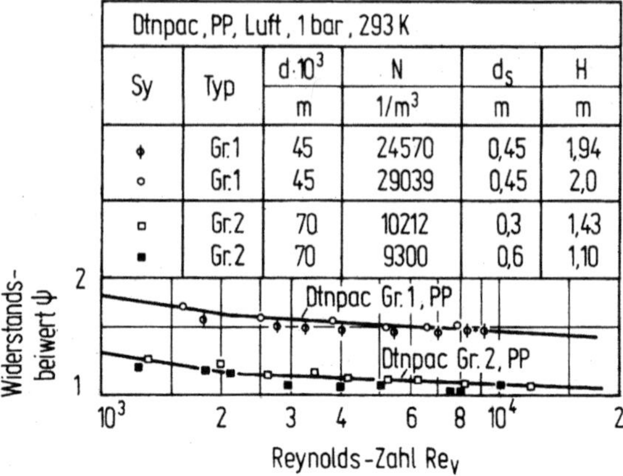

Sy	Typ	$d \cdot 10^3$ m	N 1/m³	d_S m	H m
⬥	Gr.1	45	24570	0,45	1,94
○	Gr.1	45	29039	0,45	2,0
□	Gr.2	70	10212	0,3	1,43
■	Gr.2	70	9300	0,6	1,10

Bild 3-23. Widerstandsbeiwert als Funktion der Reynoldszahl der Dampf- bzw. der Gasphase Re$_V$ gültig für regellos geschüttete Ralu-Flow-Füllkörper Gr. 2 aus Kunststoff

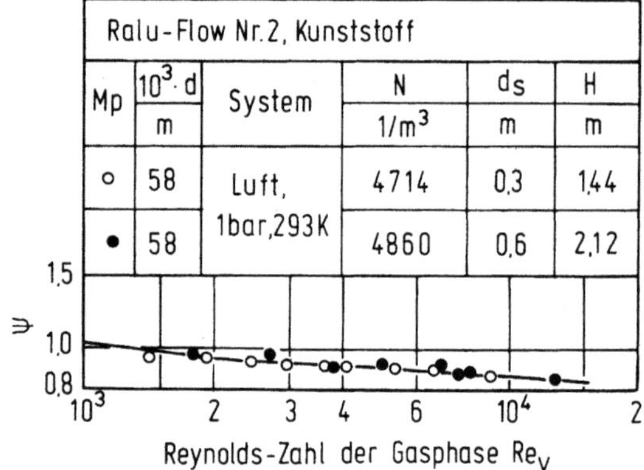

Mp	$10^3 \cdot d$ m	System	N 1/m³	d_S m	H m
○	58	Luft, 1bar, 293K	4714	0,3	1,44
●	58	Luft, 1bar, 293K	4860	0,6	2,12

Bild 3-24. Widerstandsbeiwert als Funktion der Reynoldszahl der Dampf- bzw. der Gasphase Re$_V$ gültig für regellos geschüttete 35- und 50-mm Intalox-Sättel aus Kunststoff

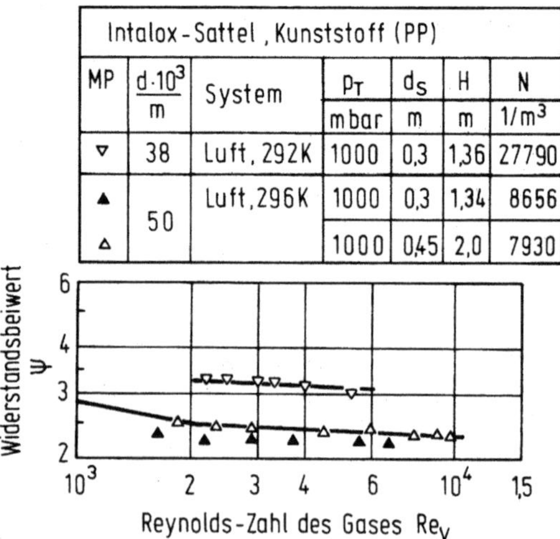

MP	$d \cdot 10^3$ m	System	p_T mbar	d_S m	H m	N 1/m³
▽	38	Luft, 292K	1000	0,3	1,36	27790
▲	50	Luft, 296K	1000	0,3	1,34	8656
△	50		1000	0,45	2,0	7930

Bild 3-25. Widerstandsbeiwert als Funktion der Reynoldszahl der Dampf- bzw. der Gasphase Re_V gültig für regellos geschüttete 25- bis 38-mm Intalox-Sättel aus Keramik

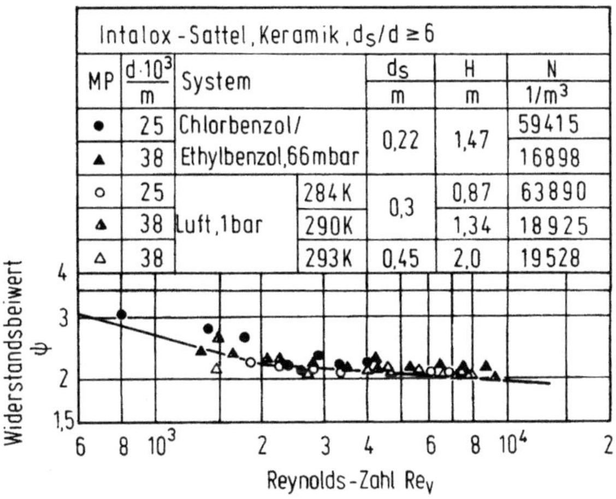

Bild 3-26. Widerstandsbeiwert als Funktion der Reynoldszahl der Dampf- bzw. der Gasphase Re_V gültig für regellos geschüttete 25-mm Raschigringe aus Keramik

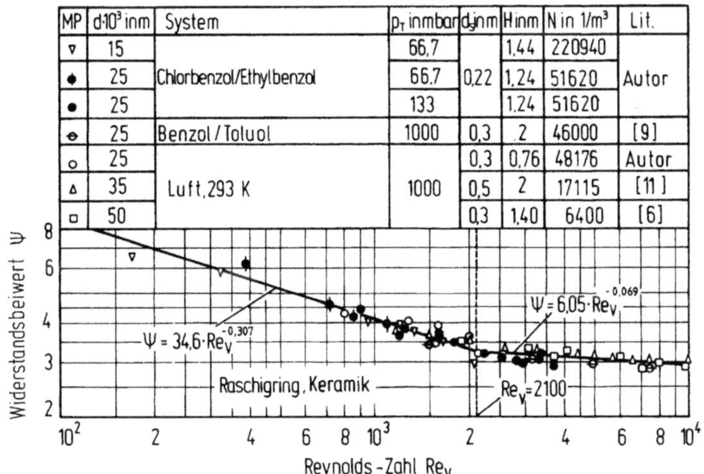

Bild 3-27. Widerstandsbeiwert als Funktion der Reynoldszahl der Dampf- bzw. der Gasphase Re_V gültig für regellos geschüttete 50-mm Ralu-Ringe aus Kunststoff

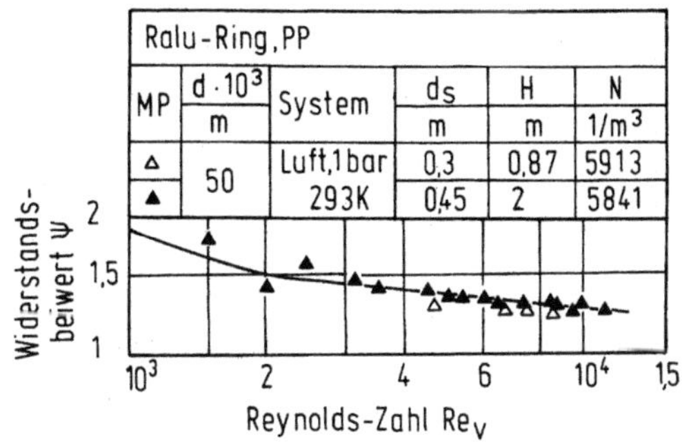

Bild 3-28. Widerstandsbeiwert als Funktion der Reynoldszahl der Dampf- bzw. der Gasphase Re_V gültig für regellos geschüttete CMR-Glitschringe aus Metall und Kunststoff Gr. 1 bis 3

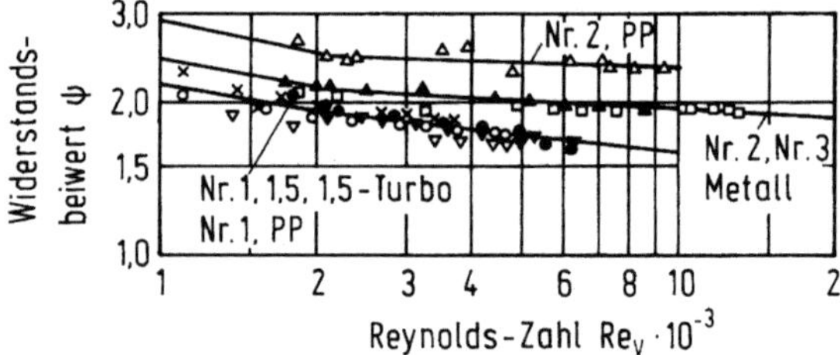

Glitsch CMR-Ringe, Metall CMR-304 und Kunststoff CMR-PP

MP	Typ	System	p_T	d_S	H	N
			m bar	m	m	1/m³
×	Nr.1 A CMR-304	Luft 1 bar, 293 K		0,3	1,4	158467
▽	Nr.1,5 A CMR-304			0,3	1,4	60744
▼ (Turbo)	Nr.1,5 A CMR-304			0,3	1,4	60310
▲	Nr.2 A CMR-304		1000	0,45	2,0	32950
□	Nr.3 A CMR-304			0,45	2,0	9914
•	Nr.1 A CMR-PP			0,3	1,41	25568
○	CMR-PP			0,45	2,0	24150
△	Nr.2 A CMR-PP			0,45	2,0	6242

Literatur zu Kapitel 3

1. Reichelt W. Strömung in Füllkörperapparaten bei Gegenstrom einer flüssigen und einer gasförmigen Phase. Verlag Chemie, Weinheim (1974)
2. Reichelt W. Zur Berechnung des Druckverlustes einphasig durchströmter Kugel- und Zylinderschüttungen. Chem.-Ing.-Tech., Bd 44 (1972), S 1068/1071
3. Brauer H. Grundlagen der Einphasen- und Mehrphasenströmungen. Verlag Sauerländer, Aarau und Frankfurt/M. (1971)
4. Brauer H, Mewes D. Strömungswiderstand sowie Stoff- und Wärmeübergang in ruhenden Füllkörperschichten. Chem.-Ing.-Tech., Bd 44 (1972) Nr. 1 u. 2, S 93/96
5. Ergun S. Fluid flow through packed columns. Chem. Eng. Progr., Bd 48 (1952) Nr. 2, S 89/94
6. Maćkowiak J. Einfluss der Führungsflächen auf die Hydraulik und den Stoffübergang in Füllkörperkolonnen bei der Absorption. Dissertation TU-Wrocław (1975)
7. Billet R, Maćkowiak J. Neues Verfahren zur Auslegung von Füllkörperkolonnen für die Rektifikation. „vt"-verfahrenstechnik, Bd 1–7 (1983) Nr. 4, S 203/211
8. Billet R, Maćkowiak J. How to use the absorption data for design and scale-up of packed columns. Fette, Seifen, Anstrichmittel, Bd 86 (1984) Nr. 9, S 349/358
9. Schmidt R. Zweiphasenstrom und Stoffaustausch in Schüttungsdichten. VDI-Forschungsheft Nr. 550, VDI-Verlag, Düsseldorf (1972)
10. Teutsch Th. Druckverlust in Füllkörperschüttungen bei hohen Berieselungsdichten. Dissertation TH München (1962)

11. Kast W. Gesetzmäßigkeiten des Druckverlustes in Füllkörpersäulen. Chem.-Ing.-Tech., Bd 36 (1964) Nr. 5, S 464/468
12. Bemer GG, Kalis GAJ. A new method to predict hold-up and pressure drop in packed columns. Trans. I. Chem. Eng., Bd 56 (1978), S 200/205
13. Billet R. Industrielle Destillation. Verlag Chemie, Weinheim (1973)
14. Billet R, Maćkowiak J. Hochwirksame metallische Packung für Gas- und Dampf/Flüssig-Systeme. Chem.-Ing.-Tech., Bd 57 (1985) Nr. 11, S 976/978
15. Billet R, Maćkowiak J. Application of modern Packings in Thermal separation Processes. Vortrag anlässlich der ACHEMA (1985),10.6.85 in Frankfurt/Main sowie Chem. Eng. Technol. Bd 11 (1988), S 213/227
16. Meier W, Hunkeler R, Stöcker WD. Performance of a new regular tower packing 'Mellapak' 3rd Int. Symp. on Distillation, London, April 1979 bzw. Chem.-Ing.-Tech., Bd 51 (1979) Nr. 2, S 119/122
17. Bornhütter K. Stoffaustausch von Füllkörperschüttungen unter Berücksichtigung der Flüssigkeitsströmungsform. Dissertation, TU München (1991)
18. Krehenwinkel H. Experimentelle Untersuchungen der Fluiddynamik und der Stoffübertragung in Füllkörperkolonnen bei Drücken bis 100 bar. Dissertation, TU Berlin, Dezember (1986).
19. Maćkowiak J, Ziołkowski Z. Untersuchungen der Fluiddynamik von Kolonnen mit regellosen Füllkörpern Bauart Białecki-Ring und I-13-Rings (orig. poln.) Scientific Papers of the Institute of Chemical Engineering and Heating Equipment of Wrocław Technical University (1973), Nr. 21, S 3–24
20. Ziołkowski Z, Maćkowiak J. Badanie oporów przepływu jednofazowego w kolumnach wypełnionych pierścieniami. Białeckiego i I-13 (orig. poln.) (Analyse der Einphasenströmung in den Füllkörperkolonnen mit regellosen Białecki- und I-13-Ringen). Inż. Chem. BdIV (1974) Nr. 4, S 703
21. Ziołkowski Z, Maćkowiak J, Kowalski J. Badanie oporu jednofazowego przepływu dla układanych pierścieni Białeckiego 50-mm. (Analyse der Einphasenströmung von 50-mm geordneten Białecki-Ringen orig. poln.) Inż. Chem. BdV (1975) Nr. 2, S 429
22. Maćkowiak J, Suder S. Hydraulika i wymiana masy w kolumnie wypełnionej układanymi pierścieniami Białeckiego (orig. poln.). Inż. Chem. i. Procesowa Bd 8 (1977) Nr. 3, S 651–664
23. Maćkowiak J, Suder S. „The new tube column with Pall-Rings for countercurrent and cucurrent processes". Vortrag Vesprem (Ungarn) 1979 und Chem.-Ing.-Techn., Bd 50 (1978) Nr. 7, S 550–551
24. Maćkowiak J. Hydraulische Untersuchungen der geordneten 50-mm keramischen Raschigringe. Interne Arbeit an der TU-Wrocław (1975)
25. Kuźniar J, Niżański A. Untersuchungen der Mellapak 250 Y aus Blech (orig. poln.). III-Symposiumband: Rektifikation, Absorption, Extraktion S 65–74. Szklarska Poręba, 13–15. 09.1999
26. Maćkowiak J. Mc-Pac – ein neuer metallischer Füllkörper für Gas-Flüssigkeitssysteme. Chem.-Ing.-Techn. Bd 73, Nr. 1+2 (2001) S 74–79
27. Maćkowiak J. „Mc-Pac – Nowe metalowe wypełnienie dha układów gaz-ciecz" (orig. poln.) Inż. Chemiczna i Procesowa, Bd 21 (2000) S 679–689
28. Maćkowiak J, Ługowski Z. Geringe Apparatevolumina und Betriebskosten mit neuen keramischen Füllkörpern – R-Pac und SR-Pac. Verfahrenstechnik, Bd 29 (1995), Nr. 6, S 19-22
29. Maćkowiak J, Szust J. Hydraulika i wymiama masy w kolumnach wypełnionych ceramicznymi pierścieniami R-Pac i SR-Pac w układach gaz/ciecz (orig. poln.). Inż. Chem. i Procesowa, Bd 18 (1997), Nr. 4, S 675–691
30. Bańczyk L, Woźniak A, Szymkowiak E. Hydraulika kolumny wypełnionej ceramicznymi pierścieniami Białeckiego (orig. poln.). Inż. Chem. i Procesowa, Bd 7 (1977), Nr. 1, S 261–274
31. Bańczyk L, Woźniak A, Jarzynowski M, Grobelny A. Hydraulika kolumny wypełnionej ceramicznymi pierścieniami IChN oraz Raschiga (orig. poln.). Inż. Chem. i Procesowa, Bd 9 (1979), Nr. 1, S 15–28

KAPITEL 4

Druckverlust von berieselten Schüttungen und strukturierten Packungen

4

<hr>

4.1
Einführung und Literaturüberblick

4.1.1
Bedeutung des Druckverlustes für die Auslegung von Füllkörperkolonnen

Die Kenntnis des Gesamtdruckverlustes Δp in der Schüttung ist für die Auslegung von Füllkörperkolonnen für Gas-Flüssigkeitssysteme sehr bedeutsam. Bei der Absorption und Desorption bestimmt der gesamte Druckverlust Δp der Schüttung die Gebläseleistung und somit den überwiegenden Teil der Betriebskosten des Prozesses. Bei Rektifikationen resultiert aus der Summe des Kopfdruckes p_T und des Gesamtdruckverlustes Δp der Sumpfdruck p_W, der die Sumpftemperatur t_W bestimmt. Von dieser ist bei gegebener Heizmitteltemperatur die wirksame Temperaturdifferenz abhängig, mit welcher der Verdampfer der Rektifizierkolonne betrieben werden muss.

Insbesondere bei stufenzahlintensiven Vakuumrektifikationen sind bei großen Druckverlusten signifikante Änderungen der relativen Flüchtigkeit längs der Kolonnenhöhe zu erwarten [5, 32], so dass zur Erzielung der vorgegebenen Reinheit der Produkte deutlich höhere Rücklaufverhältnisse R erforderlich sind als bei kleineren Druckverlusten Δp. Größere Rücklaufverhältnisse R bedeuten höheren Dampfverbrauch und somit hohe Betriebskosten.

Der gesamte Druckverlust der Schüttung Δp ergibt sich bei bekannter Schüttungshöhe H, deren Berechnung u. a. die Arbeiten [13–15] gewidmet sind, aus dem Produkt $\Delta p = (\Delta p/H) \cdot H$, in welchem der Quotient $\Delta p/H$ den auf 1 m Schüttungshöhe bezogenen Druckverlust bedeutet.

Bei bekanntem Druckverlust $\Delta p/H$ und dem spezifischen Druckverlust $\Delta p/n_t$ lässt sich nach Gl. (1-4) die theoretische Trennwirkung der Schüttung oder Packung n_t/H ermitteln und somit bei bekannter Stufenzahl n_t die gesamte Schüttungshöhe H.

In diesem Kapitel wird auf die rechnerische Ermittlung des Druckverlustes $\Delta p/H$ für regellose Schüttungen und geordnete Füllkörperschichten sowie strukturierte Packungen näher eingegangen.

4.1.2
Literaturüberblick

Tabelle 4-1 zeigt eine Zusammenstellung einiger wichtiger Arbeiten [1–21, 25, 41–48] zum Druckverlust berieselter Schüttungen in Kolonnen mit herkömmlichen Füllkörpern, wie Raschig-Ringe, Pallringe, Intalox-Sättel. Man kann sie in drei Gruppen unterteilen.

Zur ersten Gruppe zählen die graphischen Verfahren. Man findet sie u. a. in fundamentalen Arbeiten von Sherwood u. a. [29], Eckert [9], Bolles und Fair [8], Mersmann [2, 21, 44], Schmidt [7], Schumacher [10] u. a. Zu der empirischen, meist mit dem System Luft/Wasser ermittelten Flutgrenze werden im Belastungsdiagramm als Parameter Linien gleichen dimensionslosen Druckverlustes $\Delta p/(\rho_L \cdot g \cdot H)$ aufgetragen. Mit Hilfe von graphischen Methoden kann der Druckverlust bis zur Flutlinie schnell abgeschätzt werden. Ein weiterer Vorteil solcher Belastungsdiagramme [7, 9, 21] liegt darin, dass man innerhalb des Belastungsbereiches neben dem dimensionslosen Druckverlust $\Delta p/(\rho_L \cdot g \cdot H)$ auch andere Kurven konstanter Parameter wie Flüssigkeitsinhalt [2, 21, 55], volumenbezogene Stoffaustauschfläche u. a. eintragen kann [7]. So entstehen systembezogene Leistungsdiagramme wie die von Schmidt [7], die für die praktische Anwendung im Betrieb von Bedeutung sind.

Die Belastungsdiagramme mit eingetragenen Druckverlusten als Parameter [1, 8, 9, 21, 29, 55] sind für die Abschätzung des Druckverlustes $\Delta p/H$ gut geeignet. Mersmann [21, 55] gibt eine Genauigkeit von $\pm 25\%$, Reichelt [1] von $\pm 20\%$ an. Nach Molzahn und Wolf [25] sowie nach Blaß und Kurtz [42, 43] liegt die Genauigkeit der graphischen Korrelationen bei $\pm 50\%$.

Zur zweiten Gruppe können empirische Ansätze gezählt werden, die auf der Grundlage von Versuchen mit dem Stoffpaar Luft/Wasser basieren. Dabei wird der Einfluss der Stoffwerte, der Betriebsbedingungen wie die spezifische Flüssigkeitsbelastung u_L sowie der füllkörperspezifischen Größen auf den Quotienten $\Delta p/\Delta p_0$ in Gl. (3-1) mit Hilfe der dimensionslosen Kennzahlen $\mathrm{Re_L}$, $\mathrm{Re_V}$, $\mathrm{Fr_L}$ bzw. mit empirischen Potenzansätzen erfasst, siehe dazu z. B. Teutsch [3, 16], Weiß u. a. [11], Maćkowiak [17], Leva [20], Kast [45], Kolev [46], Beck [47] und Kleinhükelkotten [48], s. Tabelle 4-1 b. Untersuchungen von Weiß u. a. [11] sowie anderer Autoren [3, 25] zeigen, dass die Berechnung des Druckverlustes für Rektifiziersysteme mit diesen Ansätzen nur dann mit den experimentellen Daten übereinstimmt, wenn mit Hilfe von Versuchen mit dem Stoffpaar Luft/Wasser bestimmte Quotienten $\Delta p/\Delta p_0$ um die Stoffwertquotienten (ρ_L/ρ_W), (ρ_V/ρ_W), (η_L/η_W) mit experimentell bestimmten Potenzen erweitert wird. Die Versuchsergebnisse lassen sich dann genauer, mit einem mittleren relativen Fehler von ± 10–25%, wiedergeben [11]. Ein weiterer Nachteil solcher Ansätze liegt darin, dass sie nur für den Bereich unterhalb der Staugrenze anwendbar sind. Die Genauigkeit anderer Ansätze [1, 7, 46–48] im Bereich unterhalb der Staulinie liegt schätzungsweise in der gleichen Größenordnung.

Zur Vorausberechnung des Druckverlustes berieselter Schüttungen existieren in der Fachliteratur auch Ansätze, die auf dem für Rohrströmung geltenden Ansatz nach Gl. (3-2) beruhen [52–54, 56, 64]. Die nachfolgenden Betrachtungen behandeln ausführlich diese dritte Gruppe von Ansätzen.

Tabelle 4-1a. Zusammenstellung graphischer Verfahren zur Bestimmung des Druckverlustes berieselter Schüttungen

Füllkörper	Kolonne		System	Gültigkeitsbereich	Darstellung der Ergebnisse	Literatur
	d_S [m]	H [m]				
Keramische Raschigringe, Lessingringe, Spiralen u. a.	–	–	Luft/Wasser u. a. 1 bar, 293 K	bis zur Flutgrenze	im Flutbelastungsdiagramm	Sherwood u. a. [29] (1975)
Berlsättel, Intalox-Sättel, metallische Pallringe u. a. $d = 0,003$–$0,09$ m			Luft/Wasser u. a. 1 bar, 293 K	bis zur Flutgrenze	im Flutbelastungsdiagramm	Eckert [9] (1970)
Keramische Raschigringe, Intalox-Sättel, metallische Pall- und Raschigringe $d = 0,015$–$0,050$ m	bis 1,2	5,5	Luft/Wasser u. a. 1 bar, 293 K	bis zur Flutgrenze	im Flutbelastungsdiagramm	Bolles, Fair [8] (1982)
Keramische Raschigringe, Intalox- und Berlsättel, $d \leq 0,035$ m			Luft/Wasser u. a. 1 bar, 293 K	bis zur Flutgrenze	Diagramme $\Delta p_0/(\sigma_L \cdot g \cdot H) = f(B_L^*)$	Mersmann [2, 21, 44] (1965)
Keramische Raschigringe $d = 0,008$–$0,050$ m	0,3	2,0	Ethanol/Wasser, Benzol/Wasser u. a.	bis zum Flutpunkt	u. a. Arbeitsdiagramme $u_{V,Fl} = f(u_{L,Fl})$	Schmidt [7] (1972)
Keramische und metallische Raschigringe, Pallringe, Sättel u. a.			verschiedene Systeme u. a. Daten von Billet [5], Teutsch [16], Kast [45]	bis zur Flutgrenze	Graphisch – 5 verschiedene Betriebsbereiche	Schumacher [19] (1978)
Raschigringe aus Metall und Keramik, Pallringe aus Metall $d = 0,008$–$0,025$ m	0,040–0,150	1	Luft/Wasser u. a.	bis zum Flutpunkt	empirische Gleichung	Reichelt [1] (1975)
Pallringe aus Metall $d = 0,025$–$0,050$ m			verschiedene Systeme	bis zum Flutpunkt	Vergleich der Daten von Billet [5], Teutsch [16] u. a. mit der Korrelation von Eckert	Molzahn, Wolf [25] (1982)

Tabelle 4-1 b. Zusammenstellung von Verfahren zur Bestimmung des Druckverlustes berieselter Schüttungen basierend auf empirischen Potenzansätzen

Füllkörper	Kolonne		System	Gültigkeitsbereich	Darstellung der Ergebnisse	Literatur
	d_S [m]	H [m]				
keramische **Raschigringe, Pallringe, Intalox- und Berlsättel**	0,29–0,44	1,9	Luft/Wasser	unterhalb der Staugrenze, bis $u_\mathrm{L} < 190\ \mathrm{mh}^{-1}$	$\Delta p/\Delta p_0 = f(K_\mathrm{P})$ graphisch	Teutsch [16] (1964)
keramische **Raschigringe, Pallringe, Sattelkörper** $d = 0,025 - 0,050$ m	0,5	2	Luft/Wasser	unterhalb der Staugrenze	$\Delta p/\Delta p_0 = f(Fr_\mathrm{L})$ graphisch	Kast [45] (1964)
metallische **Białeckiringe, Białeckiringe** aus Kunststoff und keramische **Raschigringe** $d = 0,025 - 0,053$ m	0,3	von 0,45 bis 1,40	Luft/Wasser	ober- und unterhalb der Staugrenze bis zum Flutpunkt	$\Delta p/\Delta p_0 = a \cdot \exp(K_\mathrm{p} \cdot b)$ $K_\mathrm{P} = f(\mathrm{Re_V}, \mathrm{Re_L}, Fr_\mathrm{L})$ $a, b = $ konstant	Maćkowiak [17] (1975)
keramische **Raschigringe, Intalox-Sättel** $d = 0,010 - 0,050$ m	–	–	Luft/Wasser	unterhalb der Staugrenze	empirische Gleichung	Leva [20] (1953)
keramische und metallische **Pallringe, Raschigringe, Sattelkörper** $d = 0,010 - 0,070$ m	–	–	Luft/Wasser	unterhalb der Staugrenze	$\Delta p/\Delta p_0 = (1 - A)^3$ $A = f(\mathrm{Re_L}, Fr_\mathrm{L}, k)$	Kolev [46] (1977)
Raschig- und Pallringe Intalox-Sättel aus Metall und Keramik $d = 0,008 - 0,050$ m	bis 1,2	bis 5,5	verschiedene Rektifiziersysteme; Daten von Billet [5] u.a.		empirische Gleichung	Beck [47] (1972)
Pallringe, Intalox-Sättel, Raschigringe u.a.				unterhalb der Staugrenze	empirische Gleichung	Kleinhückelkotten [48] (1975)
Pall- und Raschigringe $d = 0,025 - 0,050$ m	0,4	2,0	7 verschiedene Rektifiziersysteme	–	empirische Gleichung	Weiß u.a. [11] (1975)

Tabelle 4-1 c. Zusammenstellung von Verfahren zur Bestimmung des Druckverlustes berieselter Schüttungen, die auf dem Kanalmodell aufbauen

Füllkörper	Kolonne		System	Gültigkeitsbereich	Darstellung der Ergebnisse	Literatur
	d_S [m]	H [m]				
16-mm Raschigringe Keramik	0,146	1,40	verschiedene Systeme, 1 bar, $\eta_L = 1\text{–}200\ \mathrm{mPa\,s}$ $\rho_L = 810\text{–}1331\ \mathrm{kg\,m^{-3}}$ $\sigma_L = 27\text{–}17\ \mathrm{mNm^{-1}}$	unterhalb der Staugrene	$\Delta p/\Delta p_0 = (1 - C \cdot h_L)^{-5}$ $C = 2{,}1$	Buchanan [19] (1969)
Raschigringe aus Keramik, **Pallringe** aus Metall $d = 0{,}008\text{–}0{,}080$ m	bis 1,2	5,5	verschiedene Systeme u. a. Daten von Billet [5]	unterhalb der Staugrenze	Gl. (4-9), (4-10)	Bemer, Kalis [12] (1978)
Raschigringe aus Glas, Porzellan, Metall und Kupfer $d = 0{,}008\text{–}0{,}025$ m	0,040 0,080 0,150	1,0	Luft/Wasser Luft/Glykol Luft/Silikonöl Mittlere quadratische Abweichung ± 30%	unterhalb der Staugrenze	$\Delta p/\Delta p_0 = f(h_L)$	Blaß, Kurtz [42,43] (1976)
Pallringe, Białeckiringe, NSW-Ringe, Raschigringe aus Metall, Keramik und Kunststoff $d = 0{,}015\text{–}0{,}080$ m	0,15–1,20	0,7–4,5	unterhalb der Staugrenze und $Re_L > 10$, $\eta_L = 0{,}2\text{–}50\ \mathrm{mPa\,s}$ $\rho_L = 730\text{–}1250\ \mathrm{kg\,m^{-3}}$ $\sigma_L = 14\text{–}72\ \mathrm{mNm^{-1}}$	unterhalb der Staugrenze	Gl. (4-11) Konstanten siehe Tabelle 4-2	Billet, Maćkowiak [13, 15] (1983)

Herleitung der Beziehung für den Quotienten $\Delta p/\Delta p_0$ nach dem Kanalmodell

Wird die Schüttung mit Flüssigkeit beaufschlagt, dann verringert sich der freie Querschnitt der Kanäle für das strömende Gas, s. Bild 3-1 und Bild 4-1. Der freie Querschnitt errechnet sich dann zu $\pi \cdot (d - 2\delta_\mathrm{L})^2$.

Bei vorliegender Zweiphasenströmung nimmt daher die effektive Gasgeschwindigkeit u_V in den Kanälen zu. Der Druckverlust der berieselten Schüttung lässt sich mit Gl. (3-2) auf folgende Weise darstellen:

$$\frac{\Delta p}{H} = \lambda_\mathrm{L} \cdot \frac{\overline{u}_\mathrm{V}'^2}{2 \cdot (d_\mathrm{h} - 2\delta_\mathrm{L})} \cdot \rho_\mathrm{V} \,. \tag{4-1}$$

Dividiert man Gl. (4-1) durch Gl. (3-2), so erhält man folgenden Zusammenhang:

$$\frac{\Delta p}{\Delta p_0} = \frac{\lambda_\mathrm{L}}{\lambda} \cdot \frac{\overline{u}_\mathrm{V}'^2}{(d_\mathrm{h} - 2\delta_\mathrm{L})} \cdot \frac{d_\mathrm{h}}{\overline{u}_\mathrm{V}'^2} \tag{4-2}$$

Nach dem Ersetzen der effektiven Gasgeschwindigkeit $\overline{u}_\mathrm{V}'$ nach Gl. (4-3) geht Gl. (4-2) in Gl. (4-4) über.

$$\overline{u}_\mathrm{V}' = \overline{u}_\mathrm{V} \cdot \frac{d_\mathrm{h}^2}{(d_\mathrm{h} - 2\delta_\mathrm{L})^2} \tag{4-3}$$

$$\frac{\Delta p}{\Delta p_0} = \frac{\lambda_\mathrm{L}}{\lambda} \cdot \left[\frac{d_\mathrm{h}}{(d_\mathrm{h} - 2\delta_\mathrm{L})} \right]^5 \tag{4-4}$$

Diese führt wiederum zu Abhängigkeit (4-5).

$$\frac{\Delta p}{\Delta p_0} \cong \left[1 - \frac{2\delta_\mathrm{L}}{d_\mathrm{h}} \right]^{-5} \tag{4-5}$$

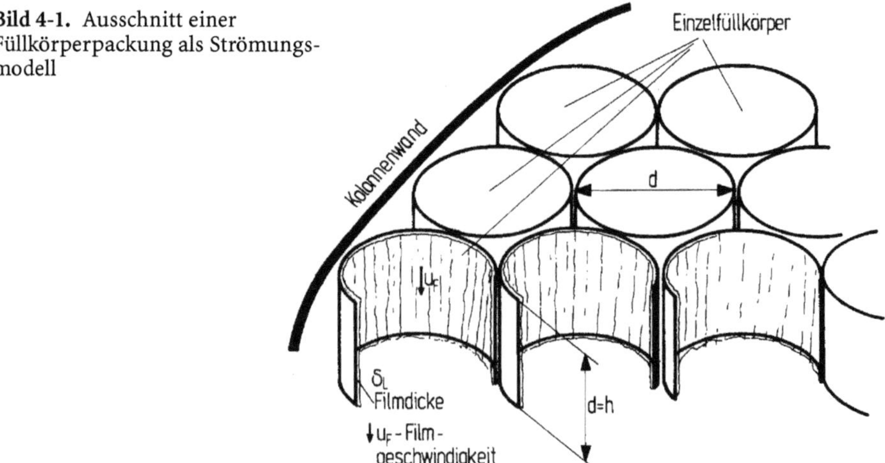

Bild 4-1. Ausschnitt einer Füllkörperpackung als Strömungsmodell

In obiger Abhängigkeit lässt sich ferner unter der Annahme voller Benetzbarkeit der Füllkörper die mittlere Filmdicke δ_L mit Hilfe der Beziehung (4-6) [12, 19] beschreiben.

$$\delta_L = \frac{h_L}{a} \tag{4-6}$$

Man erhält dann für den Druckverlust $\Delta p / \Delta p_0$ die folgende Abhängigkeit:

$$\frac{\Delta p}{\Delta p_0} \cong \left[1 - \frac{2 \cdot h_L}{a \cdot d_h} \right]^{-5} . \tag{4-7}$$

Für $d_h = d$, s. Bild 4-1, und somit für $d \cdot a = \text{const}$ [19] geht der Zusammenhang (4-7) in Gl. (4-8) über

$$\frac{\Delta p}{\Delta p_0} = (1 - \text{const} \cdot h_L)^{-5} , \tag{4-8}$$

die bereits (1967) von Buchanan [19] hergeleitet wurde und für 16-mm regellos geschüttete keramische Raschigringe anhand von Messdaten mit verschiedenen Flüssigkeiten nachgeprüft wurde. Für die Konstante in Gl. (4-8) ergab sich ein Zahlenwert von 2,1. Gleichung (4-8) ist im Bereich unterhalb der Staugrenze gültig.

Der Ansatz von Buchanan [19] wurde von Bemer und Kalis [12] weiter modifiziert, vgl. Gl. (4-9).

$$\frac{\Delta p}{\Delta p_0} = \left[1 - \frac{h_L}{2 \cdot \varepsilon \cdot \phi \cdot x^{5/3}} \right]^{-5} \tag{4-9}$$

Als Parameter treten in Gl. (4-9) neben dem Nutzungsgrad $\phi = a'/a$ der trockenen unberieselten Schüttung auch der Einschnürungsfaktor x auf. Beide Parameter müssen experimentell ermittelt werden. Für die turbulente Gasströmung wurde von Bemer und Kalis [12] folgende Berechnungsgleichung des auf 1 m bezogenen Druckverlustes $\Delta p / H$ angegeben:

$$\frac{\Delta p}{H} = 0,29 \cdot \phi^{-2} \cdot F_V^2 \cdot F_P \cdot \left[1 - \frac{h_L}{2 \cdot \varepsilon \cdot \phi \cdot x^{5/3}} \right]^{-5} \quad [\text{Pa}\,\text{m}^{-1}] . \tag{4-10}$$

Anhand von Messdaten für verschiedene Dampf-Flüssigkeitssysteme [5] wurde sie nachgeprüft. Für 15- bis 50-mm keramische Raschigringe wurden folgende Zahlenwerte der Modellparameter ϕ und x gefunden [12]:

$$\phi = 0,6 \quad \text{und} \quad x = 0,435$$

und für 15- bis 50-mm metallische Pallringe [12]

$$\phi = 0,8 \quad \text{und} \quad x = 0,485 .$$

Mit diesen Parametern werden die Messdaten, vorwiegend Daten von Billet [5], mit einer Genauigkeit von $\delta(\Delta p / H) < \pm 40\%$ für Raschigringe und $\delta(\Delta p / H) < \pm 20\%$ für metallische Pallringe wiedergegeben. Gleichung (4-10) gilt auch im Bereich unterhalb der Staugrenze und setzt turbulente Gasströmung voraus.

Die Messdaten von Billet [5] sowie neuere Daten [13–15] können genauer wiedergegeben werden, wenn man die Beziehung von Billet und Maćkowiak [13–15] verwendet:

$$\frac{\Delta p}{H} = \psi \cdot \frac{1-\varepsilon}{\varepsilon^3} \cdot \frac{F_V^2}{d_P \cdot K} \cdot \left[1 - \frac{h_L}{2 \cdot \varepsilon \cdot \phi \cdot x^{5/3}} \right]^{-5} \quad [\mathrm{Pa\,m^{-1}}] . \tag{4-11}$$

Diese Gleichung gilt für die Gasströmung im Übergangsbereich und im turbulenten Bereich der Gasphase unterhalb der Staugrenze.

Für Gl. (4-11) sind neu bestimmte Modellparameter ψ, ϕ, x sowie die Konstante C für die empirische Gl. (4-12)

$$h_L = C \cdot (Fr_L^0)^{1/3} = C \cdot \left[\frac{u_L^2}{g \cdot d \cdot \varepsilon^2} \right]^{1/3} \quad [\mathrm{m^3\,m^{-3}}] \tag{4-12}$$

zur Bestimmung des Flüssigkeitsinhaltes h_L, für einige Füllkörperformen, u. a. Pallringe aus Metall, Kunststoff und Keramik, für metallische Białeckiringe sowie Nor-Pac-Füllkörper (NSW-Ringe) und Hiflow-Ringe aus Kunststoff, in Tabelle 4-2 zusammengestellt. Die Messwerte für verschiedene Systeme [5, 13–15] werden mit Gl. (4-11) im Bereich unterhalb der Staugrenze genauer wiedergegeben, als mit den Modellparametern ϕ, x nach Berner und Kalis [13–15], und zwar $\delta(\Delta p/H) <$ $\pm\,10$–$15\,\%$ [13–15].

Schlussbetrachtungen zum Literaturüberblick

In der Literatur sind verschiedene Ansätze zur Beschreibung des Druckverlustes in berieselten Schüttungen veröffentlicht worden, die den komplexen Strömungsverhältnissen meist nur für den Belastungsbereich unterhalb der Staugrenze gerecht werden, s. Tabelle 4-1.

Zur überschlägigen Bestimmung des Druckverlustes $\Delta p/H$ eignen sich beispielhaft Belastungsdiagramme [1, 8, 9, 21, 48, 55, 56], s. Tabelle 4-1, eine ganze Reihe von empirischen Ansätzen [3, 11, 16, 17, 20, 45 u. a.], bzw. die Druckverlustdiagramme wie z. B. in Bild 2-2a gezeigt.

Die Vorhersage des Druckverlustes unterhalb der Staugrenze für eine ganze Reihe von klassischen Füllkörpern und zum Teil für moderne Füllkörperformen ist mit den Ansätzen (4-8), (4-9), (4-11) möglich, welche auf dem für die Rohrströmung geltenden Ansatz (3-2) beruhen. Sie beinhalten jedoch einige füllkörperspezifische Konstanten, die jeweils experimentell ermittelt werden müssen. Die Ermittlung des Druckverlustes oberhalb der Staugrenze und in der Nähe der maximalen Kolonnenbelastung von ca. 80 % des Flutpunktes bereitet bis heute Probleme, es existieren außerdem nur wenig empirische Ansätze, z. B. [42, 43] und [17, 55, 56].

Im Rahmen dieser Monographie sollen dem Anwender gesicherte Unterlagen zur Bestimmung des Druckverlusts für beliebige Stoffe und beliebige Einbauten im gesamten Belastungsbereich bis zur Flutgrenze vorgestellt werden, mit denen

Tabelle 4-2. Zusammenstellung von Zahlenwerten für die Konstante C zur Bestimmung des Flüssigkeitsinhalts h_L nach Gl. (4-12) sowie der Parameter ϕ_m, x für Gl. (4-11) für verschiedene Füllkörper. Die Parameter gelten für turbulente Flüssigkeits- und Dampfströmung [13–15].

Füllkörper	Werkstoff	$d \cdot 10^3$ [m]	Modellparameter für Gl. (4-11)			
			ψ_m	ϕ	x	$C_{\mathrm{Gl.\,(4\text{-}12)}}$
Pallring	Metall	15 25 35 50 80	$\approx 2{,}45$	0,81	0,525	1
	Keramik	50	$\approx 1{,}95$	0,92	0,64	1,15
	Kunststoff	25 35 50	$\approx 2{,}45$	0,83	0,57	0,88
NSW-Ring (Nor-Pac)	Kunststoff	27 38 50	$\approx 1{,}025$	1	0,64	1
Białeckiring	Metall	25 35 50	$\approx 2{,}45$	0,79	0,596	1
Hiflow-Ring	Kunststoff Metall Keramik	50 – –	$\approx 1{,}10$ – –	1 – –	0,53 – –	1,068 1,068 0,92
Intalox-Sattel	Keramik Kunststoff	25 50	– –	– –	– –	1 0,75
Raschigring	Keramik	15 25	– –	– –	– –	1 1
geordnete Białeckiringe	Metall	25 35	– –	– –	– –	0,88 1

Druckverluste für regellose Schüttungen, geordnete Füllkörperschichten, Rohrkolonnen und strukturierte Packungen unterschiedlicher Ausführung vorausberechnet werden können.

4.2
Flüssigkeitsinhalt

Die Kenntnis des Flüssigkeitsinhaltes h_L im gesamten Belastungsbereich einer Füllkörperkolonne ist sowohl zur Vorausberechnung des Druckverlustes als auch zur konstruktiven Auslegung einer Füllkörperkolonne von großer Bedeutung. Die Größe des Flüssigkeitsinhaltes am Flutpunkt bestimmt die konstruktive Ausführung des Tragrostes einer Füllkörperkolonne und die Größe h_L unter Betriebsbedingungen, die Festlegung des Abstandes zwischen dem Tragrost und dem Flüssigkeitsstand im Sumpf der Kolonne und die Lage des Gaseintrittstutzens.

4.2.1
Grundbegriffe

Für die Vorausberechnung des Druckverlustes von berieselten Schüttungen nach Buchanan [19], Gl. (4-8), Bemer und Kalis [12], Gl. (4-9), bzw. Blaß, Kurtz [42, 43] und Maćkowiak [53, 54], ist die Kenntnis des gesamten Flüssigkeitsinhaltes h_L vorausgesetzt. In Arbeiten von Gelbe [22], Reichelt [1], Schmidt [7], Buchanan [19], Blass und Kurtz [42, 43] sowie Mersmann, Deixler [44] und Stein [58] wird eine eingehende Literaturrecherche über die Berechnungsmethoden des Flüssigkeitsinhaltes im Bereich unterhalb der Staugrenze durchgeführt und hinsichtlich des Einflusses der Stoffwerte η_L, σ_L, ρ_L, der konstruktiven Variablen d_S, d sowie der Betriebsbedingungen u_L und u_V bewertet. In den bisherigen Arbeiten wird über Messergebnisse berichtet, die meist an dickwandigen, klassischen keramischen Füllkörpern mit $d \leq 0{,}050$ m bzw. in der neueren Literatur [52–54, 58] an modernen Füllkörpern und strukturierten Packungen durchgeführt wurden. In Füllkörpern dieser Größe und Bauform kann der Anteil der in Poren und Zwickeln zurückgehaltenen Flüssigkeit V_{st} groß sein. Diese auf das Schüttungsvolumen V_S bezogene Flüssigkeitsmenge V_{st} wird als statischer Flüssigkeitsinhalt $h_{st} = V_{st}/V_S$ bezeichnet. Der auf das Schüttungsvolumen V_S bezogene Anteil der Flüssigkeit, die an der Flüssigkeitsströmung teilnimmt V_d, ergibt den dynamischen Flüssigkeitsinhalt h_d, mit $h_d = V_d/V_S$. Die gesamte Flüssigkeitsmenge $V_L = V_d + V_{st}$ ergibt den gesamten Flüssigkeitsinhalt h_L [22], d.h. es gilt:

$$V_L = V_{st} + V_d \rightarrow h_L = \frac{V_L}{V_S} = h_{st} + h_d \quad [\mathrm{m^3\,m^{-3}}]. \tag{4-13}$$

4.2.2
Der statische Flüssigkeitsinhalt

Aufgrund der Ausführungen von Gelbe [22] hängt der statische Flüssigkeitsinhalt h_{st} von den Stoffwerten und von der spezifischen Flüssigkeitsbelastung u_L ab. Geht die Flüssigkeitsbelastung u_L gegen Null, so muss der statische Anteil h_{st} den höchstmöglichen Wert erreichen, den sogenannten Haftinhalt h_H. Es gilt somit:

$$u_L \rightarrow 0 \;\;\Rightarrow\;\; h_L = h_{st,max} = h_H\,. \tag{4-14}$$

Bei zunehmender Flüssigkeitsbelastung u_L sinkt der statische Flüssigkeitsinhalt, um beim sog. kritischen $u_{L,krit}$-Wert Null zu erreichen, d.h. es gilt:

$$u_L = u_{L,krit.} \;\;\Rightarrow\;\; h_L \cong h_d\,. \tag{4-15}$$

Damit kann der gesamte Flüssigkeitsinhalt h_L dem dynamischen Flüssigkeitsinhalt h_D gleichgesetzt werden. Nach Mersmann und Deixler [44] dominiert der sta-

Bild 4-2. Haftinhalt als Funktion der Kennzahl We_L/Fr_L nach Mersmann und Deixler [44]

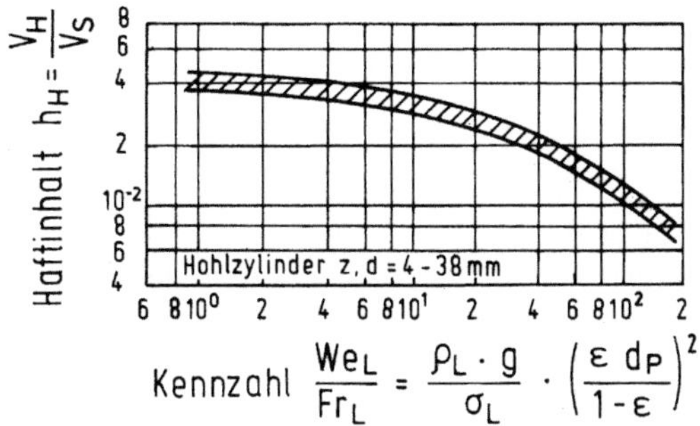

tische Flüssigkeitsinhalt $h_{L,st}$ bei sehr kleinen, dimensionslosen Flüssigkeitsbelastungen B_L die unter $B_L < 2 \cdot 10^{-5}$ liegen.

$$B_L = \left[\frac{\eta_L}{\rho_L \cdot g^2}\right]^{1/3} \cdot \frac{u_L}{\varepsilon} \cdot \frac{1-\varepsilon}{\varepsilon \cdot d_P} \qquad (4\text{-}16)$$

Der statische Flüssigkeitsinhalt erreicht dann den Wert des Haftinhalts h_H. Der Haftinhalt h_H hängt von der folgenden Kennzahl [44] ab, s. Bild 4-2,

$$\frac{We_L}{Fr_L} = \frac{\rho_L \cdot g}{\sigma_L} \cdot \left[\frac{\varepsilon \cdot d_P}{1-\varepsilon}\right]^2 \qquad (4\text{-}17)$$

also von den Stoffwerten σ_L, ρ_L und von den füllkörperspezifischen Größen d_P und ε. Bild 4-2 wurde mittels der Messergebnisse von Mersmann und Deixler [45], Gelbe [22] sowie Blaß und Kurtz [42, 43] erstellt.

Für die im Rahmen dieser Arbeit untersuchten Füllkörper mit Durchmesser $d \geq 0,025$–$0,090$ m und Systeme sind sehr kleine Haftinhalte von ca. 1% und darunter zu erwarten, da die Kennzahl We_L/Fr_L im Bereich von ca. 70–1300 liegt.

4.2.3
Der dynamische Flüssigkeitsinhalt im Strömungsbereich unterhalb der Staugrenze

Für die Ableitung der Ansätze für die Berechnung des dynamischen Flüssigkeitsanteiles wird meist angenommen, dass der Flüssigkeitsanteil nur dem in Packung oder Schüttung vorkommenden Rieselfilm zugeordnet wird. Es wird ferner vorausgesetzt, dass keine Tropfen in der Schüttung oder Packung vorliegen und die Flüssigkeitsstrahlen ebenfalls dem Rieselfilm zugerechnet werden.

Auf die in Füllkörperkolonnen befindlichen Flüssigkeitsrieselfilme wirken 3 Kräfte: Schwerkraft K_g, Viskositätskraft K_η und Widerstandskraft K_ψ [12, 19, 21, 22, 58]. Die Schwerkraft kann dabei immer als eine Triebkraft angesehen werden, so dass je nach Betrag der zwei anderen Kräfte K_ψ und K_η, zwei Bereiche zu erwarten sind [12, 19, 22]:

a) der laminare Bereich, in welchem die Viskositätskraft K_η die Flüssigkeitsströmung entscheidend beeinflusst,

$$Re_L = \frac{u_L}{a \cdot v_L} < 1 \quad [22] \tag{4-18}$$

bzw. 6 [44] bzw. 10 [12, 19];
b) der turbulente Bereich, in welchem die Viskositätskraft durch die Widerstandskraft K_ψ überlagert wird, $Re_L \geq 1$ nach [22], 6 [44] bzw. $Re_L \geq 10$ [12, 19].

Zu a):
Nusselt, zitiert bei [19], leitete folgende Beziehung für die mittlere Filmdicke δ_L in einem senkrechten Rohr ab:

$$\delta_L = \left[\frac{3 \cdot \eta_L \cdot u_L}{\rho_L \cdot g \cdot a} \right]^{1/3} \quad [m]. \tag{4-19}$$

Für $h_L = a \cdot \delta_L$, s. Gl. (4-6), ergibt sich für den Flüssigkeitsinhalt folgende Beziehung

$$h_L = \left[\frac{3}{g} \right]^{1/3} \cdot a^{2/3} \cdot (v_L \cdot u_L)^{1/3} \quad [m^3\,m^{-3}], \tag{4-20}$$

die von Bemer und Kalis [12] angegeben wurde. Über die Anwendbarkeit dieser Gleichung auf kleinflächige, moderne Füllkörper und Packungen können keine Aussagen gemacht werden, da der Vergleich mit Messwerten lediglich für großflächige, keramische Raschigringe durchgeführt wurde [12]. Buchanan [19] hat für regellos geschüttete Raschigringe den Zusammenhang nach Gl. (4-21)

$$h_L \cong 2,2 \cdot \left[\frac{Fr_L'}{Re_L'} \right]^{1/3} \quad [m^3\,m^{-3}] \tag{4-21}$$

hergeleitet, mit folgenden dimensionslosen Kennzahlen:

$$Re_L' = \frac{u_L \cdot d}{v_L} \tag{4-22}$$

und

$$Fr_L' = \frac{u_L^2}{g \cdot d} \cdot \tag{4-23}$$

Die Gültigkeit dieser Beziehung wurde für verschiedene Systeme im breiten Bereich der variierten Stoffwerte $\sigma_L = 29\text{--}77$ mNm^{-1}, $\rho_L = 800\text{--}1250$ kgm^{-3} und $10^6 \cdot v_L = 0,75\text{--}310$ m^{2}s^{-1} nachgeprüft.

Zu b):
Bei der Ableitung der Berechnungsformel für den Flüssigkeitsinhalt im turbulenten Strömungsbereich, $Re_L \geq 1\text{--}10$, werden bekanntlich die Energieverluste aufgrund der Einwirkung der Viskositätskräfte auf das sich in der Füllkörperschüt-

tung bewegende Flüssigkeitselement vernachlässigt [12, 19]. Aus der Kräftebilanz um ein Fluidelement an einer geneigten Platte, leitete Buchanan [19] die Gl. (4-24) ab.

$$h_{\mathrm{L}} = S' \cdot Fr_{\mathrm{L}}^{1/2} \quad \text{mit } S' = \text{const} \tag{4-24}$$

Bemer und Kalis [12] haben aus der Kräftebilanz $K_\psi = K_{\mathrm{g}}$ und somit anhand der Beziehung (4-25)

$$\frac{1}{2} \cdot \psi_{\mathrm{L}} \cdot u_{\mathrm{F}}^2 \cdot \rho_{\mathrm{L}} = \rho_{\mathrm{L}} \cdot g \cdot \delta_{\mathrm{L}} \quad \text{mit } u_{\mathrm{F}} = u_{\mathrm{L}} / h_{\mathrm{L}} \tag{4-25}$$

und des Zusammenhanges nach Gl. (4-6) die Gl. (4-26) hergeleitet.

$$h_{\mathrm{L}} = \left[\frac{\psi_{\mathrm{L}}}{2g} \right]^{1/3} \cdot a^{1/3} \cdot u_{\mathrm{L}}^{2/3} \tag{4-26}$$

Für keramische und metallische Raschigringe sowie keramische Berlsättel fanden Bemer und Kalis [12] für den Quotienten $(\psi_{\mathrm{L}}/2g)^{1/3}$ einen Zahlenwert von 0,34. Die Berechnungsgleichung des Flüssigkeitsinhaltes h_{L} lautet:

$$h_{\mathrm{L}} = 0,34 \cdot a^{1/3} \cdot u_{\mathrm{L}}^{2/3} \cdot \tag{4-27}$$

Sie gibt die Messwerte für das Stoffpaar Luft/Wasser und obige Füllkörperformen mit einem relativen Fehler von $\pm 20\,\%$ wieder [12].

Die Ergebnisse der umfangreichen Studie des Flüssigkeitsinhaltes fasste Buchanan [19] mit einer beide Strömungsbereiche umfassenden Beziehung (4-28) zusammen:

$$h_{\mathrm{L}} = 2,2 \cdot \left[\frac{Fr_{\mathrm{L}}'}{Re_{\mathrm{L}}'} \right]^{1/3} + 1,8 \cdot Fr_{\mathrm{L}}'^{1/3} \quad [\mathrm{m}^3\,\mathrm{m}^{-3}] \,. \tag{4-28}$$

Die Genauigkeit der Beziehung (4-28) entspricht der Genauigkeit der von Bemer und Kalis angegebenen Beziehung [12], d. h. $\delta(h_{\mathrm{L}}) \leq \pm 20\,\%$.

Die Gl. (4-28) wurde, wie Gl. (4-20), für keramische Raschigringe unterschiedlicher Größe von 8–50 mm nachgeprüft.

In Bild 4-3 wird ein neues Diagramm nach Mersmann und Deixler [44] präsentiert, mit welchem bei bekannter dimensionsloser Flüssigkeitsbelastung B_{L}, s. Gl. (4-16), der gesamte Flüssigkeitsinhalt h_{L} geschätzt werden kann. Zur Erstellung des Bildes 4-3 sind die Messergebnisse meist für keramische Raschigringe mit Abmessung $d \leq 0,035$ m von Gelbe [22], Blaß und Kurtz [42, 43] sowie Mersmann [21] benutzt worden. Als Parameter wird in Bild 4-3 die mit Gl. (4-17) definierte Kennzahl $We_{\mathrm{L}}/Fr_{\mathrm{L}}$ gewählt.

Andere Ansätze zur Bestimmung des Flüssigkeitsinhaltes findet man in der Literatur [7, 12, 13–15, 20–22, 42–44, 58]. Grundlegende Betrachtungen zum Flüssigkeitsinhalt liefert die Arbeit von Gelbe [22], auf welcher u. a. die Arbeiten von Reichelt [1], Blaß und Kurtz [42] und Mersmann, Deixler [44] aufbauen sowie eine Arbeit von Stein [58], in der neue auf der Rieselfilmströmung aufbauende Modelle der „geraden Rohre" und der „strukturierten Kanäle" vorgestellt werden.

Bild 4-3. Flüssigkeitsinhalt h_L als Funktion der dimensionslosen Flüssigkeitsbelastung B_L nach Mersmann und Deixler [44]

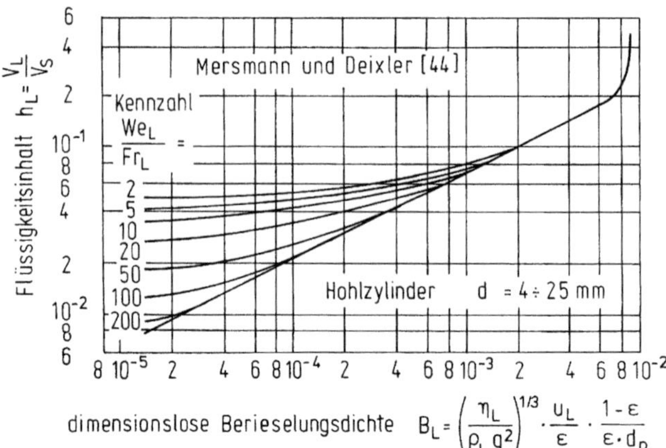

4.2.4
Diskussion des Einflusses verschiedener Parameter auf den Flüssigkeitsinhalt basierend auf Literaturdaten

Den größten Einfluss auf den Flüssigkeitsinhalt h_L im turbulenten Strömungsbereich der Flüssigkeit haben die Flüssigkeitsbelastung u_L und die Füllkörpergröße d, im laminaren Bereich neben den Größen u_L und d auch die Stoffwerte Viskosität η_L und Dichte ρ_L der Flüssigkeit sowie in geringem Maße die Oberflächenspannung σ_L [22, 44]. Im Bereich unterhalb der Staugrenze übt das Gas praktisch keinen Einfluss auf den Flüssigkeitsinhalt h_L, s. z. B. Bild 2-3, aus.

Aus den vorausgegangenen Arbeiten wird der Einfluss der Flüssigkeitsbelastung u_L unterschiedlich bewertet. Gelbe [22] stellte für $\mathrm{Re}_L \geq 1$ die Abhängigkeit

$$h_L \approx u_L^{5/11} \tag{4-29a}$$

fest, für $\mathrm{Re}_L < 1$ gilt der Zusammenhang [22]

$$h_L \approx u_L^{1/3}, \tag{4-29b}$$

der mit den Experimenten [3, 22, 44] und mit anderen Ansätzen [12, 19] gut übereinstimmt.

Leva [20] stellte folgenden Zusammenhang fest:

$$h_L \approx u_L^{3/5}. \tag{4-29c}$$

Berner und Kalis [12] haben im Bereich $\mathrm{Re}_L > 10$

$$h_L \approx u_L^{2/3} \tag{4-29d}$$

sowie Brauer [3] und Buchanan [19]

$$h_L \approx u_L^{0,5-0,6} \tag{4-29e}$$

gefunden.

In Arbeiten von Billet und Maćkowiak [13–15] wird die von Berner und Kalis [12] gefundene Abhängigkeit (4-27) $h_L \approx u_L^{2/3}$ auch für moderne Bauformen bestätigt. Gelbe [22] stellt ferner fest, dass der Exponent $n = 5/11$ in Gl. (4-29a) für $Re_L > 1$ nur einen brauchbaren Mittelwert darstellt. Bei höheren Reynolds-Zahlen Re_L müsste der Zahlenwert für den Exponenten noch steigen, d.h. $h_L \approx u_L^n$ mit $n > 5/11$. Nach Messungen verschiedener Autoren [12–15, 22, 44] beginnt die turbulente Flüssigkeitsströmung bei $Re_L \geq (1 \dots 10)$.

Anhand der experimentellen Untersuchungen des Flüssigkeitsinhaltes h_L im Bereich unterhalb der Staugrenze ergeben sich nach Literaturangaben folgende Abhängigkeiten:

a) $h_L \approx u_L^{1/2-2/3}$ für $Re_L \geq 1-10$
und
$h_L \approx u_L^{1/3}$ für $Re_L < 1-10$

b) Im turbulenten Strömungsbereich $Re_L \geq 1-10$ kann der Einfluss der Stoffwerte ρ_L, η_L auf den Flüssigkeitsinhalt praktisch vernachlässigt werden.

c) Für $Re_L \leq 1-10$ (1) ist der Flüssigkeitsinhalt h_L von der Viskosität der Flüssigkeit abhängig, es gilt die Abhängigkeit $h_L \approx v_L^{1/3}$.

d) Mit steigender Füllkörpergröße nimmt der Flüssigkeitsinhalt ab, es gilt $h_L \approx d^{-1/3}$ bzw. $h_L \approx a^{1/3}$ für $Re_L \geq 1-10$ (1) und $h_L \approx a^{2/3}$ für $Re_L < 1-10$ (1).

Die Untersuchungen dieser Arbeit konzentrieren sich deshalb auf den turbulenten Bereich, da er für praktische Anwendungen von Bedeutung ist und das sowohl bei Vakuumbetrieb als auch bei der Trennung von Gemischen unter Normaldruck bzw. für Drucksysteme. Es sollte ferner der Zahlenwert der Reynoldszahl Re_L bestimmt werden, ab welcher eine turbulente Flüssigkeitsströmung in Füllkörperschüttungen mit modernen Füllkörpern sowie strukturierten Packungen zu erwarten ist. Die Kenntnis der Flüssigkeitsinhaltes ist auch zur Bestimmung der Verweilzeit der Flüssigkeit, Gl. (4-30), z.B. bei der Trennung thermisch instabiler Gemische unter Vakuum sowie bei Absorptionen mit langsamer chemischer Reaktion bedeutsam.

$$\tau = \frac{H \cdot h_L}{u_L} \tag{4-30}$$

Aus der Literaturrecherche geht hervor, dass es heute fundierte theoretische und empirische Ansätze gibt, mit welchen der Flüssigkeitsinhalt in Füllkörperkolonnen beschrieben werden kann. Für kleinflächige, moderne Füllkörper und großflächige strukturierte Packungen fehlt, noch der experimentelle Nachweis der Gültigkeit der in der Literatur angegebenen Ansätze.

4.2.5
Messmethode, untersuchte Systeme und Füllkörper

Der gesamte Flüssigkeitsinhalt $h_L = V_L/V_S$ wurde mit den Systemen Luft/Wasser bzw. Luft/organische Flüssigkeit unter Umgebungsbedingungen im Anschluss an die Stoffaustauschuntersuchungen bzw. an die Druckverlustmessungen durch gleichzeitiges Absperren der Flüssigkeitszufuhr und -abfuhr bestimmt. Die Versuchsanlagen sind in den Bildern 6-1 und 6-3 gezeigt. Abgesperrt wurde ebenfalls die Gaszufuhr, um das Abtropfen der Flüssigkeit zu beschleunigen. Danach wurde innerhalb von maximal 10–15 Minuten das Volumen V_L der abgetropften Flüssigkeit gemessen. In dieser Zeit sammelte sich bereits bei kleinen spezifischen Flüssigkeitsbelastungen um 3–5 $m^3 m^{-2} h^{-1}$ ca. 95 % der angehaltenen Flüssigkeitsmenge. Dieses Verhalten weisen alle größeren Füllkörper $d \geq 25$–90 mm mit großem Lückenvolumen auf. Der Messfehler verringerte sich noch im Bereich, in dem zum einen die Gasgeschwindigkeit einen Einfluss auf den Flüssigkeitsinhalt hat, d. h. bei Messungen oberhalb der Staulinie und zum anderen bei höheren Flüssigkeitsbelastungen u_L. Das Nachtropfen von Flüssigkeit aus dem Flüssigkeitsverteiler wurde durch einen speziell konstruierten Rohrverteiler verhindert. Auf die getrennte Ermittlung des dynamischen und des statischen Flüssigkeitsinhaltes wurde aus messtechnischen Gründen verzichtet, zumal für die Bestimmung des Druckverlustes $\Delta p / H$ der gesamte Flüssigkeitsinhalt h_L von Bedeutung ist.

Im Rahmen dieser Arbeit wurden die spezifischen Flüssigkeitsbelastungen von 3 bis 80 $m^3 m^{-2} h^{-1}$ in Kolonnen mit Durchmessern von 150 bis 600 mm bei Schüttungshöhen H zwischen 0,8–4,3 m variiert. Das Verhältnis d_S / d lag bei $d_S / d \geq 5$. Die Messungen wurden an vorgefluteten Füllkörpern und vorgefluteten, strukturieren Packungen durchgeführt. Untersucht wurden regellos geschüttete Füllkörper der 15- bis 90-mm Nennabmessung aus Keramik, Kunststoff und Metall, sowie Blechpackungen Bauart Montz B1-100, B1-200, B1-300, Mellapak 250Y Bauart Sulzer und Ralu-Pak 250 YC Bauart Raschig und andere Packungen aus Kunststoff, s. Tabelle 4-3. Zur Auswertung wurden zumeist Literaturdaten von Bornhütter [55], Suess und Spiegel [57] herangezogen, die an Anlagen mit einem Kolonnendurchmesser von $d_S = 1$ m gewonnen wurden.

4.2.6
Messergebnisse

Ein Teil der Versuchsergebnisse ist bereits aus Publikationen, u. a. [13–15, 23] bekannt. Der gesamte Flüssigkeitsinhalt h_L wurde in diesen Arbeiten mit den Systemen Luft/Wasser, Luft/Ethylenglykol, Luft/wässrige Ethylenglykollösung und Luft/Methanol in einer Kolonne mit Durchmessern von 0,150 m bzw. 0,22 m bei einer Schüttungshöhe $H \cong 1,5$ m experimentell ermittelt. Über die neueren Ergebnisse, die meist an kleinflächigen Füllkörpern mit durchbrochener Wand in Kolonnen mit größeren Durchmessern gewonnen wurden, wird nachfolgend berichtet.

4.2.6.1
Flüssigkeitsinhalt unterhalb der Staugrenze

Typische Messkurven des Gesamtflüssigkeitsinhaltes h_L für metallische 25-mm Białeckiringe werden in Bild 2-2b und in den Bildern 4-4a–d für einige gewählte Füllkörperformen unterschiedlicher Gasbelastungen F_V mit der spezifischen Flüssigkeitsbelastung u_L als Parameter gezeigt. Der Einfluss der Flüssigkeitsbelastung u_L auf den Flüssigkeitsinhalt von regellos geschütteten Pallringen ist in den

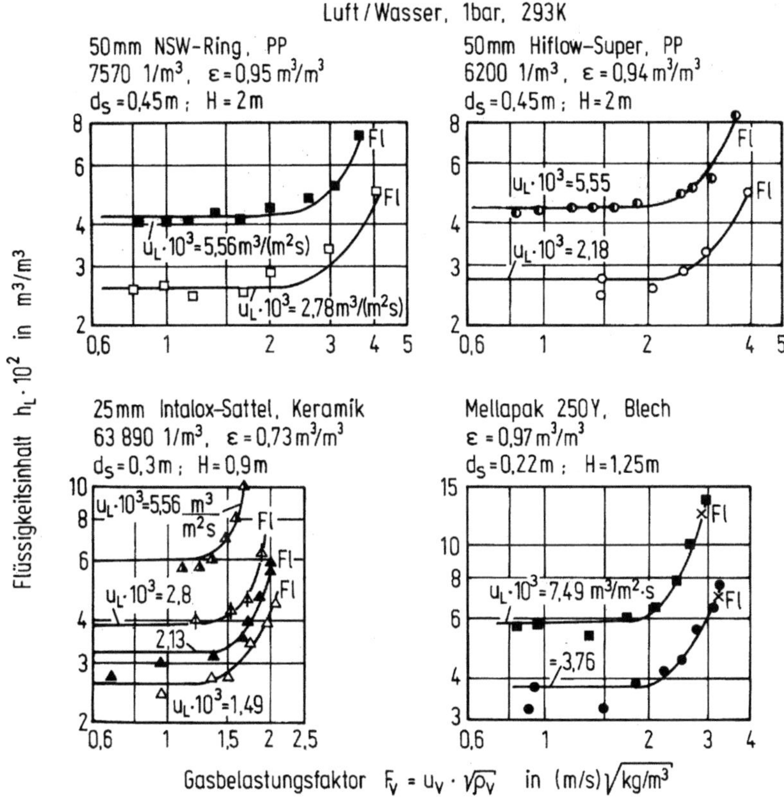

Bild 4-4 a–d. Der gesamte Flüssigkeitsinhalt als Funktion des Gasbelastungsfaktors F_V bei verschiedenen, spezifischen Flüssigkeitsbelastungen u_L, gültig für regellos geschüttete 25-mm Intalox-Sättel, 50-mm NSW-Ringe und Hiflow-Ringe-Super sowie Mellapak 250Y aus Blech. System: Luft/Wasser unter Normalbedingungen

Bildern 4-5 a, b, c gezeigt, der Einfluss der Füllkörpergröße in den Bildern 4-5 a, b und der des Werkstoffes in Bild 4-5 c.

In den Bildern 4-6 a und 4-6 b wird die Abhängigkeit $h_L = f(u_L)$ für strukturierte Packungen und geordnete Schichten gezeigt. Die Messdaten des Bildes 4-6 a gelten für strukturierte Packungen des Typs Y- mit einer Neigung der Strömungskanäle von 45° wie Mellapak 250 Y aus Blech, Gempak 2AT304 und für Montz-Packungen B1-100, B1-200, B1-300 aus Blech und C1-200 aus Kunststoff. Die Daten des Bildes 4-6 b gelten für geordnete Schichten und Packungen mit einer Neigung der Strömungskanäle von 30° zur Kolonnenachse.

Zur Auswertung der zahlreichen Messdaten wurde eine Datenbank angelegt. In ihr befinden sich ca. 1100 Messpunkte für regellose Schüttungen, geordnete Füllkörperschichten und Packungen aus Blech und Kunststoff. In Tabelle 4-3, s. Anhang zu diesem Kapitel, findet man nähere Angaben zur Anzahl der Messserien und der Messpunkte, zu den untersuchten Füllkörpern und Systemen sowie Informationen über die mittleren Abweichungen $\delta(h_L)$ der experimentell ermittel-

Bild 4-5 a, b. Flüssigkeitsinhalt h_L als Funktion der spezifischen Flüssigkeitsbelastung u_L unterhalb der Staugrenze, gültig für **a** metallische Pallringe, $d = 0{,}015$–$0{,}050$ m; **b** Pallringe aus Kunststoff, $d = 0{,}025$–$0{,}050$ m

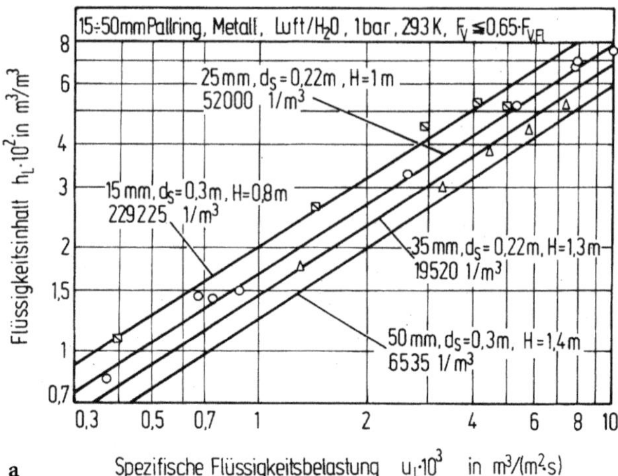

Luft / Wasser, 1bar, 293 K

MP	$d \cdot 10^3$	F_V	d_S	H	$N \cdot 10^{-3}$
	m	(m/s)√kg/m³	m	m	1/m³
○	25	0,4 -0,55	0,3	0,9	55,6
●				1,4	54,3
▲	35	0,44	0,22/0,3	1	16,7
■	50	0,9 -1,25	0,3/0,45	1,4 / 2	6,77/6,48
□					

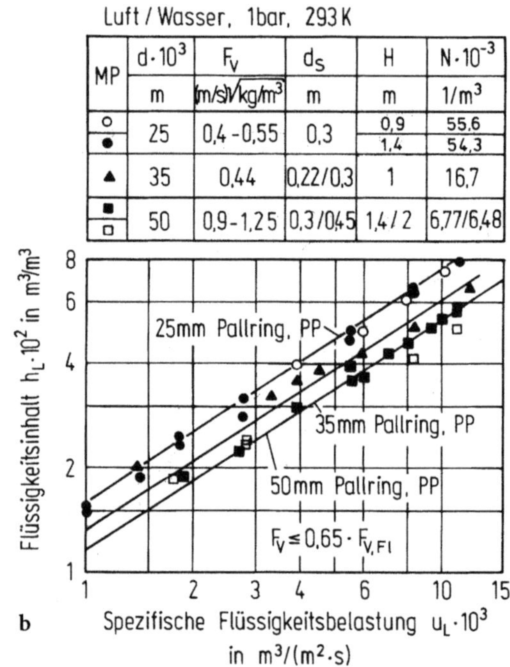

ten Flüssigkeitsinhalte $h_{L,exp}$ von den nach 3 gewählten Verfahren berechneten $h_{L,ber}$-Werten. Die einzelnen Verfahren werden entsprechend mit $h_{L,ber1}$, $h_{L,ber2}$ und $h_{L,ber3}$ bezeichnet. Nachfolgend werden sie näher vorgestellt. Zum Vergleich wurden nur diese Ansätze herangezogen, mit denen der Flüssigkeitsinhalt sowohl für regellose Schüttungen als auch für geordnete Füllkörperschichten und Packungen bestimmt werden kann.

Bild 4-5c. Pallringe der 50-mm Nennabmessung aus verschiedenen Werkstoffen

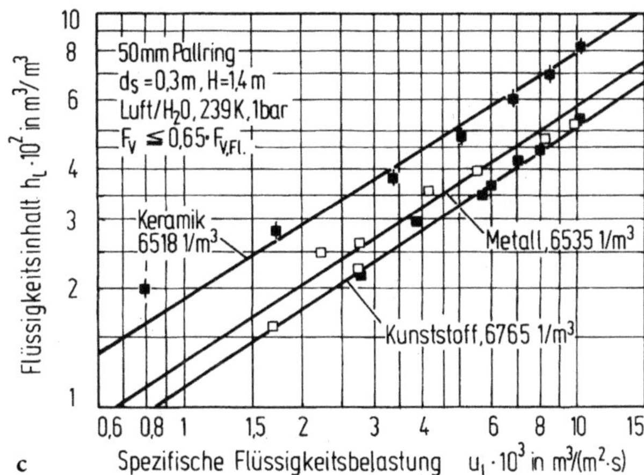

$h_{\mathrm{L,ber1}}$

Hier wurde zur Berechnung des h_{L}-Wertes für $Re_{\mathrm{L}} < 2$ die modifizierte Beziehung (4-20) von Bemer und Kalis [12] mit dem Korrekturfaktor 3/4 eingesetzt, vgl. dazu Kapitel 2. Dieser Zahlenwert ergab sich aufgrund der Auswertung der verfügbaren Messdaten der Datenbank. Zur Bestimmung des Flüssigkeitsanteiles h_{L} für turbulente Flüssigkeitsströmung $Re_{\mathrm{L}} > 2$ wurde Gl. (4-32) verwendet. Diese erhält man durch Einführung der Froude-Zahl der Flüssigkeit nach Gl. (4-31) in Gl. (4-26).

$$Fr_{\mathrm{L}} = \frac{u_{\mathrm{L}}^2 \cdot a}{g} \tag{4-31}$$

$$h_{\mathrm{L}} = C_{\mathrm{P}} \cdot Fr_{\mathrm{L}}^{1/3} \quad [\mathrm{m^3\, m^{-3}}] \tag{4-32}$$

mit

$$C_{\mathrm{P}} = 0{,}57 \quad \text{für } 2 \leq Re_{\mathrm{L}} \leq 200 \tag{4-33a}$$

Der Zahlenwert $C_{\mathrm{P}} = 0{,}57$ wurde durch Auswertung von Messdaten für regellose Schüttungen und strukturierte Packungen vom Typ Y der Datenbank im Strömungsbereich von $Re_{\mathrm{L}} \geq 2$ bis $Re_{\mathrm{L}} \approx 200$ gefunden.

Für strukturierte Packungen und geordnete Schichten vom Typ X wurde eine vom Typ und Werkstoff unabhängige Konstante C_{P} gefunden:

$$C_{\mathrm{P}} = 0{,}465 \quad \text{für } 2 \leq Re_{\mathrm{L}} \leq 100 \,. \tag{4-33b}$$

Zur Festlegung des Betriebsbereiches wurde bei jedem Messpunkt die relative Kolonnenbelastung $(F_{\mathrm{V}}/F_{\mathrm{V,Fl}})_{uL=\mathrm{const}}$ bestimmt. Der Flutpunktgasbelastungsfaktor wurde iterativ mit dem Ansatz (2-53) ermittelt und der Flüssigkeitsinhalt im Staubereich nach dem in Kap. 4.6.2.2 vorgestellten Verfahren.

Bild 4-6a. Flüssigkeitsinhalt h_L als Funktion der spezifischen Flüssigkeitsbelastung u_L unterhalb der Staugrenze, gültig für **a** Montz-Packungen B1-100Y, B1-200Y, B1-300Y aus Blech und C1-200Y aus PP, Mellapak 250Y aus Blech sowie Gempak 202AT aus Blech, $d_S = 0{,}22$–$0{,}45$ m

	Luft/Wasser, 1bar, 288 K, $F_V \leq 0{,}65\ F_{V,Fl}$				
MP	Packung	Werkstoff	F_V	d_S	H
–	–	–	$(m/s)(kg/m^3)^{0{,}5}$	m	m
o φ ⊕	B1-300	Blech	1,50 1,50 1,14	0,22 0,30 0,45	1,42 1,42 1,07
▲ ▲	B1-200	Blech	<1,33	0,22 0,30	1,34 1,56
■	B1-100	Blech	1,05	0,30	1,34
▽ ψ	C1-200	PP neu PP alt	0,55 1,50	0,30	1,42
•	Mellapak 250Y	Blech	0,94	0,22	1,25
φ	Gempak 2AT 304	Blech	≤1,23	0,30	1,47

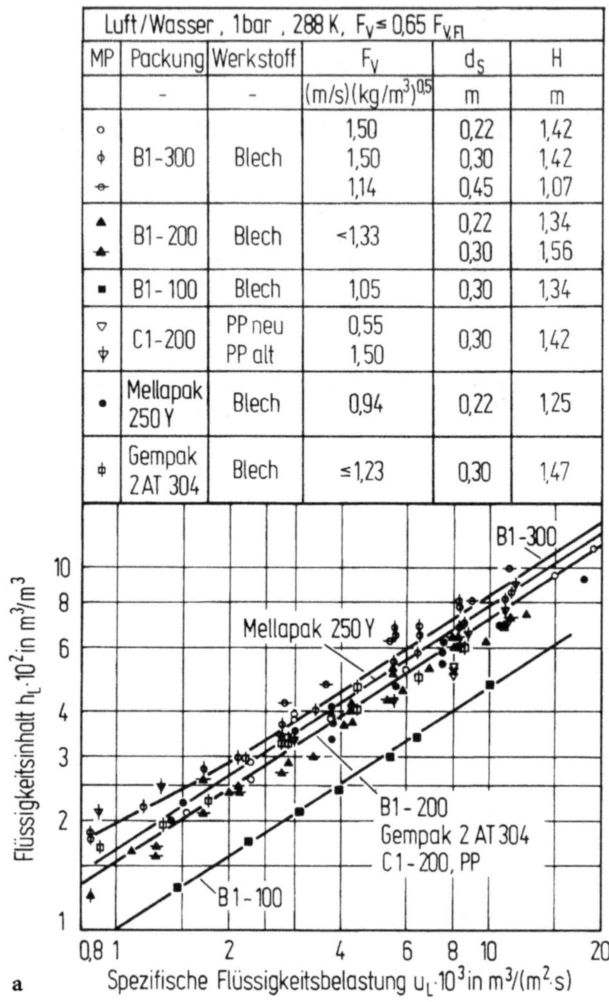

a

$h_{L,ber2}$

Zur Berechnung des Flüssigkeitsinhaltes h_L für $Re_L < 5$ und $Re_L > 5$ wurde der Ansatz

$$h_L = 2{,}2 \cdot B_L^{1/2} \quad [m^3\,m^{-3}] \tag{4-34}$$

nach der Darstellung von Mersmann und Deixler [44] verwendet.

$h_{L,ber3}$

Zur Berechnung des Flüssigkeitsinhaltes wurden die Ansätze von Bemer und Kalis [12], verwendet, s. Gln. (4-26) und (4-28).

MP	Packung	Werkstoff	$\frac{a\,[m^2/m^3]}{\varepsilon^2\,[m^3/m^3]}$	d_s [m]	H [m]	Lit.
		Luft/Wasser, 1 bar, 293 K, $F_V < 0{,}65\,F_{V,Fl}$				
◇	25 BR-M-S geordnete 25 mm Białecki ringe	Metall N=63400	$\frac{275}{0{,}933}$	0,15	1,5	[A]
▽	50 BR-M-S geordnete 50 mm Białecki ringe	Metall N=7654 1/m³	$\frac{128{,}5}{0{,}963}$	0,30	1,5	[A]
●	Mellapak 250X	Blech	$\frac{250}{0{,}97}$	1,0	3,5	[57]
▲	Montz-B1-500	Blech	$\frac{500}{0{,}97}$	0,45	1,70	[A]
□	Montz-A3-BX-Packung	Metall-gewebe	$\frac{500}{0{,}95}$	0,45	2,0	[A]

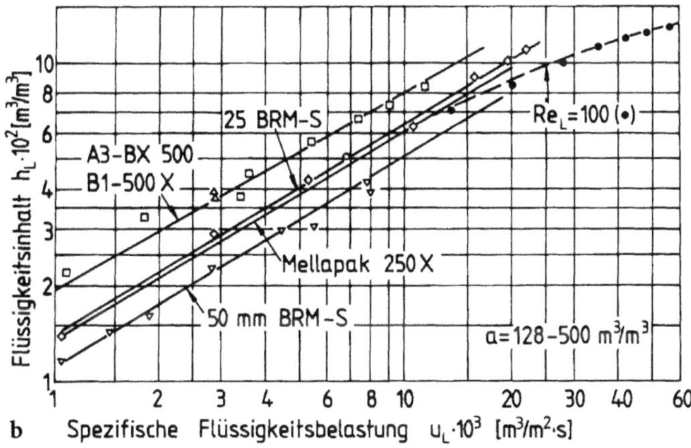

Bild 4-6b. Gültig für 25–50 mm geordnete Białeckiringe aus Metall, Mellapak 250X, Montz B2-500X und Montz A3-500

Diskussion der Messergebnisse – turbulente Flüssigkeitsströmung

In Bild 4-7 werden die experimentell ermittelten Flüssigkeitsinhalte $h_{L,exp}$ den nach Gl. (4-26) von Bemer und Kalis [12] berechneten h_L-Werten gegenübergestellt. In dieser Darstellung, die für $Re_L < 10$ und $F_V/F_{V,Fl} \le 0{,}65$ gilt, ergibt sich für den überwiegenden Teil der Messpunkte eine systematische Abweichung von +60 bis –10%. Lediglich für keramische Raschigringe und keramische Intalox-Sättel ergibt sich eine gute Übereinstimmung der Rechnung mit dem Experiment. Der Ansatz nach Gl. (4-26) wurde ursprünglich für diese Füllkörper entwickelt.

In Bild 4-8a werden die gleichen Daten zum Flüssigkeitsinhalt $h_{L,exp}$ mit der Rechnung nach Gl. (4-32) mit $C_P = 0{,}57$ im Bereich der Reynoldszahl $Re_L \ge 2$ verglichen. Für ca. 75% der etwa 650 Messpunkte streuen die Messwerte um die Diagonale mit $\delta(h_L) \le \pm 20\%$, 85% mit $\delta(h_L) \le \pm 25\%$. Der mittlere Fehler $\delta(h_L)$ der

Bild 4-7. Vergleich der berechneten $h_{L,ber}$-Werte nach Gl. (4-26) von Benzer und Kalis [12] mit den experimentell ermittelten $h_{L,exp}$-Werten, gültig für $Re_L \geq 10$ und $F_V/F_{V,Fl} < 0{,}65$ sowie für unterschiedliche Füllkörper. Tabelle 4-5 zu den Bildern 4-7 bis 4-9 mit den Bezeichnungen der verwendeten Symbole findet man im Anhang dieses Kapitels

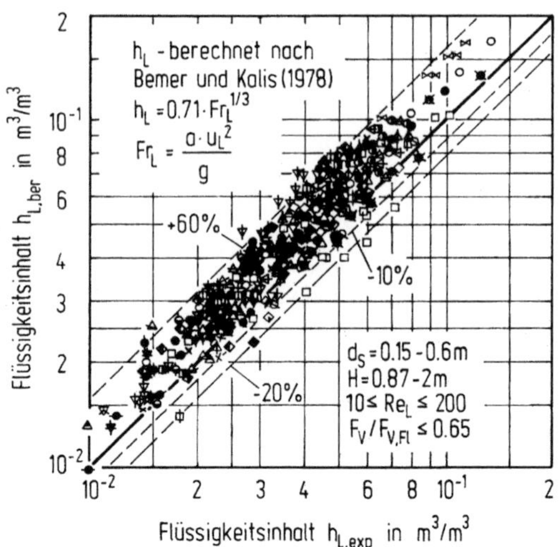

Tabelle 4-5. Tabelle zu den Bildern 4-7, 4-8a, 4-8b und 4-9

MP	$d \cdot 10^3$ [m]	Füllkörper	Werkstoff	System-Nr.	ε [m³/m³]	d_S [m]	H [m]	Literatur
○	25	**Bialeckiringe** regellos	Metall	1, 2, 3	0,940	0,154	1,5	[A]
◑	35				0,947	0,220	1,3	
✳	25	**Raschigringe** regellos	Keramik	1	0,650	0,220	1,0	
✹	25	**Raschigringe** regellos		1	0,676	0,226	0,676	[21]
●	25	**Raschigringe** regellos	Glas	5	0,820	0,15	1,0	[36,37]
△ ✠ ⊡	25 35 50	**Pallring**	Kunststoff	1, 4	0,880-0,926	0,22-0,45	0,91-2,0	[A]
× ⊕	38 75	**Hiflow-Ring** regellos	Keramik	1	0,834 0,865	0,30 0,45	1,34 2,00	
● ●	28 58	**Hiflow-Ring**		1	0,962 0,970	0,3-0,6 0,45	1,46-2,0 2,0	
□ ◪ ◨	25 35 58	**Pallring** regellos	Metall	1, 2, 3	0,950 0,950 0,970	0,30 0,30 0,45	1,46 1,46 2,00	
▼ ▼	32 (Gr.1) 50 (Gr.2)	**VSP-Ring** regellos		1, 4	0,976 0,980	0,30-0,45	1,46 2,00	
⊘ ⏀ ⊖	31,5(Gr.1) 50 (Gr.2) 80 (Gr.3)	**ENVIPAC** regellos	Kunststoff (PP)	1, 4	0,930 0,964 0,959	0,30-0,45	1,36-2,0	
△ △ ▲	28 50 90	**Hiflow-Ring** regellos	Kunststoff	1	0,920 0,935 0,965	0,30 0,30 0,45	1,4 1,4 2,0	
△ △	25 38	**Intalox-Sättel** regellos	Keramik	1	0,730 0,757	0,30	0,9 1,4	
◆	50	**NSW-Ring**		1, 4	0,950	0,30-0,45	1,45-2,0	
△	50	**Ralu-Ring**	Kunststoff	1	0,940	0,30-0,45	1,45-2,0	
◇ ◆	28 38	**NSW-Ring** regellos		1, 4	0,920 0,932	0,30	1,4	
▽	60 (Gr.2)	**VSP-Ring**	Kunststoff	1	0,954	0,30-0,45	1,40-2,0	
◕	80	**Top-Pac**	Metall	1	0,978	0,45	2,0	
⊖	40	**Intalox #40**		1	0,940	0,45	2,0	
▲	53	**Hiflow-Super**		1, 4	0,940	0,30-0,45	1,4-2,0	
▼ ▼	70 (Gr.2) 45 (Gr.1)	**Dtnpac**	Kunststoff	1	0,938 0,920	0,30 0,45	1,4 2,0	

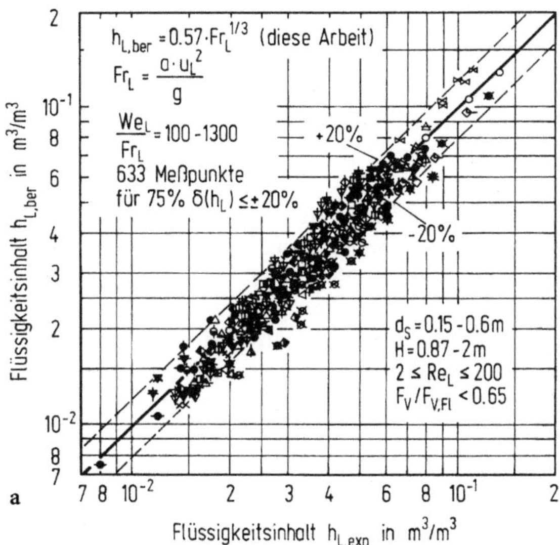

Bild 4-8. Vergleich der berechneten $h_{L,ber}$-Werte nach Gl. (4-32) mit den experimentell ermittelten $h_{L,exp}$-Werten, gültig für unterschiedliche Füllkörper,
a Symbole siehe Tabelle 4-5
b Symbole s. Bild 4-6 b

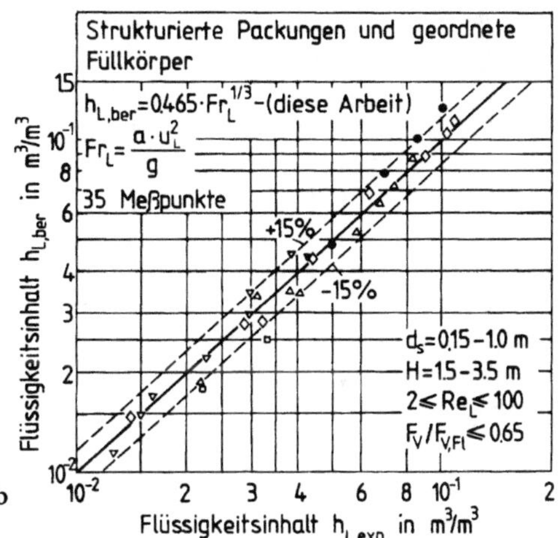

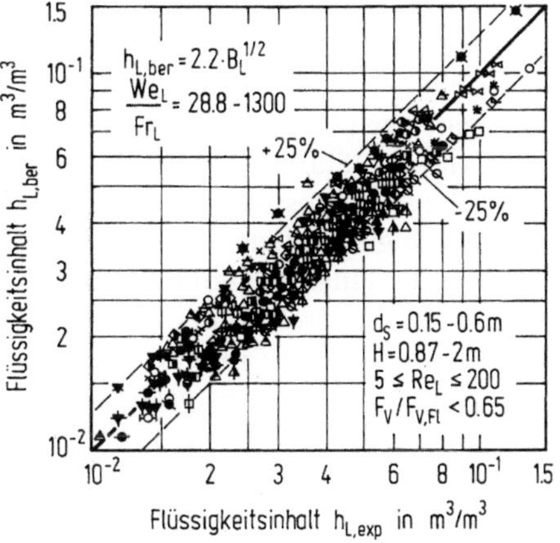

Bild 4-9. Vergleich der nach Gl. (4-34) berechneten Flüssigkeitsinhalte $h_{L,ber}$ mit den experimentell bestimmten $h_{L,exp}$-Werten, gültig für $Re_L \geq 2$ und $F_V/F_{V,Fl} < 0,65$ sowie für unterschiedliche Füllkörper. Symbole siehe Tabelle 4-5

Bestimmung des Flüssigkeitsinhaltes h_L nach der Korrelation (4-32) mit $C_P = 0,57$ liegt bei $\delta(h_L) \cong 15\%$.

Bild 4-8 b zeigt den Vergleich der experimentellen Daten $h_{L,exp}$ für strukturierte Packungen vom Typ-X und für geordnete Füllkörperschichten aus 25–50-mm metallischen Białeckiringen mit der Rechnung des Flüssigkeitsinhaltes nach Ansatz (4-32) und für eine Packungskonstante $C_P = 0,465$ nach Gl. (4-33 b). Die Messdaten streuen um die Diagonale im Strömungsbereich von $Re_L = 2$ bis $Re_L \approx 100$ mit einer relativen Abweichung von $\delta(h_L) \leq \pm 15\%$.

Eine vergleichbare Genauigkeit der Bestimmung des Flüssigkeitsinhaltes wie nach Gl. (4-32 a) mit $C_P = 0,57$, liefert die Auswertung der Messdaten zum Flüssigkeitsinhalt $h_{L,exp}$ mit dem Ansatz nach Gl. (4-34) nach Mersmann und Deixler [44], s. Bild 4-9. Die Streuung der Messdaten um die Diagonale beträgt $\delta(h_L) \leq \pm 25\%$, bei einem mittleren Fehler $\delta(h_L)$ der Bestimmung des Flüssigkeitsinhaltes h_L von $\delta(h_L) \cong 15\%$.

Eine genauere Analyse der Ergebnisse der Auswertung von Messdaten des Bildes 4-9 gemäß der Rechnung nach Mersmann und Deixler [74] nach Gl. (4-34) führt ferner zu der Feststellung, dass sich bei größeren dimensionslosen Berieselungsdichten $B_L > 2 \cdot 10^{-4}$ zu kleine h_L-Werte ergeben. Für turbulente Flüssigkeitsströmung $Re_L \geq 2$ ist offensichtlich der Exponent $n = 1/2$ in Gl. (4-34) zu klein. Die Messwerte, die in das Bild 4-9 eingetragen sind, lassen sich im Bereich $B_L > 2 \cdot 10^{-4}$ geringfügig besser mit dem modifizierten Ansatz gemäß dieser Arbeit nach Gl. (4-35) beschreiben und mit einem mittleren relativen Fehler von $\delta(h_L) < 14\%$ korrelieren.

$$h_L = 4,39 \cdot B_L^{0,575} \quad [m^3 m^{-3}] \tag{4-35}$$

Die Auftragung der Messwerte aus Bild 4-6 für strukturierte Packungen der Ausführung Y in der Form $h_L/Fr_L^{1/3} = f(u_L)$ gemäß Bild 4-10 führt ebenfalls zu einer Konstanten C_P, deren Zahlenwert für $Re_L \geq 2$

$$C_P = 0,57 \pm 20\%$$

beträgt und für die Berechnung des Flüssigkeitsinhaltes für strukturierte Packungen unterschiedlicher Bauform und unterschiedliche Werkstoffe verwendet werden kann. Mit dem Ansatz (4-32) und für $C_P = 0,57$ lässt sich somit der Flüssigkeitsinhalt h_L sowohl für regellose Schüttungen als auch für geordnete Füllkörper und Packungen des Typs-Y ausreichend genau für praktische Anwendungen bestimmen.

Bild 4-6 zeigt nach Untersuchung der Montzpackung C1-200 den Einfluss der Betriebszeit auf den Flüssigkeitsinhalt. Unter C-200 „neu" wurden die für neue Packungen geltenden Messwerte in Bild 4-10 eingetragen. Die Bezeichnung „alt" gilt für die Packung nach längerer Betriebszeit von ca. 2 Wochen. Nach dieser Betriebszeit steigt der Flüssigkeitsinhalt um ca. 25 % und bleibt dann konstant. Nach Bild 4-6 wird kein Unterschied in der Größe des Flüssigkeitsinhaltes zwischen der Kunststoffpackung C1-200 Y und der Blechpackung B1-200 Y mit gleicher geometrischer Packungsoberfläche festgestellt.

Es wird auch ein geringer Einfluss des Kolonnendurchmessers auf den Flüssigkeitsinhalt h_L von Packungen für $d_S < 0,3$ m festgestellt. Die Messwerte für Blechpackungen B1-300Y in der Kolonne mit Durchmesser $d_S = 0,22$ m liegen unterhalb

Bild 4-10. Abhängigkeit der Größe C_P für Gl. (4-32) für Montz-Packungen unterschiedlicher Größe, Sulzer-Packung Bauart Mellapak 250 Y und Gempak 202 AT aus Blech, als Funktion der spezifischen Flüssigkeitsbelastung u_L

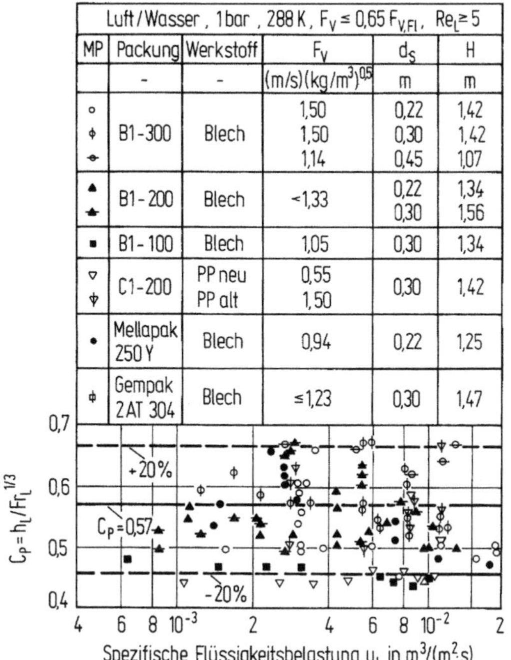

Luft/Wasser , 1 bar , 288 K, $F_V \leq 0{,}65\,F_{V,Fl}$, $Re_L \geq 5$					
MP	Packung	Werkstoff	F_V	d_S	H
	-	-	$(m/s)(kg/m^3)^{0{,}5}$	m	m
○			1,50	0,22	1,42
φ	B1-300	Blech	1,50	0,30	1,42
⊕			1,14	0,45	1,07
▲	B1-200	Blech	<1,33	0,22	1,34
▲				0,30	1,56
■	B1-100	Blech	1,05	0,30	1,34
▽	C1-200	PP neu	0,55	0,30	1,42
φ		PP alt	1,50		
●	Mellapak 250 Y	Blech	0,94	0,22	1,25
φ	Gempak 2 AT 304	Blech	≤1,23	0,30	1,47

der Werte, die in Kolonnen mit $d_S = 0{,}3$ m bzw. 0,45 m ermittelt wurden. Für Blechpackung B1-100Y mit einer Packungsoberfläche von 100 $m^2\,m^{-3}$ liegen die Messwerte um ca. 20 % unterhalb der berechneten Werte nach Gl. (4-32), was offensichtlich darauf hindeutet, dass die Kolonnengröße für kleinflächige Packungen zu klein gewählt worden ist.

Diskussion der Messergebnisse – laminare Flüssigkeitsströmung

Die Auswertung von Messdaten zum Flüssigkeitsinhalt führt zu folgenden Aussagen:

Bei laminarer Flüssigkeitsströmung, die für Reynoldszahlen $Re_L < 2$ vorherrscht, lässt sich der Flüssigkeitsinhalt h_L nach dem Ansatz von Mersmann und Deixler [44] recht gut beschreiben. 85 % der Messwerte werden mit einer Genauigkeit von $\delta(h_L) \leq \pm 20\,\%$ wiedergegeben, Bild 4-11a. Abweichungen von $0 - +50\,\%$ sind aus Bild 4-11b ersichtlich, in dem die $h_{L,exp}$-Messwerte mit den berechneten Werten nach Bemer und Kalis [12], s. Gl. (4-20), verglichen werden. Als sinnvoll erweist sich daher die Einführung eines Korrekturfaktors von 3/4 in Gl. (4-20). Somit wird eine wesentlich bessere Wiedergabe der Messwerte mit der Rechnung erreicht, s. Tabelle 4-3, abgesehen von wenigen Messpunkten bei extrem kleinen Flüssigkeitsbelastungen, für die keine zufriedenstellende Beschreibung mit einem der verfügbaren Ansätze gefunden wurde.

Abschließend kann festgestellt werden, dass der Flüssigkeitsinhalt h_L für beliebige Füllkörper und geordnete Packungen vom Typ-Y sowohl nach der Darstellung von Mersmann und Deixler [44], als auch mit den modifizierten Ansätzen von Bemer und Kalis [12] mit einer Genauigkeit von ± 20–25 % berechnet werden kann.

In den Beziehungen von Bemer und Kalis [12] muss hierzu nur die Konstante C_P korrigiert werden. Für $Re_L < 2$ beträgt der Korrekturfaktor in Gl. (4-20) *0,75* und für $Re_L \geq 2$ ist $C_P = 0,57$ in Gl. (4-32) für Packungen mit einer Neigung der Strömungskanäle von 45°, bzw. $C_P = 0,465$ in Gl. (4-32) für strukturierte Packungen vom Typ X und geordnete Schichten mit der Neigung der Strömungskanäle von 30°. Diese Aussage gilt für folgende variierte Betriebs- und Stoffwertparameter:

$$
\begin{aligned}
0{,}15 &\leq Re_L &&\leq 200 - \text{Typ Y} \\
2 &\leq Re_L &&\leq 100 - \text{Typ X} \\
28{,}8 &\leq We_L/Fr_L &&\leq 1300 \\
58 &\leq a &&\leq 500 \ \text{m}^2\text{m}^{-3} \\
0{,}57 &\leq \varepsilon &&\leq 0{,}987 \ \text{m}^3\text{m}^{-3} \\
0{,}15 &\leq d_S &&\leq 1 \ \text{m} \\
0{,}676 &\leq H &&\leq 4{,}3 \ \text{m} \\
932 &\leq \rho_L &&\leq 1110 \ \text{kg}\,\text{m}^{-3} \\
21 &\leq \sigma_L &&\leq 72{,}4 \ \text{mN}\text{m}^{-1} \\
0{,}58 &\leq \eta_L &&\leq 14{,}3 \ \text{mPa}\,\text{s} \\[1em]
&F_V/F_{V,Fl} &&\leq 0{,}65 \\
&d_S/d &&\geq 6
\end{aligned}
$$

4.2.6.2
Flüssigkeitsinhalt $h_{L,S}$ oberhalb der Staugrenze und unterhalb der Flutgrenze

Nach Bild 2-2b bzw. 4-4 nimmt der Flüssigkeitsinhalt h_L, oberhalb 65 % der Flutgrenze bei einer konstant gehaltenen Flüssigkeitsbelastung u_L zu und erreicht bei der Flutbelastung $F_{V,Fl}$ den höchsten $h_{L,Fl}$-Wert von $h_{L,Fl} \approx 1{,}8\ h_L$ bis $2{,}0 \cdot h_L$.

In Bild 4-12 wird die Abhängigkeit des Flüssigkeitsinhaltes h_L von der spezifischen Flüssigkeitsbelastung u_L mit dem Gasbelastungsfaktor F_V als Parameter dargestellt. Unterhalb der Staugrenze nimmt der Flüssigkeitsinhalt h_L mit u_L in der Potenz 2/3 zu, oberhalb der Staugrenze ist der Einfluss der Flüssigkeitsbelastung auf den Flüssigkeitsinhalt h_L größer $h_L \approx u_L^n$, mit steigendem Wert für den Exponenten n, $n > 2/3$.

In Bild 4-12 wurden auch für die Flüssigkeitsinhalte am Flutpunkt $h_{L,Fl}$ die dazugehörigen Phasendurchsatzverhältnisse eingetragen. Mit zunehmendem Phasendurchsatzverhältnis λ_0 nimmt das Verhältnis $h_{L,Fl}$ zum Flüssigkeitsinhalt h_L, der auf der Linie $h_L \approx u_L^{2/3}$ für $u_L = u_{L,Fl}$ liegt und welcher für den Bereich unterhalb der Staugrenze charakteristisch ist, ab.

Zur Korrelierung der Messdaten zum Flüssigkeitsinhalt oberhalb der Staugrenze eignet sich die Darstellung nach Bild 4-13, in dem der bezogene Flüssigkeitsinhalt $h_{L,S}/h_L$ als Funktion der relativen Gasbelastung $F_V/F_{V,Fl}$ dargestellt wird. Zur Erstellung des Bildes wurden die Messdaten des Bildes 2-2b herangezogen.

Bild 4-11 a, b. Vergleich der berechneten $h_{\mathrm{L,ber}}$-Werte mit den experimentell ermittelten $h_{\mathrm{L,exp}}$-Werten **a** nach Gl. (4-34) gemäß der Darstellung von Mersmann und Deixler [44], **b** nach Bemer und Kalis [12], Gl. (4-20), s. Tabelle 4-6 mit den Bezeichnungen der verwendeten Symbole

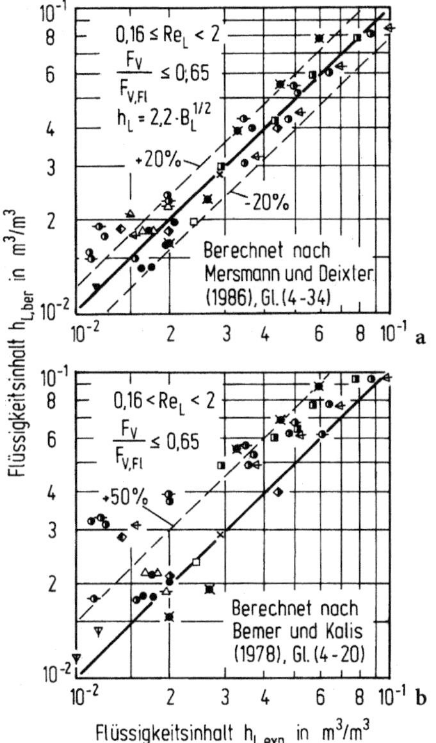

Aus Bild 4-13 ist zu sehen, dass im Belastungsbereich von $u_L = 2{,}78 \cdot 10^{-3}$ bis $22{,}2 \cdot 10^{-3}$ ms^{-1} der bezogene Flüssigkeitsinhalt $h_{\mathrm{L,S}}/h_{\mathrm{L}}$ für zunehmende relative Kolonnenbelastung $F_V/F_{V,\mathrm{Fl}}$ auch zunimmt, um am Flutpunkt einen maximalen Wert zu erreichen. Dieser ist am Flutpunkt um den Faktor 1,8 bis 2 größer als im Staubereich für $F_V < 0{,}65\, F_{V,\mathrm{Fl}}$, d.h. es gilt: $h_{\mathrm{L,Fl}} \approx 1{,}8 \cdot h_{\mathrm{L}}$ bis $2{,}0 \cdot h_{\mathrm{L}}$. Nach Bild 4-13 ergibt sich auch ein geringer Einfluss der Flüssigkeitsbelastung u_L auf den bezogenen Flüssigkeitsinhalt $h_{\mathrm{L,S}}/h_{\mathrm{L}}$, s. auch Gl. (2-43).

Im Betriebsbereich oberhalb der Staugrenze und unterhalb der Flutgrenze lässt sich der Flüssigkeitsinhalt $h_{\mathrm{L,S}}$ mit Hilfe der Funktion nach Gl. (4-36) beschreiben.

$$z = f(k) = \begin{cases} z_{\mathrm{Fl}} - (z_{\mathrm{Fl}} - z_0) \cdot \sqrt{1 - \left[\dfrac{k - k_0}{1 - k_0}\right]^2} & \text{für } 0{,}65 < \dfrac{F_V}{F_{V,\mathrm{Fl}}} < 1 \\[2em] z_0 & \text{für } \dfrac{F_V}{F_{V,\mathrm{Fl}}} \leq 0{,}65 \end{cases} \qquad (4\text{-}36)$$

Es werden hier folgende Bezeichnungen eingeführt: $z = (h_{\mathrm{L,S}}/h_{\mathrm{L}})_{u_L = \mathrm{const}}$ und $k = (F_V/F_{V,\mathrm{Fl}})_{u_L = \mathrm{const}}$. Die Funktion nach Gl. (4-36) gehört zur sogenannten C^1-Klasse und ist differenzierbar. Außerdem ist die links- und rechtsseitige Grenze ihrer Ableitung gleich null.

Tabelle 4-6. Tabelle zu Bild 4.11

Symbol	$d \cdot 10^3$ [m]	Füllkörper	System-Nr.[1]	a [m²/m³]	ε [m³/m³]	We_L/Fr_L [-]	d_S [m]	H [m]
□	25	Pallring Metall	1	233,5	0,854	88,61	0,30	1,46
◪	35		1, 2	~180	0,948	197-388	0,22-0,30	1,3-1,4
◭	25	Pallring Kunststoff	1	235	0,883	68,6	0,22	0,91
◀	35		1, 2, 3, 4	~180	0,910	184-350	0,22	0,70
◫	35	Białeckiring Metall	1, 2, 3	~160	0,947	161-386	0,22	1,25-1,30
-◑-	35	Białeckiring Metall, geordnet	1, 2, 3	~170	1,945	152-201	0,22	1,00
●	28	Hiflow-Ring Metall	1	~190	1,963	110-140	0,3-0,6	1,4-2,0
△	28	Hiflow-Ring PP	1	198,5	0,916	103	0,30	1,34
×	20	Hiflow-Ring Keramik	1	309,9	0,854	28,8	0,30	1,25
◈	28	Nor-Pac PVDF	1	193,5	0,922	110,4	0,30	1,45
◆	38		1, 4	159,5	0,932	166-173	0,30	1,40
▼	45	Dtnpac Gr.1 PP	1	135	0,921	225,5	0,45	2,00
◬	25	Intalox-Sättel Keramik	1	185	0,724	74,5	0,30	0,87
⬢	25	Raschigring Keramik, Glas	1, 5	180	0,676	50,7	0,154-0,22	0,676-1,0
				203	0,820	247		

[1] Systeme-Nr.:

Nr.	System	η_L [mPas]	ρ_L [kgm⁻³]
1	Luft/Wasser	1,0	998,2
2	Luft/Ethylenglykol	14,3	1106,9
3	Luft/wässrige Glykollösung	8,2	1095,5
4	Luft/4%ige NaOH-Lösung	1,5	1040,0
5	Luft/Silikonöl	9,6	932,0

Diese Funktion nach Gl. (4-36) hat 3 Parameter, k_0, z_{Fl} und z_0, die aus den Experimenten bestimmt werden. Die Randbedingungen ergeben sich aus Bild 4-13. Sie lauten:

$$z_0 = 1, (h_{L,S}/h_L) = 1$$

und

$$k_0 = 0,65 \, .$$

Mit den weiteren Bezeichnungen für das Verhältnis $h_{L,S}/h_L$

$$z = \frac{h_{L,S}}{h_L} = \frac{h_{L,S}}{C_P \cdot Fr_L^{1/3}} \quad \Rightarrow h_{L,S} = z \cdot C_P \cdot Fr_L^{1/3} \quad \text{für} \quad Re_L \geq 2 \tag{4-37}$$

und für z_{Fl} am Flutpunkt

$$z_{Fl} = \frac{h_{L,Fl}}{h_L} = \frac{h_{L,Fl}}{C_P \cdot Fr_L^{1/3}} \quad \text{für} \quad u_L = \text{const} \tag{4-38}$$

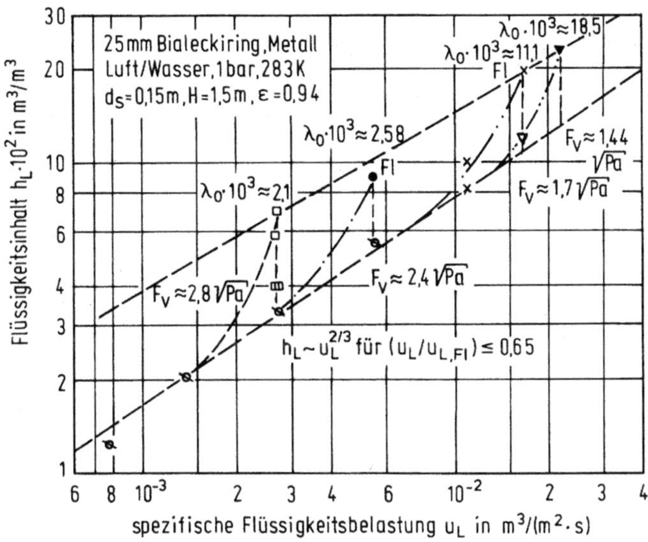

Bild 4-12. Einfluss der Flüssigkeitsbelastung u_L auf den Flüssigkeitsinhalt h_L im Bereich bis zum Flutpunkt mit F_V-Faktor als Parameter. Erstellt anhand der Messdaten des Bildes 2-2b, Symbole: siehe Bild 2-2b

Bild 4-13. Bezogener Flüssigkeitsinhalt $h_{L,S}/h_L$ als Funktion der relativen Gasbelastung $F_V/F_{V,Fl}$, gültig für 25-mm metallische Białeckiringe; Symbole: siehe Bild 2-2b. Parameter: spezifische Flüssigkeitsbelastung A-Staupunkt, C-Flutpunkt

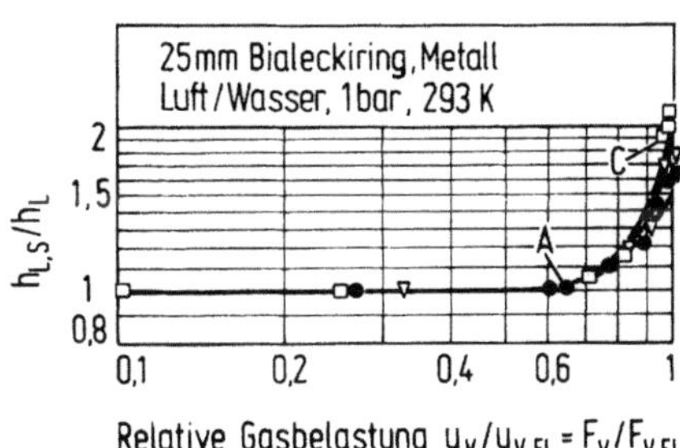

geht die Funktion (4-36) für $0,65 < F_V/F_{V,Fl} < 1$ in Gl. (4-39) über:

$$z = z_{Fl} - (z_{Fl} - 1) \cdot \sqrt{1 - \left[\frac{k - 0,65}{0,35}\right]^2} \, . \tag{4-39}$$

Damit ist bei bekannter relativer Gasbelastung $F_V/F_{V,Fl}$ und spezifischer Flüssigkeitsbelastung u_L, bekannter Füllkörperoberfläche a und Lückenvolumen ε unter Verwendung von Gl. (2-43), (2-20) und Gl. (4-38) die Bestimmung der Größe $z = h_{L,S}/h_L$ ermöglicht. Aus Gl. (4-37) wird der Parameter z bestimmt und anschließend dann $h_{L,S}$.

Am Schluss des Kapitels 4.2 wird nun an einem Zahlenbeispiel die Anwendung der Gl. (4-39) zur Bestimmung des Flüssigkeitsinhaltes $h_{L,S}$ im Staubereich erläutert.

Auch die Daten des Bildes 4-4 und die der Tabelle 4-3 lassen sich nach Gl. (4-39), (4-43) und (4-37) für $d_S/d > 6$ ausreichend genau mit einem relativen Fehler von $\delta(h_{L,S})$ ±20% für praktische Anwendungen bestimmen.

4.2.7
Schlussbetrachtungen zu Kapitel 4.2

Die Auswertung der zahlreichen Versuchsdaten zum Flüssigkeitsinhalt führt zu der Feststellung, dass die turbulente Strömung der Flüssigkeit in Füllkörperkolonnen bereits für $Re_L \geq 2$ zu erwarten ist, wobei für $Re_L < 2$ die Flüssigkeit laminar strömt. Diese Erkenntnis stimmt mit den Ausführungen von Gelbe [22] annähernd überein.

1. Die Auswertung von Messdaten aus der Literatur und der Messdaten aus eigener Datenbank ergab folgende Ergebnisse:
Die modifizierte Gl. (4-32) von Bemer und Kalis [12]

$$h_L = C_P \cdot Fr_L^{1/3} \quad \text{mit} \quad C_P = 0{,}57 \pm 20\% \quad [\text{m}^3\text{m}^{-3}]$$

erlaubt zufriedenstellend die Bestimmung des Flüssigkeitsinhaltes im Betriebsbereich unterhalb der Staugrenze für beliebige, regellose Schüttungen $d = 0{,}015$–$0{,}090$ m und strukturierte Packungen vom Typ-Y unterschiedlicher Bauart mit $a = 100$–500 m^{2}m^{-3}. Gleichung (4-32) gilt im turbulenten Bereich für $Re_L \in (2$–$200)$. Mehr als 80% aller 1000 Messdaten der Datenbank werden mit einem relativen Fehler von weniger als ±20% wiedergegeben.
Die Konstante $C_P = 0{,}57$ für Gl. (4-32) ist aus den Versuchen dieser Arbeit neu ermittelt worden.
Der Flüssigkeitsinhalt von geordneten Füllkörperschichten und strukturierten Packungen vom Typ-X ist bei gleicher spezifischer Packungsoberfläche kleiner als der von regellosen Schüttungen und Packungen vom Typ-Y. Mit der Packungskonstante $C_P = 0{,}465$ für Gl. (4-32) lassen sich die Messdaten für Packungen mit einer geometrischen Packungsoberfläche von 128 bis 500 m^{2}m^{-3} im Strömungsbereich von $Re_L \in (2$–$100)$ mit einem relativen Fehler von ±15% wiedergeben.
Für noch größere Reynoldszahlen $Re_L > 100$ werden die Messdaten des Bildes 4-6b mit folgender Abhängigkeit beschrieben:

$$h_L = C_{P,0} \cdot Fr_L^{1/6} \quad \text{mit} \quad C_{P,0} = 0{,}2 \ . \tag{4-40}$$

Der praktische Vorteil der Anwendung von Gl. (4-32) liegt darin, dass zur Bestimmung des Flüssigkeitsinhaltes lediglich die Kenntnis der geometrischen Füllkörperoberfläche a erforderlich ist. Genauere Bestimmung des Flüssigkeitsinhaltes h_L mit einem relativen Fehler von $\delta(h_L) \leq \pm 10$–15% in Füllkörperkolonnen ist unter Verwendung von Gl. (4-32) dann zu erreichen, wenn eine füllkörperspezifische Konstante $C_{Pi} \neq C_P$ eingeführt wird, s. z. B. Gl. (4-12) und Tabelle 4-2.
2. Für die laminare Flüssigkeitsströmung, $Re_L < 2$ beschreibt der aus der Literatur bekannte Ansatz von Mersmann und Deixler [44] nach Gl. (4-34)

$$h_L = 2{,}2 \cdot B_L^{1/2} \ ,$$

die Messwerte für praktische Anwendungen ausreichend genau, und zwar mit einer Genauigkeit von $\delta(h_\mathrm{L}) \leq \pm 20\,\%$. Eine vergleichbare Genauigkeit wird gemäß der Auswertung zahlreicher Versuchswerte der Tabelle 4-3 mit Gl. (4-20) und mit einem Korrekturfaktor 3/4 erreicht. Die in dieser Arbeit aufgestellte Berechnungsgleichung des Flüssigkeitsinhaltes für $\mathrm{Re_L} \in (0{,}15{-}2)$ lautet somit:

$$h_\mathrm{L} = \frac{3}{4} \cdot \left[\frac{3}{g} \right]^{1/3} \cdot a^{2/3} \cdot (v_\mathrm{L} \cdot u_\mathrm{L})^{1/3} \quad [\mathrm{m^3\,m^{-3}}] \, .$$

3. Die ausgewerteten Messdaten zum Flüssigkeitsinhalt lassen sich auch für $\mathrm{Re_L} \in (0{,}1{-}200)$ in der Darstellung, die von Mersmann [44] vorgeschlagen wurde, unterhalb der Staugrenze mit einem relativen Fehler von weniger als $\pm 25\,\%$ mit Gl. (4-34) wiedergeben.

$$h_\mathrm{L} = 2{,}2 \cdot B_\mathrm{L}^{1/2} \quad [\mathrm{m^3 m^{-3}}]$$

In den Versuchen wurde die $We_\mathrm{L}/Fr_\mathrm{L}$-Zahl zwischen 28,8 und 1300 variiert. In diesem Bereich ist kein Einfluss dieser Kennzahl auf den Flüssigkeitsinhalt h_L festgestellt worden.

4. Besonders zeitaufwändig ist die experimentelle Bestimmung des Flüssigkeitsinhaltes von Füllkörpern oder Packungen aus Polypropylen (PP), weil die endgültige Benetzbarkeit der Füllkörperoberfläche erst nach einer gewissen Betriebszeit erreicht wird [39].

Die Kunststofffüllkörper aus PVDF oder die mit anorganischer Säure oder Lauge vorbehandelten Füllkörper weisen diese Eigenschaften nicht auf.

5. Liegt der Flüssigkeitsinhalt h_L für eine gegebene spezifische Flüssigkeitsbelastung u_L vor, so kann man auch für den gleichen u_L-Wert den dazugehörigen Flüssigkeitsinhalt $h_\mathrm{L,S}$ oberhalb der Staugrenze bei bekannter, relativer Gasbelastung $F_\mathrm{V}/F_\mathrm{V,Fl} > 0{,}65$ mit dem neuen Ansatz nach Gl. (4-39) ermitteln.

Zahlenbeispiel zu Kapitel 4.2 – Flüssigkeitsinhalt

Es ist der Flüssigkeitsinhalt im Staubereich für regellos geschüttete 25-mm Białeckiringe aus Metall für Stoffpaar Luft/Wasser unter den Umgebungsbedingungen zu bestimmen.

Die Kolonne wird bei folgenden Betriebsbedingungen betrieben: $u_\mathrm{L} = 11{,}1 \cdot 10^{-3}$ ms^{-1} und $u_\mathrm{V} = 1{,}5$ ms^{-1}.

Lösung

Für $u_\mathrm{V,Fl}$ ergibt sich nach Zahlenbeispiel 2.2 zu Kap. 2 und Bild 2-2b die Gasgeschwindigkeit am Flutpunkt zu:

$$u_\mathrm{V,Fl} = 1{,}776 \; \mathrm{ms^{-1}} \, .$$

Für die relative Gasbelastung $F_\mathrm{V}/F_\mathrm{V,Fl}$ ergibt sich nun der Zahlenwert von:

$$F_\mathrm{V}/F_\mathrm{V,Fl} = u_\mathrm{V}/u_\mathrm{V,Fl} = 1{,}5/1{,}776 = 0{,}845 \, .$$

Für z_Fl ergibt sich der Zahlenwert von

$$z_\mathrm{Fl} = h_\mathrm{L,Fl}/h_\mathrm{L} = 0{,}15/0{,}08 = 1{,}875 \, .$$

Aus Gl. (4-39) folgt ferner für das Verhältnis

$$z = h_{L,S}/h_L = 1,17 \,.$$

Nach Gl. (4-32) wird zunächst der h_L-Wert unterhalb der Staugrenze mit der für 25-mm metallische Białeckiringe geltenden geometrischen Füllkörperoberfläche von $a = 238 \text{ m}^2\text{m}^{-3}$ ermittelt:

$$h_L = 0,57 \cdot \left[\frac{0,0111^2 \cdot 238}{9,81}\right]^{1/3} = 8,22 \cdot 10^{-2} \text{ m}^3 \text{ m}^{-3} \,.$$

Für den Strömungsbereich unterhalb der Staugrenze für $F_V/F_{V,\text{FI}} < 0,65$ ergibt sich nach Bild 2-2b der experimentelle Wert $h_{L,\text{exp}}$ zu:

$$h_{L,\text{exp}} = 0,08 \text{ m}^3\text{m}^{-3} \,.$$

Für den Strömungsbereich oberhalb der Staugrenze wird nun Gl. (4-37) verwendet. Der $h_{L,S}$-Wert beträgt somit:

$$h_{L,S} = z \cdot h_L = 1,17 \cdot 0,0822 = 0,096 \text{ m}^3\text{m}^{-3} \,.$$

Nach Bild 2-2b folgt nun:

$$h_{L,S,\text{exp}} = 0,093 \text{ m}^3\text{m}^{-3} \,.$$

Die relative Abweichung von den experimentellen Werten beträgt somit $\delta(h_L) = +2,75\,\%$ für den Strömungsbereich unterhalb der Staugrenze und $\delta(h_{L,S}) = +3,2\,\%$ für den Staubereich.

4.3
Ansatz zur Bestimmung des Druckverlustes von berieselten Schüttungen und strukturierten Packungen bei Kenntnis des Widerstandsbeiwertes ψ für Einphasenströmung und des dimensionslosen Druckverlustes $\Delta p/\Delta p_0$

4.3.1
Herleitung des Ansatzes

Die Bestimmung des bezogenen Druckverlustes $\Delta p/\Delta p_0$ nach Gl. (4-7) oder (4-9) setzt die Kenntnis der spezifischen geometrischen Daten des Füllkörpers a, ε, der füllkörperspezifischen Konstanten x, ϕ und des gesamten Flüssigkeitsinhaltes h_L voraus. Der letztere kann für eine ganze Reihe von Füllkörpern und Packungen nach einem der in Kap. 4.2 vorgestellten Literaturansätze [12, 44] bestimmt werden.

Die Erweiterung der Gültigkeit der Ansätze (4-7) und (4-9) auf den Betriebsbereich oberhalb der Staugrenze erfordert ferner neben der Kenntnis des Flüssigkeitsinhaltes $h_{L,S}$ auch die Kenntnis des Einschnürungsfaktors x bei verschiedenen Betriebsbedingungen. Beide Größen $h_{L,S}$ und x sind in dem Betriebsbereich belastungsabhängig. Hierzu bietet sich durch Umformung der Gl. (4-7) ein anderer, einfacherer Weg zur Bestimmung des bezogenen Druckverlustes $\Delta p/\Delta p_0$ im ganzen Belastungsbereich bis zum Flutpunkt an.

Den Ausgangspunkt hierzu liefern die Beziehungen (4-7) und (4-32). Betrachtet wird zunächst der turbulente Strömungsbereich $Re_L > 2$. Die einzelnen Schritte lassen sich anhand der Gln. (4-41 a, b bis 4-46) nachvollziehen. Aus Gl. (4-7) folgt nun für den Bereich unterhalb der Staugrenze:

$$\frac{\Delta p}{\Delta p_0} \cong \left[1 - \frac{2 \cdot h_L}{a \cdot d_h} \right]^{-5} \overset{d_h = 4 \cdot \frac{\varepsilon}{a}}{\Rightarrow} \frac{\Delta p}{\Delta p_0} \approx \left[1 - \frac{h_L}{2\varepsilon} \right]^{-5}$$

$$\Rightarrow \frac{\Delta p}{\Delta p_0} = \left[1 - \text{const} \cdot \frac{h_L}{\varepsilon} \right]^{-5} \tag{4-41a}$$

Aus Gl. (4-41 a) und Gl. (4-32) folgt dann für $Re_L \geq 2$ und $F_V/F_{V,Fl} \leq 0{,}65$ die Beziehung (4-41 b)

$$\frac{\Delta p}{\Delta p_0} = \left[1 - \text{const} \cdot \frac{C_P}{\varepsilon} \cdot Fr_L^{1/3} \right]^{-5} = \left[1 - C_{B,0} \cdot \frac{Fr_L^{1/3}}{\varepsilon} \right]^{-5}$$

$$= \left[1 - C_{B,0} \cdot \frac{u_L^{2/3} \cdot a^{1/3}}{g^{1/3} \cdot \varepsilon} \right] \tag{4-41b}$$

in welcher $C_{B,0} = \text{const} \cdot C_P$ eine Konstante darstellt. Da $g^{1/3}$ ebenfalls konstant ist, werden die beiden Konstanten zu der Größe C_B zusammengefasst.

$$C_B = \frac{C_{B,0}}{g^{1/3}} \quad [\text{s}^{2/3}\,\text{m}^{-1/3}] \tag{4-42}$$

Für den dimensionslosen Druckverlust erhält man damit die Beziehung (4-43):

$$\frac{\Delta p}{\Delta p_0} = \left[1 - C_B \cdot \frac{a^{1/3} \cdot u_L^{2/3}}{\varepsilon} \right]^{-5} \cdot \tag{4-43}$$

Auf analoge Weise kann man die für laminare Flüssigkeitsströmung und $F_V/F_{V,Fl} \leq 0{,}65$ geltende Beziehung zur Bestimmung des Quotienten $\Delta p/\Delta p_0$ herleiten. Hierfür genügt es, die Gl. (4-20) in Gl. (4-40) einzusetzen. Es resultiert daraus die Beziehung nach Gl. (4-44a),

$$\frac{\Delta p}{\Delta p_0} = \left[1 - C_{C,0} \cdot \left(\frac{3}{g} \right)^{1/3} \cdot \frac{a^{2/3}}{\varepsilon} \cdot (v_L \cdot u_L)^{1/3} \right]^{-5} \tag{4-44a}$$

in welcher $C_{C,0}$ eine dimensionslose Konstante ist, die sich durch Multiplikation von $(3/g)^{1/3}$ mit dem Parameter C_C nach Gl. (4-44b)

$$C_C = C_{C,0} \cdot \left(\frac{3}{g} \right)^{1/3} \quad [\text{s}^{2/3}\,\text{m}^{-1/3}] \tag{4-44b}$$

ergibt. Die dimensionslose Konstante $C_{C,0}$ zur Berechnung des dimensionslosen Druckverlustes $\Delta p/\Delta p_0$ nach Gl. (4-44a) ergibt nach Gl. (4-44b) den Zahlenwert von:

$$C_{C,0} \equiv 1 \ .$$

Somit geht die Berechnungsgleichung (4-44a) des dimensionslosen Druckverlustes berieselter Füllkörperschüttungen Gl. (4-44a) in Gl.(4-44c) über:

$$\frac{\Delta p}{\Delta p_0} = \left(1 - \left(\frac{3}{g} \right)^{1/3} \cdot \frac{a^{2/3}}{\varepsilon} \cdot (u_L \cdot v_L)^{1/3} \right)^{-5} \ . \tag{4-44c}$$

Mit den Gln. (4-45a,b) und (4-46) erhält man schließlich die Berechnungsgleichungen des gesamten Druckverlustes, die sich aus Gln. (4-43) und (3-8) sowie (4-44a) und (3-8) ergeben.

Für die turbulente Flüssigkeitsströmung $Re_L \geq 2$ resultiert aus Gln. (3-8), (4-41) und (4-43) die Gl. (4-45a) zur Bestimmung des Druckverlustes berieselter Packungen:

$$\frac{\Delta p}{H} = \psi \cdot \frac{1-\varepsilon}{\varepsilon^3} \cdot \frac{F_V^2}{d_p \cdot K} \cdot \left[1 - C_{B,0} \cdot \frac{Fr_L^{1/3}}{\varepsilon} \right]^{-5} \quad [\mathrm{Pa\,m^{-1}}] \tag{4-45a}$$

bzw. Gl. (4-45b)

$$\frac{\Delta p}{H} = \psi \cdot \frac{1-\varepsilon}{\varepsilon^3} \cdot \frac{F_V^2}{d_p \cdot K} \left[1 - C_B \cdot \frac{a^{1/3}}{\varepsilon} \cdot u_L^{2/3} \right]^{-5} \quad [\mathrm{Pa\,m^{-1}}] \ . \tag{4-45b}$$

Für die laminare Flüssigkeitsströmung $Re_L < 2$ folgt nun folgende Berechnungsgleichung für den berieselten Druckverlust nach Gl. (4-46)

$$\frac{\Delta p}{H} = \psi \cdot \frac{1-\varepsilon}{\varepsilon^3} \cdot \frac{F_V^2}{d_p \cdot K} \left[1 - C_C \cdot \frac{a^{2/3}}{\varepsilon} \cdot (v_L \cdot u_L)^{1/3} \right]^{-5} , \tag{4-46}$$

die sich aus der Kombination der Gl. (3-8) und (4-44a) ergibt.

Die Gln. (4-45a,b) und (4-46) beinhalten nur zwei empirisch zu bestimmende Parameter: den Widerstandbeiwert bei Einphasenströmung ψ und die Konstante C_B für $Re_L \geq 2$ sowie ψ und C_C für $Re_L < 2$, die lediglich aus den Druckverlustmessungen $\Delta p_0/H$ der unberieselten Schüttung und $\Delta p/H$ der berieselten Schüttung bestimmt werden müssen. Die Kenntnis des Flüssigkeitsinhaltes h_L zur Berechnung des Druckverlustes $\Delta p/H$ ist somit bei den vorgestellten Gln. (4-45a) und (4-46) nicht mehr erforderlich. Für den Betriebsbereich unterhalb der Staugrenze sind für regellose Füllkörper und strukturierte Packungen mit beliebiger Bauart und Form konstante Zahlenwerte für die Größen C_B und C_C zu erwarten. Zu ihrer Bestimmung genügt es, die gemessenen Druckverluste bei der Einphasenströmung $\Delta p_0/H$ und die der berieselten Packung $\Delta p/H$, die sich für einen gegebenen Füllkörper mit bekanntem Lückenvolumen ε, bestimmter Füllkörperoberfläche a

und bei bekannten Betriebsbedingungen u_L und F_V ergeben, in die Gl. (4-47) einzusetzen,

$$C_B = \left[\frac{1 - \left[\left[\frac{\Delta p_0}{H} \right] \cdot \left[\frac{H}{\Delta p} \right] \right]^{1/5}}{u_L^{2/3}} \right] \cdot \frac{\varepsilon}{a^{1/3}} \quad [\mathrm{s}^{2/3}\,\mathrm{m}^{-1/3}] \tag{4-47}$$

die durch einfache Umformung der Gl. (4-43) für $\mathrm{Re}_L \geq 2$ erhalten wurde.

4.3.2 Vergleich der Messwerte mit dem Experiment im Bereich der laminaren Flüssigkeitsströmung

Aufgrund der Messungen der Druckverluste an 25-mm metallischen Pallringen von Billet [5] mit den Systemen Luft/Wasser, Luft/Glykol, Luft/Maschinenöl, Luft/Turbinenöl, η_L von 1 bis 90 mPas sowie aufgrund neuer Messungen mit 17-mm

MP	Füllkörper	$d \cdot 10^3$	d_S	H	System	$u_L \cdot 10^3$	$\eta_L \cdot 10^3$	t_L	Lit.
-	-	m	m	m	-	m/s	m Pas	°C	-
○	Pallring Metall	25	0,435	1,65	Luft/Glykol	5,55 - 13	18	32	Billet [5]
●					Luft/Turbinenöl	5,4 - 11	44	42	
ϕ					Luft/Maschinenöl	7 - 12,7	51,5	48	
◆					Luft/Maschinenöl	5,3 - 10,3	91	33	
▲		35	0,22	1,3	Luft/Glykol	0,3 - 9,4	18	25	Autor
▼	Bialeckiring Metall								

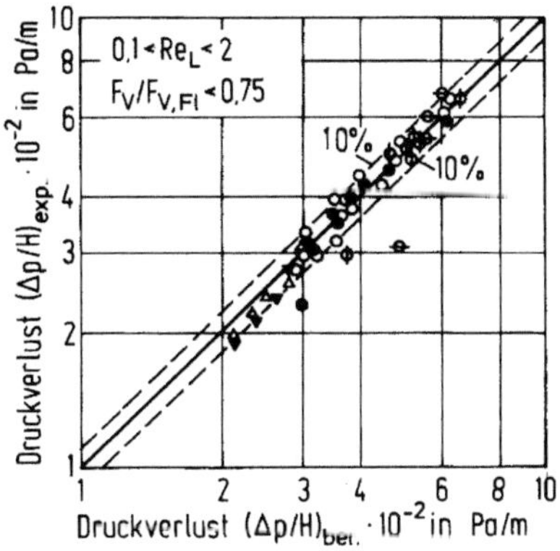

Bild 4-14. Vergleich der nach Gl. (4-46) berechneten mit den experimentell ermittelten Druckverlusten $\Delta p/H$ der berieselten Schüttungen, gültig für laminare Flüssigkeitsströmung $\mathrm{Re}_L < 2$

Hiflow-Ringen aus Kunststoff, 15-mm Pallringen aus Kunststoff und Metall, 17-mm Norpac aus Kunststoff, 35-mm metallischen Pall- und Białeckiringen mit dem System Luft/Ethylenglykol wurde die Brauchbarkeit von Gl. (4-46) zur Bestimmung des Druckverlustes berieselter Schüttungen bei laminarer Flüssigkeitsströmung im Reynolds-Zahl-Bereich $0,1 < Re_L < 2$ überprüft. Den Vergleich der gemessenen Druckverluste $(\Delta p/H)_{exp}$ mit den nach Gl. (4-46) berechneten $(\Delta p/H)_{ber}$-Werten zeigt Bild 4-14. 95 % der zur Auswertung herangezogenen Messpunkte werden mit dem Ansatz (4-46) für $C_C \cong 0,674$ mit einem relativen Fehler von $\pm 10\,\%$ wiedergegeben. Der Widerstandsbeiwert ψ wurde je nach Strömungsbereich der Gasphase nach Gl. (3-14) mit den Konstanten und Exponenten, aufgelistet in den Tabellen 6-1a–c, berechnet.

4.3.3
Bestimmung der Größe C_B für turbulente Flüssigkeitsströmung

Dem turbulenten Strömungsbereich $Re_L \geq 2$ wird aus praktischen Gründen die größte Bedeutung beigemessen, da Füllkörperkolonnen mit großen Füllkörpern bei der Rektifikation unter Normaldruck oder Vakuum bzw. bei der Druckrektifikation und bei der Absorption bei mäßigen Flüssigkeitsbelastungen meist in diesem Strömungsbereich der Flüssigkeit betrieben werden.

Nach Bild 4-15 und Gl. (4-42) ist die Größe C_B dem Faktor C_P in Gl. (4-32) proportional. Somit ist qualitativ die gleiche Abhängigkeit der Größe C_B von den Betriebsbedingungen zu erwarten, wie die des Faktors C_P. Trägt man nun die Größe C_B über der relativen Gasbelastung $F_V/F_{V,Fl}$ auf, Bild 4-15, so erkennt man den Anstieg der Größe C_B erst nach dem Überschreiten von 65 % der Flutbelastung (Staugrenze). Oberhalb der Staugrenze tritt neben der relativen Gasbelastung $F_V/F_{V,FI}$ als Parameter noch die spezifische Flüssigkeitsbelastung u_L in Erscheinung, da der Exponent bei der spezifischen Flüssigkeitsbelastung in Gl. (4-47) größer als 2/3 ist und mit der Änderung der Betriebsbedingungen variiert.

Bild 4-15. Größe C_B einer ungeordneten 38-mm Pallringschüttung in Abhängigkeit von der relativen Gasbelastung $F_V/F_{V,Fl}$. Parameter ist die spezifische Flüssigkeitsbelastung u_L

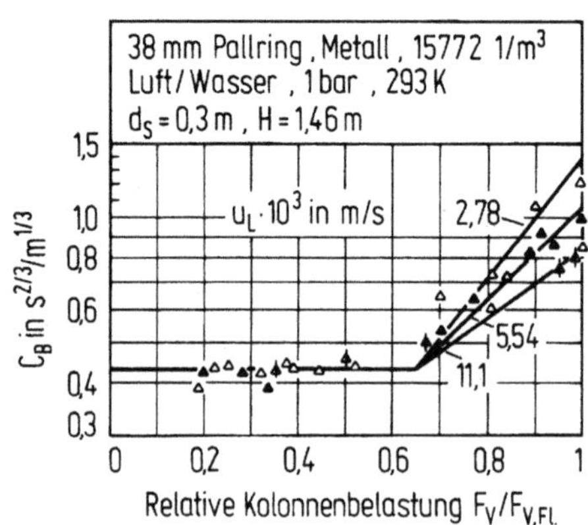

4.3.3.1
Bestimmung der Größe $C_{B,Fl}$ für Betriebsbedingungen am Flutpunkt

Aus der Darstellung der Abhängigkeit der Größe C_B von der relativen Gasbelastung $F_V/F_{V,Fl}$ und der spezifischen Flüssigkeitsbelastung u_L nach Bild 4-15 ergibt sich für den Flutpunkt die Abhängigkeit

$$C_{B,Fl} = f(\lambda_0)$$

genauso wie für den Flüssigkeitsinhalt $h_{L,Fl}^0 = f(\lambda_0)$, s. Gl. (2-43).

In Bild 4-16 ist eine empirische Abhängigkeit, $h_{L,Fl}^0 = f(\lambda_0)$, für eine ganze Reihe von Füllkörpern und Packungen gezeigt. Die eingetragenen Messpunkte lassen sich für den Bereich $\lambda_0 = (0{,}3{-}60) \cdot 10^{-3}$ mit folgender Gl. (4-48)

$$C_{B,Fl} = 0{,}407 \cdot \lambda_0^{-0{,}16} \quad [\mathrm{s}^{2/3}\mathrm{m}^{-1/3}] \tag{4-48}$$

korrelieren.

Gleichung (4-48) wurde anhand von ca. 200 Messdaten erstellt, die an den Systemen Luft/Wasser, Methanol/Ethanol, Chlorbenzol/Ethylbenzol, Ethylbenzol/Styrol im Druckbereich von 33 bis 1000 mbar gewonnen wurden. Ihre Gültigkeit für beliebige Stoffgemische wird im weiteren aufgezeigt.

Aus Gl. (4-45) und (4-48) resultiert schließlich die Berechnungsgleichung des Druckverlustes am Flutpunkt:

$$\left[\frac{\Delta p}{H}\right]_{Fl} = \psi_{Fl} \cdot \frac{1-\varepsilon}{\varepsilon^3} \cdot \frac{F_{V,Fl}^2}{d_P \cdot K} \cdot \left[1 - \frac{0{,}407}{\varepsilon} \cdot \lambda_0^{-0{,}16} \cdot a^{1/3} \cdot u_L^{2/3}\right]^{-5} \tag{4-49}$$

4.3.3.2
Bestimmung der Größe C_B unterhalb der Staugrenze

Die Auswertung der gemessenen Druckverluste $\Delta p/H$ und $\Delta p_0/H$ für unterschiedliche Systeme: Luft/Wasser, Chlorbenzol/Ethylbenzol, Ethylbenzol/Styrol, Methanol/Ethanol, Toluol/n-Oktan, u.a. nach Gl. (4-47) führte für die in Tabellen 6-1a–c zusammengestellten Füllkörper und Packungen des Typs -Y zu einem mittleren C_B-Wert von

$$C_B \approx 0{,}40 \pm 12\,\% \quad [\mathrm{s}^{2/3}\mathrm{m}^{-1/3}] \tag{4-50a}$$

bzw. zur dimensionslosen Konstante $C_{B,0}$

$$C_{B,0} = 0{,}8562 . \tag{4-50b}$$

Für den Druckverlust berieselter Schüttungen und strukturierter Packungen $\Delta p/H$ ergibt sich somit aus Gln. (4-45), (4-50a) und (4-50b) folgende Berechnungsgleichung:

$$\frac{\Delta p}{H} = \psi \cdot \frac{1-\varepsilon}{\varepsilon^3} \cdot \frac{F_V^2}{d_P \cdot K} \cdot \left[1 - \frac{0{,}8562}{\varepsilon} \cdot Fr_L^{1/3}\right]^{-5} \quad [\mathrm{Pa\,m}^{-1}] , \tag{4-51a}$$

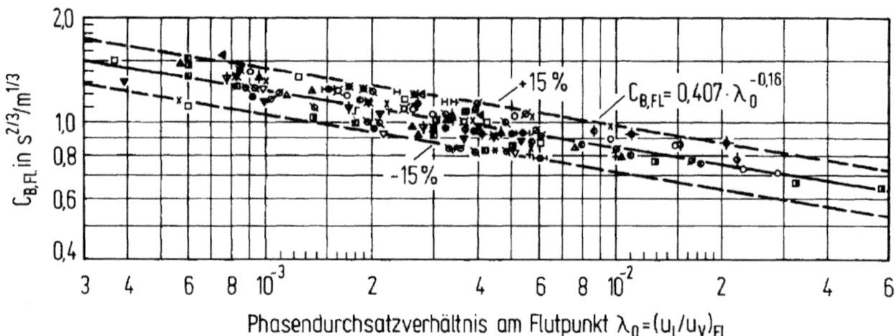

Bild 4-16. Abhängigkeit der Größe $C_{B,FI}$ vom Phasendurchsatzverhältnis am Flutpunkt λ_0, für verschiedene Systeme und Füllkörperformen. Die Tabelle 4-7 mit den Bezeichnungen der verwendeten Symbole findet man im Anhang dieses Kapitels

Tabelle 4-7. Tabelle zu Bild 4-16

MP	$d \cdot 10^3$ [m]	Füllkörper	Werkstoff	System-Nr.	ε [m³/m³]	d_S [m]	H [m]	Literatur
○ ◑	25 35	**Białeckiringe** regellos	Metall	1, 2, 3	0,940 0,947	0,154 0,220	1,5 1,3	[A]
✳	25	**Raschigringe** regellos	Keramik	1	0,650	0,220	1,0	
✺	25	**Raschigringe** regellos		1	0,676	0,226	0,676	[21]
✹	25	**Raschigringe** regellos	Glas	5	0,820	0,15	1,0	[36,37]
△ ⊁ ⊞	25 35 50	**Pallring**	Kunststoff	1, 4	0,880-0,926	0,22-0,45	0,91-2,0	[A]
× ⊕	38 75	**Hiflow-Ring** regellos	Keramik	1	0,834 0,865	0,30 0,45	1,34 2,00	
● ●	28 58	**Hiflow-Ring**		1	0,962 0,970	0,3-0,6 0,45	1,46-2,0 2,0	
□ ◪ ◧	25 35 58	**Pallring** regellos	Metall	1, 2, 3	0,950 0,950 0,970	0,30 0,30 0,45	1,46 1,46 2,00	
▼ ▼	32 (Gr.1) 50 (Gr.2)	**VSP-Ring** regellos		1, 4	0,976 0,980	0,30-0,45	1,46 2,00	
⊘ ⏀ ⊖	31,5(Gr.1) 50 (Gr.2) 80 (Gr.3)	**ENVIPAC** regellos	Kunststoff (PP)	1, 4	0,930 0,964 0,959	0,30-0,45	1,36-2,0	
△ ⟁ ▲	28 50 90	**Hiflow-Ring** regellos	Kunststoff	1	0,920 0,935 0,965	0,30 0,30 0,45	1,4 1,4 2,0	
△ △	25 38	**Intalox-Sättel** regellos	Keramik	1	0,730 0,757	0,30	0,9 1,4	
◆	50	**NSW-Ring**		1, 4	0,950	0,30-0,45	1,45-2,0	
◬	50	**Ralu-Ring**	Kunststoff	1	0,940	0,30-0,45	1,45-2,0	
◇ ◆	28 38	**NSW-Ring** regellos		1, 4	0,920 0,932	0,30	1,4	
⋈ ⊖	25 35	**Białeckiring geordnet**	Metall	1, 2, 3	0,928 0,945	0,15 0,22	1,5 1,0	
▽	60 (Gr.2)	**VSP-Ring**	Kunststoff	1	0,954	0,30-0,45	1,40-2,0	
◕	80	**Top-Pac**	Metall	1	0,978	0,45	2,0	
⊢⊖⊣	40	**Intalox #40**		1	0,940	0,45	2,0	
▲	53	**Hiflow-Super**		1, 4	0,940	0,30-0,45	1,4-2,0	
▼ ⧓	70 (Gr.2) 45 (Gr.1)	**Dtnpac**	Kunststoff	1	0,938 0,920	0,30 0,45	1,4 2,0	

die nach einfacher Umformung in Gl. (4-51b) übergeht:

$$\frac{\Delta p}{H} = \psi \cdot \frac{1-\varepsilon}{\varepsilon^3} \cdot \frac{F_V^2}{d_P \cdot K} \cdot \left[1 - \frac{0,4}{\varepsilon} \cdot a^{1/3} \cdot u_L^{2/3}\right]^{-5} \quad [\mathrm{Pa\,m^{-1}}].$$
(4-51b)

4.3.3.3
Bestimmung der Größe $C_{B,S}$ für den Betriebsbereich oberhalb der Staugrenze und unterhalb der Flutgrenze zur Bestimmung des Druckverlustes nach Gl. (4-45)

Aus Bild 4-15 ergibt sich die Abhängigkeit der Größe $C_{B,S}$ oberhalb der Staugrenze von den Betriebsgrößen u_L und von der relativen Kolonnenbelastung $F_V/F_{V,Fl}$ (dem relativen Abstand vom Flutpunkt). Die Werte $C_B > 0,4$ für $F_V/F_{V,Fl} > 0,65$ deuten darauf hin, dass der Einfluss der spezifischen Flüssigkeitsbelastung u_L und des Quotienten $F_V/F_{V,Fl}$ auf $\Delta p/\Delta p_0$ größer ist als es die Gl. (4-47) vorsieht. Zur Beschreibung der Abhängigkeit des C_B-Wertes von den Betriebsbedingungen wurde in Analogie zu Gl. (4-36) von Gl. (4-52) ausgegangen. Für den betrachteten Betriebsbereich oberhalb der Staugrenze $0,65 < F_V/F_{V,Fl} < 1$ wurde durch Auswertung aller verfügbaren Messdaten der Datenbank folgende Beziehung gefunden:

$$C_{B,S} = C_{B,Fl} - (C_{B,Fl} - C_B) \cdot \left[1 - \left(\frac{(F_V/F_{V,Fl}) - 0,65}{0,35}\right)^{6/5}\right]^{5/6} \quad [\mathrm{s}^{2/3}\,\mathrm{m}^{-1/3}]$$
(4-52)

Für den C_B-Wert gilt für regellose Schüttungen und strukturierte Packungen vom Typ Y nach Gl. (4-50) $C_B = 0,40$ und für $C_{B,Fl}$ die Beziehung nach Gl. (4-48).

4.3.4
Vergleich zwischen Rechnung und Experiment für turbulente Flüssigkeitsströmung

In Bild 4-17 ist beispielhaft die relative Abweichung $\delta(\Delta p/H)$ der Messdaten für den Druckverlust bis zum Flutpunkt $(\Delta p/H)_{\mathrm{exp}}$ von der Rechnung nach Gl. (4-45b) und Gl. (4-49) für 15- bis 50-mm regellos geschüttete Pallringe aus Metall, Kunststoff und Keramik aufgetragen. Die Messwerte gelten für das Stoffpaar Luft/Wasser, Luft/4%ige NaOH-Lsg. und für verschiedene Rektifiziersysteme nach Tabelle 2-2. Die in Bild 4-17 verwendeten Symbole sind mit der Zahl versehen, die der Nummer des jeweiligen Gemisches nach Tabelle 2-2 entspricht. In den Bildern 4-17 bis 4-27 ist die Streuung der Messwerte zum Druckverlust im gesamten Belastungsbereich für weitere untersuchte Füllkörper und strukturierte Packungen dargestellt. Insgesamt wurden ca. 10500 Messdaten ausgewertet, die in den Bildern 4-17 bis 4-27 dargestellt sind. In den Tabellen 4-4a–e findet man Angaben zu der Zahl der Versuchspunkte für die einzelnen Füllkörper, zu den Versuchsbedingungen sowie zu den mittleren relativen Fehlern

- $\overline{\delta}(\Delta p/H)$ unterhalb der Staugrenze
- $\overline{\delta}(\Delta p/H)$ oberhalb der Staugrenze bis zum Flutpunkt

- $\bar{\delta}\,(\Delta p/H)$ mittlerer relativer Fehler für den gesamten Belastungsbereich einschließlich Flutpunkt.

Zur Auswertung der in der Datenbank verfügbaren Messdaten für Dampf-Flüssigkeitssysteme wurde ein Rechenprogramm für Windows-Rechner unter dem Namen FDPAK erstellt, mit welchem bei der Berechnung des Druckverlustes $\Delta p/H$ die Änderung der Stoffströme und der Stoffeigenschaften längs der Kolonne berücksichtigt werden können. Das Programm ist in Kap. 6.8 näher beschrieben.

Die Druckverluste $(\Delta p/H)_{\mathrm{ber}}$ sind nach den bereichsweise geltenden Beziehungen ermittelt worden, mit

- Gl. (4-45b) mit $C_B = 0,4 \Rightarrow$ Gl. (4-50) für den Betriebsbereich unterhalb der Staugrenze $F_V/F_{V,\mathrm{Fl}} \leq 0,65$,
- Gl. (4-45b) mit C_B nach Gl. (4-52) für den Betriebsbereich oberhalb der Staugrenze und unterhalb der Flutgrenze,
- Gl. (4-45b) mit $C_{B,\mathrm{Fl}}$ nach Gl. (4-48) (gleichwertige Gl. (4-49)) für den Flutpunkt, $F_V/F_{V,\mathrm{Fl}} = 1 \pm 0,05$.

Aus den Bildern 4-17 bis 4-27 geht hervor, dass die unterhalb des Flutpunkts geltenden Messwerte praktisch im Fehlerbereich von $\pm 20\,\%$ streuen.

Abweichungen von über $\pm 30\,\%$ treten meist bei größeren, relativen Gasbelastungen ab 95 % der Flutbelastung auf, was teilweise auf die Fehler zurückzuführen ist, die gemacht wurden durch ungenaue Bestimmung der Flutpunktgeschwindigkeit $u_{V,\mathrm{Fl}}$ und des Druckverlustes der unberieselten Schüttung oder Packung $\Delta p_0/H$. Der Anteil solcher Messpunkte liegt bei ca. 2 %.

Der beispielhaft für Pallringe ermittelte relative Fehler $\bar{\delta}(\Delta p/H)$ für die 873 Versuchswerte der Tabelle 4-4a im gesamten Belastungsbereich, einschließlich der Druckverluste am Flutpunkt liegt bei:

$$\bar{\delta}\left(\frac{\Delta p}{H}\right) = \frac{1}{n_1} \cdot \sum_{i=1}^{n_1} \left| \delta_i \right| \approx 8{,}14\,\% \tag{4-53}$$

mit

$$\bar{\delta}\left(\frac{\Delta p}{H}\right)_1 \approx 6{,}82\,\%$$

für den Belastungsbereich $F_V/F_{V,\mathrm{FI}} \leq 0,65$, und

$$\bar{\delta}\left(\frac{\Delta p}{H}\right)_2 \approx 10{,}47\,\%$$

für den Belastungsbereich $0,65 < F_V/F_{V,\mathrm{FI}} \leq 1$. n_1 bedeutet hierbei die Anzahl der Messpunkte. Nach genauer Auswertung der Messdaten für die unterschiedlichen Füllkörper und strukturierten Packungen kann festgehalten werden, dass der mittlere Fehler $\bar{\delta}\,(\Delta p/H)$ für den Bereich unterhalb der Staugrenze bis ca. 80 % der Flutgrenze konstant bleibt, erst danach nimmt er zu, s. Bilder 4-17 bis 4-27.

In Bild 4-27 ist die Streuung der experimentellen Druckverlustdaten für Drucksysteme, gültig für 15-mm Pallringe aus PP, 15-mm Berlsättel aus Keramik und

Mellapak 250Y, dargestellt. Die relativen mittleren Fehler bei der Bestimmung des Druckverlustes nach dem vorgestellten Verfahren sind der Tabelle 4-4e zu entnehmen. Das Bild 4-27 bestätigt die Brauchbarkeit des vorgestellten Verfahrens zur Bestimmung des Druckverlusts berieselter Packungen für beliebige Systeme den Tabellen 4-4a–e zu entnehmenden Reynoldszahlen-Bereich bis $Re_{L,max}$.

Eine Zusammenstellung der mittleren relativen Abweichungen $\bar{\delta}(\Delta p/H)$ findet man in den Tabellen 4-4a–e am Schluss dieses Kapitels. Sie gelten für verschiedene Füllkörper und Packungen aus Metall, Kunststoff und Keramik u. a. folgender Bauart:

8–50-mm	Raschigringe aus Metall und Keramik
15–58-mm	Pallringe aus Metall Keramik, Kunststoff
12–50-mm	Białeckiringe aus Metall und Kunststoff, PSL-Ringe und I-13-Ringe aus Metall
17–90-mm	Hiflow-Ringe aus Metall, Keramik, Kunststoff
50-mm	Hiflow-Sättel aus Kunststoff
17–50-mm	Nor-Pac (NSW-Ringe) aus Kunststoff
15–50-mm	Intalox-Sattel aus Keramik, Kunststoff
50-mm	Ralu-Ring und Ralu-Flow aus Kunststoff
25–50-mm	geordnete Raschigringe, PSL-Ringe, Hiflow-Ringe, Pallringe und Białeckiringe aus Metall und Kunststoff
VSP-Ringe	Gr. l, 2 aus Metall und Kunststoff, Hackette, Top-Pak und Interpak
R-Pac	Gr. 1 und 2 aus Keramik
SR-Pac	Gr. 2 aus Keramik
ENVIPAC	Gr. 1, 2, 3 aus Kunststoff
DTNPAC	Gr. l, 2 aus Kunststoff u. a.
McPac	Gr. 1, 2 aus Metall
Top-Pak	Gr. 1, 2 aus Metall
RaluFlow	Nr. 2 aus Kunststoff
Glitsch-, CMR-Ringe	Gr. 1 0,5A, 1,5A, 2A aus Metall und Kunststoff
Hackette, Tellerette	Gr. 1, 2 aus Kunststoff
Intalox-Super Sättel	Gr. 2, 3 aus Kunststoff sowie für verschiedene strukturierte Packungen Bauart Montz, Gempak 2AT202, Ralu-Pack 250 YC, Mellapak 250 Y aus Blech, Kunststoff und Gewebe, Rohrkolonne mit regelmäßig gesetzten 25- bis 50-mm Białeckiringen u. a.

Die Übereinstimmung zwischen Rechnung und Experiment ist insbesondere im Bereich unterhalb der Staugrenze, in dem Kolonnen vorzugsweise betrieben werden, als gut anzusehen. Der mittlere relative Fehler liegt nach Tabelle 4-4a–e für regellose Füllkörper beliebiger Bauart bei ca. 8 %, für strukturierte Packungen beliebiger Bauart beträgt der Fehler ca. 11,2 %. Der vorgestellte Weg zur bereichsweisen Bestimmung des Druckverlustes in Füllkörperkolonnen erweist sich somit als sinnvoll. Zu beachten ist hier, dass es gelungen ist, das umfangreiche Datenmaterial von ca. 10500 Messdaten zum Druckverlust mit einer einzigen Beziehung, Gl. (4-45), im für die Praxis relevanten Strömungsbereich unterhalb der Staugrenze für beliebige Füllkörperformen für praktische Anwendungen ausreichend genau zu beschreiben. Zu beachten ist auch, dass bei der Berechnung des Druck-

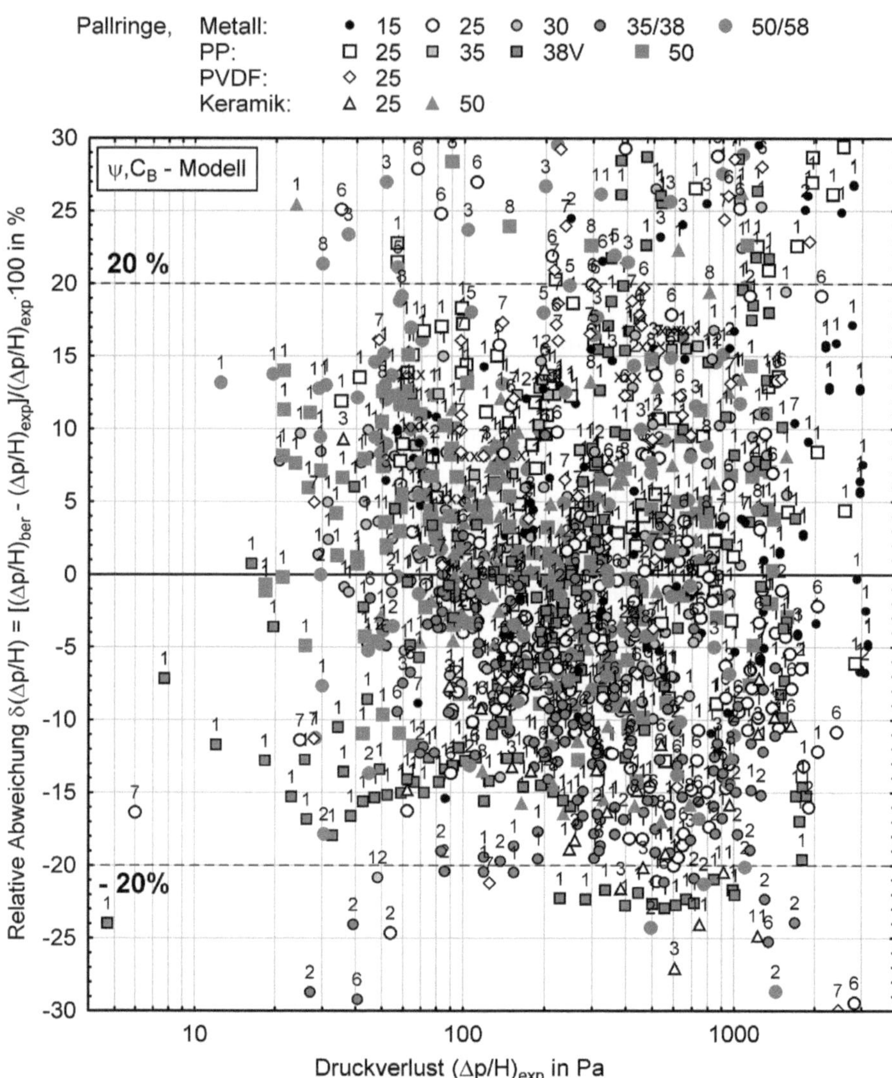

Bild 4-17. Relative Abweichung $\delta(\Delta p/H)$ der Messdaten zur Bestimmung des Druckverlustes $(\Delta p/H)_{\text{exp}}$ bis zum Flutpunkt nach Gl. (4-45b) und (4-49), gültig für metallische 15- bis 50-mm Pallringe. Nr. des Systems s. Tabelle 2-2. Versuchsbedingungen s. Tabelle 4-4

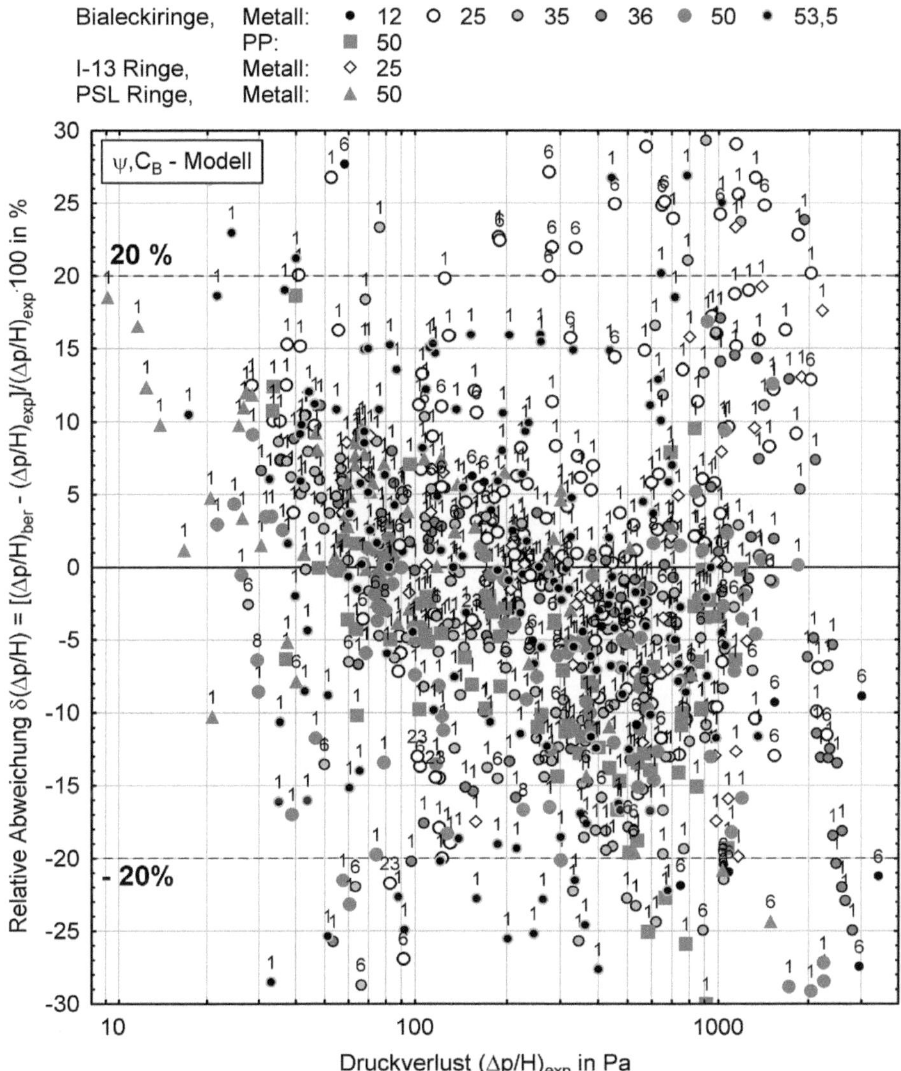

Bild 4-18. Relative Abweichung $\delta(\Delta p/H)$ der Messdaten zur Bestimmung des Druckverlustes $(\Delta p/H)_{exp}$ bis zum Flutpunkt nach Gl. (4-45b) und (4-49), gültig für regellos geschüttete Bialeckiringe aus Metall und Kunststoff, PSL-Ringe und I-13-Ringe aus Metall. Nr. des Systems s. Tabelle 2-2. Versuchsbedingungen s. Tabelle 4-4

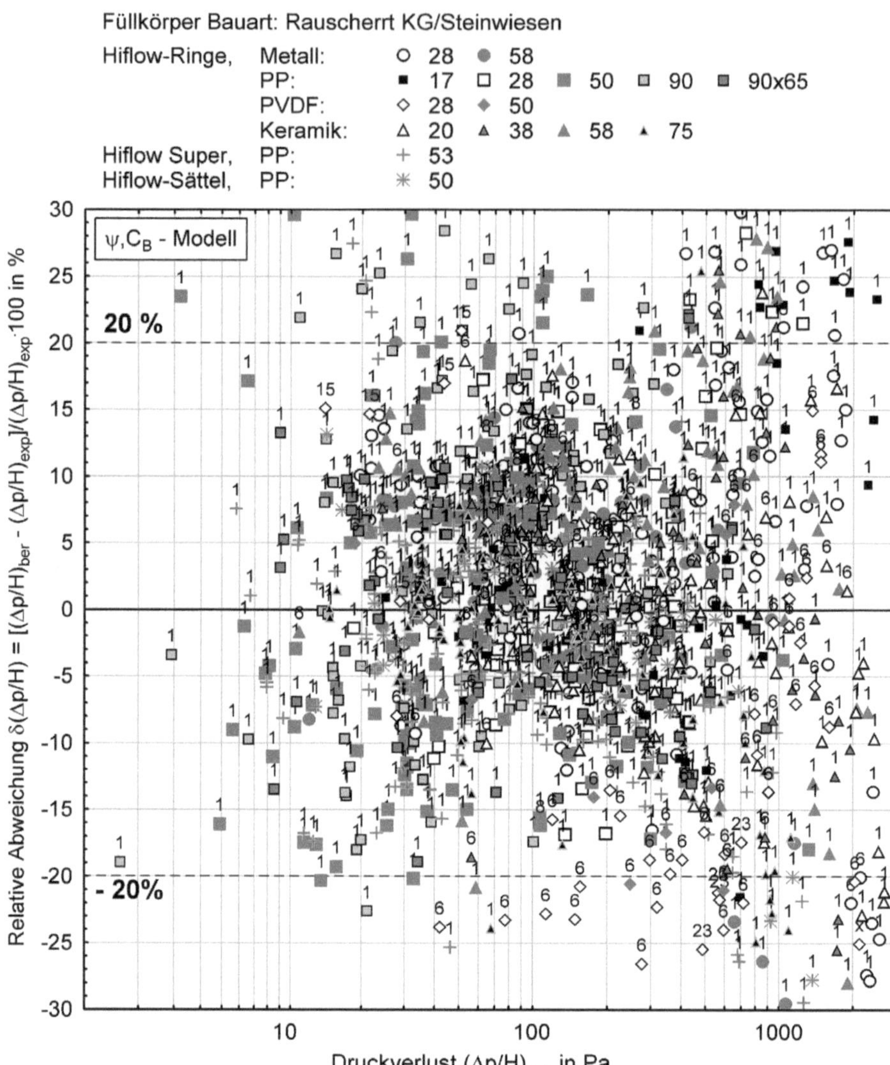

Bild 4-19. Relative Abweichung $\delta(\Delta p/H)$ der Messdaten zur Bestimmung des Druckverlustes $(\Delta p/H)_{exp}$ bis zum Flutpunkt nach Gl. (4-45 b) und (4-49), gültig für regellos geschüttete Füllkörper vom Typ Hiflow Bauart Rauschert aus Metall, Kunststoff und Keramik. Nr. des Systems s. Tabelle 2-2. Versuchsbedingungen s. Tabelle 4-4

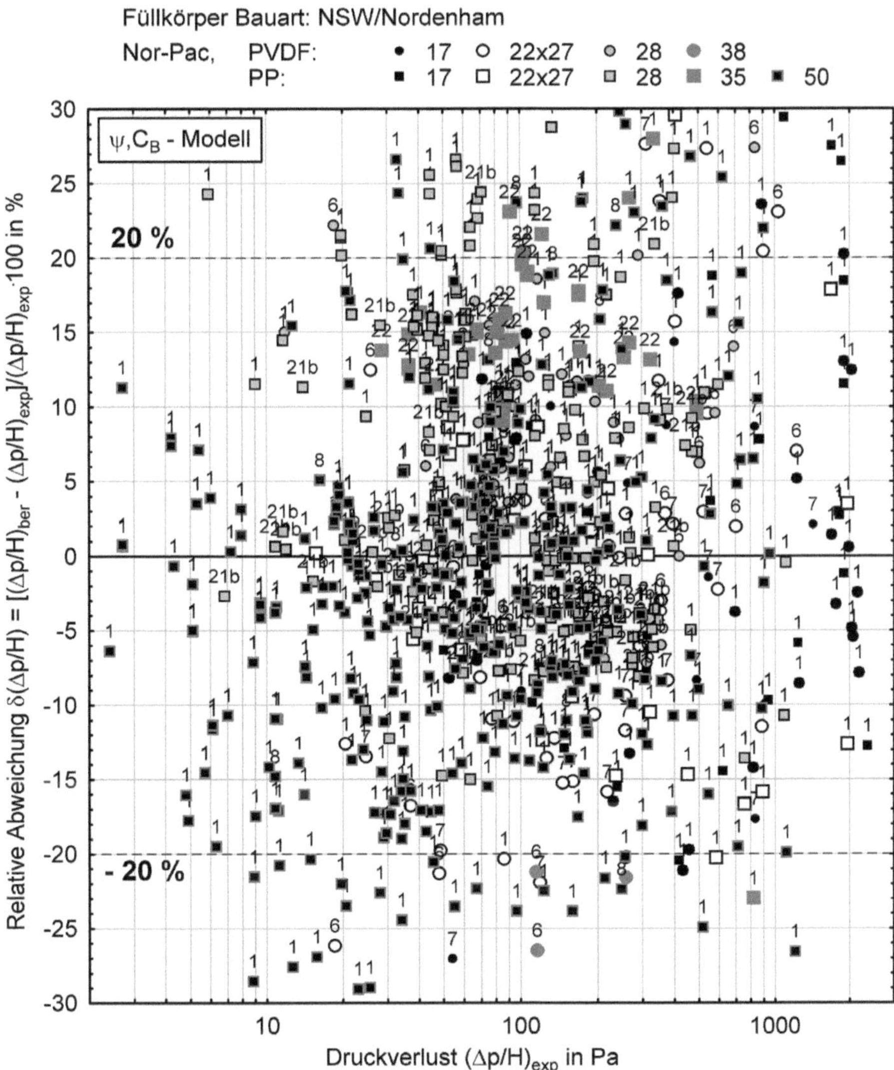

Bild 4-20. Relative Abweichung $\delta(\Delta p/H)$ der Messdaten zur Bestimmung des Druckverlustes $(\Delta p/H)_{exp}$ bis zum Flutpunkt nach Gl. (4-45 b) und (4-49), gültig für Nor-Pac Füllkörper Bauart NSW aus Kunststoff. Nr. des Systems s. Tabelle 2-2. Versuchsbedingungen s. Tabelle 4-4

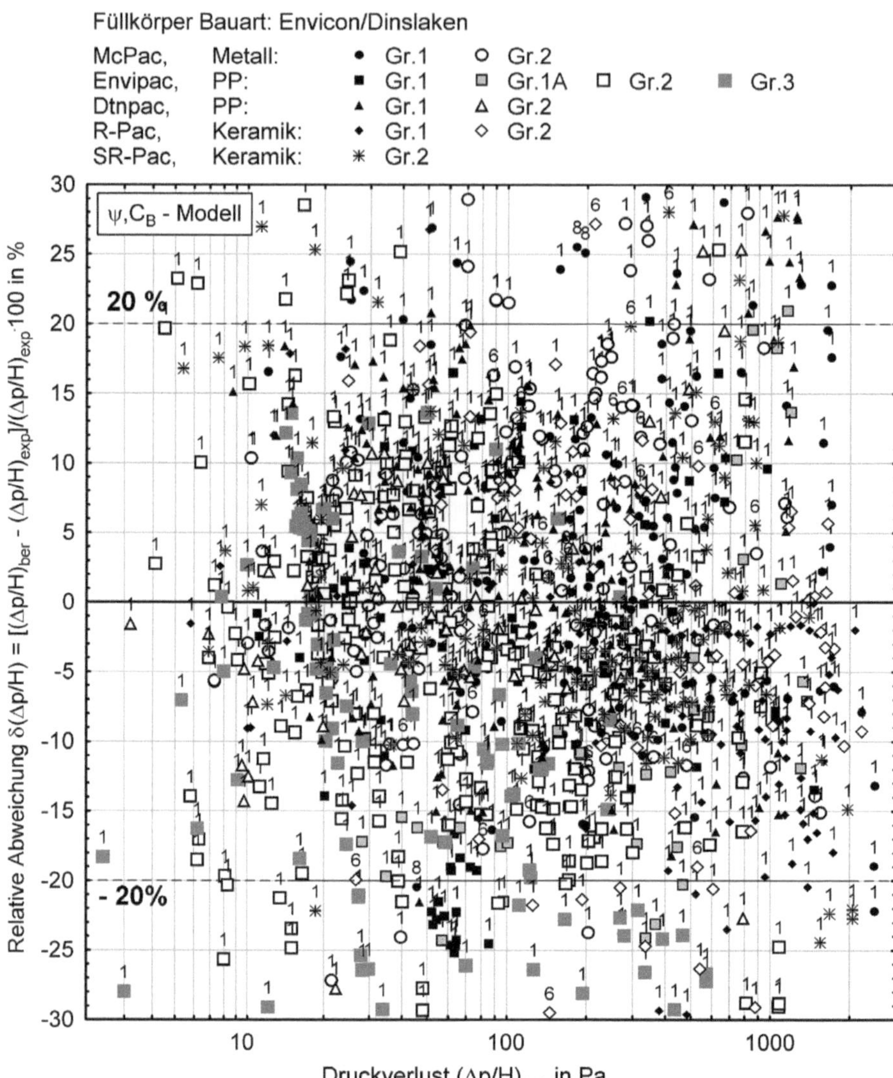

Bild 4-21. Relative Abweichung $\delta(\Delta p/H)$ der Messdaten zur Bestimmung des Druckverlustes $(\Delta p/H)_{exp}$ bis zum Flutpunkt nach Gl. (4-45b) und (4-49), gültig für VSP-Ringe, Top-Pak und Hackette Bauart VFF aus Metall und Kunststoff. Nr. des Systems s. Tabelle 2-2. Versuchsbedingungen s. Tabelle 4-4

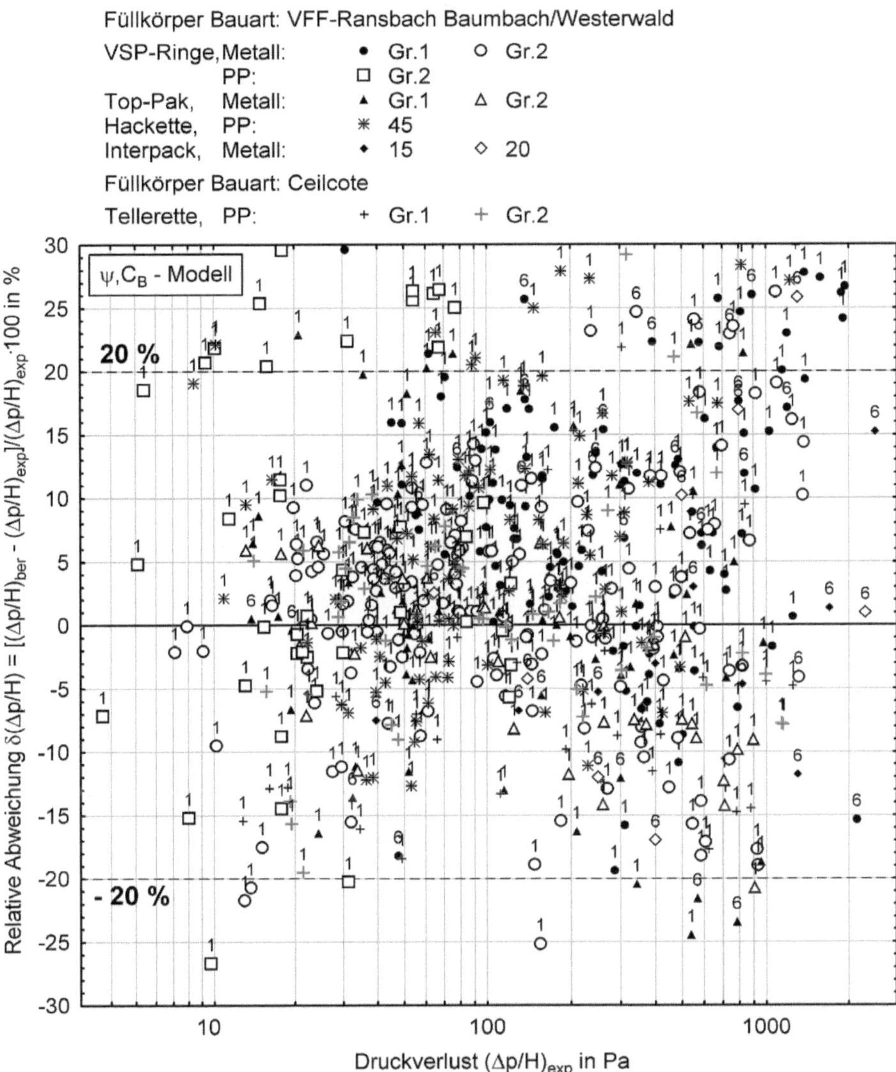

Bild 4-22. Relative Abweichung $\delta(\Delta p/H)$ der Messdaten zur Bestimmung des Druckverlustes $(\Delta p/H)_{exp}$ bis zum Flutpunkt nach Gl. (4-45b) und (4-49), gültig für Füllkörper vom Typ ENVIPAC, DTNAC, McPac, R-Pac, SR-Pac Bauart ENVICON aus Metall, Kunststoff und Keramik. Nr. des Systems s. Tabelle 2-2. Versuchsbedingungen s. Tabelle 4-4

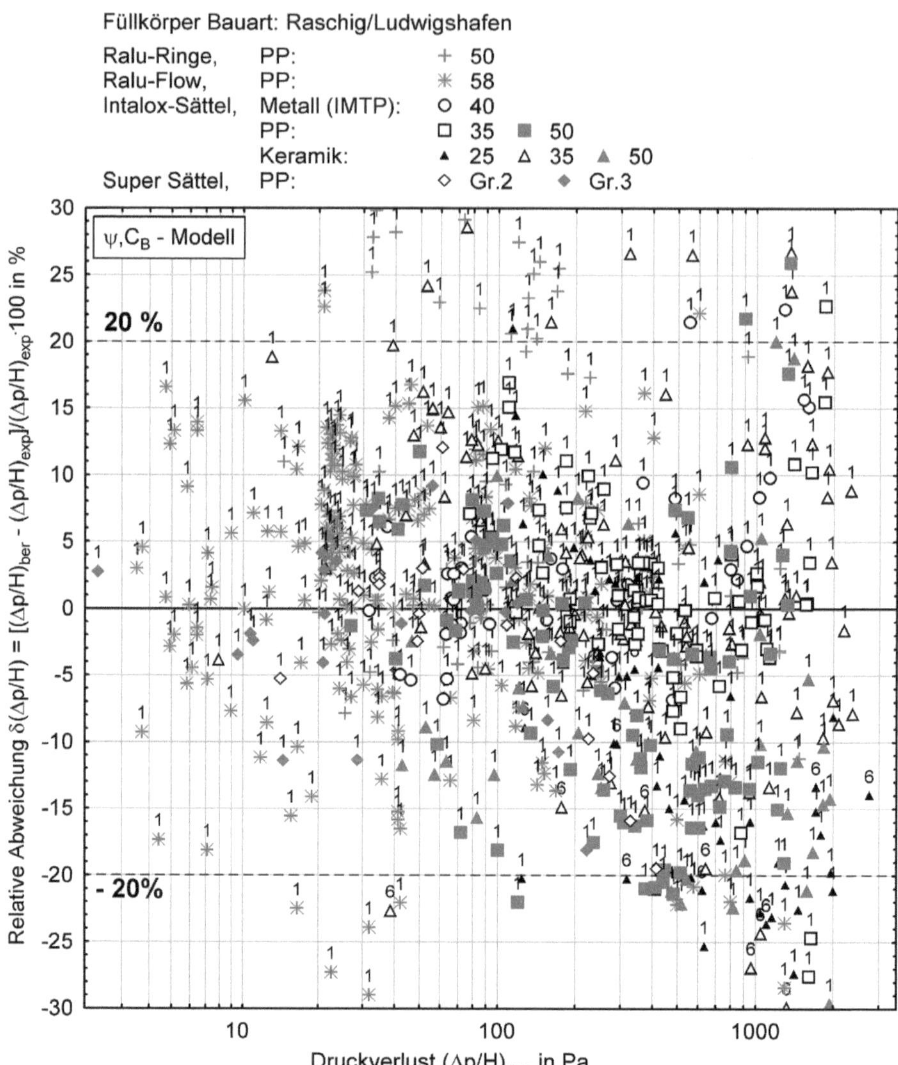

Bild 4-23. Relative Abweichung $\delta(\Delta p/H)$ der Messdaten zur Bestimmung des Druckverlustes $(\Delta p/H)_{exp}$ bis zum Flutpunkt nach Gl. (4-45b) und (4-49), gültig für Sattelfüllkörper aus Metall und Kunststoff sowie für Ralu-Ringe und Ralu-Flow Bauart Raschig. Nr. des Systems s. Tabelle 2-2. Versuchsbedingungen s. Tabelle 4-4

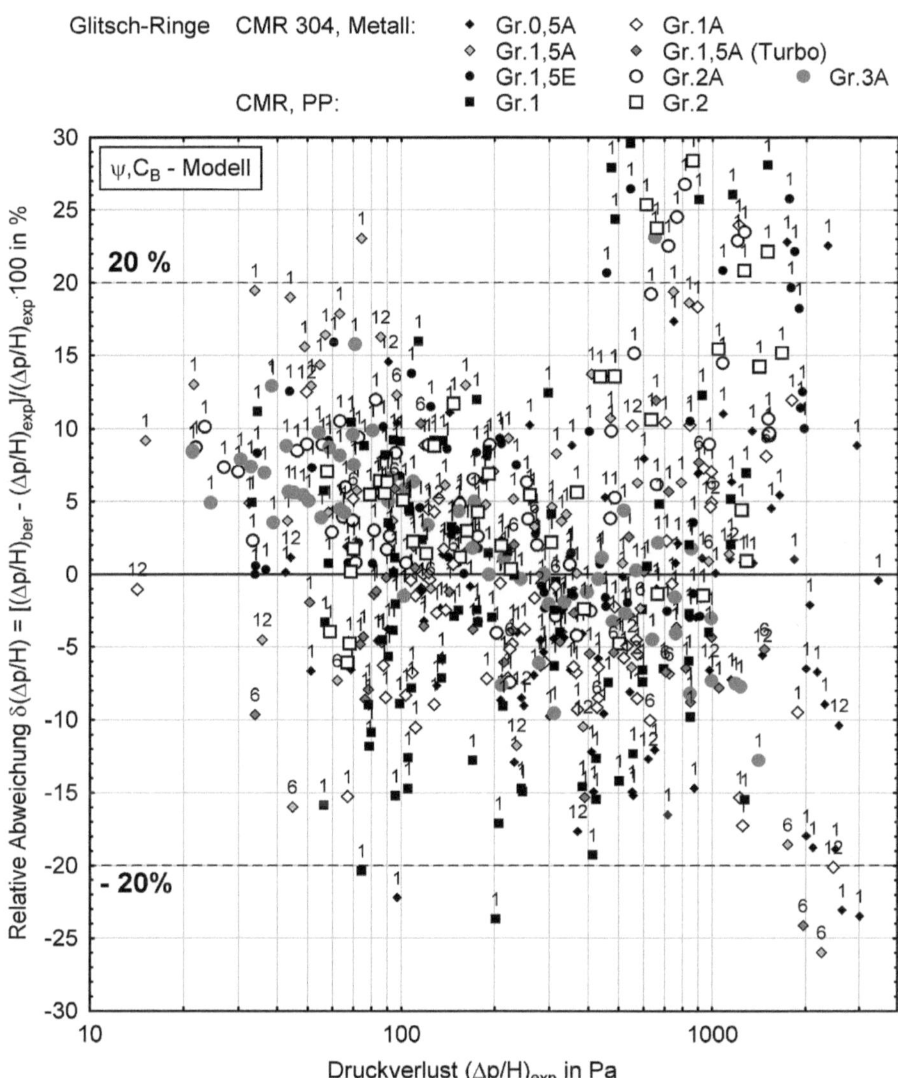

Bild 4-24. Relative Abweichung $\delta(\Delta p/H)$ der Messdaten zur Bestimmung des Druckverlustes $(\Delta p/H)_{exp}$ bis zum Flutpunkt nach Gl. (4-45b) und (4-49), gültig für Glitsch-, CMR-Ringe aus Metall und Kunststoff. Nr. des Systems s. Tabelle 2-2. Versuchsbedingungen s. Tabelle 4-4

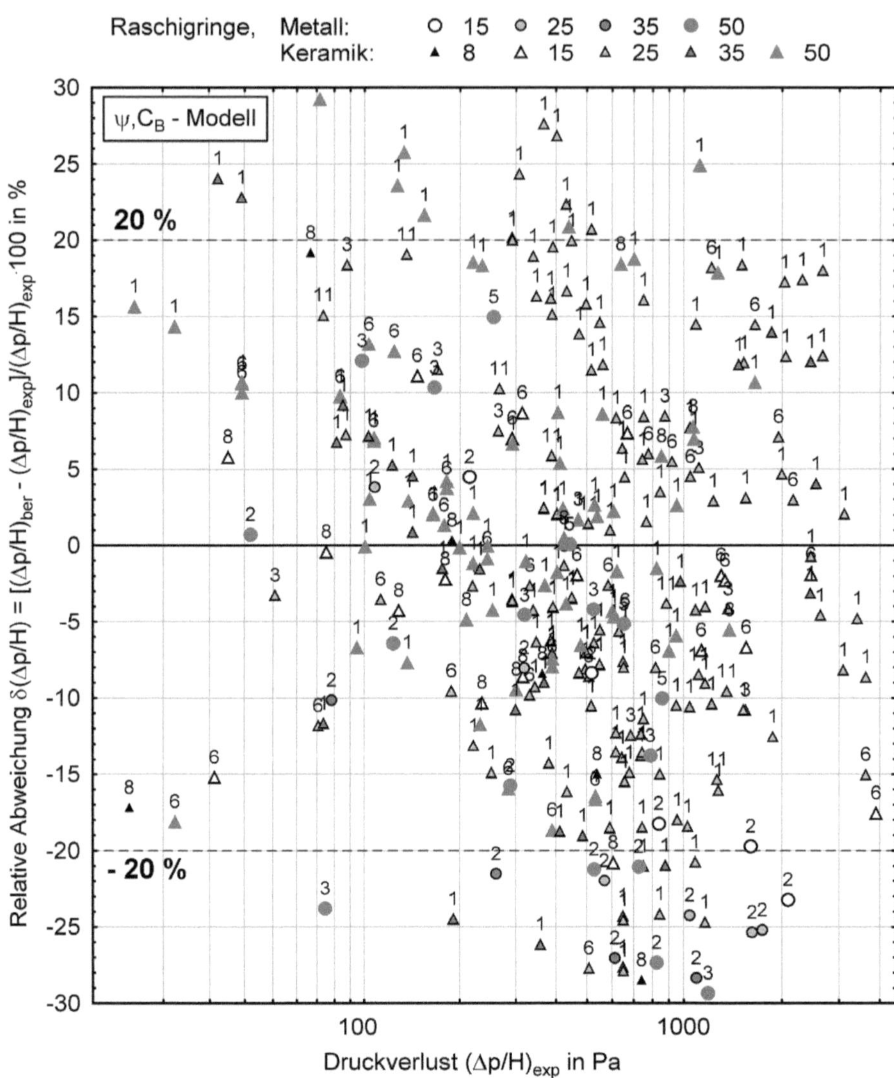

Bild 4-25. Relative Abweichung $\delta(\Delta p/H)$ der Messdaten zur Bestimmung des Druckverlustes $(\Delta p/H)_{\text{exp}}$ bis zum Flutpunkt nach Gl. (4-45b) und (4-49), gültig für Raschigringe aus Metall und Keramik. Nr. des Systems s. Tabelle 2-2. Versuchsbedingungen s. Tabelle 4-4

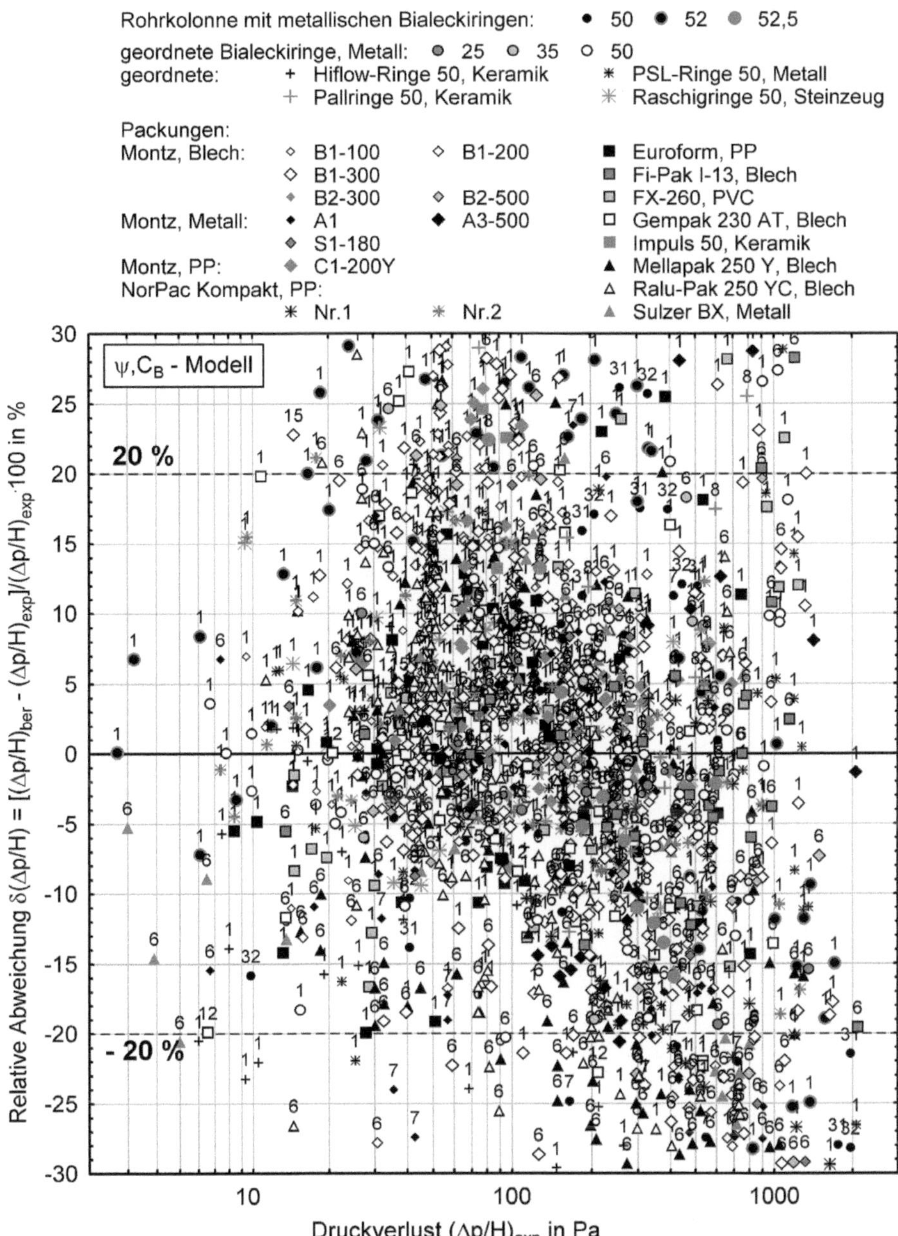

Bild 4-26. Relative Abweichung $\delta(\Delta p/H)$ der Messdaten zur Bestimmung des Druckverlustes $(\Delta p/H)_{exp}$ bis zum Flutpunkt nach Gl. (4-45b) und (4-49), gültig für Packungen und geordnete Füllkörperschichten. Nr. des Systems s. Tabelle 2-2. Versuchsbedingungen s. Tabelle 4-4

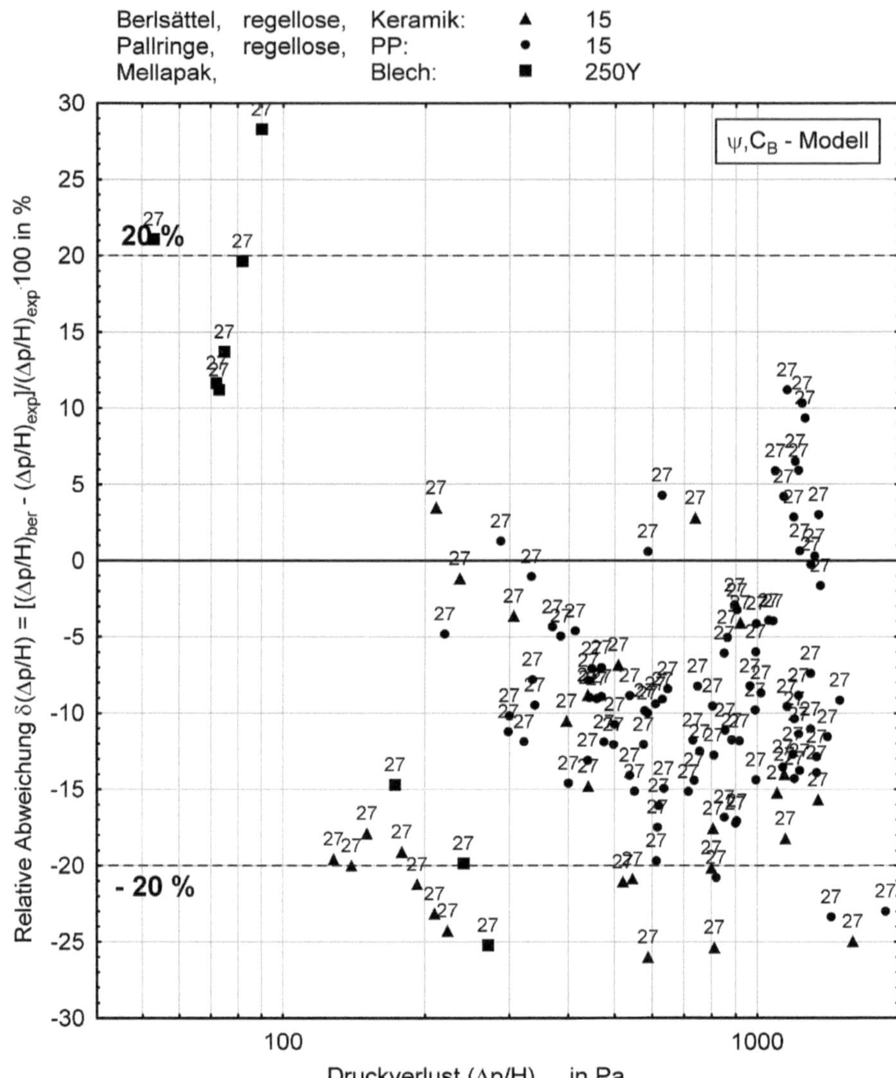

Bild 4-27. Relative Abweichung $\delta(\Delta p/H)$ der Messdaten zur Bestimmung des Druckverlustes $(\Delta p/H)_{exp}$ bis zum Flutpunkt nach Gl. (4-45b) und (4-49), gültig für regellose 15-mm Pallringe aus PP, 15-mm Berlsättel aus Keramik und Mellapak 250 Y. Lit.: Messdaten von Krehenwinkel [56]. Nr. des Systems s. Tabelle 2-2. Versuchsbedingungen s. Tabelle 4-4

verlustes $\Delta p/H$ oberhalb der Staugrenze und am Flutpunkt die Unsicherheiten bei der Bestimmung der Flutpunktgeschwindigkeit und des Druckverlustes der unberieselten Schüttung oder Packung $\Delta p_0/H$ bereits berücksichtigt werden.

Mit dem Gleichungssystem, Gln. (4-45a), (4-48), (4-51a,b) und (4-52), lässt sich der Druckverlust von berieselten Packungen $\Delta p/H$ sowohl für die Absorption als auch die Rektifikation im Vakuum, unter Normaldruck sowie im Druckbereich bis 30 bar zufriedenstellend bestimmen, da die geometrischen und physikalischen Einflussgrößen richtig erfasst werden. Dabei hat bei der turbulenten Flüssigkeitsströmung $Re_L \geq 2$ unter Verwendung von größeren Füllkörpern die Benetzbarkeit des Füllkörpermaterials und die Oberflächenspannung der Rieselflüssigkeit sowie deren Viskosität praktisch keinen Einfluss auf den Druckverlust $\Delta p/H$. Größere Fehler sind bei der Bestimmung des Druckverlustes von strukturierten Packungen oberhalb der Staugrenze zu erwarten, dieser wird bei kleinen Kolonnendurchmessern durch den Einbau von Randabweisern verursacht. Der Einfluss der Randabweiser nimmt mit steigendem Kolonnendurchmesser ab.

Die Stoffwerte der bei der Auswertung benutzten Systeme nach Tabelle 2-2, Betriebsparameter und Geometriedaten variierten in folgenden Grenzen:

$$2 \leq Re_L \leq 200 \text{ (bzw. bis } Re_{L,\,max} \text{ nach Tabelle 4-4a–e)}$$
$$0{,}15 \leq F_V/F_{V,FI} \leq 1$$
$$54 \leq a \leq 550 \text{ m}^2\text{m}^{-3}$$
$$0{,}008 \leq d \leq 0{,}09 \text{ m}$$
$$0{,}15 \leq d_S \leq 1{,}8 \text{ m}$$
$$0{,}6 \leq H \leq 7 \text{ m}$$
$$660 \leq \rho_L \leq 1260 \text{ kg m}^{-3}$$
$$0{,}03 \leq \rho_V \leq 3{,}6 \text{ kg m}^{-3}$$
$$14 \leq \sigma_L \leq 72{,}5 \text{ mNm}^{-1}$$
$$0{,}2 \leq \eta_L \cdot 10^3 \leq 8 \text{ kg m}^{-1}\text{s}^{-1}$$
$$6{,}5 \leq \eta_V \cdot 10^6 \leq 18{,}2 \text{ kg m}^{-1}\text{s}^{-1}$$
$$0 \leq \lambda_0 \leq 0{,}06$$
$$2 \leq \Delta p/H \leq 4000 \text{ Pa m}^{-1}$$
$$5 \leq d_S/d$$

4.3.5
Schlussfolgerungen zu Kapitel 4.3

Folgende Zusammenhänge können den im vorstehenden Kapitel 4.3 vorgestellten Beziehungen zur Bestimmung des Druckverlustes $\Delta p/H$ berieselter Schüttungen und Packungen entnommen werden:

1. In der Arbeit wurde die bekannte Beziehung (4-7) von Buchanan [19] derart umgeformt und vereinfacht, dass die Kenntnis des Flüssigkeitsinhaltes h_L sowie der füllkörperspezifischen Konstanten zur Bestimmung des Quotienten $\Delta p/\Delta p_0$ nicht mehr erforderlich ist. Statt einer Vielzahl von die jeweiligen Füllkörper kennzeichnenden Konstanten wurde nur eine universelle dimensionslose Größe $C_{B,0}$ ermittelt, die sich aus Druckverlustmessungen $\Delta p/H$ und $\Delta p_0/H$ für beliebige Füllkörper und Packungen nach Gl. (4-42) und (4-47) im turbulenten Strömungs-

bereich der Flüssigkeit bestimmen lässt. Nach Auswertung der Messdaten im Rahmen dieser Arbeit beginnt der turbulente Strömungsbereich der Flüssigkeit bereits ab $Re_L \geq 2$ [44]. Die dimensionslose Konstante $C_{B,0}$ wurde für den Betriebsbereich unterhalb der Staugrenze zu $C_{B,0} = 0,8562$ ermittelt.

Die Berechnungsgleichung (4-51a) des Druckverlustes $\Delta p/H$ für $Re_L \geq 2$ lautet:

$$\frac{\Delta p}{H} = \psi \cdot \frac{1-\varepsilon}{\varepsilon^3} \cdot \frac{F_V^2}{d_P \cdot K} \cdot \left[1 - C_{B,0} \cdot \frac{Fr_L^{1/3}}{\varepsilon} \right]^{-5} \quad [\text{Pa}\,\text{m}^{-1}],$$

die für C_B nach Gl. (4-42) in Gl. (4-51b) übergeht:

$$\frac{\Delta p}{H} = \psi \cdot \frac{1-\varepsilon}{\varepsilon^3} \cdot \frac{F_V^2}{d_P \cdot K} \cdot \left[1 - \frac{C_B}{\varepsilon} \cdot a^{1/3} \cdot u_L^{2/3} \right]^{-5} \quad [\text{Pa}\,\text{m}^{-1}]$$

mit $K = 1$ für Rohrkolonnen mit geordnet eingesetzten Füllkörpern und für strukturierte Packungen, sowie $K \leq 1$ nach Gl. (3-6) für regellose Schüttungen und geordnete Füllkörperschichten.

Die Bestimmung des Druckverlustes $\Delta p/H$ oberhalb der Staugrenze $F_V/F_{V,Fl} > 0,65$ erfolgt mit der gleichen Beziehung (4-45). Es wird lediglich die Größe C_B unterschiedlich bestimmt, und zwar: für $0,65 < F_V/F_{V,Fl} < 1$ nach Gl. (4-52).

$$C_{B,S} = C_{B,Fl} - (C_{B,Fl} - C_B) \cdot \left[1 - \left(\frac{(F_V / F_{V,Fl}) - 0,65}{0,35} \right)^{6/5} \right]^{5/6} \quad [\text{s}^{2/3}\,\text{m}^{-1/3}]$$

In dem Falle ist in Gl. (4-45b) für C_B der $C_{B,S}$-Wert einzusetzen, zur Bestimmung des Druckverlustes $(\Delta p/H)_{Fl}$ am Flutpunkt wird in Gl. (4-45b) für den C_B-Wert der nach Gl. (4-48)

$$C_{B,Fl} = 0,407 \cdot \lambda_0^{-0,16}$$

eingesetzt, s. Bild 4-16.

Die Anwendung der vorgestellten Gln. zur Bestimmung des Druckverlustes $\Delta p/H$ berieselter Packungen setzt lediglich die Kenntnis der füllkörperspezifischen geometrischen Daten a und ε sowie der Betriebsbedingungen u_L und F_V voraus. Die Gasgeschwindigkeit am Flutpunkt wird mit der Beziehung (2-53b) und dem Widerstandsbeiwert ψ nach Gl. (3-14) anhand der empirisch bestimmten Füllkörperkonstanten K_1 und K_2 bestimmt, die in den Tabellen 3-1 und 3-2 bzw. 6-1 a–c zusammengestellt sind.

Für den gesamten Parameterbereich der variierten Systeme, Füllkörper und konstruktiven Größen d_S und H, s. Gl. (4-54) ist es möglich, den Druckverlust $\Delta p/H$ berieselter Schüttungen und Packungen für praktische Anwendungen recht genau zu bestimmen; die jeweiligen mittleren Fehler für die einzelnen Packungssysteme sind in den Tabellen 4-4 zu finden.

2. Strömt die Flüssigkeit laminar $Re_L < 2$, so hängt der Druckverlust $\Delta p/H$ nach Gl. (4-46)

$$\frac{\Delta p}{H} = \psi \cdot \frac{1-\varepsilon}{\varepsilon^3} \cdot \frac{F_V^2}{d_P \cdot K} \cdot \left[1 - \frac{C_C}{\varepsilon} \cdot a^{1/3} \cdot (u_L \cdot v_L)^{1/3} \right]^{-5}$$

mit $K = 1$ für strukturierte Packungen von den Betriebsgrößen u_L, F_V, den geometrischen Daten des jeweiligen Füllkörpers a, ε und von der Viskosität der Flüssigkeit η_L ab. Ein Einfluss der Oberflächenspannung σ_L auf den Druckverlust ist für große Füllkörper mit durchbrochener Wand nicht zu erwarten, solange die Kennzahl We_L/Fr_L größer als 100 ist, da dann nach Mersmann und Deixler h_L von We_L/Fr_L nicht abhängig ist [44].

3. Anhand der folgenden Rechenbeispiele wird die Anwendung der vorgestellten Ansätze zur Bestimmung des Druckverlustes $\Delta p/H$ im gesamten Strömungsbereich bis zum Flutpunkt gezeigt.

Zahlenbeispiel 4.1

Für die vorgegebenen Betriebsdaten der Białeckiringe der Aufgabenstellung 2.2 soll der Druckverlust $\Delta p/H$ je 1 m Schüttungshöhe bestimmt werden.

Lösung

Unterhalb der Staugrenze $F_V/F_{V,Fl} < 0,65$ wird der Druckverlust $\Delta p/H$ nach Gl. (4-51b) berechnet. Hierzu werden folgende Größen benötigt:

$$u_V = 1 \text{ ms}^{-1} \quad u_L = 0,0111 \text{ ms}^{-1}$$

Nach Gl. (3-3):

$$d_P = 6 \cdot (1 - 0,942)/238 = 1,462 \cdot 10^{-3} \text{ m}$$

Nach Gl. (3-6):

$$K = \left[1 + \frac{2}{3} \cdot \frac{1}{(1-0,942)} \cdot \frac{1,462 \cdot 10^{-3}}{0,15} \right]^{-1} = 0,9$$

Nach Gl. (3-10):

$$\text{Re}_V = \frac{1,0 \cdot 0,001462}{(1-0,942) \cdot 15,2 \cdot 10^{-6}} \cdot 0,9 = 1492,5$$

Nach GL. (3-16) und Tabelle (2-5a) [17]:

$$\psi = 10,17 \cdot \text{Re}_V^{-0,17} = 2,935$$

Nach Gl. (4-15):

$$\frac{\Delta p}{H} = 2,935 \cdot \frac{1-0,942}{0,942^3} \cdot \frac{1,0814^2}{0,001462 \cdot 0,9} \cdot \left[1 - \frac{0,4 \cdot 238^{1/3}}{0,942} \cdot 0,0111^{2/3} \right]^{-5}$$

$$= 365,2 \text{ Pa m}^{-1}$$

Relative Abweichung vom experimentellen Wert, s. Bild 2-3,

$$\left[\frac{\Delta p}{H} \right]_{\exp} - 343,4 \text{ Pa m}^{-1}$$

$$\delta(\Delta p/H) = [(365,2 - 343,4)/343,4] \cdot 100\% = 6,34\%$$

Zahlenbeispiel 4.2

Wie groß ist der Druckverlust der berieselten 25-mm Białeckiringschüttung am Flutpunkt, wenn die spezifische Flüssigkeitsbelastung $u_L = 0,0111$ ms^{-1} beträgt? Die Stoffwerte gelten für das Stoffpaar Luft/Wasser bei 1 bar und 293 K. Die Gasgeschwindigkeit $u_{V,Fl}$ am Flutpunkt beträgt nach Zahlenbeispiel 2.2 $u_{V,Fl} = 1,776$ ms^{-1}.

Lösung

A. Berechnung des Druckverlustes $\Delta p/H$ im Staubereich $0,65 < F_V/F_{V,Fl} < 1$ erfolgt nach Gl. (4-45), wobei der Parameter $C_{B,S}$ nach Gl. (4-54) ermittelt wird. Für $u_V = 0,8 \cdot u_{V,Fl}$ ergibt sich:

$$u_V = 0,8 \cdot 1,776 = 1,421 \, \text{ms}^{-1} \quad \Rightarrow F_V = 1,537 \, \text{ms}^{-1} \sqrt{\text{kgm}^{-3}}$$

$$u_L = 0,0111 \, \text{ms}^{-1}, \lambda_0 = u_L/u_{V,Fl} = 0,0111/1,776 = 6,25 \cdot 10^{-3}$$

Nach Gl. (3-10):

$$\text{Re}_V = \frac{1,424 \cdot 0,001462}{(1-0,942) \cdot 15,2 \cdot 10^{-6}} \cdot 0,9 = 2118 > 2100$$

Nach Gl. (3-14) mit $K_1 = 4,13$ und $K_2 = -0,0522$ [17]:

$$\psi = 4,13 \cdot 2118^{-0,0522} = 2,77$$

Nach Gl. (4-48) gilt:

$$C_{B,Fl} = 0,407 \cdot (6,25 \cdot 10^{-3}) = 0,917$$

Nach Gl. (4-52):

$$C_{B,S} = C_{B,Fl} - (C_{B,Fl} - 0,4) \cdot \left[1 - \left(\frac{(F_V/F_{V,Fl}) - 0,65}{0,35}\right)^{6/5}\right]^{5/6}$$

$$= 0,917 - (0,917 - 0,4) \cdot \left[1 - \left(\frac{0,8 - 0,65}{0,35}\right)^{6/5}\right]^{5/6}$$

$$= 0,5613$$

Nach Gl. (4-45 b) folgt nun:

$$\frac{\Delta p}{H} = 2,769 \cdot \frac{1-0,942}{0,942^3} \cdot \frac{1,537^2}{0,001462 \cdot 0,9} \cdot \left[1 - \frac{0,561}{0,942} \cdot 238^{1/3} \cdot 0,0111^{2/3}\right]^{-5}$$

$$= 951,4 \, \text{Pa m}^{-1}$$

$$\left[\frac{\Delta p}{H}\right]_{\text{exp}} \cong 860 \, \text{Pa m}^{-1} \text{ nach Bild 2-2a}$$

Relativer Fehler $\delta(\Delta p / H) = \dfrac{860 - 951,4}{860} \cdot 100\% = 10,6\%$

B. Berechnung des Druckverlustes $\Delta p/H$ am Flutpunkt nach Gl. (4-45b) für $u_{V,Fl} = 1,776$ ms^{-1}, $u_L = 0,0111$ ms^{-1} und $F_{V,Fl} = 1,921$ ms^{-1}kg$^{-1/2}$ m$^{-3/2}$ (nach Zahlenbeispiel 2.2). Der Parameter $C_{B,Fl}$ wird nach Gl. (4-48) ermittelt.

$$C_{B,Fl} = 0,407 \cdot \lambda_0^{-0,16} = 0,407 \cdot (6,25 \cdot 10^{-3}) = 0,917$$

Nach Gl. (3-10):

$$Re_V = \frac{1,776 \cdot 0,001462}{(1-0,942) \cdot 15,2 \cdot 10^{-6}} \cdot 0,9 = 2650,7 \ > \ 2100 \ ,$$

$$\text{für } K_1 = 4,13 \text{ und } K_2 = -0,0522 \ [17]$$
$$\Rightarrow \psi = 2,737$$

Nach Gl. (4-45):

$$\frac{\Delta p}{H} = 2,737 \cdot \frac{1-0,942}{0,942^3} \cdot \frac{1,921^2}{0,001462 \cdot 0,9} \cdot \left[1 - \frac{0,917}{0,942} \cdot 238^{1/3} \cdot 0,0111^{2/3} \right]^{-5}$$

$$= 3173,2 \ \text{Pa m}^{-1}$$

$$\left[\frac{\Delta p}{H} \right]_{exp} \cong 2800 \ \text{Pa m}^{-1} \ \text{ nach Bild 2-2a}$$

Relativer Fehler $\delta(\Delta p / H) = \dfrac{2800 - 3173,2}{2800} \cdot 100\% = 13,3\%$

Zahlenbeispiel 4.3

Für die Daten des Zahlenbeispiels 3.2 ist der Druckverlust der Packung Mellapak 250 Y in einer Kolonne mit $d_S = 1,0$ m für das System Luft/Wasser unter Umgebungsbedingungen zu berechnen. Der Druckverlust soll für eine Flüssigkeitsbelastung von $V_L = 15,7$ m^{3}h^{-1} und für die Gasbelastungsfaktoren $F_V = 1,6$ $\sqrt{Pa}$ und $F_V = 2,3$ $\sqrt{Pa}$ bestimmt werden.

Die experimentell ermittelten Werte betragen nach Kuźniar und Niżański [25, Kap. 3]:

$$\left(\frac{\Delta p}{H} \right)_{exp} = 100 \ \text{Pa m}^{-1} \quad \text{für } F_V = 1,6 \ \sqrt{Pa}$$

$$\left(\frac{\Delta p}{H} \right)_{exp} = 190 \ \text{Pa m}^{-1} \quad \text{für } F_V = 2,3 \ \sqrt{Pa}$$

Lösung

Aus dem Zahlenbeispiel 3.2 folgt für den Druckverlust der unberieselten Packung:

$$\left(\frac{\Delta p_0}{H}\right)_{3.2} = 63{,}1 \text{ Pa}\,\text{m}^{-1} \quad \text{für } F_V = 1{,}6\,\sqrt{\text{Pa}}$$

$$\left(\frac{\Delta p_0}{H}\right)_{3.2} = 126 \text{ Pa}\,\text{m}^{-1} \quad \text{für } F_V = 2{,}3\,\sqrt{\text{Pa}}$$

Für die Flüssigkeitsmenge von 17,5 m³h⁻¹ folgt nun für $d_S = 1{,}0$ m eine spezifische Flüssigkeitsbelastung von $u_L = 0{,}0062$ m³m⁻²s⁻¹. Für den dimensionslosen Druckverlust $\Delta p/\Delta p_0$ folgt nach Gl. (4-43) für $C_B = 0{,}4$:

$$\frac{\Delta p}{\Delta p_0} = \left(1 - 0{,}4 \cdot \frac{a^{1/3} \cdot u_L^{2/3}}{\varepsilon}\right)^{-5}$$

$$= \left(1 - 0{,}4 \cdot \frac{250^{1/3} \cdot 0{,}0062^{2/3}}{0{,}975}\right)^{-5}$$

$$= 1{,}577$$

Aus Gl. (3-1) und (4-43) folgt nun für $F_V = 1{,}6\,\sqrt{\text{Pa}}$:

$$\frac{\Delta p}{H} = \frac{\Delta p_0}{H} \cdot \frac{\Delta p}{\Delta p_0} = 63{,}1 \cdot 1{,}577 = 99{,}5 \text{ Pa}\,\text{m}^{-1}$$

und für $F_V = 2{,}3\,\sqrt{\text{Pa}}$:

$$\frac{\Delta p}{H} = \frac{\Delta p_0}{H} \cdot \frac{\Delta p}{\Delta p_0} = 126 \cdot 1{,}577 = 200{,}3 \text{ Pa}\,\text{m}^{-1}$$

Es ergeben sich daraus folgende Abweichungen von den experimentellen Daten:

$$\delta\left(\frac{\Delta p}{H}\right)_{F_V = 1{,}6} = \frac{100 - 99{,}5}{100} \cdot 100\,\% = +0{,}5\,\%$$

$$\delta\left(\frac{\Delta p}{H}\right)_{F_V = 2{,}3} = \frac{190 - 200{,}3}{190} \cdot 100\,\% = -5{,}42\,\%$$

Vermerk

Die genaue Bestimmung des Druckverlustes von berieselten Packungen ist nach dem vorgestellten Verfahren dann gegeben, wenn die Beziehungen zur Vorausberechnung des Widerstandsbeiwertes ψ für die jeweilige Kolonnengröße vorliegt, s. Kap. 3.2.3.

Anhang zu Kapitel 4

Tabellen zu Kapitel 4

Tabelle 4-3. Zusammenstellung der relativen Fehler $\bar{\delta}_i(h_L) < 20\%$, der Anzahl der Messpunkte zur Untersuchung des gesamten Flüssigkeitsinhaltes für verschiedene Füllkörper und strukturierte Packungen

Nr. der Serie	Füllkörper	Typ	Werkstoff	Zahl der Messpunkte mit $\bar{\delta}_i(h_L) < 20\%$			Zahl der Messpunkte MP	$\bar{\delta}_i(h_L)$ in % $h_{L,ber}$		
				Verf. 1	Verf. 2	Verf. 3	System-Nr.	Verf. 1	Verf. 2	Verf. 3
1	**Pallring**	25	Metall	16	16	6	19/(1)	29,50	27,13	13,78
2		38		1	1	8	21/1	6,90	7,10	24,22
3		35		–	2	6	6/1	14,40	15,42	46,22
4		–		–	1	4	4/(2)	12,50	4,20	43,60
5		50		2	1	22	24/(1)	10,10	7,90	32,30
6		58		4	7	4	16/(1)	16,30	19,80	14,50
7	**Pallring**	25	PP	(1)	1	4	5/(1)	7,41	14,11	32,01
8		–		2	10	21	37/(1)	10,40	17,10	27,40
9		35		–	0	0	7/(2)	12,60	9,02	38,00
10		–		2	0	0	5/(4)	17,90	3,40	8,20
11		35		–	1	6	7/(1)	18,30	9,02	38,04
12		35		2	2	4	5/(3)	16,70	16,30	57,95
13		35		1	0	1	4/(2)	13,90	13,10	24,70
14		50		3	3	15	15/(1)	12,40	12,90	32,40
15		50		5	8	8	16/(1)	14,00	11,50	25,10
16	**Białeckiring**	25	Metall	–	2	6	6/(1)	2,27	15,43	28,22
17		35		1	0	3	7/(1)	9,30	12,28	18,43
18		35		2	2	4	6/(3)	26,40	18,10	58,62
19		–		–	–	3	4/(2)	9,00	9,60	57,40
20		50		5	7	16	25/(1)	15,80	13,70	33,00

Tabelle 4-3 (Fortsetzung)

Nr. der Serie	Füllkörper	Typ	Werkstoff	Zahl der Messpunkte mit $\bar{\delta}_i(h_L) < 20\%$			Zahl der Messpunkte MP	$\bar{\delta}_i(h_L)$ in % $h_{L,ber}$		
				Verf. 1	Verf. 2	Verf. 3	System-Nr.	Verf. 1	Verf. 2	Verf. 3
21	**Białeckiring**	25	Metall	3	3	9	9/(1)	18,48	10,13	51,28
22	**geordnet**	35		1	1	5	5/(3)	14,00	12,20	40,00
23		35		–	1	6	7/(1)	8,43	8,50	33,03
24		50		6	6	17	24/(1)	14,20	12,30	31,00
25	**Hiflowring**	15	PP	13	7	8	19/(1)	21,70	17,50	17,90
26	**Hiflowring**	28	Metall	1	2	5	10/(1)	9,34	8,04	22,41
27		28		1	1	1	4/(1)	13,72	11,50	11,60
28		28		3	1	2	9/(1)	14,30	10,65	12,64
29		58		4	1	52	53/(1)	10,60	6,71	39,70
30		58		6	5	17	27/(1)	13,59	17,97	27,90
31	**Hiflowring**	28	PP	5	1	5	18/(1)	14,70	9,61	13,80
32	**Super**	50	PP	2	0	21	29/(1)	9,80	6,90	29,80
33		50	PVDF	0	2	3	6/(1)	6,42	18,27	20,25
34		50	PP	3	9	3	11/(1)	12,48	24,23	14,44
35		50	PP	3	6	3	11/(1)	12,48	20,88	15,05
36	**Hiflowring**	90	PP	2	6	10	20/(1)	11,50	20,96	19,40
37		90		3	0	9	9/(1)	17,80	8,80	50,50
38	**Hiflowring**	20	Keramik	5	1	2	6/(1)	34,00	11,65	14,64
39		38		2	4	1	19/(1)	14,71	14,00	9,10
40		38		2	1	0	9/(1)	16,00	9,58	5,30
41		38		2	1	2	10/(1)	14,80	12,00	11,10
42		38		2	1	2	11/(11)	13,70	11,00	10,40
43		50		3	4	4	7/(1)	19,10	19,20	20,80
44		75		3	1	4	5/(1)	20,00	14,30	45,30

Tabelle 4-3 (Fortsetzung)

Nr. der Serie	Füllkörper	Typ	Werkstoff	Zahl der Messpunkte mit $\bar{\delta}_i(h_L) < 20\,\%$			Zahl der Messpunkte MP	$\dfrac{\bar{\delta}_i(h_L)}{h_{L,ber}}$ in %		
				Verf. 1	Verf. 2	Verf. 3	System-Nr.	Verf. 1	Verf. 2	Verf. 3
45	**NorPac**	15	PP	4	5	6	13/(1)	14,30	19,60	26,70
46		25	PVDF	1	0	4	11/(1)	10,24	7,15	19,69
47		38	PP	–	2	5	5/(1)	9,63	17,53	39,36
48		38	PP	1	2	3	6/(4)	10,30	19,92	25,75
49		50	PP	10	18	8	24/(1)	16,50	24,45	14,80
50		50	PVDF	5	5	6	11/(1)	18,72	22,93	24,42
51		50	PP	2	0	5	5/(4)	17,40	4,95	49,90
52	**NorPac**	22×27	PVDF	4	3	0	7/(1)	16,64	16,29	7,02
53	**VSP-Ring**	Gr. 2	PP	4	3	6	7/(1)	19,64	16,29	7,02
54			Metall	6	9	13	30/(1)	12,40	16,10	21,20
55			PP	2	0	7	9/(4)	9,24	5,44	34,56
56				6						
57	**Top-Pac**	Gr. 2	Metall	0	2	6	9/(1)	6,94	16,97	26,35
58	**ENVIPAC**	Gr. 1A $d=0,031$ m	PP	9	9	2	18/(1)	19,85	18,10	13,10
59		Gr. 1 $d=0,0315$ m	PP	2	7	1	8/(1)	17,29	25,76	10,72
60		Gr. 2 $d=0,058$ m	PP	3	0	11	13/(1)	14,38	7,66	37,66
61				4	2	12	13/(1)	17,10	9,60	46,40
62		Gr. 3 $d=0,080$ m	PP	0	3	8	11/(1)	7,77	13,48	30,64
63				2	0	9	9/(1)	14,80	8,20	46,10

Tabelle 4-3 (Fortsetzung)

Nr. der Serie	Füllkörper	Typ	Werkstoff	Zahl der Messpunkte mit $\bar{\delta}_i(h_L) < 20\%$			Zahl der Messpunkte MP	$\bar{\delta}_i(h_L)$ in % $h_{L,ber}$		
				Verf. 1	Verf. 2	Verf. 3	System-Nr.	Verf. 1	Verf. 2	Verf. 3
64 65	**DTNPAC**	Gr. 1 $d=0{,}045$ m	PP	–	0	8	11/(1)	9,26	5,87	28,73
		Gr. 2 $d=0{,}070$ m	PP	3	2	11	14/(1)	14,65	10,41	27,27
66 67	**Intalox-Sattel**	25 35	Keramik	3 2	8 2	3 9	18/(1) 16/(1)	14,70 8,30	21,00 12,30	11,60 20,70
68 69		35 35	PP	2 2	3 4	12 9	14/(1) 12/(4)	8,00 10,50	16,00 18,20	31,30 28,60
70		#40	Metall	3	5	1	7/(1)	16,00	21,49	11,87
71	**Białeckiring**	12	Metall	3	6	8	15/(1)	13,20	18,10	24,50
72	**Ralu Ring**	50	PP	5	9	9	23/(1)	12,01	17,30	18,20
73 74	**Raschigring**	25 25	Keramik	7 3	2 0	0 2	9/(1) 5/(1)	20,78 25,30	18,65 8,37	4,77 13,21
75		25	Glas	3	4	4	5/(5)	17,13	15,59	49,35
76	**Glitsch CMR-Ring**	1 A 2 A	PP PP	5 1	9 1	3 7	14/(1) 7/(1)	19,41 15,50	19,77 10,50	11,38 46,00
77 78	**Hackette**	Gr. 1 $d=0{,}045$ m	PP	1 1	0 1	8 3	9/(1) 12/(1)	11,90 13,00	5,80 9,40	37,00 16,90

Tabelle 4-3 (Fortsetzung)

Nr. der Serie	Füllkörper	Typ	Werkstoff	Zahl der Messpunkte mit $\bar{\delta}_i(h_L) < 20\%$			Zahl der Mess- punkte MP	$\bar{\delta}_i(h_L)$ in % $h_{L,ber}$		
				Verf. 1	Verf. 2	Verf. 3	System-Nr.	Verf. 1	Verf. 2	Verf. 3
79	**Gempak**	202 A	Blech	3	0	12	21/(1)	10	6,80	25,20
80	**Mellapak**	250 Y	Blech	3	4	21	21/(1)	9,30	12,60	33,90
81	**Montz-Packung**	B1-300	Blech	0	2	1	7/(1)	12,10	13,30	12,10
	Gesamt (%)	–	–	231 (22,7)	258 (25,3)	577 (56,6)	1019 (100)	13,90	14,10	25,80

Vermerk:
Relativer Messfehler für eine Messserie:

$$\bar{\delta}(h_L) = \sum \frac{\delta(h_L)}{n_1}; \text{ mit } n_1 = \text{Zahl der Messpunkte in der Messserie}$$

Die Zahlenwerte für den mittleren relativen Fehler $\bar{\delta}_i(h_L)$ gelten für den gesamten Belastungsbereich bis zum Flutpunkt.
Systeme: 1 – Luft/Wasser, 1 bar, 293 K.
2 – Luft/Ethylenglykol, 1 bar, 293 K.
3 – Luft/wässrige Ethylenglykol-Lsg.
4 – Luft/4 %ige-NaOH-Lsg.
5 – Luft/Silikonöl.

Tabelle 4-4a. Bestimmung des berieselten Druckverlustes in Füllkörperkolonnen bei Gegenstrom nach Gl. (4-45a) oder (4-46) und (4-49) im gesamten Belastungsbereich bis zum Flutpunkt. Zusammenstellung der Messpunktezahl und der relativen mittleren Fehler $\bar{\delta}(\Delta p/H)$ für die untersuchten regellosen Füllkörper, gültig für das System: Luft/Wasser u. a. wässrige Systeme nach Tabelle 2-2, für ca. 1 bar, 293/313 K

Füllkörper	Werkstoff	d [mm]	Zahl der Versuchspunkte MP	$\bar{\delta}_1(\Delta p/H)$ [%]	$\bar{\delta}_2(\Delta p/H)$ [%]	$\bar{\delta}(\Delta p/H)$ [%]	d_S [m] H [m]	max. Re_L	Literatur
Pallring	Metall Kunststoff Keramik	15–58	873	6,82	10,47	8,14	0,3–1,0 0,9–3,7	102,5	[A, 5, 13, 28, 35, 37, 40, 49, 55, 59]
Białeckiring	Metall Kunststoff	25–53,5	719	8,45	11,33	9,585	0,15–0,45 0,7–1,5	315	[A, 17, 18, 41, 60]
I-13-Ring	Metall	25	77	9,63	16,55	12,28	0,3 0,72–0,73	101	[A, 17]
PSL-Ring	Metall	50	42	6,76	2,94	6,76	0,3 1,45	100	[A]
VSP-Ring	Metall Kunststoff	32–58	345	10,94	7,95	12,51	0,3–0,6 1,2–2,0	150	[A, 40]
Top-Pak	Metall	Gr. 1 + 2 45, 80	93	8,03	12,15	10,11	0,3–0,45 1,4–2,0	150	[A, 37]
Hackette	Kunststoff	Gr. 1 45	107	7,86	29,27	12,33	0,3–0,45 1,4–2	92	[A]
Hilflow-Ring	Metall Kunststoff	17–90	1224	7,32	14,04	9,53	0,3–1,0 0,9–3,7	160	[A, 35, 55]
Hilflow-Ring	Keramik	20–75	427	7,27	15,66	10,4	0,3–0,45 1,0–2,0	240	[A, 38]
Envipac	Kunststoff	Gr. 1–3 32–80	457	11,38	7,86	11,84	0,3–1,8 0,9–4,5	200	[A, 49]

Tabelle 4-4a (Fortsetzung)

Füllkörper	Werkstoff	d [mm]	Zahl der Versuchspunkte MP	$\bar{\delta}_1(\Delta p/H)$ [%]	$\bar{\delta}_2(\Delta p/H)$ [%]	$\bar{\delta}(\Delta p/H)$ [%]	d_S [m] H [m]	max. Re_L	Literatur
Dtnpac	Kunststoff	Gr. 1 + 2 45, 70	212	7,75	10,39	9,43	0,3–0,6 1,08–2	100	[A, 59]
Tellerette	Kunststoff	Gr. 1 + 2 45, 70	84	9,34	21,99	13,50	0,15–0,45 1,3–2	135	[A]
Glitsch-Ring	Metall Kunststoff	Gr. 1, 2, 3	536	7,02	11,56	9,23	0,3–0,45 1,1–2,03	111	[A]
Ralu-Ring	Kunststoff	50–58	278	7,23	7,09	7,66	0,3–0,6 1,44–2,12	112	[A]
Raschig-Ring	Keramik	25–50	232	12,97	12,23	11,82	0,3–0,6 0,74–1,5	230	[A, 17, 41–43, 61, 62]
Intalox-Sattel	Metall Kunststoff Keramik	25–50	455	6,62	14,71	9,54	0,3–0,45 0,84–2	120	[A, 38, 61]
Nor-Pac	Kunststoff	17–50	819	8,57	14,05	10,80	0,3–1,4 0,9–2,0	225	[A, 50–52]
Mc-Pac	Metall	Gr. 1 + 2 30, 65	321	10,5	18,2	13,13	0,32–1,6 1,5–2,5	162	[A, 63]
R-/SR-Pac	Keramik	30–65	332	7,57	16,06	11,48	0,32 1,3–1,36	125	[A, 61, 62]
Gesamt	–	–	7572	**8,10**	**13,5**	**10,5**	–	–	–

$\bar{\delta}_1(\Delta p/H)$ = gilt im Bereich unterhalb der Staugrenze $F_V/F_{V,Fl} \leq 0,65$.

$\bar{\delta}_2(\Delta p/H)$ = gilt im Bereich unterhalb der Flutgrenze und oberhalb der Staugrenze $0,65 \leq F_V/F_{V,Fl} \leq 1,0$.

$\bar{\delta}(\Delta p/H)$ = gilt im gesamten Belastungsbereich bis zum Flutpunkt $0 \leq F_V/F_{V,Fl} \leq 1$.

Tabelle 4-4 b. Bestimmung des berieselten Druckverlustes in Füllkörperkolonnen bei Gegenstrom nach Gl. (4-45a) oder (4-46) und (4-49) im gesamten Belastungsbereich bis zum Flutpunkt. Zusammenstellung der Messpunktezahl und des relativen mittleren Fehlers $\bar{\delta}(\Delta p/H)$ für die untersuchten regellosen Füllkörper, gültig für die Rektifiziersysteme nach Tabelle 2-2

Füllkörper	Werkstoff	d [mm]	Zahl der Versuchspunkte MP	System-Nr. gem. Tab. 2.2	p_T [mbar]	$\bar{\delta}(\Delta p/H)$ [%]	d_S [m] H [m]	max. Re_L	Literatur
Pallring	Metall	15–50	296	2, 3, 5–8, 11, 12	13–1016	15,2	0,15–0,8 1,0–3,95	68	[A], Bi [5], Fi/Mc [1974]
Pallring	Kunststoff Keramik	25–50	124	6–8, 11, 15	30,4–1000	16,55	0,22–0,5 1,0–1,5	66	[A], Fi/[A], [44]
Białecki-Ring	Metall	12–50	77	5, 6, 8	66,7–1000	12,25	0,16–0,5 1,0–1,7	77	[A], Fi/Mc
Hiflow-Ring	Metall Kunststoff Keramik	20–58	139	6, 15	30,4–521	13,04	0,22–0,5 1,43–1,51	80	[A], Fi/[A]
Intalox-Sattel	Keramik	25, 38	17	6	64–67	19,93	0,22 1,47	26	[A]
VSP-Ring	Metall	32, 50	28	6	66,7–133	19,19	0,22 1,48–1,52	43	[A]
Top-Pak-VFF	Metall	45	8	6	66,7	10,76	0,22 1,46	32	[A]
Interpak-VFF	Metall	15, 20	17	6	66,7	9,08	0,22 1,5	15	[A]

Tabelle 4-4 b (Fortsetzung)

Füllkörper	Werkstoff	d [mm]	Zahl der Versuchs- punkte MP	System-Nr. gem. Tab. 2.2	p_T [mbar]	$\bar{\delta}(\Delta p/H)$ [%]	d_S [m] H [m]	max. Re_L	Literatur
Nor-Pak	Kunststoff	17–58	98	6–8, 15	34-1000	13,48	0,22–0,5 0,91–1,5	104	[A] Fi-1984
Glitsch	Metall	0,5, 1,5	51	6, 12	66,7	8,57	0,22 1,47–1,54	24	[A]
PSL-Ring	Metall	50	13	6	66,7	9,96	0,22 1,54	42	[A]
Mc-Pac	Metall	65	23	6	240–520	14,69	0,6 1,5	141	[A]
R-Pac	Keramik	55	15	6	240–520	15,55	0,6 1,5	80,2	[A]
SR-Pac	Keramik	65	11	6	240–480	11,58	0,6 1,5	67	[A]
Raschig-Ring	Keramik	8–50	88	6, 8, 11, 15	66,7–1000	11,90	0,1–0,6 0,95–1,5	84	[A], Bi [5], [Fi-1977], [A, Lu]
Raschig-Ring	Metall	15–50	45	2, 5, 15	133–1000	17,52	0,5 1,5–2,0	53	Bi [5]
Gesamt			1050			12,9			

Tabelle 4-4c. Bestimmung des berieselten Druckverlustes in Füllkörperkolonnen bei Gegenstrom nach Gl. (4-45a) oder (4-46) und (4-49) im gesamten Belastungsbereich bis zum Flutpunkt. Zusammenstellung der Messpunktezahl und der relativen mittleren Fehler $\bar{\delta}(\Delta p/H)$ für die untersuchten Packungen, gültig für das System Luft/Wasser, 1 bar, 273 K

Packung	Typ/Werkstoff	Zahl der Versuchspunkte MP	$\bar{\delta}_1(\Delta p/H)$ [%]	$\bar{\delta}_2(\Delta p/H)$ [%]	$\bar{\delta}(\Delta p/H)$ [%]	d_S [m] H [m]	max. Re_L	Literatur
Montz	B1-100 Blech	36	8,98	3,29	8,5	0,3 1,4	85	[A]
	B1-200 Blech	72	14,35	15,19	14,63	0,3 1,56	55	[A]
	B1-300 Blech	73	12,9	19,0	15,05	0,22 1,42	40	[A]
	B1-300 Blech	50	11,47	36,48	12,47	0,3 1,5	40	[A]
	B1-300 Blech	45	7,77	57,01	25,3	0,45 1,7	40	[A]
	Metallgewebe A3-500	35	12,42	36,6	25,5	0,45 2,0	25	[A]
	C2-200 Kunststoff	56	8,15	4,83	7,79	0,3 1,42	55	[A]
RaluPak	250 YC Blech	84	7,21	34,3	10,22	0,22–0,45 1,8	45	[A]
Gempak	230 AT Blech	51	7,54	15,8	8,5	0,30 1,47	50	[A]
Mellapak	250 Y Blech	65	11,65	30,85	17,8	0,22 1,25	50	[A]

Tabelle 4-4c (Fortsetzung)

Packung	Typ/Werkstoff	Zahl der Versuchspunkte MP	$\bar{\delta}_1(\Delta p/H)$ [%]	$\bar{\delta}_2(\Delta p/H)$ [%]	$\bar{\delta}(\Delta p/H)$ [%]	d_S [m] H [m]	max. Re_L	Literatur
Euroform	Kunststoff PP	54	7,25	14,0	9,0	0,3 1,30	200	[A]
FX-260	Kunststoff PVC	36	9,5	16,5	12,2	0,45 2,0	50	[A]
NorPac-Compact	Kunststoff Gr. 1	48	7,17	30,16	13,4	0,3 1,4	50	[A]
	Kunststoff Gr. 2	58	5,65	6,35	6,15	0,3 1,4	100	[A]
50-mm PSL-Ring geordnet	Metall	54	7,07	12,41	9,25	0,273 1,43	100	[A]
25-mm Białeckiringe geordnet	Metall	66	14,43	–	28,0	0,15 1,4	100	[A]
50-mm Białeckiringe geordnet	Metall	61 73	11,43 13,43	11,23 17,40	12,42 14,08	0,3/1,25 0,3/1,4	200	[A]
50-mm Hiflowringe geordnet	Keramik	45	10,86	39,5	17,23	0,45 1,0	110	[A]
50-mm Raschigringe geordnet	Keramik	41	6,32	12,18	7,46	0,3 1,0	50	[A, 65]
50-mm Pallringe geordnet	Keramik	32	30,0	–	–	0,4 0,9	110	[A, 28]
50-mm Białeckiring Rohrkolonne 7 Rohre	Metall	66	18,0	30,7	20,74	$0,052 \times 7$	110	[A]
Gesamt		**1201**	**11,2**	**22,2**	**14,1**			

Tabelle 4-4d. Bestimmung des berieselten Druckverlustes in Füllkörperkolonnen bei Gegenstrom nach Gl. (4-45a) oder (4-46) und (4-49) im gesamten Belastungsbereich bis zum Flutpunkt. Zusammenstellung der Messpunktezahl und des relativen mittleren Fehlers $\delta(\Delta p/H)$ für die untersuchten Packungen, gültig für die Rektifiziersysteme nach Tabelle 2-2

Packung	Werkstoff	d [mm]	Zahl der Versuchspunkte MP	System-Nr. gem. Tab. 2.2	p_T [mbar]	$\delta(\Delta p/H)$ [%]	d_S [m] H [m]	max. Re_L	Literatur
Białeckiring geordnet	Metall	25–50	60	6	37,9–267	13,23	0,15–0,22 1,5–1,7	84	[A], 1984
Pallring geordnet	Keramik	50	14	8	1000	12,33	0,5 0,9	68	1981/[82,85] [A]
Montz Packung B1-300Y B2-300Y B2-500Y B1-200Y	Blech mit RA Blech glatt Blech ohne RA Metallgewebe mit RA Streckmetall mit RA	300–500	206	6	33–266,7	16,36	0,22 1,32–1,52	20	1984-[A], 1983-[A], 1985-Chr/[A]
Mellapak und Sulzer Gewebe Packung BX	Blech mit RA Metallgewebe mit RA	250–500	73	6	33–133	16,25	0,22–1,48	43	1983-[A], 1985-[A]
Gempak 220 AT	Blech mit RA	202	21	6, 12	64–66	20,98	0,22 1,44	32	Re/Chr/ [A]-1985
Ralu-Pak 250 Y	Blech mit RA	250	36	6	33–133	19,81	0,22 1,44	24	1984-[A]
50-mm Białecki-ring Rohrkolonne	Metall	156,4	8	8	1000	16,01	2 × 0,052 0,95	76	1979-Fi/Lu
Fi-Pak I-13F	Blech	198	33	6	66,7–133	12,14	0,15–0,22 1,0–1,5	40	1983-[A], 1985-Chr/[A]
50-mm Rohrkolonne	Metall	171	17 25 7	32 31 20	1000 1000 1000	11,32 18,69 19,70	0,05 1,0	70	[A]
Gesamt			500			16,07			

Tabelle 4-4e. Bestimmung des berieselten Druckverlustes in Füllkörperkolonnen bei Gegenstrom nach Gl. (4-45a) oder (4-46) und (4-49) im gesamten Belastungsbereich bis zum Flutpunkt. Zusammenstellung der Messpunktezahl und der relativen mittleren Fehler $\bar{\delta}(\Delta p/H)$ für die untersuchten Packungen im Druckbereich.

Packung	Zahl der Versuchs- punkte MP	System-Nr. gem. Tab. 2.2	p_T [bar]	$\bar{\delta}_1(\Delta p/H)$ [%]	$\bar{\delta}_2(\Delta p/H)$ [%]	$\bar{\delta}(\Delta p/H)$ [%]	d_S [m] H [m]	max. Re_L	Literatur
15-mm Pallring	112	27	5–30	8,90	22,7	18,3	0,155 0,8	20	[56]
Mellapak 250 Y	11	27	8,9–15	18,75	38,4	22,45	0,155 0,82	40	[56]
15-mm Berlsättel	29	27	20	14,3	17,4	16,7	0,155 1,75	20	[56]
Gesamt	**152**	–	–	**14,0**	**26,2**	**19,2**	–	–	–

Gesamtmesspunktezahl: Σ MP = 10475.

Literatur zu Kapitel 4

1. Reichelt W. Strömung in Füllkörperapparaten bei Gegenstrom einer flüssigen und einer gasförmigen Phase. Verlag Chemie, Weinheim (1974)
2. Mersmann A. Thermische Verfahrenstechnik. Springer, Berlin/Heidelberg (1980)
3. Brauer H. Grundlagen der Einphasen- und Mehrphasenströmungen. Verlag Sauerländer, Aarau und Frankfurt/M. (1971)
4. Brauer H, Mewes D. Stoffaustausch einschließlich chemischer Reaktionen. Verlag Sauerländer, Aarau und Frankfurt/M. (1971)
5. Billet R. Industrielle Destillation. Verlag Chemie, Weinheim (1973)
6. Schmidt R. The lower capacity limits of packed columns. I. Chem. E. Symposium Series No. 56, EFCE Publications. Series No. 3, Bd 2, S 3.1/1–3.1/13
7. Schmidt R. Zweiphasenstrom und Stoffaustausch in Schüttschichten. VDI-Verlag, Düsseldorf (1972), VDI-Forschungsheft 550
8. Bolles WL, Fair JR. Performance and design of packed distillation columns. 3rd Int. Symp. on Distillation, London, April (1979). EFCE Publications Series No. 3, Bd 2, S 3.3/35–89 bzw. Improved mass transfer model enhances packed-column design. Chem. Eng. (1982) Nr. 12, S 109/115
9. Eckert JS. Selecting the proper distillation column packing. Chem. Eng. Progr., Bd 66 (1970) Nr. 3, S 39
10. Schumacher R. Gasbelastung und Druckverlust von berieselten Füllkörperschüttungen. „vt"-verfahrenstechnik, Bd 10 (1976) Nr. 11, S 727/732
11. Weiß S, Schmidt E, Hoppe K. Obere Belastungsgrenze und Druckverlust bei der Destillation in Füllkörperkolonnen. Chem. Techn., Leipzig, Bd 27 (1975) Nr. 7, S 394/396
12. Bemer GG, Kalis GAJ. A new method to predict hold-up and pressure drop in packed columns. Trans. I. Chem. Eng., Bd 56 (1978), S 200/205
13. Billet R, Maćkowiak J. How to use absorption date for design and scale-up of packed columns. Vortrag Helsinki, 2.–4. Juni (1982), EFCE Working Party on Distillation, Absorption and Extraction. Fette, Seifen, Anstrichmittel, Bd 86 (1984) Nr. 9, S 349/358
14. Billet R, Maćkowiak J. Allgemeines Verfahren zur Auslegung von Füllkörperkolonnen für die Rektifikation. Vortrag anlässlich des Jahrestreffens der Verfahrensingenieure (VDI), Basel 30.09.1982
15. Billet R, Maćkowiak J. Neues Verfahren zur Auslegung von Füllkörperkolonnen für die Rektifikation. „nvt"-verfahrenstechnik, Bd 17 (1983) Nr. 4, S 203/211
16. Teutsch T. Druckverluste in Füllkörperschüttungen bei hohen Berieselungsdichten. Chem.-Ing.-Tech., Bd 36 (1964) Nr. 5, S 496/503
17. Maćkowiak J. Dissertation TU-Wrocław/Polen (1975)
18. Maćkowiak J, Ziolkowski Z. Neue Füllkörperelemente für die Destillation und Absorption. Vortrag auf der ACHEMA 1976, Juni (1976), Frankfurt/Main
19. Buchanan JE. Pressure gradient and liquid hold-up in irrigated packed towers. I & EC Fundametals, Bd 8 (1969), S 502/511
20. Leva M. Tower packings and packed tower design. Acron, Ohio/USA, 2. Auflage (1953)
21. Mersmann A. Zur Berechnung des Flutpunktes in Füllkörperschüttungen. Chem.-Ing.-Tech., Bd 37 (1965) Nr. 3, S 218/226
22. Gelbe H. Der Flüssigkeitsinhalt und die Rektifizierwirkung beim Vakuumbetrieb in Füllkörperschüttungen. Fort. Ber. VDI-Zeitschrift, Reihe 3, Nr. 23, März (1968)
23. Billet R, Maćkowiak J. Neuartige Füllkörper aus Kunststoffen für thermische Stofftrennverfahren. Chemie Technik, Bd 9 (1980) Nr. 5, S 219/226
24. Billet R, Maćkowiak J. Wirksamkeit von Kunststofffüllkörpern bei der Absorption, Desorption und Vakuumrektifikation. „vt"-verfahrenstechnik, Bd 15 (1982) Nr. 2, S 67/74
25. Molzahn M, Wolf D. Destillation, Absorption, Extraktion. Gibt es noch Forschungsaufgaben? Chem.-Ing.-Tech., Bd 53 (1981) Nr. 10, S 768/780
26. Eckert JS, Walter LF. What affects packed bed distillation Hydrocarbon Processing and Petroleum Refiner. Bd 43 (1964) Nr. 2, S 107/114
27. Interne Daten der Firma Rauschert KG, Steinwiesen
28. Billet R, Maćkowiak J, Ługowski S, Filip S. Development and performance of Impulse Packing for gasliquid systems. Vortrag auf der ACHEMA 82, 6. Juni (1982) Frankfurt/M. bzw. Fette, Seifen, Anstrichmittel, Bd 85 (1983) Nr. 10, S 383/391

29. Sherwood TK, Pigford R, Wilke ChR. Mass Transfer. McGraw-Hill, New York/Düsseldorf (1975)

30. Meier W, Hunkler R, Stöcker WD. Performance of a new regulat tower packing 'Mellapak' 3rd Int. Symp. on Distillation, London, April (1979) bzw. deutsche Fassung: Chem.-Ing.-Techn., Bd 51 (1979) Nr. 2, S 119/122

31. Prospekt der Firma Sulzer Nr. 22, 13.06.20.V 85–50, (1985). Trennkolonnen für Destillation und Absorption

32. Technische Informationen der Firma VFF – Vereinigte Füllkörperfabriken. Ransbach + Baumbach/Westerwald

33. Technische Information der Firma Raschig, Ludwigshafen/Rhein

34. Billet R. Stand, Entwicklung und Aussichten der Destillation und Rektifikation im Vergleich zu anderen Trennmethoden. Chemie-Technik, Bd 3 (1974), S 355/361

35. Billet R, Maćkowiak J. Hiflow-Ring ein Hochleistungsfüllkörper für Gas-Flüssig-Systeme. Teil 1: Ausführung in Kunststoff. Chemie-Technik, Bd 11 (1984) Nr. 12, S 37/46

36. Prospekt „Białeckiringe" von der Außenhandelszentrale CHEMAK. Warszawa Wspólna 62, Polen

37. Billet R, Maćkowiak J. Hiflow-Ring ein Hochleistungsfüllkörper für Gas-Flüssig-Systeme. Teil 2. Ausführung in Metall. Chemie-Technik, Bd 14 (1985) Nr. 4, S 91/99

38. Billet R, Maćkowiak J. Hiflow-Ring ein Hochleistungsfüllkörper für Gas-Flüssig-Systeme. Teil 3. Ausführung in Keramik. Chemie-Technik, Bd 14 (1985) Nr. 5, S 195/206

39. Billet R, Maćkowiak J. Application of modern packings in thermal separation processes. Vortrag auf der ACHEMA 1985, 10.06.1985, Frankfurt/Main bzw. Chem. Eng. Technol. Bd 11 (1988), S 213/227

40. Billet R, Maćkowiak J, Chromik R. Hochleistungsfüllkörper für Gas-/Flüssig-Systeme. Der VSP-Ring aus Metall. Chemie-Technik 16 (1987) Nr. 5, S 79/87

41. Maćkowiak J, Ziołkowski Z. Hydraulik der regellosen Białeckiringschüttung. Inż. Chem. (orig. poln.), Bd 6 (1975) Nr. 1, S 151/186

42. Blaß E, Kurtz R. Der Einfluss grenzflächenenergetischer Größen auf den Zweiphasen-Gegenstrom durch Raschigring-Füllkörpersäulen Teil 1: Flüssigkeitsinhalt. „vt"-verfahrenstechnik, Bd 10 (1976) Nr. 11, S 721/724.

43. Blaß E, Kurtz R. Der Einfluss grenzflächenenergetischer Größen auf den Zweiphasen-Gegenstrom durch Raschigring-Füllkörpersäulen. Teil 2: Druckverlust am Flutpunkt. „nvt"-verfahrenstechnik, Bd 11 (1977) Nr. 1, S 44/48

44. Mersmann A, Deixler A. Packungskolonnen. Chem.-Ing.-Techn., Bd 56 (1986) Nr. 1, S 19/31

45. Kast W. Gesetzmäßigkeiten des Druckverlustes in Füllkörperkolonnen. Chem.-Ing.-Techn., Bd 36 (1964) Nr. 5, S 464/468

46. Kolev N. Wirkungsweise von Füllkörperschüttungen. Chem.-Ing.-Techn., Bd 48 (1976) Nr. 12, S 1105/1111

47. Beck R. Ein neues Verfahren zur Berechnung von Füllkörpersäulen. VFF-GmbH & Co., Baumbach/Westerwald (1969)

48. Kleinhückenkotten H. Untersuchung zur Auslegung von Füllkörperkolonnen mit geschütteter Füllung. „vt"-verfahrenstechnik, Bd 9 (1975) Nr. 8, S 275/279

49. Billet R, Maćkowiak J. Untersuchungen zur Hydraulik und zum gasseitigen Stoffübergang in Kolonnen mit Kunstoff-Füllkörpern. Chemie-Technik, Bd 17 (1988) Nr. 5, S 149/155

50. Billet R, Kozioł A, Maćkowiak J, Suder S. Maßstabübertragung in Füllkörperkolonnen bei der Absorption (engl.). Vortrag anlässlich 4th Italian-Yugoslavian-Austrian Chem. Eng. Conference, Triest, 24–26 September (1984) bzw. Fette, Seifen, Anstrichmittel, Bd 87 (1985) Nr. 5, S 201/205

51. Billet R, Maćkowiak J, Kozioł A, Suder S. Untersuchungen der Wirksamkeit von Füllkörpern aus Kunststoff in Kolonnen großer Durchmesser. Chem.-Ing.-Techn., Bd 58 (1986) Nr. 11, S 897/900

52. Maćkowiak J. Fluiddynamik von Füllkörperkolonnen. CAV – Chemie Anlagen + Verfahren (1991) Nr. 6, S 66–74

53. Maćkowiak J. Bestimmung des Druckverlustes berieselter Füllkörperschüttungen und Packungen. Staub-Reinhaltung der Luft 50 (1990), S 455–463

54. Maćkowiak J. Pressure drop in Irrigated Packed Columns. Chem. Eng. Process 29 (1991), S 93–105

55. Bornhütter K. Stoffaustausch von Füllkörperschüttungen unter Berücksichtigung der Flüssigkeitsströmungsform. Dissertation, TU München (1991)

56. Krehenwinkel H. Experimentelle Untersuchungen der Fluiddynamik und der Stoffübertragung in Füllkörperkolonnen bei Drücken bis 100 bar. Dissertation, TU Berlin, Dezember (1986)

57. Süess A, Spiegel L. Hold-up of Mellapak structured packings. Sulzer Bros. AG (Schweiz), Ltd. Seperation Columns

58. Stein A. Der dynamische Flüssigkeitsanteil in Packungskolonnen. VDI-Fortschritt-Berichte Reihe J, Nr. 702. VDI-Verlag GmbH, Düsseldorf 2001

59. Maćkowiak J. Einsatz von modernen Füllkörpern zur Reduzierung von Schadstoffen aus Abluft und Abwasser. Staub-Reinhaltung von Luft 50 (1990) Nr. 5, S 221–227

60. Maćkowiak J. Podstawy projektowania kolumn wypełnionych usypanymi i układanymi metalowymi pierúcieniami Białeckiego dla układów gas/ciecz. Inø. i Ap. Chem. (1990) Nr. 5, 3–8

61. Maćkowiak J, Ługowski Z. Geringere Apparatevolumina und Betriebskosten mit neuen Füllkörpern. vt-Verfahrenstechnik 29 (1995) Nr. 6, S 19–22

62. Maćkowiak J, Szust J. Hydraulika i wymiana masy w kolumnach wypełnionych ceramicznymi pierścieniami R-Pac i SR-Pac w układach gaz/ciecz. Inż. Chem. i Procesowa 18 (1997) Nr. 4, S 675–691

63. Maćkowiak J. McPac – ein neuer metallischer Füllkörper für Gas-Flüssigkeitssysteme. Chem. Ing. Tech. 73 (2001) Nr. 1–2, S 74–79

64. Billet R, Schultes M. Modelling of pressure drop in packed columns. Inż. Chem. i Proc. Bd 1 (1990) Nr. 1, S 17–30

65. Maćkowiak J, Suder S. Hydraulika i wymiana masy w kolumnie wypełnionej układanymi pierścieniami Białeckiego (orig. poln.). Inż. Chem. i. Procesowa Bd 8 (1977) Nr. 3, S 651–664

66. Możeński C, Kucharski E. Hydraulika wypełnień pod zwiĺkszonym ciúnieniem (orig. poln.). Inż. Chem. i Procesowa, Bd 3 (1986) Nr. 3, S 373/384

Druckverlust von berieselten Schüttungen und strukturierten Packungen bei Kenntnis des Widerstandsgesetzes für die Zweiphasenströmung   5

5.1
Einleitung

In Kap. 4 wurde ein Verfahren zur Bestimmung des Druckverlustes von berieselten Schüttungen und Packungen vorgestellt, welches dann anwendbar ist, wenn das Widerstandsgesetz, d.h. die Funktion $\psi = f(\mathrm{Re_V})$ für die Einphasenströmung durch die Packung bekannt ist. In der Praxis treten Fälle auf, bei denen Messdaten zum Druckverlust nur für berieselte Packungen vorliegen, in dem Fall ist das in Kap. 4 vorgestellte Verfahren nicht ohne Einschränkung anwendbar. Für Rohrkolonnen sowie Packungen die eine abweichende Neigung der Strömungskanäle aufweisen als $\alpha = 30°$ oder $45°$ und für die keine C_B-Werte zur Bestimmung des Druckverlustes nach Gl. (4-45) vorliegen, ist die Bestimmung des Druckverlustes nur mit ungenügender Genauigkeit möglich. In diesem Fall bietet sich das von Maćkowiak [1, 2] entwickelte Verfahren an, welches auf der Kenntnis des Widerstandsgesetzes $\psi_\mathrm{VL} = f(\mathrm{Re_L})$ für die Zweiphasenströmung Gas/Flüssigkeit aufbaut.

5.2
Herleitung des Ansatzes zur Bestimmung des Druckverlustes von berieselten Schüttungen und strukturierten Packungen

Bei der Zweiphasenströmung in Packungskolonnen bilden sich auf der Füllkörperoberfläche und innerhalb der Packung Filme, Rinnsale und insbesondere in Schüttungen mit größeren Füllkörpern Tropfen, die durch die Schüttung herabfallen und eine Reduzierung der freien Hohlräume der Packungskolonne bewirken. Das effektive Lückenvolumen ε_e der Packungskolonne bei Zweiphasenströmung ist dann um den Flüssigkeitsinhalt h_L kleiner als nur für die gasdurchströmte Packung, $\varepsilon_\mathrm{e} = \varepsilon - h_\mathrm{L}$. Die Ausgangsgleichung für den auf 1 m Schüttungshöhe bezogenen Druckverlust $\Delta p/H$ bei der Zweiphasenströmung bildet in Analogie zu der Einphasenströmung die Gl. (3-8), hierbei gilt:

$$\frac{\Delta p}{H} = \psi_\mathrm{VL} \cdot \frac{1-(\varepsilon-h_\mathrm{L})}{(\varepsilon-h_\mathrm{L})^3} \cdot \frac{F_\mathrm{V}^2}{d_\mathrm{P} \cdot K} \quad \text{für } u_\mathrm{V} \gg u_\mathrm{L} \tag{5-1}$$

Nach einfacher Umformung der Gl. (5-1) erhält man die Berechnungsgleichung (5-2):

$$\frac{\Delta p}{H} = \psi_{\mathrm{VL}} \cdot \frac{1-\varepsilon}{\varepsilon^3} \cdot \frac{F_V^2}{d_\mathrm{P} \cdot K} \cdot \left(1 + \frac{h_\mathrm{L}}{1-\varepsilon}\right) \cdot \left(1 - \frac{h_\mathrm{L}}{\varepsilon}\right)^{-3} \quad [\mathrm{Pa\,m^{-1}}] \tag{5-2}$$

Zur Bestimmung des Druckverlustes nach Gl. (5-2) werden nur die die Füllkörper kennzeichnenden konstruktiven Daten wie die spezifische geometrische Füllkörperoberfläche a, das Lückenvolumen ε, der Widerstandsbeiwert ψ_{VL} für die Zweiphasenströmung und der Flüssigkeitsinhalt h_L benötigt. Der Ansatz nach Gl. (5.2) bietet somit die Möglichkeit, den Druckverlust im gesamten Belastungsbereich bis zur Flutgrenze zu bestimmen. Die Bestimmung des Flüssigkeitsinhalts im gesamten Belastungsbereich von Packungskolonnen wurde im Kap. 4.2 ausführlich vorgestellt.

5.3
Das Widerstandsgesetz $\psi_{\mathrm{VL}} = f(\mathrm{Re_L})$ bei vorliegender Zweiphasenströmung in Packungskolonnen – Ableitung des Ansatzes

Der Widerstandsbeiwert ψ_{VL} bei der Zweiphasenströmung im Gegenstrom hat sich wider Erwarten bei bestimmten Betriebsbedingungen lediglich als eine Funktion der Reynoldszahl $\mathrm{Re_L}$ nach Gl. (4-18) erwiesen [1, 2]:

$$\mathrm{Re_L} = \frac{u_\mathrm{L}}{a \cdot \nu_\mathrm{L}} \tag{4-18}$$

Der Widerstandsbeiwert ist von der Form der Füllkörper und auch von der Füllkörpergröße abhängig [1, 2]. Der Widerstandsbeiwert ψ_{VL} kann mit folgendem Ansatz beschrieben werden:

$$\psi_{\mathrm{VL}} = \mu \cdot f_{\mathrm{VL}}(\mathrm{Re_L}) \tag{5-3}$$

mit

$$f_{\mathrm{VL}}(\mathrm{Re_L}) = A \cdot \mathrm{Re_L^B} \tag{5-4}$$

Der Parameter μ stellt in Gl. (5-3) einen den Füllkörper kennzeichnenden formspezifischen Formfaktor dar. A und B sind Konstanten, die für einen gewählten Bezugsfüllkörper bestimmt wurden [1, 2].

Beim Einsatz von vollflächigen keramischen Raschig-Ringen ist der größte Widerstandsbeiwert ψ_{VL}, beim Einsatz von Füllkörpern mit durchbrochener Wand sind je nach Größe der offenen Flächen in den Füllkörperumwandungen kleinere Widerstandsbeiwerte ψ_{VL} zu erwarten. Zur Auswertung der Messdaten erwies es sich als sinnvoll, den Zahlenwert des Formfaktors μ für keramische Raschigringe festzulegen:

$$(\mu)_{\text{Raschig-Ring}} \equiv 1 \tag{5-5}$$

Für moderne Füllkörper mit durchbrochener Umwandung sind nach dieser Definition kleinere μ-Werte als 1 zu erwarten, d. h. $\mu < 1$.

Unter Zugrundelegung von ca. 10.000 Messdaten aus der zur Verfügung stehenden Datenbank wurde die Konstante A und der Exponent B sowie die Zahlenwerte für die Füllkörperformfaktoren μ mit Hilfe des Minimierungsverfahrens ermittelt. Die Zahlenwerte für die ermittelten Formfaktoren μ sind in den Tabellen 6-1 a–c zusammengestellt.

Die Auswertung der Messdaten für die untersuchten Packungskolonnen führte zu den folgenden Berechnungsgleichungen des Widerstandsbeiwertes ψ_{VL} [1, 2]:

$$\psi_{VL} = \mu \cdot 5,4 \cdot \mathrm{Re}_L^{-0,14} \tag{5-6}$$

Die Gl. (5-6) gilt für einen Strömungsbereich der Flüssigkeit im Bereich $0,3 < \mathrm{Re}_L < 12,3$.

Für höhere Reynoldszahlen $\mathrm{Re}_L > 12,3$ wurde experimentell ein annähernd konstanter Widerstandsbeiwert ψ_{VL} gefunden:

$$\psi_{VL} \cong \mu \cdot 3,8 \tag{5-7}$$

Die folgende Näherungsgleichung (5-8) gilt für den Strömungsbereich $0 \leq \mathrm{Re}_L < 0,3$ und mit $\psi = f(\mathrm{Re}_V)$ nach (3-14) ergibt sich:

$$\psi_{VL} = \mu \cdot (\psi + (6,4 - \psi)) \cdot \frac{\mathrm{Re}_L}{0,3} \tag{5-8}$$

5.4
Herleitung der Berechnungsgleichung für den Druckverlust berieselter Schüttungen

Beim Einsatz von größeren Füllkörpern z. B. in der Absorption mit einem vorwiegend einseitigen Stoffübergangswiderstand, strömt die Flüssigkeit meist turbulent mit $\mathrm{Re}_L > 12,3$. Dann resultiert aus Gl. (5-2) und (5-6) folgende Berechnungsgleichung für den Druckverlust berieselter Packungskolonnen mit beliebigen Einbauten:

$$\frac{\Delta p}{H} = \mu \cdot 5,4 \cdot \mathrm{Re}_L^{0,14} \cdot \left(\frac{1-\varepsilon}{\varepsilon^3}\right) \cdot \frac{F_V^2}{d_P \cdot K} \cdot \left(1 + \frac{h_L}{1-\varepsilon}\right) \cdot \left(1 - \frac{h_L^{-3}}{\varepsilon}\right) \quad [\mathrm{Pa\,m^{-1}}] \tag{5-9}$$

Die Gleichung geht für $\mathrm{Re}_L > 12,3$ in Gl. (5-10) über.

$$\frac{\Delta p}{H} \cong 3,8 \cdot \mu \cdot \left(\frac{1-\varepsilon}{\varepsilon^3}\right) \cdot \frac{F_V^2}{d_P \cdot K} \cdot \left(1 + \frac{h_L}{1-\varepsilon}\right) \cdot \left(1 - \frac{h_L^{-3}}{\varepsilon}\right) \quad [\mathrm{Pa\,m^{-1}}] \tag{5-10}$$

Für regellose Füllkörperschüttungen und geordnete Schichten gilt $K \neq 1$, für strukturierte Packungen und Rohrkolonnen gilt $K = 1$.

5.5
Vergleich der Messwerte mit dem Experiment im gesamten Betriebsbereich von Packungskolonnen

In den Tabellen 5-1a–c sind die Ergebnisse der Auswertung von ca. 10.000 Messdaten für zahlreiche Packungskolonnen unterschiedlicher Bauart zusammengestellt. Mit $\bar{\delta}_1(\Delta p/H)$ wurden in den Tabellen 5-1a–c die mittleren relativen Fehler angegeben, mit welchen der Druckverlust berieselter Packungen im Betriebsbereich unterhalb der Staugrenze, d.h. für $F_V \leq 0,65\ F_{V,Fl}$ ermittelt werden kann. Die angegebenen Zahlenwerte $\bar{\delta}_2(\Delta p/H)$ gelten für den Betriebsbereich zwischen der Staugrenze und der Flutgrenze und $\bar{\delta}(\Delta p/H)$ gilt für den gesamten Belastungsbereich einschließlich der Flutgrenze.

Die Stoffwerte der bei der Auswertung verwendeten Systeme, die Betriebsparameter und die Geometriedaten variierten in folgenden Grenzen:

$$
\begin{aligned}
6,3 &\leq \mathrm{Re_L} &&\leq 200 \ (\text{bzw. } \mathrm{Re_{L,max}} \text{ nach Tabellen 5-1a–c}) \\
54 &\leq a &&\leq 550 \ \mathrm{m^2 m^{-3}} \\
0,008 &\leq d &&\leq 0,09 \ \mathrm{m} \\
0,025 &\leq d_S &&\leq 1,8 \ \mathrm{m} \\
660 &\leq \rho_L &&\leq 1260 \ \mathrm{kg\,m^{-3}} \\
0,03 &\leq \rho_V &&\leq 40 \ \mathrm{kg\,m^{-3}} \\
14 &\leq \sigma_L &&\leq 74,6 \ \mathrm{mNm^{-1}} \\
0,2 &\leq \eta_L \cdot 10^3 &&\leq 8 \ \mathrm{kg\,m^{-1}s^{-1}} \\
6,5 &\leq \eta_V \cdot 10^6 &&\leq 18,2 \ \mathrm{kg\,m^{-1}s^{-1}} \\
0,63 &\leq \varepsilon &&\leq 0,987 \ \mathrm{m^3 m^{-3}} \\
2 &\leq \Delta p/H &&\leq 4000 \ \mathrm{Pa\,m^{-1}}
\end{aligned}
$$

In den Bildern 5-1 bis 5-15 ist beispielhaft der Vergleich zwischen der Berechnung des Druckverlustes nach Gl. (5-9) und den experimentellen Daten für metallische Pallringe, Białeckiringe, McPac-Ringe, Hiflow-Ringe, ENVIPAC, VSP-Ringe, Hackette, Top-Pak, Ralu-Flow, Ralu-Ringe, Intalox-Sättel, Raschigringe, SR-Pak, R-Pak, Nor-Pac u.a. und Packungen dargestellt.

Bild 5-1. Vergleich der experimentell ermittelten Druckverluste $\Delta p/H$ mit der Rechnung nach Gln. (5-9) und (5-10) für 15-mm Pallringe aus Metall im Bereich unterhalb der Staugrenze $F_V/F_{V,Fl} \leq 0{,}65$, gültig für diverse Rektifiziersysteme

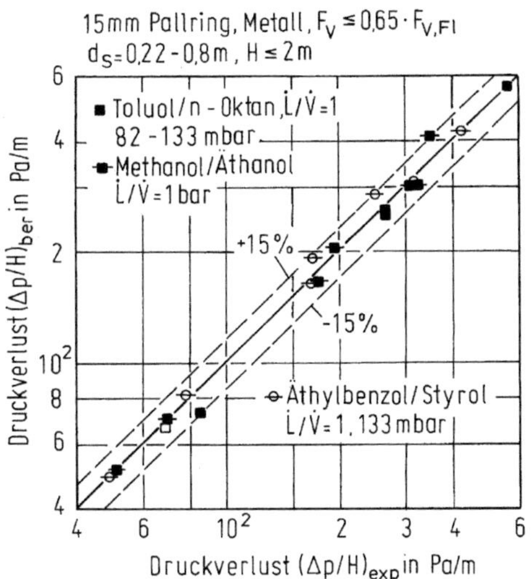

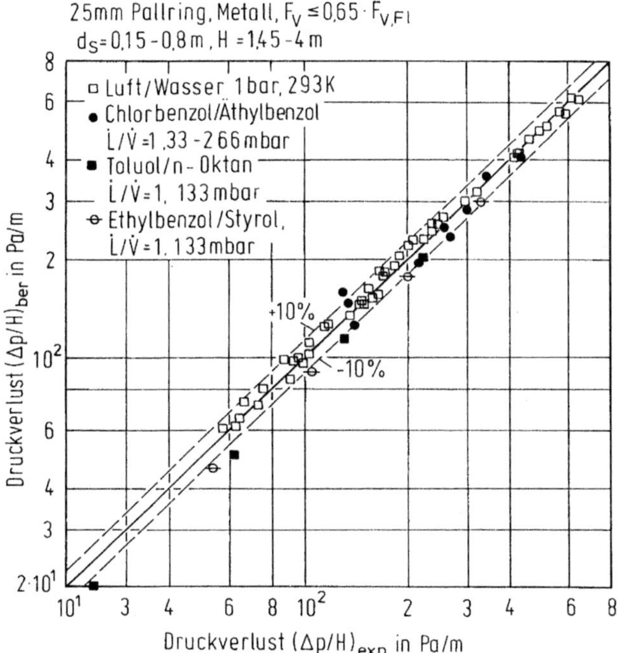

Bild 5-2. Vergleich der experimentell ermittelten Druckverluste $\Delta p/H$ mit der Rechnung nach Gln. (5-9) und (5-10) für 25-mm Pallringe aus Metall im Bereich unterhalb der Staugrenze $F_V/F_{V,Fl} \leq 0{,}65$, gültig für diverse Rektifiziersysteme

Bild 5-3. Vergleich der experimentell ermittelten Druckverluste $\Delta p/H$ mit der Rechnung nach Gln. (5-9) und (5-10) für 35-mm Pallringe aus Metall im Bereich unterhalb der Staugrenze $F_V/F_{V,Fl} \leq 0,65$, gültig für diverse Rektifiziersysteme

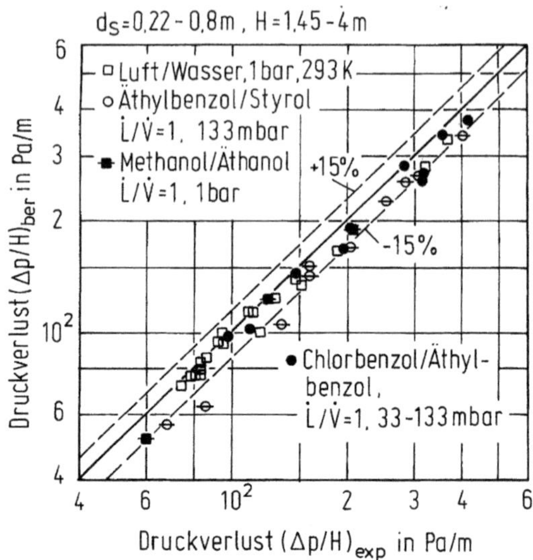

Bild 5-4. Vergleich der experimentell ermittelten Druckverluste $\Delta p/H$ mit der Rechnung nach Gln. (5-9) und (5-10) für 50-mm Pallringe aus Metall im Bereich unterhalb der Staugrenze $F_V/F_{V,Fl} \leq 0,65$, gültig für diverse Rektifiziersysteme

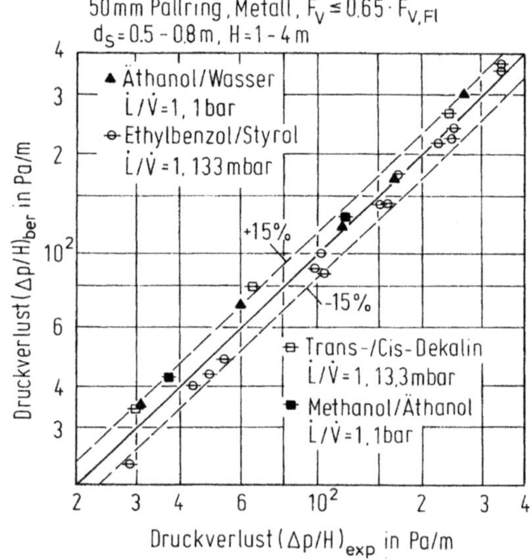

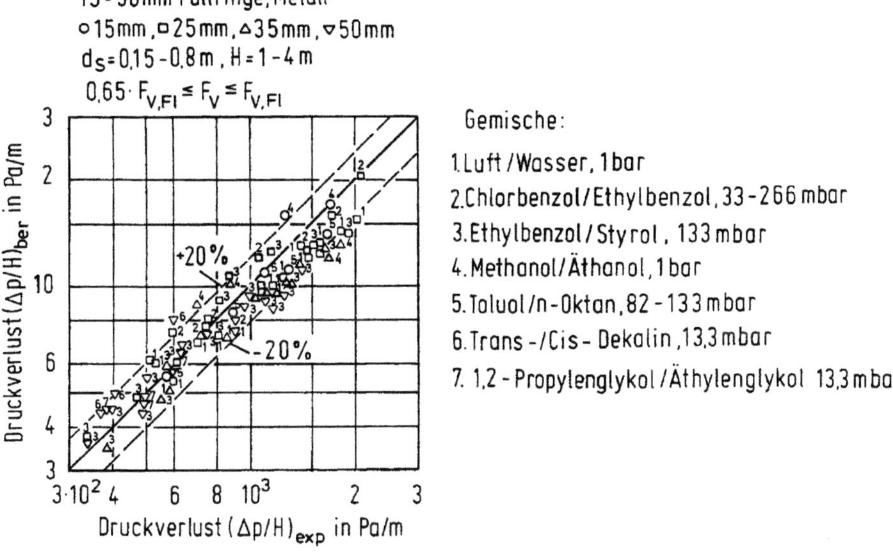

Bild 5-5. Vergleich der experimentell ermittelten Druckverluste $\Delta p/H$ mit der Rechnung nach Gln. (5-9) und (5-10) für 15- bis 50-mm Pallringe aus Metall im Bereich oberhalb der Staugrenze $0{,}65 < F_V/F_{V,Fl} \leq 1$, gültig für diverse Rektifiziersysteme

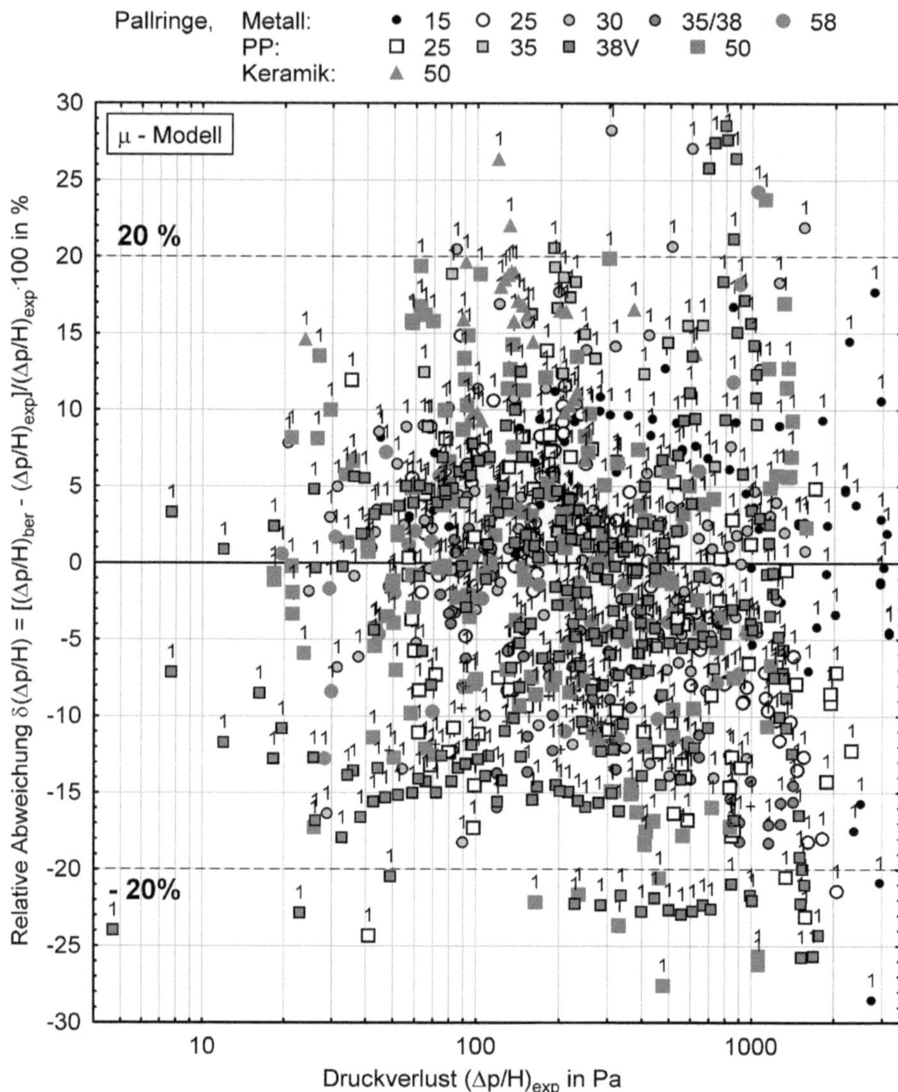

Bild 5-6. Relative Abweichung $\delta(\Delta p/H)$ der Messdaten zur Bestimmung des Druckverlustes $(\Delta p/H)_{exp}$ bis zum Flutpunkt nach Gln. (5-9) und (5-10), gültig für 15- bis 58-mm Pallringe aus Metall, Kunststoff und Keramik. Nr. des Systems s. Tabelle 2-2. Versuchsbedingungen s. Tabelle 5-1a–c

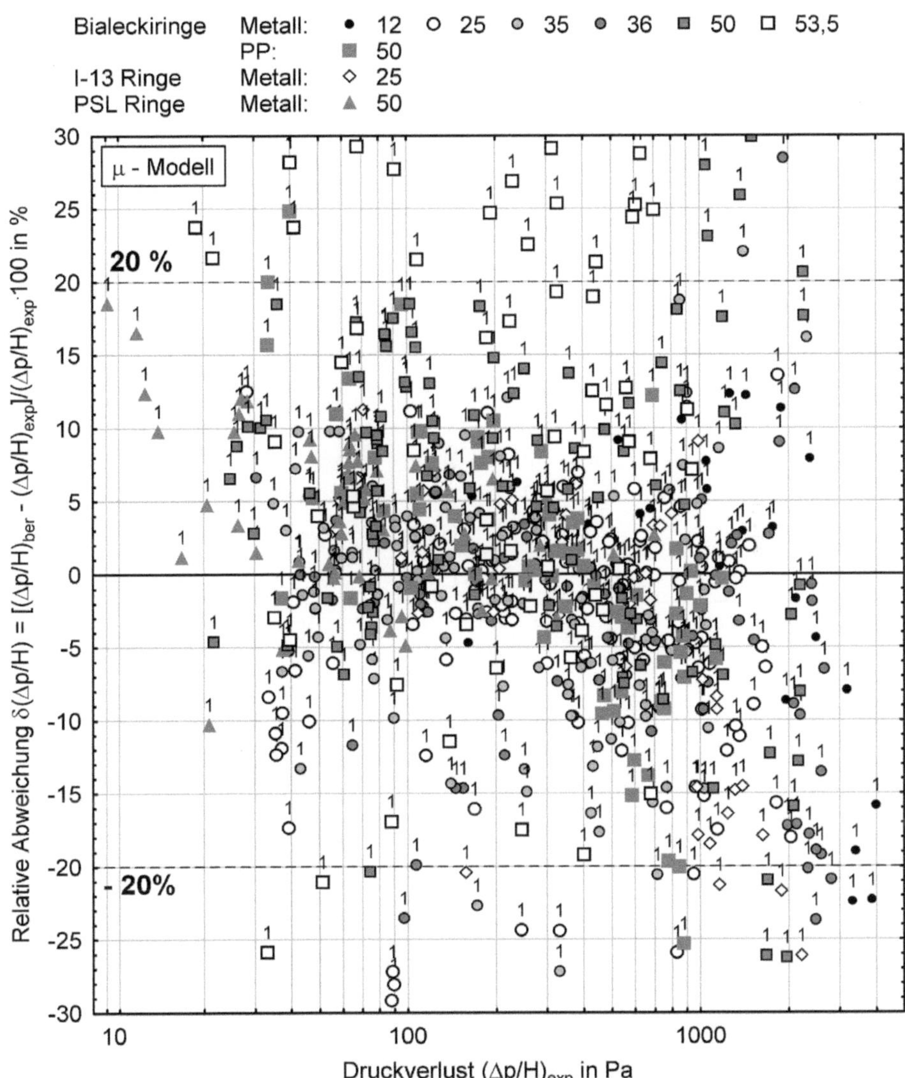

Bild 5-7. Relative Abweichung $\delta(\Delta p/H)$ der Messdaten zur Bestimmung des Druckverlustes $(\Delta p/H)_{exp}$ bis zum Flutpunkt nach Gln. (5-9) und (5-10), gültig für regellos geschüttete Bialeckiringe aus Metall und Kunststoff, PSL-Ringe und I-13-Ringe aus Metall. Nr. des Systems s. Tabelle 2-2. Versuchsbedingungen s. Tabelle 5-1a–c

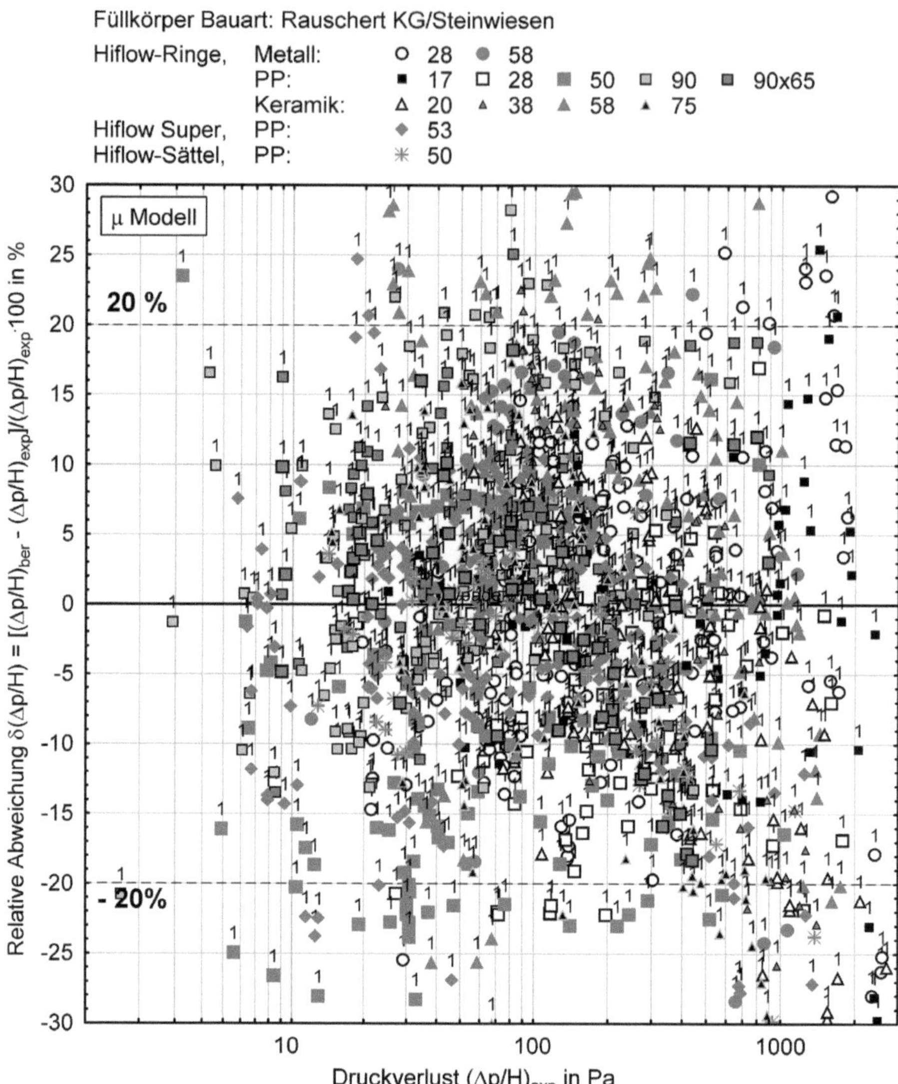

Bild 5-8. Relative Abweichung $\delta(\Delta p/H)$ der Messdaten zur Bestimmung des Druckverlustes $(\Delta p/H)_{exp}$ bis zum Flutpunkt nach Gln. (5-9) und (5-10), gültig für 15- bis 90-mm Hiflowringe Bauart Rauschert aus Metall, Kunststoff und Keramik. Nr. des Systems s. Tabelle 2-2. Versuchsbedingungen s. Tabelle 5-1a–c

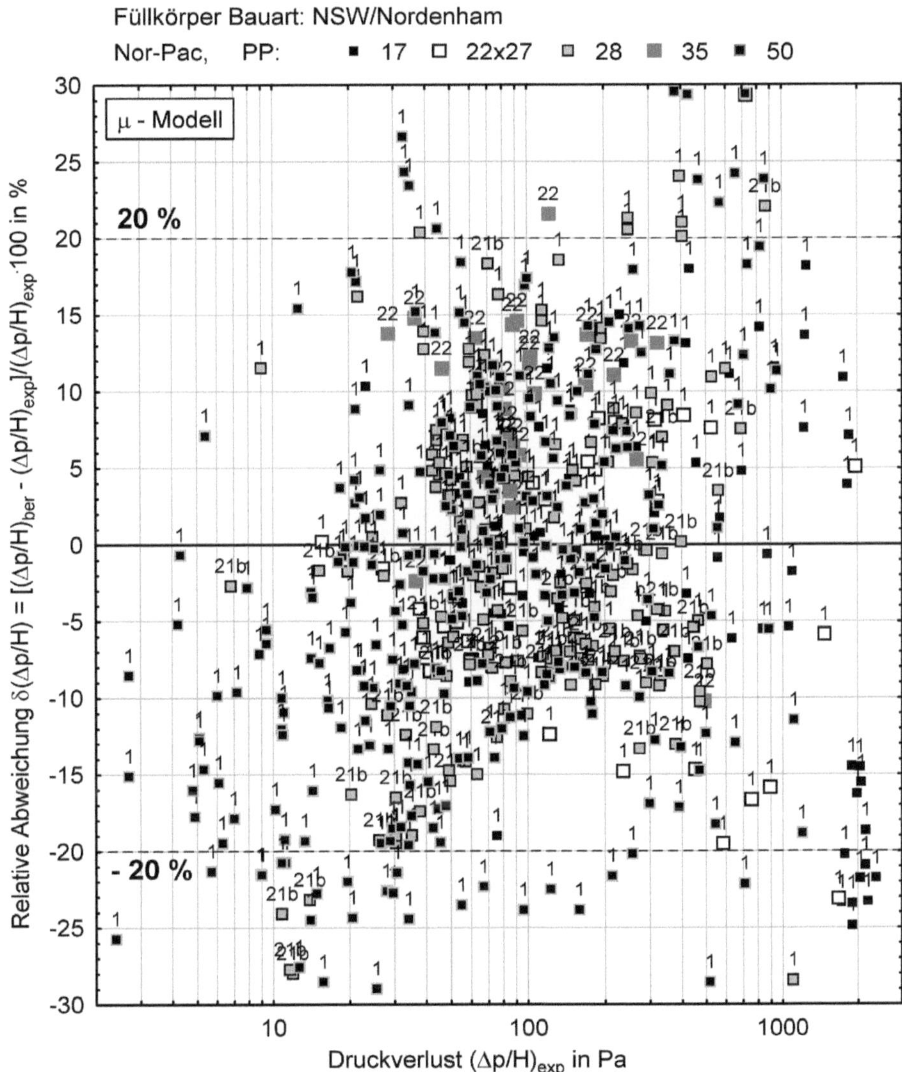

Bild 5-9. Relative Abweichung $\delta(\Delta p/H)$ der Messdaten zur Bestimmung des Druckverlustes $(\Delta p/H)_{exp}$ bis zum Flutpunkt nach Gln. (5-9) und (5-10), gültig für Nor-Pac Füllkörper Bauart NSW aus Kunststoff. Nr. des Systems s. Tabelle 2-2. Versuchsbedingungen s. Tabelle 5-1a–c

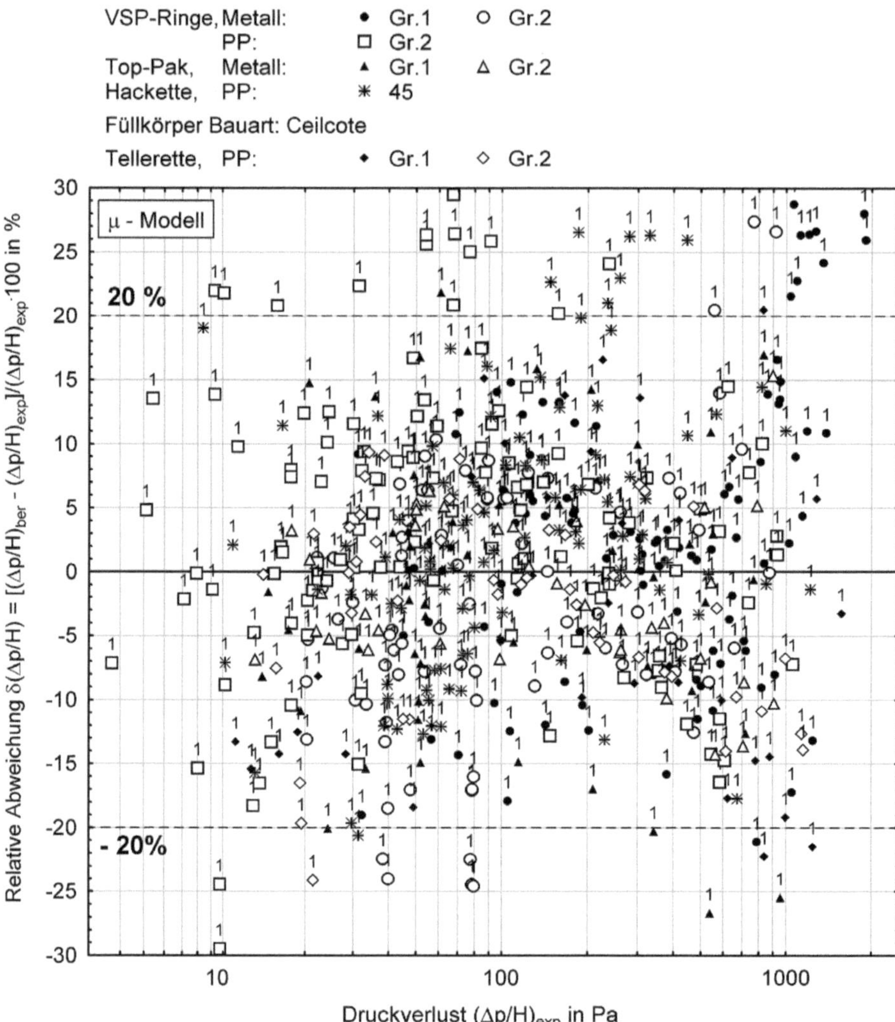

Bild 5-10. Relative Abweichung $\delta(\Delta p/H)$ der Messdaten zur Bestimmung des Druckverlustes $(\Delta p/H)_{exp}$ bis zum Flutpunkt nach Gln. (5-9) und (5-10), gültig für VSP-Ringe, Top-Pak und Hackette Bauart VFF aus Metall und Kunststoff und Tellerette Bauart Ceilcote. Nr. des Systems s. Tabelle 2-2. Versuchsbedingungen s. Tabelle 5-1a–c

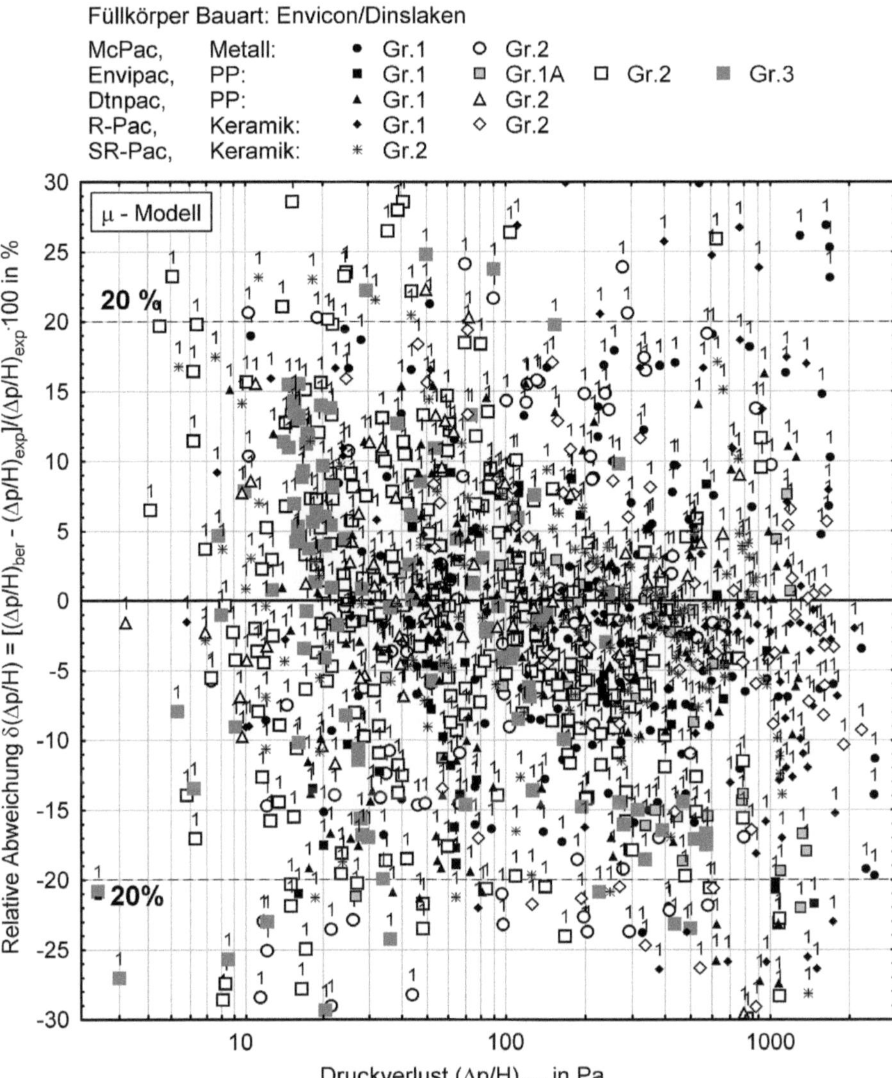

Bild 5-11. Relative Abweichung $\delta(\Delta p/H)$ der Messdaten zur Bestimmung des Druckverlustes $(\Delta p/H)_{exp}$ bis zum Flutpunkt nach Gln. (5-9) und (5-10), gültig für Füllkörper vom Typ ENVI-PAC, DTNAC, McPac, R-Pac, SR-Pac Bauart ENVICON aus Metall, Kunststoff und Keramik. Nr. des Systems s. Tabelle 2-2. Versuchsbedingungen s. Tabelle 5-1a–c

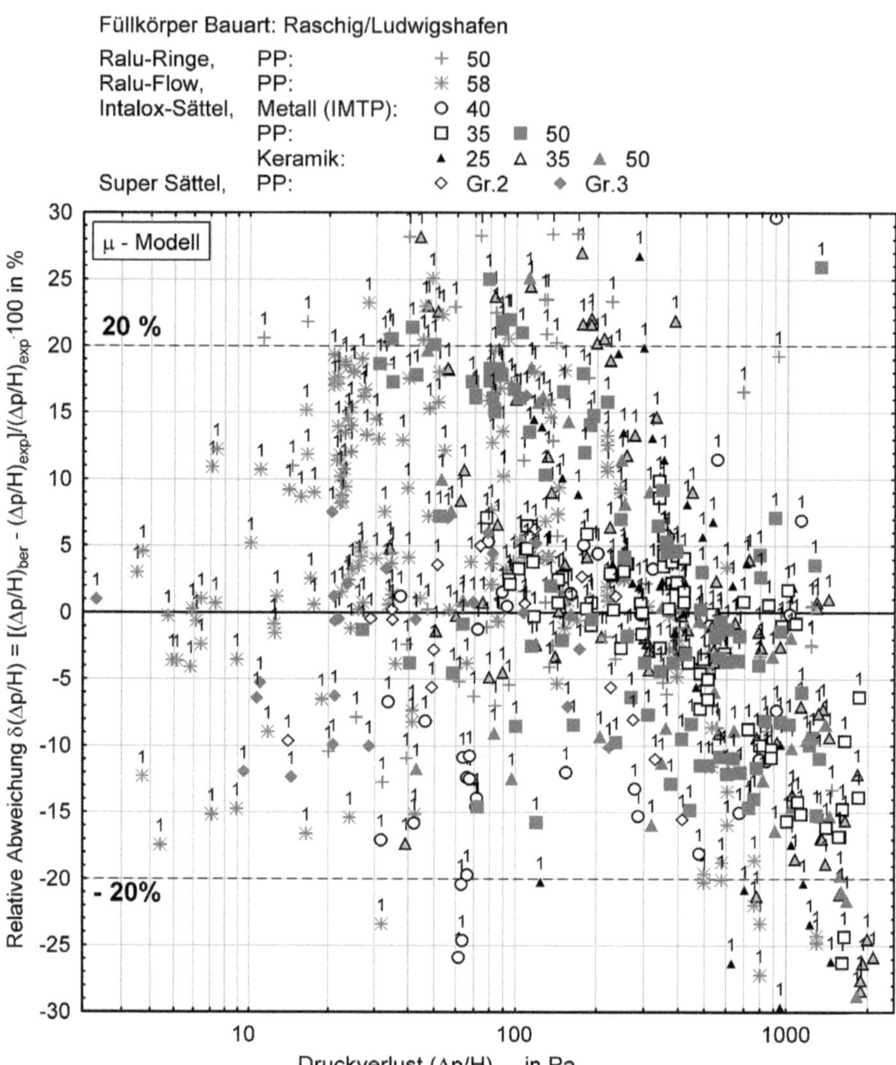

Bild 5-12. Relative Abweichung $\delta(\Delta p/H)$ der Messdaten zur Bestimmung des Druckverlustes $(\Delta p/H)_{exp}$ bis zum Flutpunkt nach Gln. (5-9) und (5-10), gültig für Sattelfüllkörper aus Metall und Kunststoff sowie für Ralu-Ringe und Ralu-Flow Bauart Raschig. Nr. des Systems s. Tabelle 2-2. Versuchsbedingungen s. Tabelle 5-1a–c

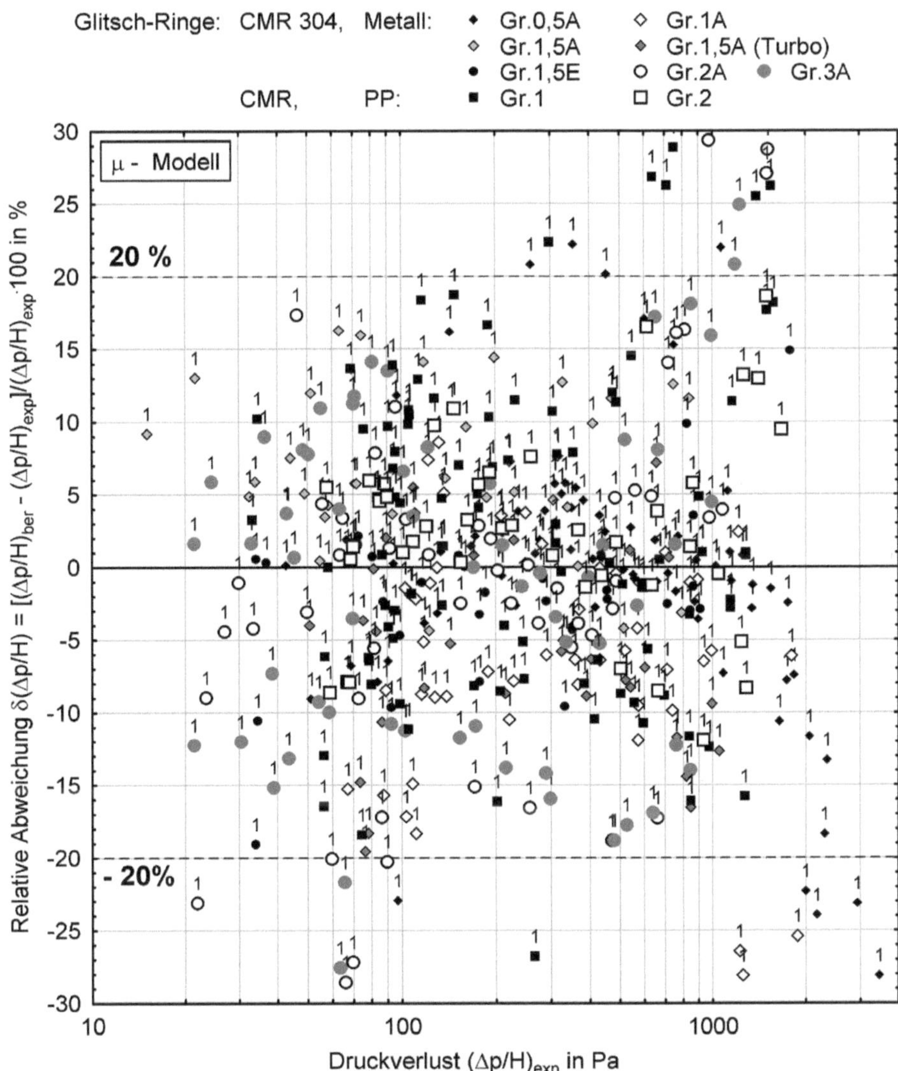

Bild 5-13. Relative Abweichung $\delta(\Delta p/H)$ der Messdaten zur Bestimmung des Druckverlustes $(\Delta p/H)_{exp}$ bis zum Flutpunkt nach Gln. (5-9) und (5-10), gültig für Glitsch-, CMR-Ringe aus Metall und Kunststoff. Nr. des Systems s. Tabelle 2-2. Versuchsbedingungen s. Tabelle 5-1a–c

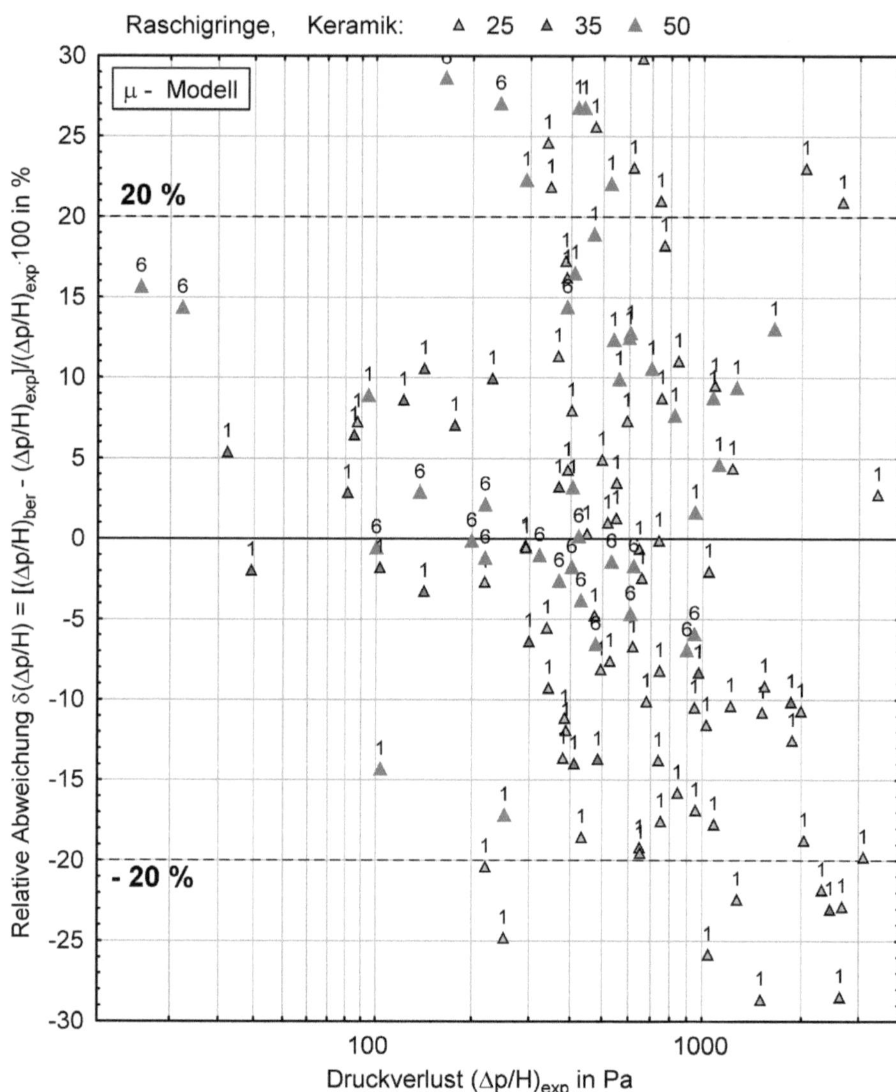

Bild 5-14. Relative Abweichung $\delta(\Delta p/H)$ der Messdaten zur Bestimmung des Druckverlustes $(\Delta p/H)_{exp}$ bis zum Flutpunkt nach Gln. (5-9) und (5-10), gültig für Raschigringe aus Keramik. Nr. des Systems s. Tabelle 2-2. Versuchsbedingungen s. Tabelle 5-1a–c

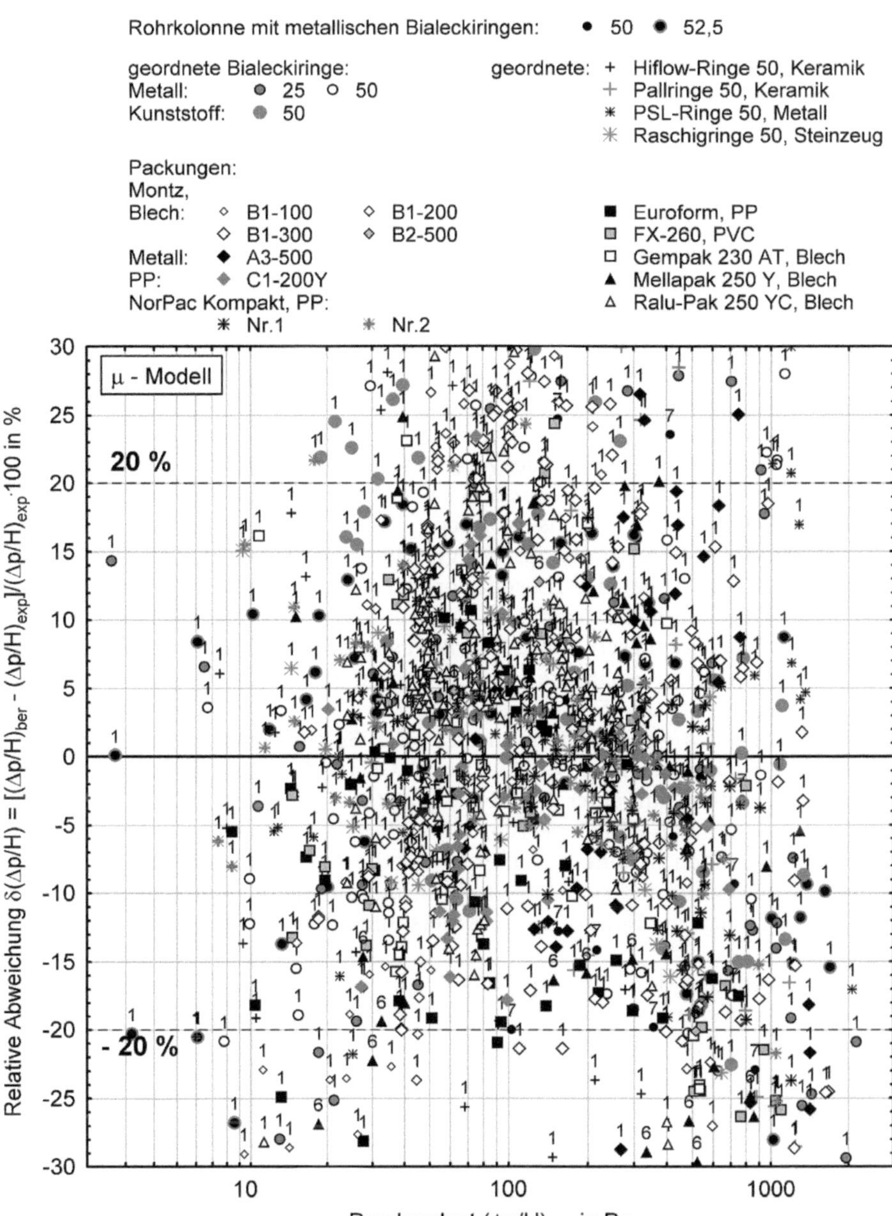

Bild 5-15. Relative Abweichung $\delta(\Delta p/H)$ der Messdaten zur Bestimmung des Druckverlustes $(\Delta p/H)_{exp}$ bis zum Flutpunkt nach Gln. (5-9) und (5-10), gültig für Packungen und geordnete Füllkörperschichten sowie Rohrkolonnen. Nr. des Systems s. Tabelle 2-2. Versuchsbedingungen s. Tabelle 5-1a–c

5.6
Bewertung der Ergebnisse

Die erzielte Übereinstimmung zwischen der Rechnung und dem Experiment ist insbesondere für regellose Füllkörper als sehr gut anzusehen. Erwartungsgemäß werden die Messdaten unterhalb der Staugrenze genauer wiedergegeben, der mittlere Fehler $\bar{\delta}_1(\Delta p/H)$ liegt, wie in den Tabellen 5-1a,b aufgeführt, bei 8,45 % für regellose geschüttete Füllkörper und bei 11,33 % für Packungen. Die Messwerte oberhalb der Staugrenze, einschließlich der Druckverluste am Flutpunkt, werden für regellos geschüttete Füllkörper mit einem größeren mittleren relativen Fehler $\bar{\delta}_2(\Delta p/H)$ von ca. ± 12 % wiedergegeben, s. Tabelle 5-1a. Hier ist jedoch zu beachten, dass bei der Berechnung des Druckverlustes $\bar{\delta}(\Delta p/H)$ im Staubereich die Unsicherheiten bei der Bestimmung der Flutpunktgeschwindigkeit $u_{V,Fl}$ und des Flüssigkeitsinhaltes $h_{L,S}$ bzw. $h_{L,Fl}$ bereits berücksichtigt werden. Der relative Fehler bei der Bestimmung des Druckverlustes berieselter Packungen ist größer als für regellose Schüttungen, s. Tabelle 5-1b. Grund dafür ist i.W. der Einsatz von Randabweisern in den Versuchskolonnen.

Welchen der in Kap. 4 und Kap. 5 vorgestellten Ansätze für die Bestimmung des Druckverlusts $\Delta p/H$ bei der Anwendung der Vorzug gegeben werden sollte, ist dem Anwender überlassen, wobei als Kriterium die Genauigkeit der Bestimmung von $\Delta p/H$ entscheidend sein sollte. Dies lässt sich durch den direkten Vergleich der Daten bezüglich der Genauigkeit der Bestimmung des Druckverlustes $\Delta p/H$ aus den Tabellen 4-4a–e und 5-1a–c feststellen.

Der Vorteil des vorgestellten Ansatzes zur Bestimmung des Druckverlustes berieselter Packungen nach Gl. (5-9) und Gl. (5-10) ist auch darin zu sehen, dass die Kenntnis nur einer Füllkörperkonstante μ ausreicht, um den Druckverlust des jeweiligen Füllkörpertyps mit anderen Füllkörpern direkt ohne Rechnungen vergleichen zu können. Außerdem ist die Kenntnis des Druckverlustes der unberieselten Schüttung zur Flutpunktbestimmung nicht zwingend erforderlich, sondern lediglich die Kenntnis des Widerstandsbeiwertes ψ bei der Einphasenströmung.

Die Anwendung des hier vorgestellten Ansatzes nach Gl. (5-9) und (5-10) zur Druckverlustbestimmung wird für verschiedene Betriebsbedingungen nachfolgend an einem Rechenbeispiel gezeigt.

Zahlenbeispiel 5.1

Es ist der Druckverlust einer berieselten 50-mm Pallring-Schüttung aus Kunststoff in einer Kolonne mit 1 m Durchmesser und einer Höhe $H = 3,5$ m zu bestimmen. Die Kolonne wird bei der Gasgeschwindigkeit von $u_V = 0,92$ ms^{-1} und mit der spezifischen Flüssigkeitsbelastung von $u_L = 5,56 \cdot 10^{-3}$ ms^{-1} betrieben. Es wird das Stoffpaar Luft/Wasser bei 1 bar und 293 K verwendet. Welcher Druckverlust ist bei der Erhöhung der Gasgeschwindigkeit bis auf 2,3 ms^{-1} zu erwarten?
Die technischen Daten der eingesetzten 50-mm Pallringe aus PP lauten:

- geometrische Füllkörperoberfläche $a = 112,0$ m^{2}m^{-3}
- Lückenvolumen $\varepsilon = 0,929$ m^{3}m^{-3}

– die experimentell ermittelten Druckverluste nach Bornhütter [3] Lit. zu Kap. 5, Bild 3-9b, betragen:

$(\Delta p/H)_{\text{exp}} = \ \ 90 \ \text{Pa m}^{-1}$ für $u_V = 0{,}92 \ \text{ms}^{-1}$
$(\Delta p/H)_{\text{exp}} = 650 \ \text{Pa m}^{-1}$ für $u_V = 2{,}3 \ \text{ms}^{-1}$

Lösung

Die Stoffwerte für das Stoffpaar Luft/Wasser bei 1 bar und 293 K betragen:

– $\rho_L \ = 998{,}2 \ \text{kg m}^{-3}$
– $g \ \ = 9{,}81 \ \text{ms}^{-2}$
– $\sigma_L \ = 0{,}0724 \ \text{Nm}^{-1}$
– $\rho_V \ = 1{,}17 \ \text{kg m}^{-3}$
– $\eta_L \ = 1 \cdot 10^{-3} \ \text{Pa s}$

Aus der Tabelle 6-1a entnimmt man $\psi_{\text{Fl}} \cong 2{,}42$ und $\mu = 0{,}572$.

Die Flutpunktgeschwindigkeit $u_{V,\text{Fl}}$ errechnet sich iterativ aus Gl. (2-53b) zu $u_{V,\text{Fl}} = 2{,}756 \ \text{ms}^{-1}$, der Flüssigkeitsinhalt am Flutpunkt nach Gl. (2-42) und (2-40b) zu $h^0_{L,\text{Fl}} = 9{,}05 \cdot 10^{-2} \ \text{m}^3\text{m}^{-3}$

und

$$h_{L,\text{Fl}} = h^0_{L,\text{Fl}} \cdot \varepsilon = 8{,}41 \cdot 10^{-2} \ \text{m}^3\text{m}^{-3} \, .$$

Für die Reynolds-Zahl Re_L nach Gl. (4-18) erhält man den Zahlenwert von

$$\text{Re}_L = \frac{5{,}56 \cdot 10^{-3}}{1 \cdot 10^{-6} \cdot 112{,}0} = 49{,}64 > 12{,}3$$

Für den Widerstandsbeiwert ψ_{VL} ergibt sich gemäß Gl. (5-7) der Zahlenwert:

$$\psi_{VL} = 3{,}8 \cdot \mu = 3{,}8 \cdot 0{,}572 = 2{,}174$$

Für die Berechnung des Druckverlustes $\Delta p/H$ nach Gl. (5-10) benötigt man folgende Größen:

– den Partikeldurchmesser d_P aus Gl. (3-5):

$$d_P = 6 \cdot \frac{(1-\varepsilon)}{a} = 6 \cdot \frac{(1-0{,}929)}{112{,}0} = 3{,}804 \cdot 10^{-3} \ \text{m}$$

– den Wandfaktor K nach Gl. (3-6):

$$K = \left(1 + \frac{2}{3} \cdot \frac{1}{(1-0{,}929)} \cdot \frac{3{,}804 \cdot 10^{-3}}{1}\right)^{-1} = 0{,}966$$

– die dimensionslose Berieselungsdichte B_L aus Gl. (4-16)

$$B_L = \left(\frac{10^{-3}}{998{,}2 \cdot 9{,}81^2}\right)^{1/3} \cdot \frac{5{,}56 \cdot 10^{-3}}{0{,}929} \cdot \frac{(1-0{,}929)}{0{,}929 \cdot 3{,}804 \cdot 10^{-3}} = 2{,}63 \cdot 10^{-4}$$

– den Flüssigkeitsinhalt h_L nach Gl. (4-35):

$$h_L = 4{,}39 \cdot (2{,}63 \cdot 10^{-4})^{0{,}575} = 3{,}84 \cdot 10^{-2} \ \text{m}^3\text{m}^{-3}$$

Gegenüber dem experimentellen Wert von Bornhütter [3] $h_{L,exp} = 3,51 \cdot 10^{-2}\,\mathrm{m^3 m^{-3}}$ ergibt das eine Abweichung von

$$\delta(h_L) = \frac{h_{L,exp} - h_{L,ber}}{h_{L,exp}} \cdot 100 = \frac{3,5 - 3,84}{3,5} \cdot 100 = 9,7\,\%$$

Für den Druckverlust $\Delta p/H$ nach Gl. (5-9) bei der relativen Kolonnenbelastung von

$$\frac{u_V}{u_{V,Fl}} = \frac{0,92}{2,756} = 0,334 < 0,65$$

ergibt sich schließlich der Zahlenwert von:

$$\frac{\Delta p}{H} = 3,8 \cdot 0,572 \cdot \frac{1 - 0,929}{0,929^3} \cdot \frac{0,92^2 \cdot 1,17}{3,804 \cdot 10^{-3} \cdot 0,966} \cdot \left(1 + \frac{0,035}{1 - 0,929}\right) \cdot \left(1 - \frac{0,035}{1 - 0,929}\right)^{-3}$$

$$= 86,9\,\mathrm{Pa\,m^{-1}}$$

In der Kolonne mit $d_S = 1,0$ wurde der Druckverlust $(\Delta p/H)_{exp} =$ ca. 90 Pa m^{-1} gemessen [3], was eine relative Abweichung vom berechneten Wert von

$$\delta(\Delta p/H) = \frac{90 - 86,9}{90} \cdot 100 = 3,44\,\% \quad \text{ergibt.}$$

Berechnung des Druckverlustes oberhalb der Staugrenze bei hoher dynamischer Gasbelastung von:

$$\frac{u_V}{u_{V,Fl}} = \frac{F_V}{F_{V,Fl}} = \frac{2,3}{2,756} = 83,5 \cdot 10^{-2} = 83,5\,\%$$

Aus Gl. (2-42) folgt für $h_{L,Fl}^0 = 9,05 \cdot 10^{-2}\,\mathrm{m^3 m^{-3}} \Rightarrow h_{L,Fl} = 8,41 \cdot 10^{-2}\,\mathrm{m^3 m^{-3}}$:

$$h_{L,S} = 0,0841 - (0,0841 - 0,0385) \cdot \sqrt{1 - \left(\frac{0,835 - 0,65}{0,35}\right)^2} = 4,54 \cdot 10^{-2}\,\mathrm{m^3\,m^{-3}}$$

Nach Gl. (5-10) erhält man für den bezogenen Druckverlust berieselter Pallringschüttung einen Zahlenwert von:

$$\frac{\Delta p}{H} = 3,8 \cdot \mu \cdot \left(\frac{1 - \varepsilon}{\varepsilon^3}\right) \cdot \frac{F_V^2}{d_p \cdot K} \cdot \left(1 + \frac{h_L}{1 - \varepsilon}\right) \cdot \left(1 - \frac{h_L}{\varepsilon}\right)^{-3}$$

$$= 3,8 \cdot 0,572 \cdot \frac{1 - 0,929}{0,929} \cdot \frac{2,3^2 \cdot 1,17}{3,804 \cdot 10^{-3} \cdot 0,966} \cdot \left(1 + \frac{0,0454}{1 - 0,959}\right) \cdot \left(1 - \frac{0,0454}{0,929}\right)^{-3}$$

$$= 617,7\,\mathrm{Pa\,m^{-1}}$$

Bornhütter gibt für den Druckverlust einen Messwert von ca. 650 Pa m^{-1} an [3]. Der relative Fehler $\delta_2(\Delta p/H)$ beträgt somit:

$$\delta_2(\Delta p/H) = \frac{617,7 - 650}{650} \cdot 100 = -4,96\,\%$$

Berechnung des Druckverlustes am Flutpunkt für $u_V = u_{V,Fl} = 2{,}756\ \mathrm{ms}^{-1}$ und für $h_{L,Fl} = 0{,}0841\ \mathrm{m}^3\mathrm{m}^{-3}$:

$$\frac{\Delta p}{H} = 3{,}8 \cdot 0{,}572 \cdot \frac{1-0{,}929}{0{,}929} \cdot \frac{2{,}756^2 \cdot 1{,}17}{0{,}003804 \cdot 0{,}966} \cdot \left(1 + \frac{0{,}0841}{0{,}071}\right) \cdot \left(1 - \frac{0{,}0841}{0{,}929}\right)^{-3}$$

$$= 1351{,}8\ \mathrm{Pa\,m}^{-1}$$

$$\left(\frac{\Delta p}{H}\right)_{exp} = 1250\ \mathrm{Pa\,m}^{-1}$$

$$\delta(\Delta p\,/\,H) = \frac{(1250 - 1351{,}8)}{1250} \cdot 100 = -8{,}145\,\%$$

Anhang zu Kapitel 5

Tabellen zu Kapitel 5

Tabelle 5-1a. Bestimmung des berieselten Druckverlustes in Füllkörperkolonnen bei Gegenstrom nach Gln. (5-9) und (5-10) (μ-Modell) im gesamten Belastungsbereich bis zum Flutpunkt. Zusammenstellung der Messpunktezahl und der relativen mittleren Fehler $\bar{\delta}_1(\Delta p/H)$ für die untersuchten Füllkörper, gültig für das System Luft/Wasser, 1 bar, 273 K, regellose Füllkörper-Schüttungen.

Füllkörper	Werkstoff	d [mm]	Zahl der Versuchs- punkte MP	$\bar{\delta}_1(\Delta p/H)$ [%]	$\bar{\delta}_2(\Delta p/H)$ [%]	$\bar{\delta}(\Delta p/H)$ [%]	d_S [m] H [m]	μ-Modell	max. Re_L
Pallring	Metall	15–58	441	5,35	8,93	6,67	0,3–0,45 0,9–2,0	0,5	102,5
Pallring	Metall	58	25	0	0	0	0,3 1,4	0,3	100
Pallring Glitsch + Kragen	Metall	86	737	19,21	11,23	0,3 1,4	0,26	60	60
Pallring	PP	25, 35, 50	259	5,64	10,69	6,70	0,3–0,45 1,2–2,0	0,572	120
Pallring	Keramik	50	62	11,55	13,95	13,28	0,3–0,45 1–1,1	0,572	100
Białeckiring	Metall	36, 50	194	7,37	14,25	9,94	0,3–0,45 0,8–1,45	0,515	125
Białeckiring	Metall PP	25–53,5	525	10,43	13,63	11,22	0,15–0,45 0,7–1,25	0,485	315
Białeckiring	Metall (1975)	25	12	5,66	19,78	12,51	0,3 0,9	1,05	12

Tabelle 5-1a (Fortsetzung)

Füllkörper	Werkstoff	d [mm]	Zahl der Versuchspunkte MP	$\bar\delta_1(\Delta p/H)$ [%]	$\bar\delta_2(\Delta p/H)$ [%]	$\bar\delta(\Delta p/H)$ [%]	d_S [m] H [m]	μ-Modell	max. Re_L
I-13-Ring	Metall	25	77	6,45	12,24	8,49	0,3 0,72–0,73	0,562	101
PSL-Ring	Metall	50	42	5,00	5,52	5,01	0,3 1,45		100
VSP-Ring	Metall	32, 50	203	8,23	15,45	11,20	0,3–0,45 1,45–2,0	0,27	120
VSP-Ring	PP	50	142	16,51	2,08	16,58	0,45–0,6 1,1–2,0	0,225	180
Top-Pak	Metall	Gr. 2 80	37	4,14	7,76	5,51	0,45 2	0,27	150
Top-Pak	Metall	Gr. 1 45	56	9,63	13,38	11,12	0,3 1,4	0,37	106
Hackette	PP	Gr. 1 45	107	7,05	11,24	8,62	0,3–0,45 1,4–2	0,27	92
Hiflow-Ring	Metall	28	177	8,52	13,79	9,21	0,3–0,6 0,92–2,0	0,268	61
Hiflow-Ring	Metall	58	113	7,81	11,03	8,75	0,45 2,0	0,175	110
Hiflow-Ring	PP	28	85	8,59	6,83	8,2	0,3 0,9–1,4	0,333	61

Tabelle 5-1a (Fortsetzung)

Füllkörper	Werkstoff	d [mm]	Zahl der Versuchspunkte MP	$\bar{\delta}_1(\Delta p/H)$ [%]	$\bar{\delta}_2(\Delta p/H)$ [%]	$\bar{\delta}(\Delta p/H)$ [%]	d_S [m] H [m]	μ-Modell	max. Re_L
Hiflow-Ring	PP	50, 90	270	11,24	9,91	10,22	0,3–1,0 0,9–2,0	0,19	160
Hiflow-Sättel	PP	50	63	3,36	13,72	5,66	0,45 2,0	0,297	135
Hiflow-Ring	PP	50, 90 × 65	190	9,93	10,49	10,19	0,3–0,45 1,47–2,0	0,19	150
Hiflow-Ring	PP	17	142	4,51	7,48	6,17	0,3 0,9–1,45	0,403	45
Hiflow-Ring Super	PP	53	210	6,54	8,41	5,82	0,3–0,45 1,4–2,0	0,276	140
Hiflow-Ring	Keramik	20–50	249	12,09	17,09	11,74	0,3–0,45 1,0–1,45	0,50	140
Hiflow-Ring	Keramik	75	53	9,7	19,95	13,76	0,45 2,0	0,315	180
Hiflow-Ring	Keramik	20, 75	64	7,75	15,94	10,46	0,3–0,45 1,4–2,0	0,408 0,369	240
ENVIPAC	PP	Gr. 1A, 32	38	4,76	10,64	7,70	0,3 1,4	0,420	71
ENVIPAC	PP	Gr. 1, 32	68	11,58	5,04	12,14	0,3–1,8 0,9–1,42	0,318	91

Tabelle 5-1a (Fortsetzung)

Füllkörper	Werkstoff	d [mm]	Zahl der Versuchs- punkte MP	$\bar\delta_1(\Delta p/H)$ [%]	$\bar\delta_2(\Delta p/H)$ [%]	$\bar\delta(\Delta p/H)$ [%]	d_S [m] H [m]	μ-Modell	max. Re_L
ENVIPAC	PP	Gr. 2, 58	367	12,2	10,0	12,4	0,3–1,8 1,1–4,5	0,20	121
ENVIPAC	PP	Gr. 3 80	109	10,93	9,7	11,25	0,3–0,6 1,44–2,0	0,261	203
DTNPAC	PP	Gr. 1 45	146	6,86	7,91	7,34	0,45–0,6 1,1–2,0	0,318	91
DTNPAC	PP	Gr. 2 70	66	8,13	2,22	8,28	0,3–0,6 1,08–1,42	0,2427	100
Tellerette	PP	Gr. 1+2 45, 70	81	9,35	8,86	9,10	0,15–0,45 1,3–2	0,30 0,27	135
Glitsch-Ring	Metall	Gr. 0,5	87	4,46	17,06	9,24	0,3 1,1	0,383	31
Glitsch-Ring	Metall	Gr.1A, 1,5A, 1,5E	185	6,66	10,86	8,03	0,3–0,45 1,4–2,0	0,247	57
Glitsch-Ring	Metall	Gr. 2+3	115	8,64	13,58	10,55	0,45 2,0	0,14 0,175	111
Glitsch-Ring	PP	Gr. 1	107	7,98	14,84	11,13	0,3–0,45 1,4–2,03	0,35	90
Glitsch-Ring	PP	Gr. 2	42	4,92	6,58	5,71	0,45 2,03	0,5	110

Tabelle 5-1a (Fortsetzung)

Füllkörper	Werkstoff	d [mm]	Zahl der Versuchspunkte MP	$\bar{\delta}_1(\Delta p/H)$ [%]	$\bar{\delta}_2(\Delta p/H)$ [%]	$\bar{\delta}(\Delta p/H)$ [%]	d_S [m] H [m]	μ-Modell	max. Re_L
Ralu-Ring	PP	50	50	4,56	6,6	5,13	0,45 2,0	0,293	100
Ralu-Flow	PP	Nr. 2 58	228	10,28	7,23	10,43	0,3–0,6 1,44–2,12	0,215	112
Raschig-Ring	Keramik	25–50	191	21,05	20,74	20,03	0,3–0,6 0,74–1,5	1	230
Intalox-Sattel	PP	35, 50	159	9,31	7,18	8,64	0,3–0,45 0,84–2,0	0,72 0,652	111
Intalox-Sattel	Keramik	25–50	193	11,65	18,60	15,02	0,3–0,45 0,87–2,0	0,705	120
Intalox-Super	PP	Gr. 2 50	19	4,45	27,3	6,86	0,3 1,34	0,375	48
Intalox-Super	PP	Gr. 3 80	25	5,54	0	5,54	0,6 2,0	0,255	58
Intalox	Metall	40	46	10,35	28,3	18,57	0,45 2,0	0,273	85
Nor-Pac	PP	Gr. 0,5 17	81	4,52	13,72	9,15	0,3 0,9	0,300	35
Nor-Pac	PP	Gr. 1, $1^1/_2$, 2; 28, 38, 50	523	7,6	12,30	8,8	0,3–1,4 1,0–2,0	0,20	225

Tabelle 5-1a (Fortsetzung)

Füllkörper	Werkstoff	d [mm]	Zahl der Versuchs- punkte MP	$\bar{\delta}_1(\Delta p/H)$ [%]	$\bar{\delta}_2(\Delta p/H)$ [%]	$\bar{\delta}(\Delta p/H)$ [%]	d_S [m] H [m]	μ-Modell	max. Re_L
Nor-Pac	PP	22×27	40	6,42	20,77	10,72	0,3 1,4	0,26	45
Mc-Pac	Metall	Gr. 1 30	180	9,75	17,47	12,51	0,32–0,35 1,5–1,65	0,210	63
Mc-Pac	Metall	Gr. 2 65	149	14,19	20,79	17,67	0,32–1,6 2,5–3,0	0,165	162
R-Pac	Keramik	Nr. 1+2 30, 50	187	14,34	12,59	13,55	0,32 3,0	0,585 0,625	154
SR-Pac	Keramik	Nr. 2 65	145	7,37	8,31	7,83	0,32 1,35	0,370	185
Gesamt			8098	8,45	11,93	9,50			

Tabelle 5-1 b. Bestimmung des berieselten Druckverlustes in Füllkörperkolonnen bei Gegenstrom nach Gln. (5-9) und (5-10) (μ-Modell) im gesamten Belastungsbereich bis zum Flutpunkt. Zusammenstellung der Messpunktezahl und der relativen mittleren Fehler $\bar{\delta}(\Delta p/H)$ für die untersuchten Packungen, gültig für das System Luft/Wasser, 1 bar, 273 K, geordnete und strukturierte Packungen

Packung	Werkstoff	d [mm]	Zahl der Versuchspunkte MP	$\bar{\delta}_1(\Delta p/H)$ [%]	$\bar{\delta}_2(\Delta p/H)$ [%]	$\bar{\delta}(\Delta p/H)$ [%]	d_S [m] H [m]	μ-Modell	max. Re_L
Hiflow-Ring geordnet	Keramik	50	45	13,4	38,37	19,13	0,45 1,0	0,0895	110
Raschig-Ring geordnet	Keramik	50	41	5,75	12,4	7,05	0,3 1,0	0,14	80
Nor-Pac-compact Packung	PP	25, 50	106	5,65	23,1	10,18	0,3 1,4	0,450	95
25-mm Pallring Rohrkolonne	Metall	25	16	16,29	30,2	20,63	0,025 1,0	0,025	76
25-mm Białecki-ringe geordnet	Metall (1978) $N = 6350\ \mathrm{m}^{-3}$	25	66	14,97	22,03	16,68	0,15 1,40	0,185	61
50-mm Białecki-ringe geordnet	Metall (1974) $N = 6174\ \mathrm{m}^{-3}$	53,2	61	11,46	8,85	12,33	0,3 1,4	0,35	100
	Metall (1990) $N = 7654\ \mathrm{m}^{-3}$	50	64	7,23	16,08	10,13	0,3 1,45	0,185	100
	PP (1974) $N = 8140\ \mathrm{m}^{-3}$	50	73	12,9	14,04	13,09	0,3 1,0	0,40	200
50-mm PSL-Ringe geordnet	Metall $N = 7882\ \mathrm{m}^{-3}$	50	54	6,40	14,89	9,86	0,273 1,45	0,197	100

Tabelle 5-1b (Fortsetzung)

Packung	Werkstoff	d [mm]	Zahl der Versuchspunkte MP	$\bar{\delta}_1(\Delta p/H)$ [%]	$\bar{\delta}_2(\Delta p/H)$ [%]	$\bar{\delta}(\Delta p/H)$ [%]	d_S [m] H [m]	μ-Modell	max. Re_L
52-mm Białecki-ring Rohrkolonne	Metall (7 Rohre) $N = 9422\ m^{-3}$	52	66	10,69	32,39	15,29	$7 \times 0{,}052$ 1,25	0,32	110
50-mm Białecki-ring Rohrkolonne	Metall (1 Rohr) $N = 10193\ m^{-3}$	50	20	16,60	16,60	16,60	0,050 1,0	0,60	100
50-mm geordnete Pallringe geordnet	Keramik $N = 7550\ m^{-3}$	50	32	18,04	24,45	22,05	0,46 0,9	0,275	110
Gempak	Blech	230 AT Y	51	10,53	16,2	11,1	0,3 1,47	0,12	50
Ralu-Pak	Blech	250 Y 250 Y	63 63	7,73 9,82	28,60 30,06	9,99 12,07	0,45/2,0 0,3/1,8	0,085 0,085	50 50
Euroform	PP	110 Y	54	8,79	19,93	11,69	0,3 1,4	1,45	185
Mellapak	Blech	250 Y	5 63	8,62 28,90	17,18 22,65	12,04 26,90	0,15/0,85 0,22/1,26	0,152 0,12	25 80
Montzpackung	PP	C1-200 Y	56	8,37	3,65	7,86	0,3 1,42	0,230	60
Montz Gewebe-packung BX	Metallgewebe	A3-500	35	9,92	19,24	14,98	0,45 2,0	0,077	25

Tabelle 5-1 b (Fortsetzung)

Packung	Werkstoff	d [mm]	Zahl der Versuchs- punkte MP	$\bar{\delta}_1(\Delta p/H)$ [%]	$\bar{\delta}_2(\Delta p/H)$ [%]	$\bar{\delta}(\Delta p/H)$ [%]	d_S [m] H [m]	μ-Modell	max. Re_L
Montzpackung	Blech	B1-300 Y	73	13,06	17,18	14,52	0,22/1,42	0,12	40
			50	14,14	20,72	14,50	0,3/1,5	0,12	40
			45	19,50	49,0	30,20	0,3/1,6	0,105	40
		B1-200 Y	72	14,41	20,56	16,46	0,3 1,6	0,12	60
		B1-100 Y	36	12,97	1,65	12,01	0,3 1,6	0,12	90
		B2-500 Y	5	9,98	36,5	15,28	0,22 1,4	0,152	5
FX-VFF-Packung	PP	FX 260	36	10,13	30,46	18,03	0,45 2,0	0,0623	50
Gesamt			1350	11,33					

Tabelle 5-1 c. Bestimmung des berieselten Druckverlustes in Füllkörperkolonnen bei Gegenstrom nach Gln. (5-9) und (5-10) (μ-Modell) im gesamten Belastungsbereich bis zum Flutpunkt. Zusammenstellung der Messpunktezahl und der relativen mittleren Fehler $\bar{\delta}(\Delta p/H)$ für die untersuchten Füllkörper, gültig für Drucksysteme [4]

Packung	Werkstoff	p [bar]	Zahl der Versuchspunkte MP	$\bar{\delta}_1(\Delta p/H)$ [%]	$\bar{\delta}_2(\Delta p/H)$ [%]	$\bar{\delta}(\Delta p/H)$ [%]	d_S [m] H [m]	μ-Modell Re_L	max.
15-mm Pallring	PP	5–30	112	9,75	23,9	19,03	0,155 0,8	0,567	20
Mellapak 250 Y	Blech	7,25–15	12	8,62	17,18	12,04	0,155 0,8	0,152	40
Gesamt			124	9,19	20,5	15,54			

Gesamtmesspunktezahl: $\sum$ MP = 9572.

Literatur zu Kapitel 5

1. Maćkowiak J. Bestimmung des Druckverlustes berieselter Füllkörperschüttungen und Packungen. Staub-Reinhaltung der Luft 50 (1990), S 455–463
2. Maćkowiak J. Pressure drop in Irrigated Packed Columns. Chem. Eng. Process. (1991), S 93–105
3. Bornhütter H. Stoffaustausch von Füllkörperschüttungen unter Berücksichtigung der Flüssigkeitsströmungsform. Dissertation, TU München (1991)
4. Krehenwinkel H. Experimentelle Untersuchungen der Fluiddynamik und der Stoffübertragung in Füllkörperkolonnen bei Drücken bis zu 100 bar. Dissertation TU Berlin 1986

Fluiddynamik von Packungskolonnen für Gas/Flüssig-keitssysteme – Zusammenfassung der Ergebnisse   **6**

6.1
Allgemeines

Ein wesentliches Anliegen dieser Arbeit war es, das verfügbare, zahlreiche Forschungsmaterial zur Fluiddynamik in Füllkörperkolonnen beim Zweiphasengegenstrom auf möglichst wenige Aussagen zu verdichten und den Anwendungsbereich im Vergleich zur ersten Auflage der Arbeit zu erweitern. Dies wurde möglich durch die Ableitung von allgemein gültigen Gleichungen für die einzelnen, den Füllkörper kennzeichnenden Größen, wie Flutpunktgeschwindigkeit $u_{V,Fl}$, Flüssigkeitsinhalt h_L am Betriebspunkt und am Flutpunkt, Druckverlust $\Delta p/H$ der unberieselten und berieselten Schüttungen und Packungen.

Im Rahmen dieser Arbeit wurden Berechnungsgrundlagen für ca. 160 sowohl klassische als auch moderne, regellos geschüttete und geordnete Füllkörperschichten mit durchbrochener Wand, Rohrkolonnen und strukturierte Packungen unterschiedlicher Ausführung und Größe angegeben. Der Einsatz dieser Packungen ist heute nicht nur bei der Rektifikation im Vakuum und Normaldruckbereich, sondern auch in vielen Bereichen der Hochdruckrektifikation und Hochdruckabsorption, der Abluft- und Abwasserreinigungstechnik und der Grundwasserreinigung üblich.

Die Auslegung solcher Apparate baut auf dem sog. *TSB-Modell* auf, vgl. Kap. 2, mit welchem die Flutpunktgeschwindigkeit für beliebige Einbauten bei Kenntnis des Widerstandsbeiwertes ψ der unberieselten Packung bestimmt werden kann.

Ebenso können bei bekanntem Widerstandsbeiwert weitere hydraulische Größen wie der Druckverlust bei unterschiedlichen Betriebszuständen berechnet werden.

Die Kenntnis des Widerstandsgesetzes $\psi = f(\mathrm{Re}_V)$, vgl. Kap. 3, stellt die Basis für die gesamte fluiddynamische Auslegung von Packungskolonnen dar. Bei dessen Kenntnis können folgende Größen berechnet werden:

- die Flutpunktgeschwindigkeit, s. Gl. (2-53 b)
- der Druckverlust der unberieselten Packung, s. Gl. (3-8)
- der Druckverlust der berieselten Packung im Betriebsbereich unterhalb der Flutgrenze, s. Gl. (4-45 a, b)
- der Druckverlust der berieselten Packung am Flutpunkt, s. Gl. (4-49)

Zur Nachprüfung der Gültigkeitsgrenzen der aufgestellten Beziehungen wurden 32 Stoffgemische mit unterschiedlichen Stoffeigenschaften verwendet, s. Tabelle 2-2. In den zur zahlenmäßigen Auswertung herangezogenen Versuchen wurden neben den Stoffwerten und Betriebsgrößen F_V und u_L auch die Füllkörpergröße und deren Form, der Werkstoff der Füllkörper, der Kolonnendurchmesser und die Schüttungshöhe variiert. In den Bildern 6-1 bis 6-5 sind schematisch die Anlagen gezeigt, an welchen ein Teil der eigenen Versuche durchgeführt wurde.

Zur Auswertung der Messdaten wurden außerdem zahlreiche Publikationen der 90er-Jahre herangezogen, in welchen Messergebnisse von Untersuchungen an größeren Anlagen mit d_S = 0,6 m, 1 m, 1,2 m, 1,6 m, 1,8 m und 3 m, s. Kap. 2 [6, 7, 66–69, 80] oder bei höheren Drücken, s. Kap. 2 [39, 68, 69, 75] publiziert wurden.

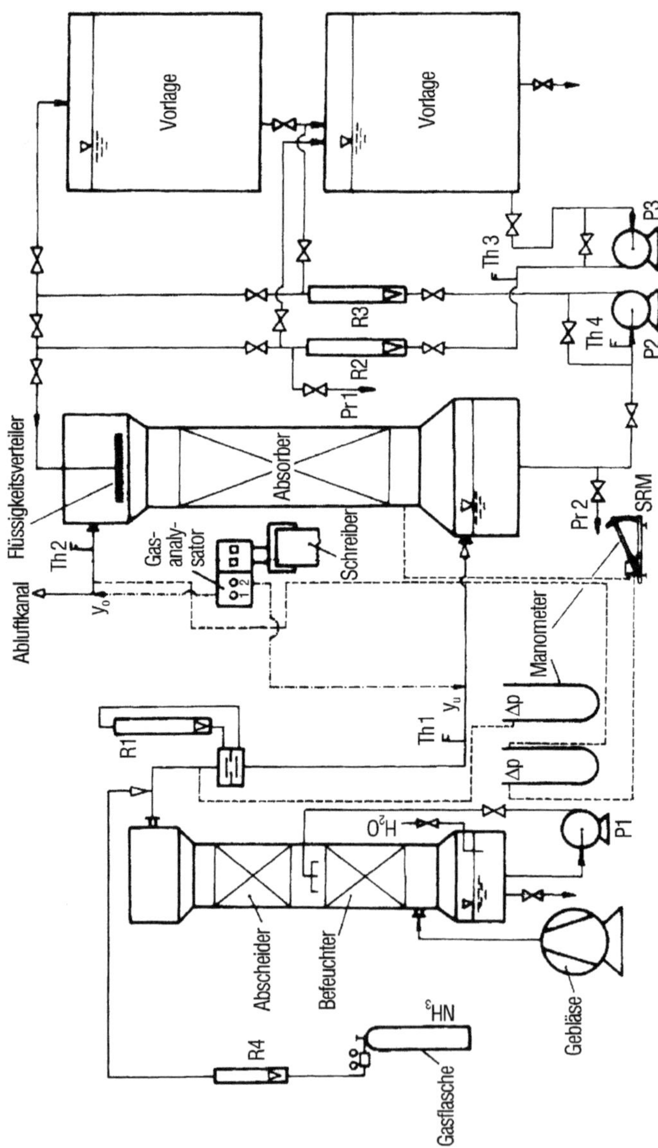

Bild 6-1. Schema der Versuchsanlage zur Untersuchung von Füllkörpern mit dem Stoffpaar Luft/Wasser und dem Absorptionssystem NH_3-Luft/Wasser unter Normalbedingungen. Kolonnendurchmesser d_S = 150, 225 und 300 mm, Schüttungshöhe H = 0,5–2 m

Bild 6-2. Ansicht der schematisch in Bild 6-1 gezeigten Versuchsanlage zum Testen von Füllkörpern unter Umgebungsbedingungen. $d_S = 0{,}30$ m, $H = 1{,}45$ m, System: NH_3-Luft/Wasser

Bild 6-3. Ansicht der Versuchsanlage zum Testen von Füllkörpern unter Umgebungsbedingungen. $d_S = 0{,}45$ m, $H = 2$ m, System: NH_3-Luft/Wasser

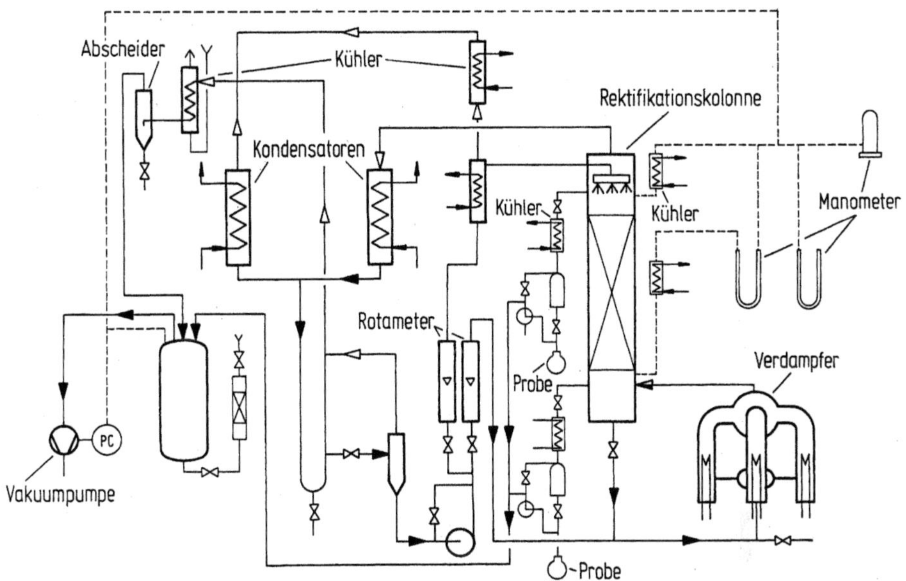

Bild 6-4. Schema der Versuchsanlage zur Untersuchung von Packungen bei der Vakuumrektifikation. Kolonnendurchmesser $d_S = 0{,}15$ m bzw. $d_S = 0{,}22$ m, Packungshöhe $H = 1{,}0–1{,}7$ m

6.2 Flutpunktbestimmung

Das in der Arbeit weiterentwickelte *Tropfen-Schwebebett-Modell (TSB-Modell)* beschreibt die Vorgänge am Flutpunkt bei kleinen, mäßigen und hohen Phasendurchsatzverhältnissen im Bereich $10^{-4} < \lambda_0 < 1$ mit einer Genauigkeit von $< \pm 8–12\%$ für 80–90% der ausgewerteten Messdaten und bei höheren Drücken bis 100 bar mit einer Genauigkeit von $\leq \pm 15\%$, s. Kap. 2.2. Zur Bestimmung der Gasgeschwindigkeit am Flutpunkt wurde eine dimensionslose, allgemein gültige Flutpunktbeziehung, s. Gl. (2-55), abgeleitet und durch Auswertung von ca. 1200 Messpunkten bestätigt. Sie ist gültig für beliebige Einbauten:

- für regellose Schüttungen
- für geordnete Füllkörperschichten
- für strukturierte Packungen
- für Rohrkolonnen

Die dimensionslose Gl. (2-55) geht in die dimensionsbehaftete Berechnungsgleichung (2-53b) über. Sie lautet:

$$u_{V,\,Fl} = 0{,}8 \cdot \cos\alpha \cdot \psi_{Fl}^{-1/6} \cdot \varepsilon^{6/5} \cdot \left[\frac{d_h}{d_T}\right]^{1/4} \cdot \left[\frac{d_T \cdot \Delta\rho \cdot g}{\rho_V}\right]^{1/2} \cdot (1 - h_{L,Fl}^0)^{7/2} \cdot K_{\rho_V} \quad [\mathrm{ms^{-1}}]$$

Ihre Gültigkeit wurde für regellos geschüttete und geordnete Füllkörper und strukturierte Packungen für Widerstandsbeiwerte ψ_{Fl} bei der Einphasenströmung

Bild 6-5. Ansicht der Rektifizieranlage gemäß Schema nach Bild 6-4

von 0,15 bis 8,5 nachgeprüft. Dabei zeigt sich, dass die Gl. (2-53b) zur Flutpunktbestimmung im Vakuumbereich, Normaldruckbereich sowie im Bereich hoher Drücke bis 100 bar gut geeignet ist.

6.3
Flüssigkeitsinhalt am Flutpunkt

Zur Vorausberechnung des Flüssigkeitsinhalts $h_{L,Fl}^0$ am Flutpunkt muss das Phasendurchsatzverhältnis am Flutpunkt $\lambda_0 = V_L/V_{V,Fl}$ bekannt sein.

Auf der Grundlage experimenteller Daten konnte in dieser Arbeit eine allgemein gültige Gleichung abgeleitet werden, die den Flüssigkeitsinhalt am Flutpunkt $h_{L,Fl}^0$ nur in Abhängigkeit vom Phasendurchsatzverhältnis am Flutpunkt $\lambda_0 = V_L/V_{V,Fl}$ beschreibt. Sie ist vom Füllkörpertyp, dessen Material und Größe und von den Stoffeigenschaften unabhängig.

In der ersten Auflage (1991) der Arbeit konnte die Gültigkeit der Gl. (2-42) durch Messwerte zum Flüssigkeitsinhalt $h_{L,Fl}^0$ bis zu einem Phasendurchsatzverhältnis von $\lambda_0 \approx 0,030$ bestätigt werden. Durch Auswertung neueren Forschungsmaterials, vorwiegend aus den 90er-Jahren konnte der Anwendungsbereich soweit ausgeweitet werden, dass die Flutpunktgeschwindigkeit $u_{V,Fl}$ auch im Bereich sehr großer Phasendurchsatzverhältnisse bestimmt werden kann. Die Gleichung ist nun gültig für Phasendurchsatzverhältnisse von $\lambda_0 = 10^{-4}$ bis $\lambda_0 \cong 1$. Dieser Bereich ist insbesondere bei der Hochdruckabsorption und der Hochdruckrektifikation von Interesse. Die allgemein gültige Gl. (2-42) zur Bestimmung des Flüssigkeitsinhaltes am Flutpunkt lautet:

$$h_{L,Fl}^0 = \frac{\sqrt{\lambda_0^2 \cdot (m+2)^2 + 4 \cdot \lambda_0 \cdot (m+1) \cdot (1-\lambda_0)} - (m+2) \cdot \lambda_0}{2 \cdot (m+1) \cdot (1-\lambda_0)} \quad [\mathrm{m^3 m^{-3}}]$$

Der Parameter m hängt geringfügig von der Flüssigkeitsströmung und vom Phasendurchsatzverhältnis am Flutpunkt λ_0 ab, s. hierzu Gl. (2-40b) und Gl. (2-41a).

Für $Re_L \geq 2$ geht Gl. (2-42) für Füllkörper und strukturierte Packungen beliebiger Größe und Form für $\lambda_0 < 0,030$ und $m = -0,8$ in Gl. (2-43) über.

Der Parameter $m = -0,88$ gilt für kleine Reynoldszahlen $0,5 < Re_L < 2$, Gl. (2-44).

Die Flutpunktgeschwindigkeit von beliebigen Packungen kann gemäß Gl. (2-53b) bei bekannten Stoffwerten des zu trennenden Systems und bei bekannten Phasendurchsätzen λ_0 am Flutpunkt dann berechnet werden, wenn der Widerstandsbeiwert ψ einer Packung bei der Einphasenströmung bekannt ist. Im turbulenten Strömungsbereich der Gasphase, $Re > 2100$, in dem Packungskolonnen in der Praxis meist betrieben werden, ist dieser Parameter annähernd konstant. Die gemittelten Zahlenwerte ψ_m für die untersuchten Packungen sind in den Tabellen 6-1a–c zusammengestellt. Somit reduziert sich der experimentelle Aufwand bei der Modellierung von Packungskolonnen auf die experimentelle Bestimmung *dieses einzigen Parameters* ψ_m. Solche Versuche können bei Verwendung von Luft unter Umgebungsbedingungen durchgeführt werden. Aufgrund der Auswertung der

Messdaten aus der Datenbank ist die Übertragbarkeit des Widerstandsgesetzes $\psi = f(\mathrm{Re_V})$ auf beliebige Stoffsysteme und Betriebsdrücke gesichert.

6.4
Druckverlust und Flüssigkeitsinhalt

Meist werden Füllkörperkolonnen mit großen Füllkörpern und Packungen am Betriebspunkt unterhalb der Flutgrenze sowohl vom Gas als auch von der Flüssigkeit turbulent durchströmt. Durch die für den Bereich zulässige Vernachlässigung der Viskositätskräfte auf die Strömung der in Form von Filmen und Rinnsalen sowie Tropfen herabfließenden Flüssigkeit, vereinfachen sich die Beziehungen, mit welchen der Druckverlust bei der Zweiphasenströmung $\Delta p/H$ sowie der Flüssigkeitsinhalt h_L beschrieben wird.

Der Flüssigkeitsinhalt h_L in Form von Filmen, Rinnsalen und Tropfen reduziert den für die Gasphase zur Verfügung stehenden freien Raum, d.h. das freie, effektive Lückenvolumen ε_{eff} der Schüttung vermindert sich. Dies führt nach dem allgemeinen, für die Kanalströmung geltenden Widerstandsgesetz, Gl. (3-2), zur Erhöhung des Druckverlustes des Gases bei der Zweiphasenströmung. Wird der Gasbelastungsfaktor F_V konstant gehalten, so steigt der Druckverlust $\Delta p/H$ mit zunehmender Flüssigkeitsbelastung u_L, s. Bild 2-2a, da der Flüssigkeitsinhalt der Schüttung zunimmt. Der Druckverlust der Schüttung nimmt dagegen mit zunehmender Füllkörpergröße ab.

Diese Abhängigkeiten werden anhand von den in dieser Arbeit entwickelten Berechnungsgleichungen für den Druckverlust $\Delta p/H$ erfasst. Es hat sich dabei als zweckmäßig erwiesen, den Druckverlust $\Delta p/H$ berieselter Schüttungen bereichsweise zu beschreiben:

    a) unterhalb der Staugrenze, $F_V/F_{V,Fl} \leq 0{,}65$
    b) zwischen der Stau- und Flutgrenze, $0{,}65 < F_V/F_{R,Fl} < 1$
    c) am Flutpunkt $F_V/F_{V,Fl} \equiv 1 \pm 0{,}05$

Kennzeichnend für den Betrieb unterhalb der Staugrenze (Bereich a) ist ein paralleler Verlauf der Druckverlustkurven für unterschiedliche Flüssigkeitsbelastungen u_L und der für Einphasenströmung geltenden $\Delta p_0/H$-Kurve, s. Bild 2-1. Unterhalb der Staugrenze übt das Gas praktisch keinen Einfluss auf die Flüssigkeitsströmung aus. In der Nähe bzw. auf der Staulinie, die oft als Auslegungspunkt von Füllkörperkolonnen gewählt wird, strömen beide Phasen meist turbulent, d.h.:

    a1) $\mathrm{Re_L} \geq 2$ und $\mathrm{Re_V} \geq 2100$.

Ebenfalls möglich sind folgende Strömungszustände:

    a2) $\mathrm{Re_L} \geq 2$ und $\mathrm{Re_V} < 2100$ a3) $\mathrm{Re_L} < 2$ und $\mathrm{Re_V} \geq 2100$
    a4) $\mathrm{Re_L} < 2$ und $\mathrm{Re_V} < 2100$

Für die Auslegung von Vakuum- und Normaldruckrektifikationskolonnen sowie für den Großteil der Einsatzfälle bei der Gasabsorption mit in der Praxis eingesetzten Füllkörpern von $d \geq 0{,}025$ m–$0{,}100$ m für die Trennung von niedrigviskosen Gemischen sind die Bereiche a1 und a2 sehr bedeutsam.

6.4.1
Druckverlust unterhalb der Staugrenze

Der Druckverlust $\Delta p/H$ von berieselten Schüttungen für die Fälle a1 und a2 beschreibt die nach dem Kanalmodell hergeleitete Gl. (4-45a) bzw. Gl. (4-45b):

$$\frac{\Delta p}{H} = \psi \cdot \frac{1-\varepsilon}{\varepsilon^3} \cdot \frac{F_V^2}{d_P \cdot K} \cdot \left[1 - C_B \cdot \frac{a^{1/3}}{\varepsilon} \cdot u_L^{2/3}\right]^{-5} \quad \left[\text{Pa}\,\text{m}^{-1}\right]$$

Für beliebige regellose Schüttungen und strukturierte Packungen mit einer Strömungskanalneigung von 45° (Typ Y) gilt $C_B = 0{,}4\ \text{s}^{2/3}\,\text{m}^{-1/3}$, für geordnete Schichten und strukturierte Packungen vom Typ X gilt $C_B = 0{,}325\ \text{s}^{2/3}\,\text{m}^{-1/3}$.

Für den Druckverlust der unberieselten regellosen Schüttungen wurde Gl. (3-8) hergeleitet, hier ist der Widerstandsbeiwert ψ sowohl von der Reynoldszahl Re_V als auch von der Form, vom Werkstoff und bei manchen Füllkörpern noch von der Füllkörpergröße abhängig. Die Zahlenwerte der Konstanten und Exponenten zur Berechnung des Widerstandsbeiwertes ψ nach Gl. (3-14) bzw. für Gl. (4-45) sind in den Tabellen 6-1a–c zusammengestellt.

Mit der Konstante $C_B = 0{,}4\ \text{s}^{2/3}\,\text{m}^{-1/3}$ werden für 85% der Messwerte die gemessenen Druckverluste von berieselten Füllkörperschüttungen beliebiger Form und Größe und strukturierten Packungen vom Typ Y (für die letzten muss lediglich noch in Gl. (4-45) für den Wandfaktor $K \equiv 1$ eingesetzt werden, s. Kap. 3) mit einem relativen Fehler von weniger als $\pm 15\%$ wiedergegeben. Zu dieser Feststellung führte die Auswertung von ca. 10.000 Messdaten unterschiedlicher Systeme. Die Widerstandsbeiwerte ψ der untersuchten Füllkörper für den Übergangsbereich und den turbulenten Strömungsbereich der Gasphase sind in den Tabellen 6-1a–c zusammengestellt.

Unterhalb der Staugrenze, $F_V < 0{,}65 \cdot F_{V,\text{Fl}}$, kann bei der Flüssigkeitsströmung $\text{Re}_L < 2$ und bei beliebigen Reynolds-Zahlen Re_V der Druckverlust von berieselten Schüttungen $\Delta p/H$ mit Gl. (4-46) ermittelt werden, die für die Fälle a3 und a4 gültig ist.

$$\frac{\Delta p}{H} = \psi \cdot \frac{1-\varepsilon}{\varepsilon^3} \cdot \frac{F_V^2}{d_P \cdot K} \cdot \left[1 - \left[\frac{3}{g}\right]^{1/3} \cdot \frac{a^{2/3}}{\varepsilon} \cdot (v_L \cdot u_L)^{1/3}\right]^{-5} \quad \left[\text{Pa}\,\text{m}^{-1}\right]$$

Die Gültigkeit dieser Beziehung konnte bis $\text{Re}_L \geq 0{,}1$ und für $F_V \leq 0{,}75 \cdot F_{V,\text{Fl}}$ nachgewiesen werden, s. Bild 4-14.

6.4.2
Flüssigkeitsinhalt unterhalb der Staugrenze

Bild 2-2b zeigt beispielhaft den auf das Schüttungsvolumen V_S bezogenen Flüssigkeitsinhalt h_L als Funktion des Gasbelastungsfaktors F_V für die gleichen Flüssigkeitsbelastungen u_L wie in Bild 2-2a (weitere Angaben zum Flüssigkeitsinhalt werden in Kap. 4.2 gemacht). Bis zur Staugrenze hängt der Flüssigkeitsinhalt h_L

von der Flüssigkeitsbelastung u_L und der Füllkörpergröße ab, wenn die Flüssigkeit turbulent mit $Re_L \leq 100$ durch die Schüttung oder eine strukturierte Packung mit einer Strömungskanalneigung von 45° strömt. In dem Falle wird der gesamte Flüssigkeitsinhalt für praktische Anwendungen ausreichend genau mit der dimensionslosen Gl. (4-32) beschrieben, $\delta(h_L) < \pm 20\,\%$. Sie lautet:

$$h_L = C_P \cdot Fr_L^{1/3} \quad [m^3 m^{-3}]$$

mit

$$Fr_L = \frac{u_L^2 \cdot a}{g} \quad \text{und} \quad C_P = 0,57$$

für regellos geschüttete Füllkörper und strukturierte Packungen vom Typ Y bzw. $C_P = 0,465$ für geordnete Füllkörperschichten sowie strukturierte Packungen vom Typ X.

Die Konstante C_P ist dabei von der Füllkörperform und -größe sowie vom Werkstoff unabhängig. Sie wurde anhand von Messungen im Rahmen dieser Arbeit ermittelt. Gleichung (4-32) ist sehr einfach in der Handhabung und bei vorgegebener Flüssigkeitsbelastung erfordert sie nur die Kenntnis der geometrischen Füllkörperoberfläche a.

Gl. (4-32) gilt für We/Fr_L-Zahlen zwischen 100 und 1300.

Im laminaren Bereich $Re_L < 2$ sind dagegen die Viskositätskräfte nicht zu vernachlässigen. Mit dem modifizierten Ansatz von Bemer und Kalis [12], Gl. (4-20),

$$h_L = \frac{3}{4} \cdot \left[\frac{3}{g}\right]^{1/3} \cdot a^{2/3} \cdot (v_L \cdot u_L)^{1/3} \quad [m^3 m^{-3}]$$

lassen sich die Messdaten des Flüssigkeitsinhaltes für diesen Strömungsbereich ebenfalls recht zufriedenstellend wiedergeben, $\delta(h_L) < \pm 20\,\%$. Der Faktor 3/4 in Gl. (4-20) wurde ebenfalls anhand von Messungen in dieser Arbeit bestimmt.

In der von Mersmann und Deixler [44] gewählten Darstellung $h_L = f(B_L)$ mit der Kennzahl We_L/Fr_L als Parameter, werden die Messdaten mit Gl. (4-34)

$$h_L = 2,2 \cdot B_L^{1/2}$$

auch zufriedenstellend mit einer Genauigkeit von ca. $\pm 20\,\%$ beschrieben. Die Gl. (4-34) gilt nach Auswertung der Versuchsergebnisse dieser Arbeit für den Bereich der Kennzahl We_L/Fr_L von ca. 28,8 bis 1300. Als Ergebnis der Betrachtungen zum Flüssigkeitsinhalt ist festzuhalten, dass durch die Modifizierung der aus der Literatur bekannten Ansätze [12, 19, 44] der gesamte Flüssigkeitsinhalt unterhalb der Staugrenze für praktische Anwendungen zufriedenstellend genau ermittelt werden kann.

6.4.3
Druckverlust und Flüssigkeitsinhalt im Bereich zwischen der Stau- und Flutgrenze

Zur Beschreibung des Druckverlustes und des Flüssigkeitsinhaltes bei der Zweiphasenströmung bietet sich an, den Gasbelastungsfaktor F_V auf den maximalen Wert am Flutpunkt $F_{V,Fl}$ zu beziehen. Sowohl der Flüssigkeitsinhalt h_L als auch die Größe C_B, Bild 4-15, hängen von der relativen Gasbelastung $F_V/F_{V,Fl}$ ab. Die Beziehung nach Gl. (4-39) ermöglicht die Bestimmung des Flüssigkeitsinhaltes und die Beziehung nach Gl. (4-50) die Ermittlung der Größe C_B. Die Bestimmung des Druckverlustes oberhalb 65 % der Flutgrenze mit Gl. (4-45) und (4-54) ist mit einer Genauigkeit von ca. ± 20 % möglich, Bild 4-17.

Die Bestimmung des Druckverlustes von berieselten Schüttungen und Packungen nach Gl. (4-45) hat den Vorteil, dass sie für einen breiten Parameterbereich der Füllkörperart, des Belastungsbereichs und der Stoffwerte gültig ist und außerdem keine Kenntnisse des Flüssigkeitsinhaltes erfordert, s. Kap. 4.3.

6.4.4
Druckverlust am Flutpunkt

Die Bestimmung des Druckverlustes $(\Delta p/H)_{Fl}$ am Flutpunkt ermöglicht die Gleichung (4-49):

$$\left(\frac{\Delta p}{H}\right)_{Fl} = \psi_{Fl} \cdot \frac{1-\varepsilon}{\varepsilon^3} \cdot \frac{F_V^2}{d_P \cdot K} \cdot \left[1 - 0,407 \cdot \lambda_0^{-0,16} \cdot \frac{a^{1/3} \cdot u_L^{2/3}}{\varepsilon}\right]^{-5} \quad [\text{Pa}\,\text{m}^{-1}]$$

die für $\text{Re}_L > 2$ und für Phasendurchsatzverhältnisse am Flutpunkt $\lambda_0 < 0{,}020$ gilt.

Gleichung (4-49) gibt 85 % der Messwerte mit einer Genauigkeit von $< \pm 20$ % wieder, 95 % der Messwerte werden mit einer Genauigkeit von $< \pm 30$ % wiedergegeben. Die Kenntnis des Druckverlustes am Flutpunkt ist für Regelzwecke sowie für Festigkeitsberechnungen bei der Planung von Neuanlagen von großer Bedeutung. Für praktische Anwendungen kann zur schnelleren Abschätzung des Druckverlustes am Flutpunkt auch das Diagramm nach Mersmann verwendet werden, s. dazu die Bilder 2-5 a–d. Die Auftragung der Messwerte für die untersuchten Füllkörper und strukturierten Packungen ergab für die bezogenen Druckverluste $\Delta p/(\rho \cdot g \cdot H)$ folgende Werte:

a) Für 15–20-mm regellos geschüttete Füllkörper mit einer spezifischen Oberfläche $a \approx 300$ m²m⁻³:

$$\left(\frac{\Delta p}{\rho_L \cdot g \cdot H}\right)_{Fl} \approx 0{,}30 \quad \text{s. Bild 2-5 a.}$$

b) Für regellos geschüttete 1″-Füllkörper mit $a \approx 220$ m²m⁻³:

$$\left(\frac{\Delta p}{\rho_L \cdot g \cdot H}\right)_{Fl} \approx 0{,}25 \quad \text{s. Bild 2-5 a.}$$

c) Für regellos geschüttete 1,5''-Füllkörper mit $a \approx 140 \text{ m}^2\text{m}^{-3}$:

$$\left(\frac{\Delta p}{\rho_\text{L} \cdot g \cdot H} \right)_\text{Fl} \approx 0{,}15 \quad \text{s. Bild 2-5 b.}$$

d) Für klassische, regellos geschüttete 2''-Füllkörper mit $a = 95\text{--}120 \text{ m}^2\text{m}^{-3}$ sowie strukturierte Packungen mit $a = 100\text{--}300 \text{ m}^2\text{m}^{-3}$:

$$\left(\frac{\Delta p}{\rho_\text{L} \cdot g \cdot H} \right)_\text{Fl} \approx 0{,}10 \quad \text{s. Bild 2-5 c, d.}$$

e) Für 2''-3''-Gitter-Füllkörper mit $a = 50\text{--}110 \text{ m}^2\text{m}^{-3}$:

$$\left(\frac{\Delta p}{\rho_\text{L} \cdot g \cdot H} \right)_\text{Fl} \approx 0{,}05 \quad \text{s. Bild 2-5 d.}$$

6.5
Druckverlustberechnung nach dem Ansatz gemäß Kapitel 5

In Kap. 5 wurde ein Ansatz nach Gl. (5-2) zur Bestimmung des Druckverlustes berieselter Packungen beliebiger Form hergeleitet, welcher auf der Kenntnis des Widerstandsbeiwertes für Zweiphasenströmung ψ_VL aufbaut:

$$\frac{\Delta p}{H} = \psi_\text{VL} \cdot \frac{1-\varepsilon}{\varepsilon_3} \cdot \frac{F_\text{V}^2}{dp \cdot K} \cdot \left(1 + \frac{h_\text{L}}{1-\varepsilon} \right) \cdot \left(1 + \frac{h_\text{L}}{\varepsilon} \right)^{-3} \quad [\text{Pa}\,\text{m}^{-1}]$$

Die Gleichung ist im gesamten Belastungsbereich bis zum Flutpunkt gültig. Der Widerstandsbeiwert ψ_VL nach Gl. (5-6), (5-7) und (5-8) ist eine Funktion der Reynolds-Zahl der Flüssigkeit und des Formfaktors μ von Packungen, $\psi_\text{VL} = f(\mu, \text{Re}_\text{L})$.

Die Formfaktoren μ für die einzelnen Packungen sind in den Tabellen 6-1a–c zusammengestellt. Sie erlauben den direkten Vergleich der zu erwartenden Druckverluste bei Verwendung der einzelnen Füllkörperformen ohne Berechnungen oder Versuche durchführen zu müssen.

Die Anwendung des Ansatzes nach Gl. (5-9) bzw. (5-10) ist insbesondere für Betriebsbereiche oberhalb der Staugrenze und am Flutpunkt zu empfehlen, wenn die in Kap. 5 angegebenen Beziehungen wegen Überschreitung des Gültigkeitsbereiches nicht angewendet werden sollten.

Zum Vergleich der Ergebnisse der Druckverlustbestimmung nach den gezeigten Ansätzen mit denen nach dem Modell gemäß Kap. 4, Gl. (4-45a) und nach Ansatz (5-2) sind in den Tabellen 5-1a–c die relativen Fehler für die einzelnen Strömungsbereiche und Füllkörperformen angegeben. Daraus ist zu ersehen, welcher der Beziehungen zur Druckverlustberechnung der Vorzug gegeben werden sollte.

6.6
Hinweise zu den Tabellen mit den technischen Daten der Füllkörper und Packungen sowie den Modellparametern $\psi_{Fl}/\psi_{Fl,m}$ zur Flutpunkt- und Druckverlustbestimmung

Die zum Schluss des jeweiligen Kapitels zusammengestellten Rechenbeispiele sind zur quantitativen Verdeutlichung der hergeleiteten Beziehungen gedacht und entsprechen den Berechnungen, die gewöhnlich bei der hydraulischen Auslegung abgearbeitet werden müssen.

In den Tabellen 6-1a–c sind die Zahlenwerte von Modellparametern sowie die technischen Daten von ca. 160 regellos geschütteten Füllkörpern, geordneten Füllkörperschichten und Packungen unterschiedlicher Bauformen zusammengestellt, mit deren Hilfe die fluiddynamische Auslegung von Füllkörperkolonnen nach dem in dieser Arbeit vorgestellten Verfahren ausgeführt werden kann.

Die einzelnen Tabellen 6-1 a–c beinhalten ebenfalls die technischen Daten der einzelnen Füllkörper a_0, ε_0, N_0 nach Herstellerangaben sowie Zahlenwerte für die Parameter K_1, K_2 und K_3, K_4 zur Bestimmung des Widerstandsbeiwertes ψ sowie arithmetisch gemittelte ψ_m-Werte für den turbulenten Strömungsbereich im Bereich der Reynolds-Zahlen $Re_V \in (2100{-}10.000)$. Für die strukturierten Packungen wurden kolonnendurchmesserabhängige Parameter $K_1{-}K_4$ zur Bestimmung des Widerstandsbeiwerts angegeben, da gemäß Kap. 3 Unterschiede im Druckverlust von bis zu 65 % und in der Flutpunktbestimmung bis 10 % auftreten können, wenn der Einfluss des Kolonnendurchmessers d_S auf $\Delta p/H$ außer Acht gelassen wird. Für die großen Kolonnendurchmesser ab $d_S \geq 1$ m sind separate Zahlenwerte für $K_1{-}K_4$ für diverse strukturierte Packungen als Anhaltswerte angegeben.

Die wichtigsten Literaturquellen zur Erstellung des vorgestellten Verfahrens zur fluiddynamischen Auslegung von Packungskolonnen sind nachfolgend für die jeweiligen Füllkörper und Packungen aufgeführt, vgl. Kap 2, 3, 4 und 5.

- metallische Pallringe, Datenquelle: Lit. zu Kap. 4 [5–8, 13–15, 26, 40, 55, 56, 66] und neue Daten [A]
- Pallringe aus Kunststoff [13–15, 23, 24, 55, 56] und neue Daten [A]
- Pallringe aus Keramik u. a. [28, 34] und neue Daten [A]
- Białeckiringe aus Metall und Kunststoff u. a. [17, 18, 36, 41, 60, 65, 66, 81–Kap. 2] und neue Daten [A]
- metallische geordnete Białeckiringe u. a. [18, 65] und neue Daten [A]
- metallische Hiflow-Ringe u. a. [37, 55] und neue Daten [A]
- Hiflow-Ringe aus Kunststoff u. a. [35, 55] und neue Daten [A]
- Hiflow-Ringe aus Keramik u. a. [38] und neue Daten [A]
- NSW (Nor-Pac)-Ringe [23, 24, 50, 51] und neue Daten [A]
- Intalox-Sättel aus Keramik, neue Daten [A]
- Sattelkörper, neue Daten [A]
- Raschigringe aus Keramik u. a. [7, 17, 56, 61, 62] und neue Daten [A]
- VSP-Ringe [40, 57] und Top Pak, sowie Pallringe Bauart VFF, Metall [A]
- Glitschringe CMR [A]
- ENVIPAC und DTNPAC aus Kunststoff [49, 54, 59, A]
- VSP-Ring und Intalox-Sattel, Gr. 3, Kunststoff [A]

- Sulzerpackungen Bauart Mellapak-Typen 250 Y, 250 X, 500 Y aus Blech [56, 57], Montz-Packungen aus Blech B1-100 bis B2-500 Y, X und PP, Ralu-Pak und andere Packungen u. a. [30, 31, 39] sowie neue Daten [A]
- Raschigringe aus Metall [5]
- McPac, R-Pac, SR-Pac [61–, 62–, 63–Kap. 2]
- Ralu-Super Ringe [86–Kap. 2]

6.7
Gültigkeitsbereich der aufgestellten Beziehungen

Die experimentelle Bestätigung für die angegebenen Zusammenhänge zum Flutpunkt $u_{V,Fl}$, Druckverlust der unberieselten $\Delta p_0/H$ und berieselten Schüttungen $\Delta p/H$ erfolgte durch systematische Untersuchungen an in den Bildern 1-1a und 1-1b gezeigten Füllkörpern und Packungen.

Die Angaben zu den in den Versuchen variierten Parametern sind am Schluss der jeweiligen Kap. 2, 3, 4 und 5 angegeben. Nachfolgend werden die wichtigsten variierten Parameter für die zur Auslegung benötigten Größen $u_{V,Fl}$, $\Delta p_0/H$, $\Delta p/H$, h_L, $h_{L,Fl}^0$ nochmals zusammenfassend dargestellt.

$$
\begin{aligned}
40 &\leq \mathbf{Re}_V &&\leq 25000 \\
0{,}15 &\leq \mathbf{Re}_L &&\leq 200 \\
5 &\leq d_S/d &&\leq 56 \\
0{,}0133 &\leq p_T &&\leq 100 \text{ bar} \\
0{,}025 &\leq d_S &&\leq 3{,}0 \text{ m} \\
0{,}4 &\leq H &&\leq 7 \text{ m} \\
390 &\leq \rho_L &&\leq 1800 \text{ kg m}^{-3} \\
0{,}03 &\leq \rho_V &&\leq 130 \text{ kg m}^{-3} \\
14 &\leq \sigma_L &&\leq 80 \text{ mNm}^{-1} \\
0{,}3 &\leq \eta_L \cdot 10^3 &&\leq 91 \text{ kg m}^{-1}\text{s}^{-1} \\
6 &\leq \eta_V \cdot 10^6 &&\leq 18{,}2 \text{ kg m}^{-1}\text{s}^{-1} \\
0 &\leq u_L \cdot 10^3 &&\leq 70 \text{ ms}^{-1} \\
0 &< \Delta p/H &&\leq 4 \cdot 10^4 \text{ Pa m}^{-1}
\end{aligned}
$$

Anzahl der Messdaten:

- Flutpunkte: über 1200
- Hold-up-Daten: über 1100
- Druckverlustdaten: über 10.500
- Zahl der Füllkörper: über 160
- Zahl der untersuchten Systeme: 32

6.8
Programm FDPAK zur fluiddynamischen Auslegung von Kolonnen mit modernen Füllkörpern und Packungen

6.8.1
Programmerklärung

Als Ergänzung zu dieser Arbeit über die Fluiddynamik von Kolonnen mit modernen Füllkörpern und Packungen wurde ein Programm entwickelt, das seit der ersten DOS-Version 1990 zu einer WINDOWS-Version mit graphischen Darstellung der Rechenergebnisse weiterentwickelt wurde.

Das FDPAK-Programm ermöglicht dem Verfahrensingenieur und dem Chemieingenieur schnell die Bestimmung der hydraulischen Parameter von beliebigen Einbauten (über 160), sowie die Bewertung der einzelnen Füllkörper hinsichtlich der maximalen Belastbarkeit, des Druckverlustes und des Flüssigkeitsinhaltes. Wie die Erfahrungen der letzten 10 Jahre gezeigt haben, ist das Programm auch für Lehrzwecke für Studenten an Hoch- und Fachhochschulen gut geeignet.

Das Programm mit der Bezeichnung „FDPAK" ist für jeden Rechner geeignet, der mit einem Laufwerk $3^1/_2''$ oder CD-Laufwerk ausgestattet ist.

Mit Hilfe dieses Programms können beim vorgegebenen Kolonnendurchmesser (Umrüstung vorhandener Anlagen) und vorgegebener stofflicher und betrieblicher Größen die Flutpunktgeschwindigkeit, der Druckverlust, der prozentuale Abstand vom Flutpunkt sowie der Flüssigkeitsinhalt am Betriebspunkt und am Flutpunkt bestimmt werden.

Bei Vorgabe der relativen Kolonnenbelastung $F_V/F_{V,Fl}$ (in % der Flutpunktgeschwindigkeit) wird der Kolonnendurchmesser d_S iterativ ermittelt.

An dem Blockschema in Bild 6-6 ist die Vorgehensweise bei der fluiddynamischen Auslegung von Kolonnen mit Packungen anhand des Programmablaufplanes gezeigt.

Nach dem Start des Programms wird ein Füllkörper aus der angefertigten Liste gewählt und nach Eingabe des Gas-Volumenstroms $\dot{V}_V$ und des Volumenstroms der Flüssigkeit $\dot{V}_L$ die Flutpunktgeschwindigkeit $u_{V,Fl}$ bzw. der Flutpunktgasbelastungsfaktor $F_{V,Fl}$ nach dem TSB-Modell, Gl. (2-53b), der Druckverlust $\Delta p/H$ nach Gl. (4-45) u. a. im gewählten Betriebsbereich sowie der Flüssigkeitsinhalt h_L unterhalb der Flutgrenze und am Flutpunkt $h_{L,Fl}$ bestimmt. Im Programm kann man die Auslegung einer bekannten Packungskolonne durchführen, in dem Falle wird der Kolonnendurchmesser d_S vorgegeben. Dieser Fall ist u. a. bei der Kolonnenumrüstung von Bedeutung. Durch die Wahl der relativen prozentualen Kolonnenbelastung $F_V/F_{V,Fl} < 100$ wird der Kolonnendurchmesser d_S iterativ ermittelt. Diese Variante wird bei der Neuauslegung angewandt.

Zum Schluss kann man entweder einen neuen Betriebspunkt oder einen neuen Füllkörper wählen, um die Berechnungen neu auszuführen. Die Einheiten der Eingabewerte können vor der Durchführung der Berechnungen gewählt werden.

Die Ergebnisse der Berechnungen werden am Bildschirm in Form von Tabellen und Diagrammen gezeigt und lassen sich mit dem Drucker ausdrucken, s. Bild 6-10. Dank des einfachen Aufbaus benötigt man beim Benutzen des Programms kein spezielles Handbuch.

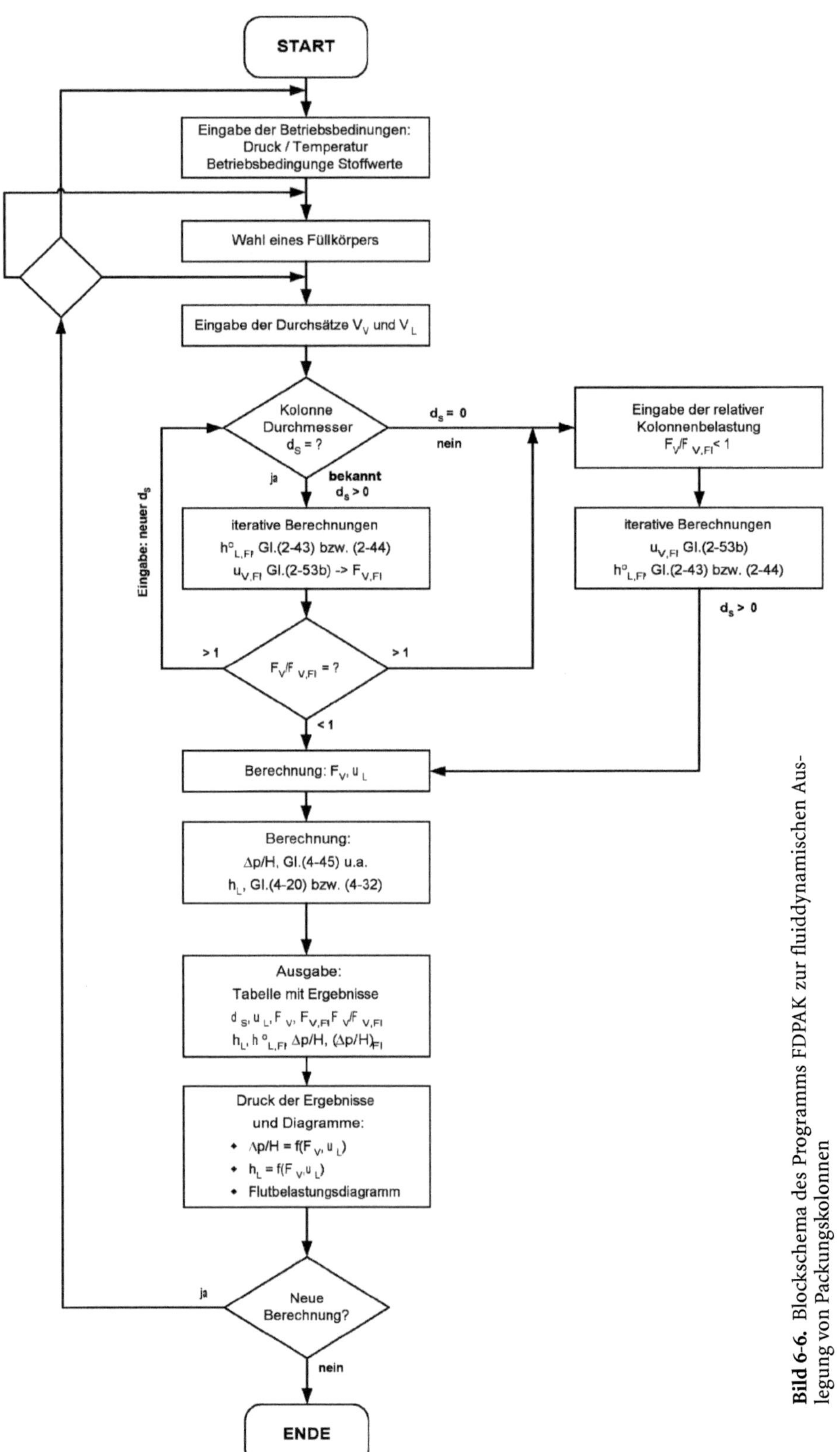

Bild 6-6. Blockschema des Programms FDPAK zur fluiddynamischen Auslegung von Packungskolonnen

Tabelle 6-2. Vergleich der experimentellen Daten mit der Rechnung mit Hilfe des Programms FDPAK, gültig für den 50-mm-Pallring PP. System: Luft/Wasser, 1 bar, 293 K, $d_S = 0,444$, $V_V = 1020,6\ Bm^3h^{-1}$, $V_L = 3,1\ m^3h^{-1}$, $N = 6480\ m^{-3}$

Parameter	Einheit	Rechnung	Experiment	$\delta(i)$ [%]
F_V	$\sqrt{Pa}$	1,99	1,993	–
$F_{V,Fl}$	$\sqrt{Pa}$	3,095	3,126	–0,99
$h_{L,Fl}^0 \cdot 10^2$	$m^3 m^{-3}$	8,36	9,67	–13,6
$h_L \cdot 10^2$	$m^3 m^{-3}$	3,82	3,60	+6,1
$\Delta p/H$	$mbar\,m^{-1}$	2,61	2,9	–10,0
$(\Delta p/H)_{Fl}$	$mbar\,m^{-1}$	11,9	13,5	–11,9
$u_L \cdot 10^3$	ms^{-1}	5,562	5,562	–

In der Tabelle 6-2 werden beispielhaft die Ergebnisse von fluiddynamischen Berechnungen einer 50-mm Pallringkolonne aus Kunststoff mit dem PC-Programm FDPAK gezeigt. Der Ausdruck der Auslegung mit dem Programm FDPAK ist in Tabelle 6-3, der Vergleich der Ergebnisse mit den experimentellen Daten ist aus Tabelle 6-2 ersichtlich. Die Bilder 6-7 bis 6-9 zeigen die Diagramme, die nach der Durchführung der Berechnung ausgedruckt werden können.

6.8.2
Schlussfolgerungen

Mit Hilfe des erstellten Programms FDPAK lässt sich der Berechnungsgang der hydraulischen Parameter $F_{V,Fl}$, $u_{V,Fl}$, $\Delta p/H$, h_L, $h_{L,Fl}^0$ der in dieser Arbeit beigelegten Zahlenbeispiele leicht nachvollziehen. Das Programm FDPAK erleichtert außerdem dem Anwender die Arbeit bei der Umrüstung und bei der Planung von Neuanlagen. Es ist optional in deutscher, englischer und polnischer Sprache erhältlich.

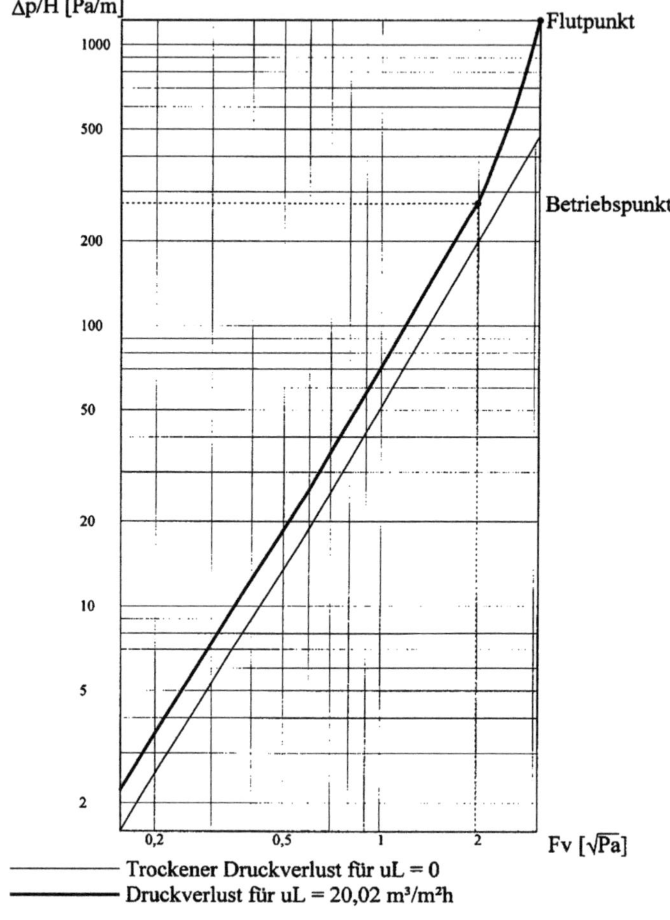

Bild 6-7. Ausdruck der Auslegung einer 50-mm-Pallringkolonne, PP, mit FDPAK für Windows. – Druckverlust-Diagramm $\Delta p/H = f(F_V, u_L = \text{const})$

HOLD-UP DIAGRAMM ; hL = f(Fv)
Einbauten:

System: Luft/Wasser gesättigt

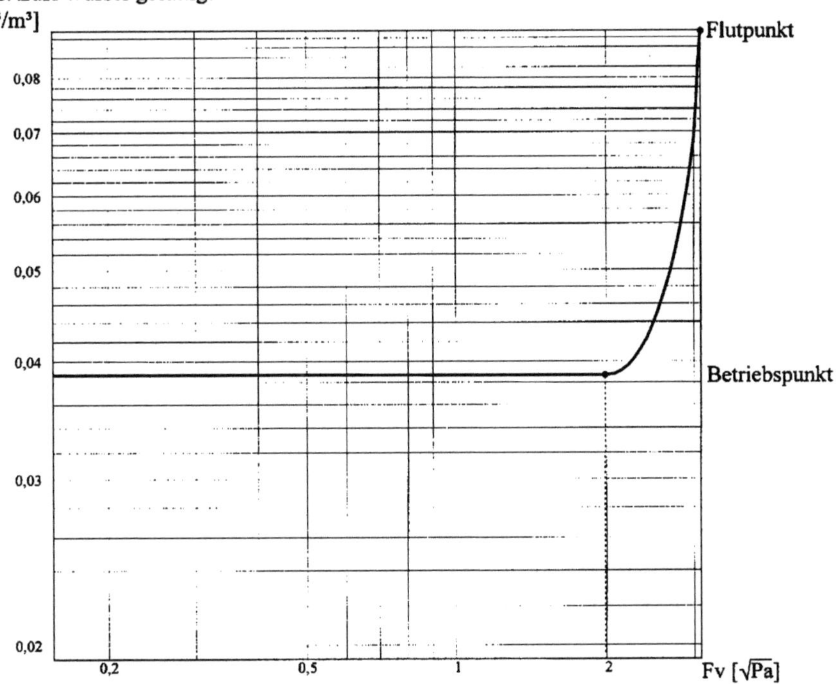

Giltig für uL = 20,02 m³/m²h

Bild 6-8. Ausdruck der Auslegung einer 50-mm-Pallringkolonne, PP, mit FDPAK für Windows.
– Hold-up-Diagramm $h_L = f(F_V, u_L = \text{const})$

FLUTBELASTUNGSDIAGRAMM ; Fv,fl = f(X)
Einbauten:

System: Luft/Wasser gesättigt ; X = Durchflußparameter

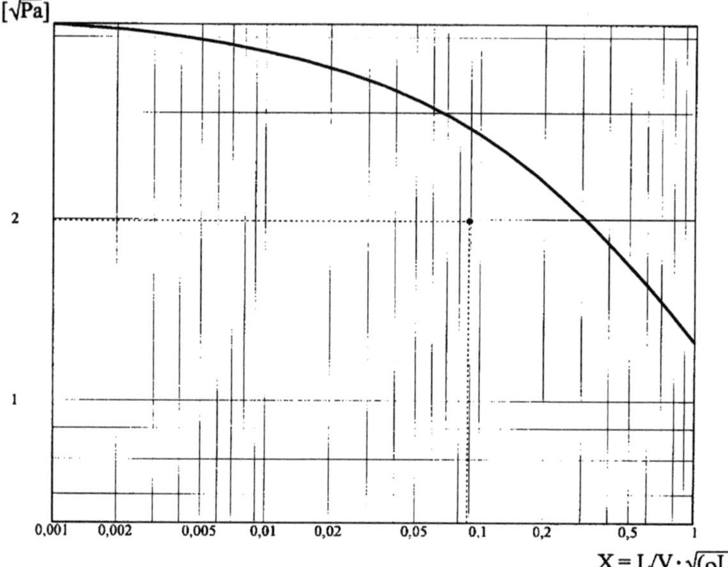

$$X = L/V \cdot \sqrt{(\rho L/\rho V)}$$

• Betriebspunkt für: V = 1020,6 m³/h (feucht)   L = 3,1 m³/h   ds = 0,444 m

Bild 6-9. Ausdruck der Auslegung einer 50-mm-Pallringkolonne, PP, mit FDPAK für Windows. – Belastungsdiagramm

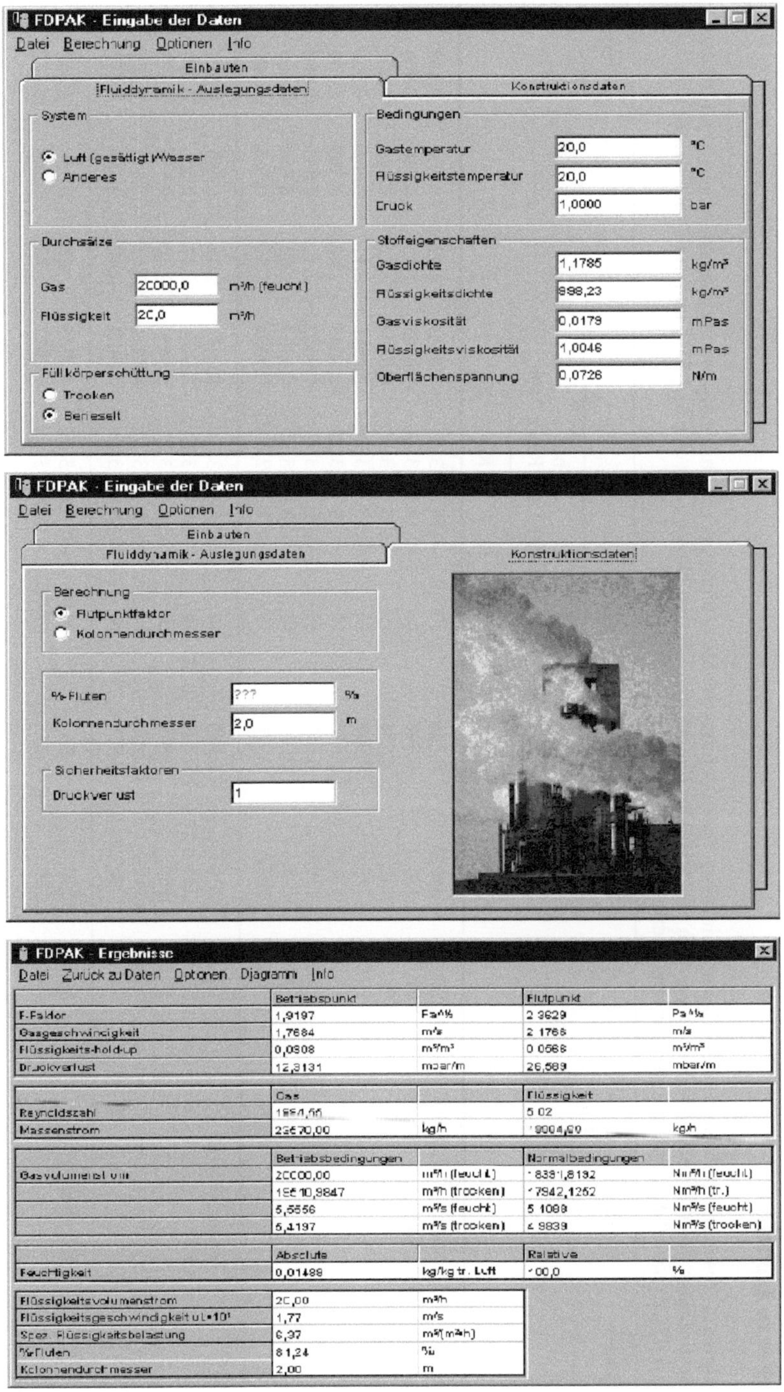

	Betriebspunkt		Flutpunkt	
F-Faktor	1,9197	Pa^½	2,3629	Pa^½
Gasgeschwindigkeit	1,7684	m/s	2,1766	m/s
Flüssigkeits-hold-up	0,0308	m³/m³	0,0568	m³/m³
Druckverlust	12,3131	mbar/m	26,589	mbar/m

	Gas		Flüssigkeit	
Reynoldszahl	1884,56		5,02	
Massenstrom	23670,00	kg/h	19904,90	kg/h

	Betriebsbedingungen		Normalbedingungen	
Gasvolumenstrom	20000,00	m³/h (feucht)	18391,8192	Nm³/h (feucht)
	19610,9847	m³/h (trocken)	17942,1252	Nm³/h (tr.)
	5,5556	m³/s (feucht)	5,1088	Nm³/s (feucht)
	5,4197	m³/s (trocken)	4,9839	Nm³/s (trocken)

	Absolute		Relative	
Feuchtigkeit	0,01489	kg/kg tr. Luft	100,0	%

Flüssigkeitsvolumenstrom	20,00	m³/h
Flüssigkeitsgeschwindigkeit $u_L \cdot 10^3$	1,77	m/s
Spez. Flüssigkeitsbelastung	6,37	m³/(m²h)
% Fluten	81,24	%
Kolonnendurchmesser	2,00	m

Bild 6-10. FDPAK für Windows-Darstellung einzelner Arbeitsmasken

Anhang zu Kapitel 6

Tabellen zu Kapitel 6

Tabelle 6-1 a. Zusammenstellung der benötigten technischen Daten der untersuchten Füllkörper zur Auslegung von Packungskolonnen. a) Konstanten K_i zur Bestimmung des Widerstandsbeiwertes ψ_{Fl} nach Gl. (3-14), der Flutpunktgeschwindigkeit $u_{V,Fl}$ nach Gl. (2-53b) und des Druckverlustes nach Gln. (4-45, 4-49); b) Liste der Formfaktoren μ zur Druckverlustbestimmung nach Gl. (5-9, 10)

Füllkörper	Werkstoff	$d \cdot 10^3$ [m]	$N \cdot 10^3$ [m^{-3}]	a [m^{2}m^{-3}]	ε [m^{3}m^{-3}]	ψ_{Fl} a) Re$_V$ < 2100 K_1	K_2	b) Re$_V$ ≥ 2100 K_3	K_4	$\psi_{Fl,m}$ c)	$C_{Fl,0}$ [−]	μ-Faktor [−]
Pallring	Metall (V2A)	15	224,0	360,0	0,936	10	−0,18	3,23	−0,0343	2,42	0,566	0,500
		25	51,5	125,0	0,942	10	−0,18	3,23	−0,0343	2,42	0,566	0,500
		25*	51*	125,0	0,956	10	−0,18	3,23	−0,0343	2,42	0,566	0,500
		35	19,0	145,0	0,948	10	−0,18	3,23	−0,0343	2,42	0,566	0,500
		38	16,0	151,8	0,953	10	−0,18	3,23	−0,0343	2,42	0,566	0,500
		50	6,1	110,0	0,952	10	−0,18	3,23	−0,0343	2,42	0,566	0,500
		80	1,6	78,0	0,960	10	−0,18	3,23	−0,0343	2,42	0,566	0,500
		58+	6,0	105,0	0,970	8	−0,18	2,848	−0,0453	1,95	0,566	0,500
	Kunststoff PP	15	215,00	350	0,880	10	−0,18	3,23	−0,0434	2,42	0,566	0,572
		25	51,00	220	0,890	10	−0,18	3,23	−0,0434	2,42	0,566	0,572
		35	18,00	160	0,905	10	−0,18	3,23	−0,0434	2,42	0,566	0,572
		50	6,70	110	0,920	10	−0,18	3,23	−0,0434	2,42	0,566	0,572
		80	1,14	86	0,970	10	−0,18	3,23	−0,0434	2,42	0,566	0,572
	Keramik	25	39,9	220	0,73	10,00	−0,180	3,23	−0,0343	2,420	0,566	0,572
		50	6,4	120	0,77	12,68	−0,235	3,81	−0,0812	1,925	0,566	0,572

Tabelle 6-1 a (Fortsetzung)

Füllkörper	Werkstoff	$d \cdot 10^3$ [m]	$N \cdot 10^3$ [m^{-3}]	a [m^{2}m^{-3}]	ε [m^{3}m^{-3}]	ψ_{Fl} a) Re$_V$ < 2100 K_1	K_2	b) Re$_V$ ≥ 2100 K_3	K_4	$\psi_{Fl,m}$ c)	$C_{Fl,0}$ [–]	μ-Faktor [–]
Białeckiring	Metall (Hst. 1974)	12	420	388,2	0,932	11,5	−0,17	4,13	−0,0522	2,66	0,566	1,050
		25	52,0	225,0	0,945	10,17	−0,17	4,13	−0,0522	2,66	0,566	0,485
		35	19,0	155,0	0,950	10,17	−0,17	4,13	−0,0522	2,66	0,566	0,485
		53,5	6,5	110,0	0,965	10,17	−0,18	3,77	−0,0434	2,82	0,566	0,485
	Metall (Hst. 1980)	50$^+$	6,7	112,4	0,967	11,5	−0,18	3,77	−0,0343	2,82	0,566	0,515
		35$^+$	19,0	164,0	0,956	11,5	−0,18	3,77	−0,0343	2,82	0,566	0,515
		25$^+$	52,0	223,0	0,954	11,5	−0,18	3,77	−0,0343	2,82	0,566	0,515
Białeckiring	Kunststoff (PP)	50	6,4	115	0,93	10,17	−0,17	4,13	−0,0522	2,66	0,566	0,485
PSL-Ring	Metall (Al)	50	6,5	115,2	0,9754	10	−0,18	3,23	−0,0343	2,82	0,566	0,3
Glitschring CMR-304	Metall	–										
	0,5 A	–	560,8	356,8	0,955	6,53	−0,148	4,330	−0,0920	2,00	0,566	0,383
	1,0 A	–	160,0	234,7	0,971	5,40	−0,140	3,241	−0,0733	1,75	0,566	0,247
	1,5 A	–	60,8	176,5	0,974	5,40	−0,140	3,241	−0,0733	1,75	0,566	0,247
	Turbo 1,5 A	–	60,8	170,0	0,976	5,40	−0,140	3,241	−0,0733	1,75	0,566	0,247
	2,0 A	–	33,0	150,7	0,989	8,12	−0,180	2,903	−0,0445	1,98	0,566	0,140
	3,0 A	–	10,0	101,2	0,988	8,12	−0,180	2,903	−0,0445	1,98	0,566	0,175
Glitschring CMR-304	Kunststoff (PP)	25 (Gr. 1)	25,5	196,2	0,935	5,0	−0,14	3,00	−0,0733	1,075	0,566	0,35
		50 (Gr. 2)	6,3	130,2	0,941	10,0	−0,18	3,23	−0,0343	2,420	0,566	0,50

Tabelle 6-1a (Fortsetzung)

Füllkörper	Werkstoff	$d \cdot 10^3$ [m]	$N \cdot 10^3$ [m^{-3}]	a [m^{2}m^{-3}]	ε [m^{3}m^{-3}]	ψ_{Fl} a) Re$_V$ < 2100		b) Re$_V \geq$ 2100		$\psi_{Fl,m}$ c)	$C_{Fl,0}$ [–]	μ-Faktor [–]
						K_1	K_2	K_3	K_4			
Glitschring	Metall	30 oK	32,5	168,9	0,957	10,0	−0,17	4,13	−0,0522	2,62	0,566	0,26
30 P	30 P	30 mK	28,5	180,0	0,975	8,0	−0,18	2,85	−0,0453	1,95	0,566	0,27
Top-Pak	Metall											
Typ VFF	Gr. 1 (Al)	45	6,85	105	0,975	8,0	−0,18	2,85	−0,045	1,95	0,566	0,37
	Gr. 2	80	2,80	75	0,980	9,1	−0,18	3,37	−0,045	2,21	0,566	0,27
VSP-Ring	Metall											
Typ VFF	Gr. 1	32	33,5	200	0,972	9,1	−0,18	3,37	−0,050	2,2	0,566	0,270
	Gr. 2	50	7,8	104	0,980	9,1	−0,18	3,37	−0,050	2,2	0,566	0,270
Interpak	Metall	10	2000,0	620	0,920	12,78	−0,18	5,9	−0,079	3,00	0,566	–
Typ VFF		15	565,0	350	0,954	12,78	−0,18	5,9	−0,079	3,00	0,566	
		20	202,5	225	0,962	12,78	−0,18	5,9	−0,079	3,00	0,566	
		30	–	160	0,965	12,78	−0,18	5,9	−0,079	3,00	0,566	
Raschigring	Keramik	8	500,0	550	0,650	34,6	−0,307	6,05	−0,069	3,05	0,566	1,0
		15	200,0	292	0,667	34,6	−0,307	6,05	−0,069	3,05	0,566	1,0
		25	46,0	177	0,693	34,6	−0,307	6,05	−0,069	3,05	0,566	1,0
		35	18,5	140	0,710	34,6	−0,307	6,05	−0,069	3,05	0,566	1,0
		50	6,4	98	0,730	34,6	−0,307	6,05	−0,069	3,05	0,566	1,0
		100	0,844	52,5	0,761	–	–	3,14	−0,0343	2,30	0,566	–
Raschigring	Glas	8×8	–	500	0,726	17,508	−0,209	5,264	−0,0525	3,38	0,566	
		10×10	–	450	0,740	17,508	−0,209	5,264	−0,0525	3,38	0,566	–
		15×15	22,4	375	0,771	17,508	−0,209	5,264	−0,0525	3,38	0,566	–
		20×20	97,9	243,6	0,793	17,508	−0,209	5,264	−0,0525	3,38	0,566	–
		25×25	54,1	203	0,829	17,508	−0,209	5,264	−0,0525	3,38	0,566	–
		40×40	–	160	0,870	17,508	−0,209	5,264	−0,0525	3,38	0,566	–
		50×50	–	120	0,856	17,508	−0,209	5,264	−0,0525	3,38	0,566	–

Tabelle 6-1a (Fortsetzung)

Füllkörper	Werkstoff	$d \cdot 10^3$ [m]	$N \cdot 10^3$ [m^{-3}]	a [m^{2}m^{-3}]	ε [m^{3}m^{-3}]	ψ_{Fl} a) Re$_V$ < 2100 K_1	K_2	b) Re$_V$ ≥ 2100 K_3	K_4	$\psi_{Fl,m}$ c)	$C_{Fl,0}$ [-]	μ-Faktor [-]
Raschigring	Metall	15	240,0	350	0,92	36,245	-0,19	12,0	-0,0455	8,18	0,566	2,0
		25	51,5	220	0,92	36,245	-0,19	12,0	-0,0455	8,18	0,566	2,0
		35	19,0	150	0,93	36,245	-0,19	12,0	-0,0455	8,18	0,566	2,0
		50	6,5	110	0,95	36,245	-0,19	12,0	-0,0455	8,18	0,566	2,0
Intalox-Sättel	Keramik	(1/2″)12,5	387,0	327	0,648	6,664	-0,188	3,969	-0,120	1,465	0,566	0,705
		(3/4″)20	136,9	252	0,698	6,664	-0,188	3,969	-0,120	1,465	0,566	0,705
		(1,0″)25	68,0	197	0,704	15,5	-0,255	3,800	-0,071	2,10	0,566	0,705
		(1,5″)38	20,0	133	0,743	15,5	-0,255	3,800	-0,071	2,10	0,566	0,705
		(2,0″)50	9,0	99	0,770	15,5	-0,255	3,800	-0,071	2,10	0,566	0,705
	Kunststoff	(1,0″)25	90,0	255	0,89	–	–	8,11	-0,1080	3,20	0,566	0,72
		(1,5″)38	26,0	170	0,91	–	–	8,11	-0,1080	3,20	0,566	0,72
		(2,0″)50	8,5	120	0,91	10	-0,18	3,23	-0,0343	2,45	0,566	0,652
Intalox Super-Sattel	Kunststoff	50	5,80	110	0,94	3,210	-0,075	3,210	-0,075	1,7	0,566	0,375
		90	1,25	90	0,96	2,315	-0,075	2,305	-0,075	1,2	0,566	0,255
IMTP #40	Metall	40	52,4	128,7	0,984	8,75	-0,18	3,17	-0,050	2,00	0,566	0,273
I-13-Ring (TU-Wrocław)	Metall	25$^+$	51,5	218,5	0,948	10,17	-0,17	4,13	-0,0522	2,60	0,566	0,562
Berl-Sättel	Keramik	10	620	386	0,595	6,664	-0,188	3,969	-0,12	1,465	0,566	–
		15	228	303	0,595	7,08	-0,188	3,442	-0,0937	1,566	0,566	–

a) $\psi_{Fl} = K_1 \cdot \mathrm{Re}_V^{K_2}$ für Re$_V$ < 2100; b) $\psi_{Fl} = K_3 \cdot \mathrm{Re}_V^{K_4}$ für Re$_V$ < 2100; c) Re$_V$ ∈ {2100–10.000}.
* Wanddicke s = 0,4 mm; $^+$ Wanddicke s = 0,6 mm; Hst. = Herstellungsjahr.

Tabelle 6-1b. Zusammenstellung der technischen Daten von Füllkörpern mit stark durchbrochener Wand zur Auslegung von Packungskolonnen. a) Konstanten K_i zur Bestimmung des Widerstandsbeiwertes ψ_{Fl} nach Gl. (3-14), der Flutpunktgeschwindigkeit $u_{V,Fl}$ nach Gl. (2-53b) und des Druckverlustes nach Gln. (4-45, 4-49). b) Liste der Formfaktoren μ zur Druckverlustbestimmung nach Gln. (5-9, 15-0)

Füllkörper	Werkstoff	$d \cdot 10^3$ [m]	$N \cdot 10^3$ [m^{-3}]	a [m^{2}m^{-3}]	ε [m^{3}m^{-3}]	ψ_{Fl} a) Re$_V$ < 2100 K_1	K_2	b) Re$_V$ ≥ 2100 K_3	K_4	$\psi_{Fl,m}$ c)	$C_{Fl,0}$ [–]	μ-Faktor [–]
Hiflowring Typ Rauschert	Metall	28	37,2	185,0	0,965	4,28	−0,118	2,875	−0,066	1,65	0,566	0,268
		28	5,1	97,3	0,976	4,28	−0,118	2,875	−0,066	1,65	0,566	0,175
	Kunststoff (PP, PVDF)	17	184,0	275	0,910	4,178	−0,145	2,610	−0,0846	1,250	0,566	0,403
		28	45,50	190	0,920	4,915	−0,145	2,258	−0,0418	1,600	0,566	0,330
		50	6,40	110	0,930	3,065	−0,145	1,392	−0,0418	0,980	0,566	0,190
		53	6,20	84	0,940	4,178	−0,145	2,610	−0,0846	1,260	0,566	0,276
		90	1,25	65	0,965	3,300	−0,145	1,500	−0,0418	1,055	0,566	0,200
		90×65	1,80	78	0,956	1,175	−0,034	1,175	−0,0434	0,857	0,566	0,190
	Keramik Hst. (1982–1984)	20	118,7	280,0	0,763	4,215	−0,145	1,600	−0,065	1,600	0,566	0,408
		38	17,1	110,0	0,831	4,215	−0,145	3,047	−0,065	1,725	0,566	0,500
		50	5,0	86,7	0,815	5,619	−0,145	3,047	−0,065	1,725	0,566	0,500
		75	2,0	56,8	0,860	2,400	−0,065	2,400	−0,065	1,310	0,566	0,369
Hiflow- Sattel Typ Rauschert	Keramik Hst. (1988)	20	90,0	234,5	0,821	5,166	−0,144	2,717	−0,06	1,64	0,566	0,500
		38	13,5	121,0	0,784	5,166	−0,144	2,717	−0,06	1,64	0,566	0,500
		75	2,0	70,0	0,760	1,475	−0,034	1,475	−0,0343	1,07	0,566	0,315
	Kunststoff	50	10,0	86,5	0,938	2,62	−0,069	2,62	−0,069	1,46	0,566	0,276
Raluring Typ Raschig	Metall	50 (Gr. 2)	6,76	105	0,972	10,0	−0,180	3,23	−0,0343	2,42	0,566	–
	Kunststoff (PP)	38	12,0	150	0,934	17,5	−0,321	3,40	−0,107	1,38	0,566	0,293
		55	5,7	110	0,940	17,5	−0,321	3,40	−0,107	1,38	0,566	0,293

Tabelle 6-1b (Fortsetzung)

Füllkörper	Werkstoff	$d \cdot 10^3$ [m]	$N \cdot 10^3$ [m^{-3}]	a [m^{2}m^{-3}]	ε [m^{3}m^{-3}]	ψ_{Fl} a) $Re_V < 2100$ K_1	K_2	b) $Re_V \geq 2100$ K_3	K_4	$\psi_{Fl,m}$ c)	$C_{Fl,0}$ [–]	μ-Faktor [–]
Ralu-Flow Typ Raschig	Kunststoff	58 (Gr. 2)	4,57	96	0,96	2,26	–0,112	1,40	–0,050	0,95	0,566	0,215
Raschig-Superring Typ Raschig	Metall	Nr. 1 Nr. 2	10,0	163,0 98,0	0,977 0,980	2,564 2,564	–0,06 –0,06	2,564 2,564	–0,06 –0,06	1,55 1,55	0,566 0,566	– –
Hackette Typ VFF	Kunststoff	45	12,4	135	0,93	10,98	–0,27	2,22	–0,065	1,285	0,566	0,270
VSP-Ring Typ VFF	Kunststoff	58 (Gr. 2)	5,0	75,9	0,952	1,633	–0,05	1,633	–0,05	1,0	0,566	0,225
Dtnpac Typ Envicon	Kunststoff (PP)	45 (Gr. 1) 70 (Gr. 2)	29,0 10,0	135,3 110,0	0,920 0,937	5,40 3,51	–0,159 –0,145	2,382 1,750	–0,052 –0,053	1,54 1,12	0,566 0,566	0,318 0,243
ENVIPAC Typ Envicon	Kunststoff	32 (Gr. 1A)	42,5	156,2	0,932	2,817	–0,070	2,120	–0,0200	1,79	0,566	0,42
		32 (Gr. 1) 58 (Gr. 2) 80 (Gr. 3)	53,0 6,8 2,0	138,9 98,4 60,0	0,936 0,961 0,955	6,205 4,590 5,230	–0,187 –0,187 –0,187	2,856 1,459 1,862	–0,0854 –0,0370 –0,0520	1,40 1,07 1,20	0,566 0,566 0,566	0,318 0,215 0,261
Mc-Pac Typ Envicon	Metall	30 (Nr. 1) 65 (Nr. 2)	63,5 7,7	185,0 90,6	0,975 0,982	5,4 5,4	–0,159 –0,159	2,382 2,382	–0,052 –0,052	1,53 1,53	0,566 0,566	0,210 0,165

Tabelle 6-1 b (Fortsetzung)

Füllkörper	Werkstoff	$d \cdot 10^3$ [m]	$N \cdot 10^3$ [m^{-3}]	a [m^{2}m^{-3}]	ε [m^{3}m^{-3}]	ψ_{Fl} a) Re$_V$ < 2100 K_1	K_2	b) Re$_V \geq$ 2100 K_3	K_4	$\psi_{Fl,m}$ c)	$C_{Fl,0}$ [–]	μ-Faktor [–]
R-Pac Typ Envicon	Keramik	Nr. 1 Nr. 2 Nr. 3	56,0 22,0 3,0	186,0 131,3 58,5	0,771 0,808 0,814	5,40 8,72	−0,159 −0,180	2,382 3,275	−0,052 −0,052	1,53 2,11	0,566 0,566 0,566	0,585 0,625
SR-Pac Typ Envicon	Keramik	Nr. 2 (65× 50)	4,2	105,7	0,802	2,10	−0,052	2,10	−0,052	1,356	0,566	0,370
Tellerette	Kunststoff	Gr. 1[1] Gr. 2[1]	– 12,0	190 110	0,930 0,930	4,86 1,65	−0,159 −0,041	2,142 1,650	−0,052 −0,0418	1,38 1,15	0,566 0,566	0,30 0,27
NSW-Ring **(NorPac)**	Kunststoff (PP, PVDF)	17 28 38 50 22×27	200,0 44,5 18,0 7,3 64,0	300,0 180,0 121,6 90,0 230,0	0,915 0,927 0,940 0,952 0,920	7,63 7,63 7,63 7,63 7,63	−0,256 −0,256 −0,256 −0,256 −0,256	1,825 1,825 1,825 1,825 1,825	−0,069 −0,069 −0,069 −0,069 −0,069	1,025 1,025 1,025 1,025 1,025	0,566 0,566 0,566 0,566 0,566	0,30 0,20 0,20 0,20 0,26

a) $\psi_{Fl} = K_1 \cdot \mathrm{Re}_V^{K_2}$ für Re$_V$ < 2100; b) $\psi_{Fl} = K_3 \cdot \mathrm{Re}_V^{K_4}$ für Re$_V$ < 2100; c) Re$_V \in$ {2100–10.000}. Hst. = Herstellungsjahr.

Tabelle 6-1c. Zusammenstellung der technischen Daten untersuchter Blechpackungen und Packungen aus Keramik und Kunststoff, sowie der Konstanten K_1, K_2, K_3, K_4 zur Bestimmung des Widerstandsbeiwertes ψ_{Fl} nach Gl. (3-14)

Packung	Typ	a [m²m⁻³]	ε [m³m⁻³]	ψ_{Fl} a) $Re_V < 2100$ K_1	K_2	b) $Re_V \geq 2100$ K_3	K_4	$\psi_{Fl,m}$ c)	$C_{Fl,0}$ [-]	μ-Faktor [-]
Montz-Pak **Blech** $d_S = 0,22$ m	**B1-200 Y**	200	0,978	4,70	−0,182	3,130	−0,133	1,0265	0,566	0,12
	B1-300 Y	300	0,972	10,5	−0,321	2,490	−0,133	0,816	0,566	0,12
	B2-500 X	500	0,960	3,915	−0,321	0,929	−0,133	0,304	0,693	–
	B2-500 Y	250	0,950	8,19	−0,321	1,936	−0,133	0,630	0,566	0,152
	S1-180 X	180	0,970	9,810	−0,250	2,574	−0,075	1,37	0,630	–
Montz-Pak Blech $d_S = 0,30$ m	**B1-100 Y**	100	0,987	5,835	−0,163	5,835	−0,162	1,500	0,566	0,12
	B1-200 Y	200	0,978	4,36	−0,182	3,0	−0,133	0,983	0,566	0,12
	B1-300 Y	300	0,972	9,65	−0,321	2,29	−0,133	0,75	0,566	0,12
Montz-Pak Blech $d_S = 0,45$ m	**B1-300 Y**	300	0,972	8,97	−0,312	2,13	−0,133	0,698	0,566	0,12
Montz-Pak Blech $d_S = 1,0$ m	**B2-500 X**	500	0,955	2,6032	−0,321	0,6179	−0,133	0,202	0,593	–
Montz-Pak **Kunststoff** $d_S = 0,3$ m	**C2-200 (PP)**	200	0,955	7,0	−0,215	3,728	−0,133	1,22	0,566	0,23
	C1-300 (Teflon)	300	0,900	4,755	−0,238	1,642	−0,099	0,71	0,566	0,23
Montz-Pak **Metallgewebe**	$d_S = 0,22$ m A-2	400	0,963	1,25	−0,14	1,25	−0,14	0,386	0,693	–
	$d_S = 0,22$ m A-3	500	0,950	1,45	−0,14	1,45	−0,14	0,437	0,566	–
	$d_S = 0,45$ m A-3	500	0,950	1,21	−0,14	1,21	−0,14	0,374	0,566	0,077
Mellapak Blech	$d_S = 0,15$ m 250 Y	250	0,96	11,42	−0,321	2,71	−0,133	0,888	0,565	0,152

Tabelle 6-1c (Fortsetzung)

Packung	Typ	a [m²m⁻³]	ε [m³m⁻³]	ψ_{Fl} a) $Re_V < 2100$		b) $Re_V \geq 2100$		$\psi_{Fl,m}$ c)	$C_{Fl,0}$ [–]	μ-Faktor [–]
				K_1	K_2	K_3	K_4			
Mellapak Blech	d_S = 0,22 m **250 Y**	250	0,960	8,190	−0,321	1,9360	−0,133	0,630	0,566	0,091
Mellapak Blech d_S = 1,0 m	**125 Y**	125	0,985	5,756	−0,321	1,3662	−0,133	0,448	0,566	–
	125 X	125	0,985	4,40	−0,321	1,044	−0,133	0,342	0,693	
	250 Y	250	0,975	6,50	−0,321	1,537	−0,133	0,504	0,566	
	250 X	250	0,98	2,6032	−0,321	0,6179	−0,133	0,202	0,693	
	350 Y	350	0,965	5,756	−0,321	1,3652	−0,133	0,448	0,566	
	350 X	350	0,965	2,6032	−0,321	0,6179	−0,133	0,202	0,693	
	500 Y	500	0,955	5,756	−0,321	1,3652	−0,133	0,448	0,565	
	500 X	500	0,955	2,6032	−0,321	0,6179	−0,133	0,202	0,693	
Mellapak PP	**250 Y** d_S = 0,30 m	250	0,955	1,62	−0,13	1,0	−0,069	0,564	0,566	–
Ralu Pac Blech	d_S = 0,22 m **250 YC**	250	0,963	11,06	−0,383	4,00	−0,250	0,495	0,566	0,080
	d_S = 0,30 m **250 YC**	250	0,963	10,09	−0,383	3,656	−0,250	0,452	0,566	0,080
	d_S = 0,45 m **250 YC**	250	0,963	9,736	−0,383	3,52	−0,250	0,436	0,566	0,080
Gempak Blech **A2-T-304**	d_S = 0,22 m	202	0,97	12,447	−0,321	4,50	−0,188	0,932	0,566	0,12
	d_S = 0,30 m	202	0,97	10,51	−0,321	3,80	−0,188	0,787	0,566	0,12
Fi-Pak-Blech d_S = 0,22 m	**Fi-13F**	198	0,948	1,375	−0,029	1,375	−0,029	1,077	0,739	–
NSW-NorPak-Compakt	d_S = 0,3 m **Gr. 1**	240,0	0,904	3,423	−0,084	2,677	−0,0522	1,725	0,566	0,45
	d_S = 0,3 m **Gr. 2**	117,3	0,540	2,900	−0,084	3,056	−0,0522	1,970	0,566	0,45
NSW-Drall-packung (PP)	d_S = 0,3 m **Gr. 3**	130,0	0,845	6,130	−0,458	1,027	−0,2240	0,158	0,693	–

Tabelle 6-1c (Fortsetzung)

Packung	Typ	a [m²m⁻³]	ε [m³m⁻³]	ψ_{Fl} a) $Re_V < 2100$ K_1	K_2	b) $Re_V \geq 2100$ K_3	K_4	$\psi_{Fl,m}$ c)	$C_{Fl,0}$ [–]	μ-Faktor [–]
FX-Packung Kunststoff (PP)	**FX-260** $d_S = 0{,}45$ m	250	0,962	0,76	−0,069	0,76	−0,069	0,425	0,63	0,0623
Impuls-Packung, Keramik	**50-S** $d_S = 0{,}5$ m	102	0,83	2,61	−0,115	2,61	−0,115	1,00	0,634	0,40
Euroform-Packung, Kunststoff	**50-S** $d_S = 0{,}3$ m	110	0,936	1,75	−0,104	1,75	−0,104	0,73	0,566	0,145
Sulzer Gewebe-Packung BX	$d_S = 0{,}22$ m **BX** $d_S = 0{,}5$ m **BX**	500 500	0,95 0,95	1,25 1,21	−0,14 −0,14	0,7043 1,21	−0,065 −0,14	0,408 0,374	0,693 0,693	– –
Geordnete Bialeckiringe (PP)	**50-S PP**	147	0,910	4,908	−0,14	3,50	−0,0958	1,525	0,693	0,40
	35-S Metall	183,5	0,941	12,50	−0,2910	2,663	−0,0880	1,271	0,693	–
Geordnete Bialeckiringe Metall	**50-S (1974)** $N = 61740$ m⁻³	113,4	0,969	6,28	−0,18	3,30	−0,0958	1,478	0,693	0,26
	25-S (1977) $N = 63500$ m⁻³	275	0,933	4,37	−1,8	2,31	−0,0966	1,03	0,693	0,185
	50-S (1991) $N = 7650$ m⁻³	128	0,965	4,675	−0,180	2,475	−0,0966	1,10	0,566	0,185
Geordneter SL-Ring	**25-S** $N = 60000$ m⁻³	292	0,963	4,719	−0,134	3,544	−0,0966	1,574	0,566	–
	50-S $N = 7650$ m⁻³	142	0,968	4,030	−0,153	2,340	−0,082	1,174	0,566	0,20

Tabelle 6-1c (Fortsetzung)

Packung	Typ	a [m²m⁻³]	ε [m³m⁻³]	ψ_{Fl} a) Re$_V$ < 2100		b) Re$_V \geq$ 2100		$\psi_{Fl,m}$ c)	$C_{Fl,0}$ [–]	μ-Faktor [–]
				K_1	K_2	K_3	K_4			
Białeckiring Rohrkolonne	**25 BR-RK-M**	339,1	0,924	1,550	–	1,550	–	1,550	0,693	–
	50 BR-RK-M 1 Rohrbündel	171,0	0,950	11,52	–0,205	4,453	–0,0808	2,26	0,566	0,35
	52 BR-RK-M 7 Rohrbündel	154,6	0,96	3,23	–0,0943	3,23	–0,0343	2,42	0,566	0,32
	53 BR-RK-M 27 Rohrbündel	156,4	0,950	4,1639	–0,180	2,200	–0,0966	0,978	0,787	–
Geordnete 50-mm Hiflow-ringe	**50 Hiflow-Keramik-S** N = 5683 m⁻³	102,36	0,7582	0,541	–0,075	0,541	–0,075	0,288	0,692	0,089
Geordnete 50-mm Raschigringe	**50-RR-K-S Keramik** N = 8768 m⁻³	137	0,697	5,53	–0,307	1,1	–0,0958	0,492	0,692	0,14
Geordnete 50-mm Pall-ringe Keramik	**50-PR-K-S**	140	0,784	4,513	–0,18	2,25	–0,089	1,054	0,740	0,275
25-mm Pallring Rohrkolonne	**25 PR-Rk-M** N = 81528 m⁻³	343,7	0,929	0,409	–0,133	0,409	–0,133	0,168	0,78	0,025
Geordnete 50-mm SR-Pac Keramik	**50 SR-Pac-K-S**	115,8	0,783	2,779	–0,142	2,779	–0,142	0,845	0,693	–
Durapak Glaspackung	**DUPA 280**	280	0,82	8,19	–0,321	1,936	–0,133	0,63	0,566	–
	DUPA 400	400	0,72	8,19	–0,321	1,936	–0,133	0,633	0,566	–

a) $\psi_{Fl} = K_1 \cdot \mathrm{Re}_V^{K_2}$ für Re$_V$ < 2100; b) $\psi_{Fl} = K_3 \cdot \mathrm{Re}_V^{K_4}$ für Re$_V \geq$ 2100; c) Re$_V \in$ {2100–10.000}. Bei der Bestimmung des Druckverlustes gilt: K = 1 für strukturierte Packungen und Rohrkolonnen; $K \neq 1$ für geordnete Füllkörperschichten.

Tabelle 6-3. Ausdruckform der Datei mit den Auslegungsdaten für die Tabelle 6-2.

Fluiddynamik einer Füllkörperkolonne PDPAK für Windows ver. 2.1

Berechnungen für berieselte Füllkörperschüttung und den gegebenen Kolonnendurchmesser

Einbauten:			System: Luft (gesättigt)/Wasser		
Füllkörperoberfläche	$a = 95{,}7$	m^2/m^3	Kopfdruck	$p_T = 1{,}00$	bar
Lückenvolumen	$\varepsilon = 0{,}9259$	m^3/m^3	Gastemperatur	$t_V = 20{,}0$	°C
Schüttdichte	$N = 6480$	l/m^3	Flüssigkeitstemperatur	$t_L = 20{,}0$	°C

Stoffwerte des Systems:

Gasdichte	$\rho_V = 1{,}1785$	kg/m^3
Flüssigkeitsdichte	$\rho_L = 998{,}23$	kg/m^3
Gasviskosität	$\eta_V = 0{,}0179$	mPas
Flüssigkeitsviskosität	$\eta_L = 1{,}0046$	mPas
Oberflächenspannung	$\sigma_L = 0{,}0726$	N/m

Auslegungsdaten

	Betriebspunkt		Flutpunkt	
F-Faktor	$F_v = 1{,}9878$	$\sqrt{Pa}$	$F_{v,fl} = 3{,}1423$	$\sqrt{Pa}$
Gasgeschwindigkeit	$u_{0V} = 1{,}831$	m/s	$u_{0V,fl} = 2{,}8946$	m/s
Flüssigkeits-hold-up	$h_L = 0{,}0382$	m^3/m^3	$h_{L,fl} = 0{,}0892$	m^3/m^3
Druckverlust	$D_{p/H} = 2{,}6017$	mbar/m	$D_{p,fl/H} = 11{,}92$	mbar/m

	Gas		Flüssigkeit	
Reynoldszahl	$Re_V = 7554{,}2$		$Re_L = 57{,}72$	
Massenstrom	$M_V = 1202{,}78$	kg/h	$M_L = 3094{,}51$	kg/h

	Betriebsbedingungen		Normalbedingungen	
Gasvolumenstrom	$V = 1020{,}6$	m^3/h (feucht)	$V_N = 938{,}5345$	Nm^3/h (feucht)
	$V = 995{,}6455$	m^3/h (trocken)	$V_N = 915{,}5866$	Nm^3/h (trocken)
	$V = 0{,}2835$	m^3/s (feucht)	$V_N = 0{,}2607$	Nm^3/s (feucht)
	$V = 0{,}2766$	m^3/s (trocken)	$V_N = 0{,}2543$	Nm^3/s (trocken)

	Absolute		Relative	
Feuchtigkeit	$X = 0{,}01489$	kg/kg tr. Luft	$\varphi = 100{,}00$	%

Flüssigkeitsvolumenstrom	$L = 3{,}10$	m^3/h
Flüssigkeitsgeschwindigkeit	$u_L \cdot 10^3 = 5{,}56$	m/s
Spez. Flüssigkeitsbelastung	$u_{Lh} = 20{,}02$	$m^3/(m^2h)$
%-Fluten	$F_v/F_{v,fl} \cdot 100 = 63{,}26$	%
Kolonnendurchmesser	$d_S = 0{,}444$	m

Teil 2

Grundlagen der Auslegung von Packungskolonnen für Flüssig/Flüssig-Systeme

Symbolverzeichnis zu Teil 2

Formelgrößen, lateinische Buchstaben

a	$m^2 m^{-3}$	geometrische volumenbezogene Füllkörper-oberfläche einer beliebigen Schüttung bzw. Packung
C_1	sm^{-1}	Systemkonstante
C, C_0, C_T	–	Konstanten
c	$kmol\,m^{-3}$	Konzentration
D	m	Diffusionskoeffizient des gelösten Stoffes
D_{ax}	m	Dispersionskoeffizient
d_E	m	Durchmesser des größten stabilen Tropfens
d_F	m	Durchmesser eines Füllkörpers
d_h	m	hydraulischer Durchmesser
d_S	m	Kolonnendurchmesser
d_T	$d_T = \sum n \cdot d_i^3 / \sum n \cdot d_i^2$	Tropfendurchmesser nach Sauter
E	$E = m \cdot \lambda \cdot (\rho_D/\rho_c)$	Extraktionsfaktor
g	$m^2 s^{-1}$	Erdbeschleunigung
h	m	Höhe eines Füllkörpers bzw. eines Packungselements
H	m	Höhe der Füllkörperschicht
m	–	Modellparameter in Gl. (7-21)
N	m^{-3}	Schüttungsdichte
u_C, u_D	$m^3 m^{-2} s^{-1}$	spezifischer Durchsatz der kontinuierlichen bzw. der dispersen Phase
u_K	ms^{-1}	charakteristische Tropfengeschwindigkeit
u_R	$m^3 m^{-2} s^{-1}$	relative Tropfengeschwindigkeit
$\dot{V}$	$m^3 h^{-1}$	Volumenstrom
w_E	ms^{-1}	Endsteiggeschwindigkeit von Tropfen gemäß Mersmann nach Gl. (7-16) bzw. gemäß Levich nach Gl. (7-15) in einer leeren Kolonne
$\overline{w}_S$	ms^{-1}	mittlere Steig- oder Sinkgeschwindigkeit eines Einzeltropfens in der Schüttung
x, x^0	$m^3 m^{-3}$	Dispersphasenanteil bzw. Flüssigkeitsinhalt der dispersen Phase bezogen auf das leere Kolonnenvolumen V_S bzw. auf das effektive Kolonnenvolumen $x^0 = x/\varepsilon$

Formelgrößen, griechische Buchstaben

α	deg	Neigungswinkel der Strömungskanäle in der Packung, s. Bild 1-2b
ε	$m^3 m^{-3}$	Lückenvolumen
δ	%	relativer Fehler bezogen auf den experimentellen Wert
ψ	–	Widerstandsbeiwert für die Einphasenströmung
λ		Phasendurchsatzverhältnis
η	$kg\,m^{-1}s^{-1}$	Viskosität
ρ	$kg\,m^{-3}$	Dichte
$\Delta\rho$	$kg\,m^{-3}$	Dichteunterschied zwischen den beiden nicht mischbaren Flüssigkeiten
σ	Nm^{-1}	Grenzflächenspannung

Dimensionslose Kennzahlen

$$\mathrm{Bo} = \frac{u_C \cdot H}{D_{\mathrm{ax}}}$$

Bodensteinzahl

$$\mathrm{Re}_T = \frac{w_E \cdot d_T \cdot \rho_C}{\eta_C}$$

Reynolds-Zahl der Tropfen

Indizes

ber	berechnet
C	kontinuierliche Phase
D	disperse Phase
exp	experimentell
Ein/Aus	Eingang/Ausgang
Fl	Flutpunkt
m	Mittelwert nach Tabelle 6-1a, b, c

Abkürzungen

RK	Rohrkolonne
BR	Białeckiring
M	Metall
PP/PVDF	Polypropylen/PVDF- Kunststoff
Sy	verwendetes Symbol
D → C	Stofftransport von der dispersen Phase D in die kontinuierliche Phase C
C → D	Stofftransport von der kontinuierlichen Phase C in die disperse Phase D
Kap.	Kapitel
Gl., Gln.	Gleichung, Gleichungen
s.	siehe

Grundlagen der Auslegung von Packungskolonnen für Flüssig/Flüssig-Systeme

7

7.1
Einleitung

In der Industrie werden Extraktoren eingesetzt, die ohne oder mit mechanischer Energiezufuhr durch Pulsation oder Rotation betrieben werden.

Zu den einfachsten Ausführungen zählen bekanntlich die Sprühkolonnen ohne Einbauten und die Füllkörperkolonnen, die mit regellosen und geordneten Füllkörpern oder strukturierten Packungen gefüllt werden.

Der prinzipielle Aufbau von Füllkörperkolonnen bei der Extraktion zeigt Bild 7-1, er entspricht weitgehend dem, der für Gas/Flüssig-Systeme üblich ist. Zur Vorverteilung der dispersen Phase in der Extraktionskolonne wird ein Verteiler mit Bohrungen verwendet, dessen Durchmesser in etwa der zu erwartenden Tropfengröße entspricht. Zur Vorverteilung der kontinuierlichen Phase wird auch ein Verteiler eingesetzt, um eine gleichmäßige Durchströmung beider Phasen im gepackten Extraktor zu erreichen. Aus der Praxis ist bekannt, dass bei schlechter Vorverteilung der kontinuierlichen und der dispersen Phase starke Rückvermischungseffekte auftreten, die zur signifikanten Reduzierung der Trennleistung von Extraktoren führen [3, 4, 10, 21].

Ist die im Extraktor aufsteigende, disperse Phase leichter als die kontinuierliche Phase (d.h. $\rho_D < \rho_C$), dann steigt sie in der Packung von unten nach oben im Gegenstrom zur schwereren kontinuierlichen Phase auf. Am Kopf der Kolonne findet dann die Phasentrennung und der Abzug der leichteren Phase aus der Kolonne in Form der kontinuierlichen Phase statt, s. Bild 7-1.

Wird dagegen am Kopf der Kolonne die spezifisch schwerere Phase in der leichteren Phase dispergiert (d.h. $\rho_D > \rho_C$), so erfolgt die Phasentrennung im unteren Kolonnenteil und dann der Abzug aus der Kolonne.

Als Einbauten für die Extraktionskolonnen werden die in Bild 1-2a oder 1-2b dargestellten Füllkörper oder geordnete Füllkörper und strukturierte Packungen, meist aus Keramik oder Metall bzw. aus Kunststoff, eingesetzt.

Zur Intensivierung des Stoffaustausches werden Packungskolonnen auch mit Energiezufuhr durch Pulsation eingesetzt, insbesondere dann, wenn sehr hohe Reinheiten der Produkte erreicht werden sollen und wenn energetisch günstige Pulsatoren eingesetzt werden können [7].

In der Praxis gibt es zahlreiche Einsatzgebiete für Flüssig/Flüssig-Extraktoren, in der jedoch bevorzugt unpulsierte Füllkörperkolonnen eingesetzt werden, z.B. bei der Trennung von korrosiven Einsatzprodukten, die unter erhöhten Tempera-

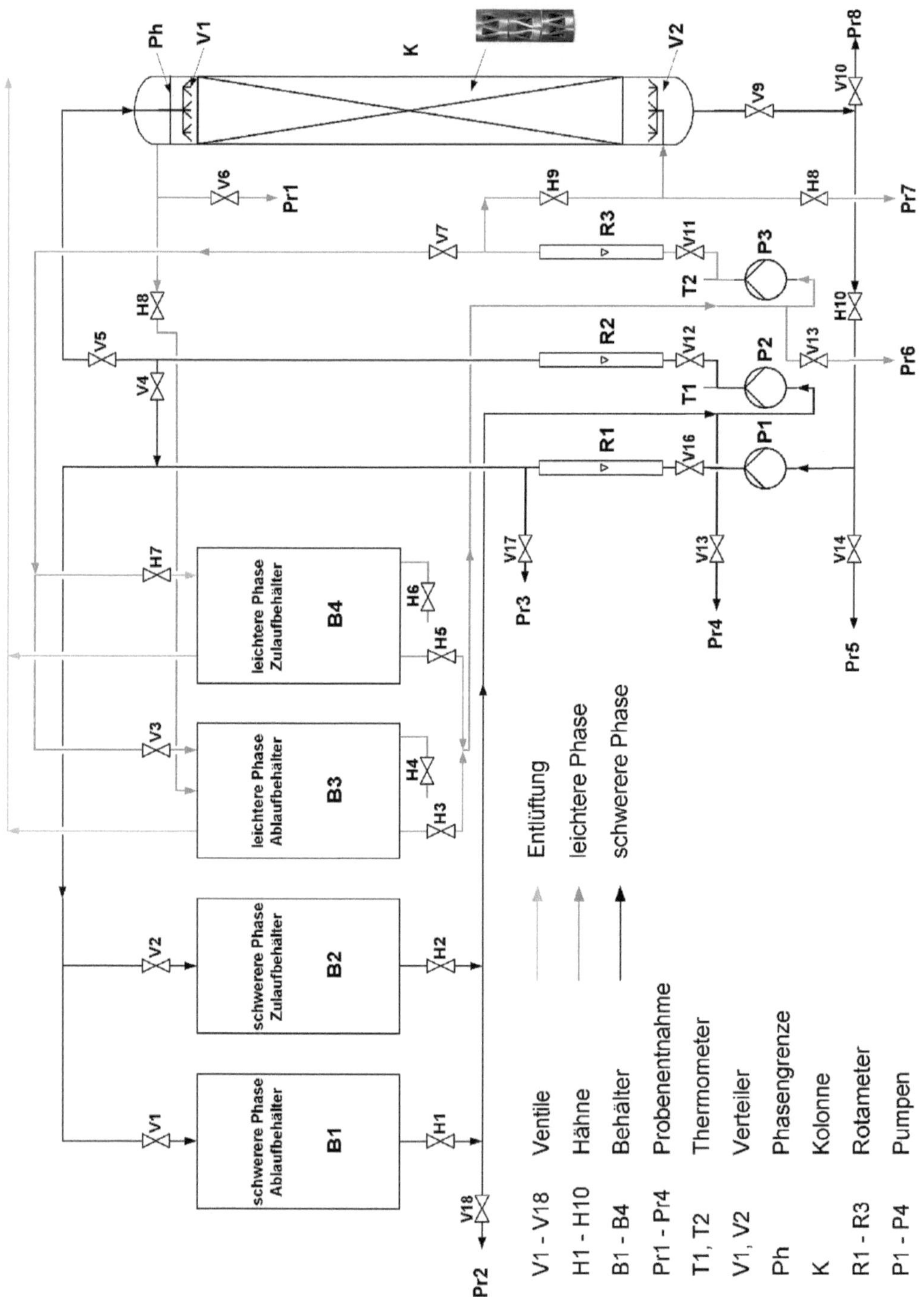

Bild 7-1. Schema einer Extraktionsversuchsanlage zur Untersuchung von Packungen

turen und Drücken extrahiert werden müssen und bei großen Kolonnendurchmessern, wenn kein zusätzlicher Energieeintrag aus technischen Gründen möglich ist.

Zu den besonderen Vorteilen von Packungskolonnen in Form von Rohrkolonnen oder Packungen aus regelmäßig angeordneten Białeckiringen, metallischen Fi-Pac, strukturierten Packungen zählt die kleine Rückvermischung. Billet und Maćkowiak [3, 4] haben experimentell nachgewiesen, dass in Rohrkolonnen die Vermischung der kontinuierlichen Phase gering ist und die Annahme der Tropfenströmung bei der Bestimmung der Trennleistung praktisch zulässig ist. Die mit verschiedenen Stoffsystemen gemessenen Bodensteinzahlen Bo_C lagen um 30–40.

Die Vermischungseffekte werden in dieser Arbeit nicht näher behandelt, Unterlagen hierzu findet man in der Literatur [3, 4, 10, 16, 21].

Es sind bereits zahlreiche Beiträge und Arbeiten sowie Monographien zur Thematik der Dimensionierung von Packungskolonnen erschienen, die sich jedoch auf die empirische Darstellung der Auslegungsunterlagen für meist kleine keramische Füllkörper Bauart Raschigringe, Kugeln oder Berlsättel, seltener auf Pallringe oder Białeckiringe aus Metall beschränken [10, 16, 21].

Das Ziel dieser Arbeit war es, auf der Grundlage der bereits erschienenen Arbeiten [1–3, 6, 9, 11–15] ein einheitliches, für beliebige Einbauten gültiges Berechnungsverfahren vorzustellen, mit dem die Hauptabmessungen von Extraktionskolonnen, die mit modernen Füllkörpern oder Packungen ausgestattet sind, bestimmt werden können. Hierbei handelt es sich um Füllungen aus regellos geschütteten Füllkörpern (Bild 1-2a) und solche aus geordneten Packungen (Bild 1-2b), die mit verschiedenen Systemen experimentell untersucht wurden, s. Tabelle 7-1.

7.2
Zweiphasendurchfluss und Belastungsbereiche

Zur Auslegung von unpulsierten Extraktionsfüllkörperkolonnen müssen bei gegebenem Durchsatz der Raffinatphase, der Durchsatz der Extraktphase, der Konzentrationsbereich der übergehenden Komponente sowie die spezifischen Durchsätze u_D bzw. u_C im Betriebsbereich des Extraktors unterhalb der Flutgrenze und die Belastungsgrenze bekannt sein.

Dann kann der Kolonnendurchmesser d_S bei bekanntem Volumenstrom der kontinuierlichen Phase $\dot{V}$ und bekanntem spezifischen Durchsatz u_C ermittelt werden.

Zur Beschreibung des Belastungsbereiches werden folgende Größen benötigt:

a) der Dispersphasenanteil $x = V_D/V_S$ (7-1)
b) der Sauter-Tropfendurchmesser d_T
c) die Stoffaustauschfläche a
d) die Stoffübergangskoeffizienten bei der Stoffaustauschrichtung D $\rightarrow$ C oder
   C $\rightarrow$ D
e) die Vermischungseffekte

7.2.1
Dispersphasenanteil (Hold-up) in Füllkörperkolonnen mit regellosen Schüttungen und strukturierten Packungen

Am Beispiel der Bilder 7-2 bis 7-6 wird zunächst das Verhalten der dispersen Phase im ganzen Betriebsbereich von Packungskolonnen bis zum Flutpunkt erläutert.

In den Bildern 7-2 und 7-3 ist der Dispersphasenanteil x als Funktion des spezifischen Durchsatzes u_C der kontinuierlichen Phase bei verschiedenen spezifischen Durchsätzen u_D der dispersen Phase als Parameter dargestellt. Die Messdaten des Bildes 7-2 gelten für verschiedene, regellose Füllkörper wie metallische Pallringe, Białeckiringe, Hiflow-Ringe mit 25- bis 38-mm Abmessung und diese in Bild 7-3 gezeigten, für die 50-mm Rohrkolonne und andere strukturierte Packungen. In den Versuchen wurde das von EFCE (European Federation of Chemical Engineering) empfohlene System mit hoher Grenzflächenspannung Toluol (D)/

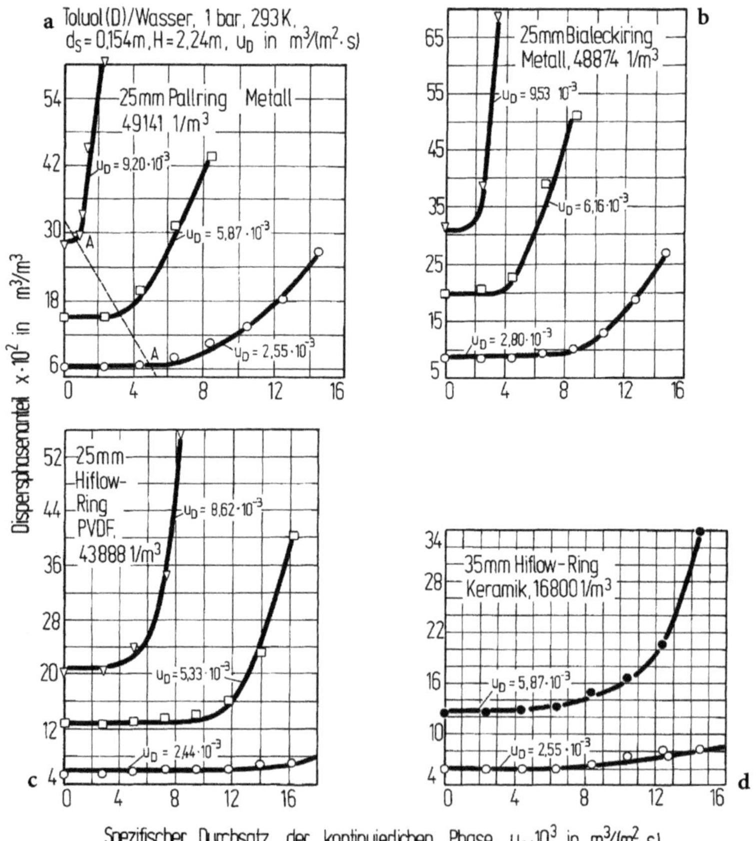

Bild 7-2. Dispersphasenanteil x als Funktion des spezifischen Durchsatzes der kontinuierlichen Phase u_C, aus Metall, Kunststoff und Keramik [11–14]. Parameter: Spezifischer Durchsatz u_D der dispersen Phasen

Wasser unter Normalbedingungen eingesetzt. Die Untersuchungen wurden in Kolonnen mit Durchmesser d_S = 0,156 m bzw. 0,0532 m Durchmesser und bei einer Packungshöhe H = 2,4 m bzw. 1,45 m Höhe durchgeführt [4, 11, 12]. Die Stoffeigenschaften der untersuchten Systeme sind in der Tabelle 7-1 zusammengestellt.

Aus dieser Darstellung ergibt sich für alle Packungen ein qualitativ gleicher Verlauf der Funktion des Dispersphasenanteiles x; bis zu einem bestimmten Abstand vom Flutpunkt $u_C < u_{C,Fl}$, Bild 7-2, Linie A–A, ist der Dispersphasenanteil x vom spezifischen Durchsatz der kontinuierlichen Phase u_C unabhängig.

Wird der Dispersphasenanteil x als Funktion des spezifischen Durchsatzes der dispersen Phase u_D mit dem Durchsatz u_C der kontinuierlichen Phase als Parameter aufgetragen, Bilder 7-4 und 7-5, ergibt sich eine lineare Abhängigkeit

$$x = C_1 \cdot u_D \quad \text{und } x \neq f(u_C) \quad [\text{m}^3\,\text{m}^{-3}] \tag{7-2}$$

zwischen dem Dispersphasenanteil x und dem spezifischen Durchsatz der dispersen Phase u_D, mit C_1 als systemspezifische Füllkörperkonstante.

Das unterschiedliche Verhalten der dispersen Phase bei verschiedenen Packungstypen ist aus den Bildern 7-4 und 7-6 ersichtlich. So ist z. B. die Systemkonstante C_1 in Gl. (7-2) für regellose metallische Pallringe mit 25-mm Abmessung

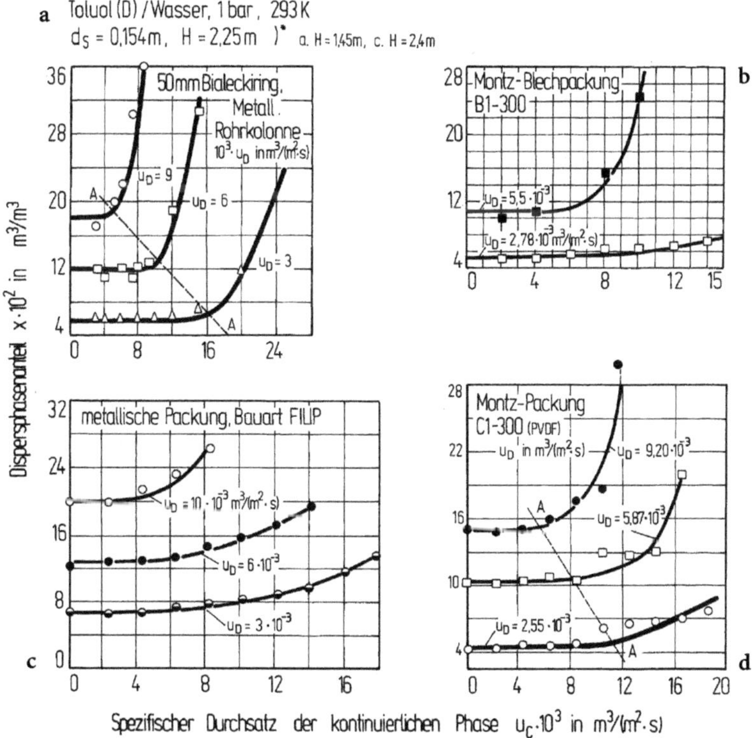

Bild 7-3. Dispersphasenanteil x als Funktion des spezifischen Durchsatzes der kontinuierlichen Phase u_C, Dispersphasenanteil gültig für verschiedene Packungen aus Metall und Kunststoff [11–14]. Parameter: Spezifischer Durchsatz u_D der dispersen Phase

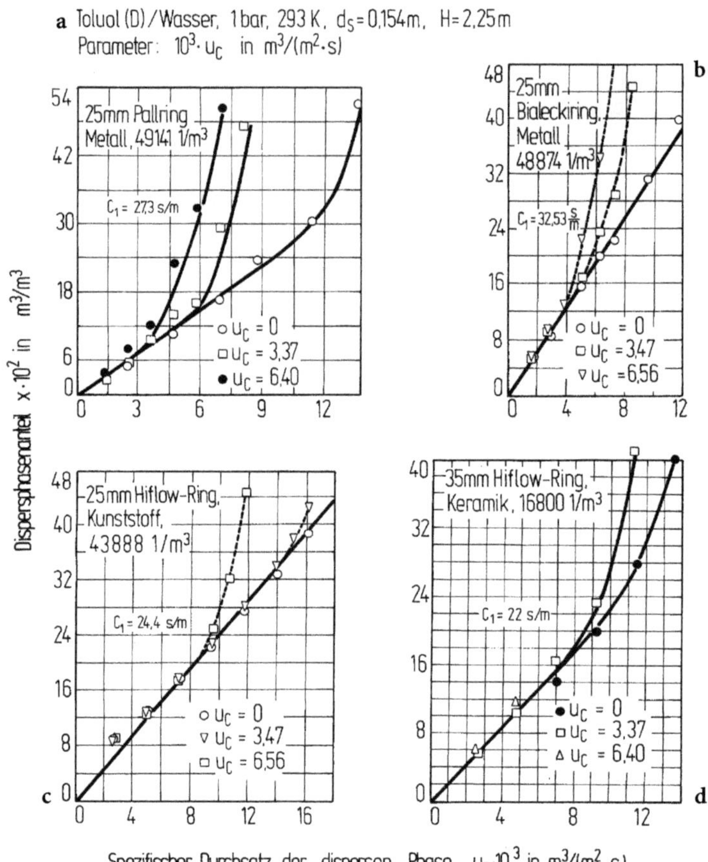

Bild 7-4. Dispersphasenanteil x als Funktion des spezifischen Durchsatzes u_D der dispersen Phase, gültig für verschiedene regellose Schüttungen aus Metall, Kunststoff und Keramik [11–14]. Parameter: Spezifischer Durchsatz u_C der kontinuierlichen Phase

größer als die für die 50-mm Białeckiring-Rohrkolonne, woraus zu schließen ist, dass die regellose Schüttung früher zu fluten beginnt als die Rohrkolonne. Auch für andere untersuchte Füllkörper und Packungen mit verschiedenen Stoffpaaren wurde ein Betriebsbereich festgestellt, in dem der lineare Zusammenhang zwischen dem Dispersphasenanteil x und dem spezifischen Durchsatz u_D der dispersen Phase besteht, s. Gl. (7-2) und Bilder 7-2 bis 7-6.

Die lineare Abhängigkeit des Dispersphasenanteils x nach Gl.(7-2) ist aus den Bildern 7-2 bis 7-6 ersichtlich. Sie gilt somit für Flüssig/Flüssig-Systeme im Bereich unterhalb der Staugrenze, d.h. für:

$$u_D \leq 0,65 \cdot u_{D,Fl} \tag{7-3a}$$

bzw. für

$$u_C \leq 0,65 \cdot u_{C,Fl} \cdot \tag{7-3b}$$

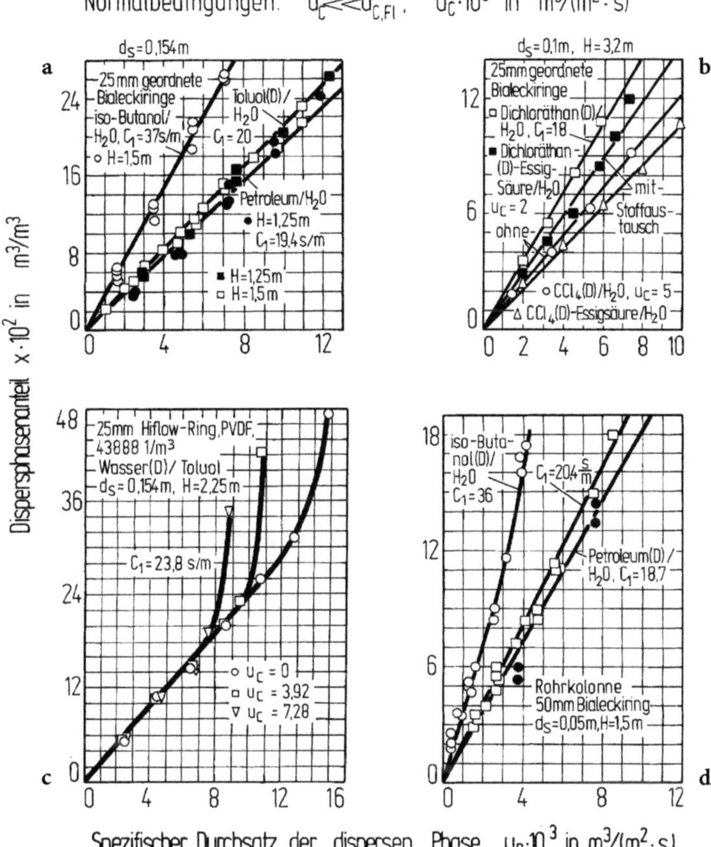

Bild 7-5. Einfluss des Stoffsystems auf den Dispersphasenanteil x als Funktion des spezifischen Durchsatzes u_D der dispersen Phase, gültig für verschiedene Packungen aus Metall und Kunststoff [11–14]. Parameter: Spezifischer Durchsatz u_C der kontinuierlichen Phase

Dieses Verhalten von Packungskolonnen ist bereits für Gas/Flüssigkeitssysteme aus den vorigen Kapiteln bekannt.

Der Dispersphasenanteil x nimmt nach Bild 7-6b bei der Stofftransportrichtung D → C ab, bei dem Stofftransport von C → D zu.

Die Zahlenwerte für die Systemkonstanten C_1 für Gl. (7-2), die für die untersuchten Füllkörper experimentell ermittelt wurden, sind in den Tabellen 7-2 und 7-3 zusammengestellt.

Aufgrund der in den Bildern 7-2 bis 7-6 dargestellten Abhängigkeiten $x = f(u_D, u_C)$, lässt sich zusammenfassend feststellen, dass im Betriebsbereich unterhalb der Staugrenze, die für Packungskolonnen bei ca. 65 % der Flutgrenze liegt, ein linearer Zusammenhang zwischen dem Dispersphasenanteil x und dem spezifischen Durchsatz der dispersen Phasen u_D vorliegt. Dieses wird schematisch in Bild 7-7 aufgezeigt.

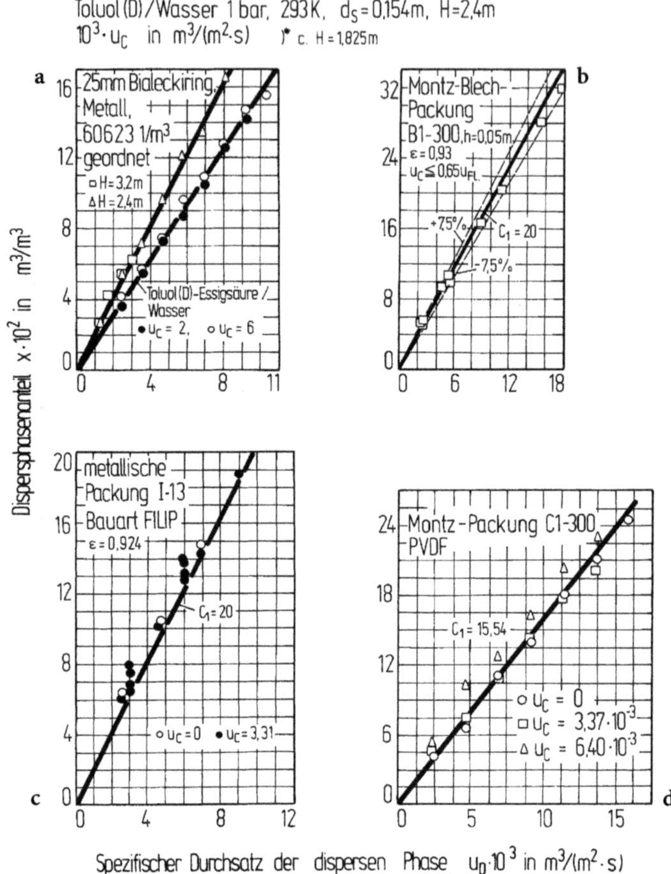

Bild 7-6. Dispersphasenanteil x als Funktion des spezifischen Durchsatzes u_D der dispersen Phase, gültig für verschiedene Systeme im Bereich, in dem $x = f(u_D)$ und $x \neq f(u_C)$ ist. Parameter: Spezifischer Durchsatz u_C der kontinuierlichen Phase

Zur Bestimmung des Dispersphasenanteils x für beliebige Stoffsysteme wurde in der Arbeit [11, 12] folgende Näherungsbeziehung (7-4) abgeleitet:

$$x \cong C_1 \cdot u_D = \frac{1}{C_0 \cdot \varepsilon} \cdot \left[\frac{\rho_C^2}{4g \cdot \Delta\rho \cdot \sigma} \right]^{1/4} \cdot u_D \quad [\text{m}^3\,\text{m}^{-3}]\,, \tag{7-4}$$

welche die Messdaten mit einer Genauigkeit von ca. $\pm 10\%$ wiedergibt.

Die Konstanten C_0 sind für eine ganze Reihe von untersuchten Packungen in den Tabellen 7-2 und 7-3 zusammengestellt [11–13].

Die Untersuchungen zum Dispersphasenanteil x mit Systemen mit unterschiedlichen Stoffeigenschaften nach Bild 7-6 zeigen ferner, dass die Größe C_0 in Gl. (7-4) eine systemunabhängige Konstante ist, die von der konstruktiven Ausführung und Apparategröße nicht abhängig ist, s. Tabelle 7-2.

Bild 7-7. Schematische Darstellung der Betriebsbereiche in Packungskolonnen bei der Flüssig/Flüssig-Extraktion

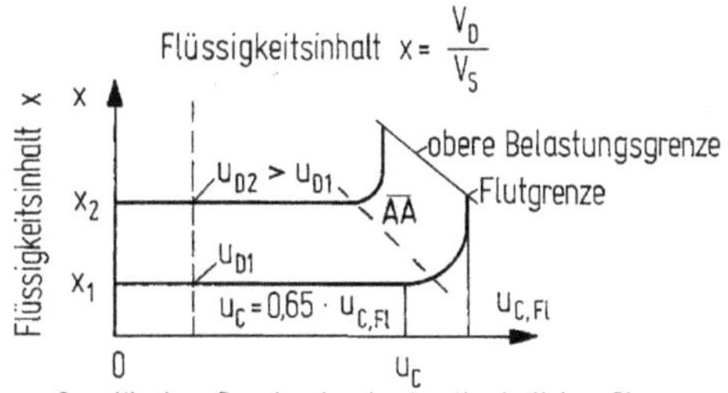

a   Spezifischer Durchsatz der kontinuierlichen Phase

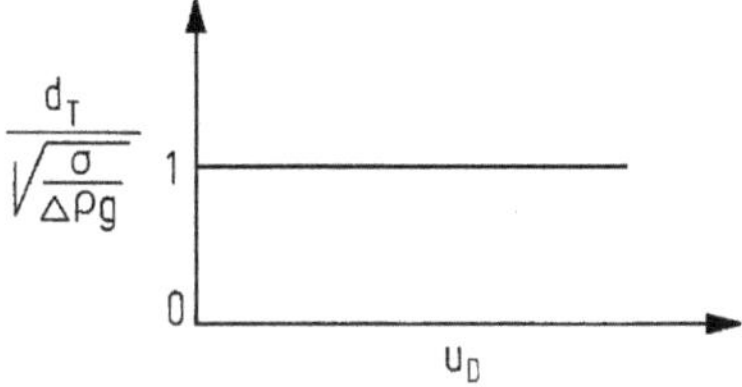

b   Spezifischer Durchsatz u_D der dispersen Phase

c   Spezifischer Durchsatz u_D der dispersen Phase

7.2.2
Tropfendurchmesser

Anhand von umfangreichen Versuchen mit der Rohrkolonne mit fluchtend angeordneten metallischen Białeckiringen mit 25- und 50-mm Abmessung sowie mit einer geordneten Packung metallischer Białeckiringe mit der Abmessung 25-mm wurde der Sauterdurchmesser d_T der Tropfen mit der photographischen Methode bestimmt [11–13]. Die Ergebnisse sind in Bild 7-8 gezeigt. In diesen Versuchen wurde die Dichtedifferenz von 131,5 bis 595,8 $kg\,m^{-3}$, die Grenzflächenspannung zwischen 2,8 und 44,5 mNm^{-1} variiert.

Mit der photoelektrischen Methode nach Pilhofer wurden umfangreiche Messungen des Tropfendurchmessers d_T in der metallischen 25-mm Białeckiring-Packung in einer Kolonne mit Durchmesser $d_S = 0{,}10$ m und 2,95 m Packungshöhe durchgeführt [6, 11, 12, 14]. In der Packung wurden zwei Messstellen, bei Packungshöhe $H = 0{,}75$ m und $H = 2$ m angebracht, an welchen die Tropfen abgezogen wurden und die Tropfengrößenverteilung gemessen wurde. Als Testsystem

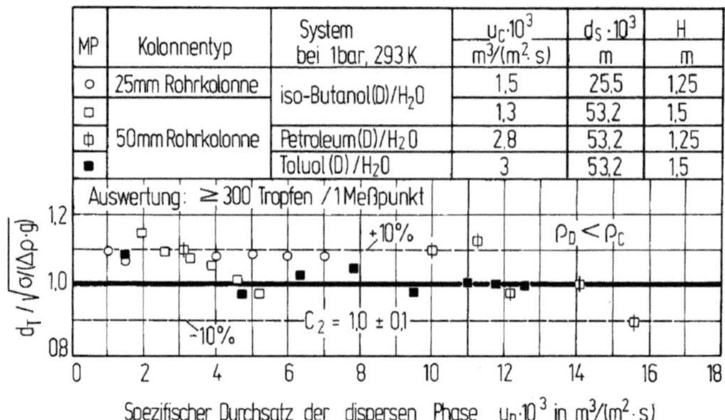

Bild 7-8. Quotient $d_T / \sqrt{\sigma/(\Delta\rho \cdot g)}$ als Funktion des spezifischen Durchsatzes der dispersen Phase, gültig für 25- und 50-mm Rohrkolonne mit fluchtend angeordneten Bialeckiringen aus Metall [11, 12]

wurden die Stoffpaare Toluol (D)/Wasser [6, 11], sowie Toluol (D)-Essigsäure/ Wasser, Toluol (D)-Aceton/Wasser (C) unter Normalbedingungen verwendet. Bei jedem Versuch wurde neben dem Sauterdurchmesser d_T auch der Dispersphasenanteil x bestimmt. Die Messergebnisse sind in Bildern 7-9a–c dargestellt.

Mit dem System Toluol (D)/Wasser wurden in der metallischen Packung aus Białeckiringen, Tropfen mit Durchmesser $d_T = 5 \cdot 10^{-3} \pm 0,005$ m unabhängig von der Lage der Messstelle gemessen [6, 12].

Im Bereich oberhalb der Staugrenze $u_C \leq 0,65 \cdot u_{C,Fl}$, in dem der Dispersphasenanteil x bei konstantem Durchsatz der dispersen Phase u_D mit steigendem spezifischem Durchsatz u_C der kontinuierlichen Phase zunimmt, s. Bild 7-9b, wurden größere Tropfen festgestellt, wobei am Flutpunkt die Tropfen etwa 20 % größer sind, als im Bereich unterhalb der Staugrenze für $u_C \leq 0,65 \cdot u_{C,Fl}$.

$$d_{T,Fl} \approx 1,2 \cdot d_T \tag{7-5}$$

Der Sauterdurchmesser von Tropfen d_T hängt somit von den Stoffwerten des zu trennenden Gemisches ab:

$$d_T = f(\rho_D, \rho_C, \sigma, g) \tag{7-6}$$

und wird rechnerisch mit Hilfe der Gl. (7-7) ermittelt.

$$d_T = C_T \sqrt{\sigma/\Delta\rho \cdot g} \quad [\text{m}] \tag{7-7}$$

Diese Gleichung gilt nach den Bildern (7-8) und (7-9) für reine Zweitstoffgemische und für die Stofftransportrichtung C → D für Systeme mit kleiner und großer Grenzflächenspannung nach Tabelle 7-1, wobei gemäß Bild 7-9a–c gilt:

$$C_T = 1,00 . \tag{7-8a}$$

Die Stoffaustauschrichtung D → C hat einen signifikanten Einfluss auf die Systemgrenze und bewirkt eine Zunahme des Tropfendurchmessers d_T im Vergleich

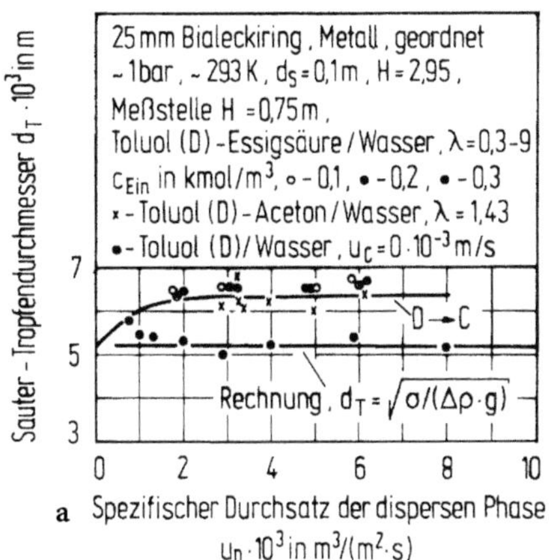

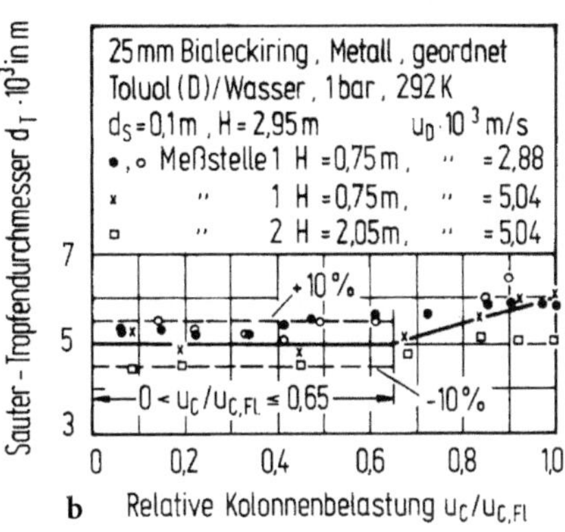

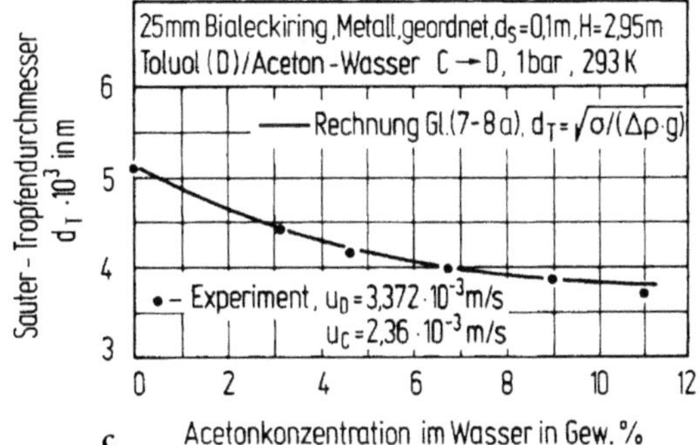

Bild 7-9. Tropfendurchmesser nach Sauter d_T als Funktion. a des spezifischen Durchsatzes u_D und der dispersen Phase; b der relativen Kolonnenbelastung $u_C/u_{C,Fl}$; c der mittleren Acetonkonzentration im Wasser bei der Stoffaustauschrichtung C → D nach [11–14]

zu dem des reinen Stoffpaares Toluol (D)/Wasser bei gleichen Betriebsbedingungen, s. Bild 7-9a, wobei gilt:

$$C_T = 1,25 \qquad\qquad (7\text{-}8\,b)$$

für Systeme großer Grenzflächenspannung mit Stoffaustauschrichtung D → C und

$$C_T = 1,55 \qquad\qquad (7\text{-}8\,c)$$

für Systeme mit kleiner und mäßiger Grenzflächenspannung mit Stoffaustausch D → C [4, 12, 19].

Der Tropfendurchmesser d_T erweist sich in dem Betriebsbereich, in dem der lineare Zusammenhang zwischen dem Dispersphasenanteil x und dem spezifischen Durchsatz u_D der dispersen Phase besteht, praktisch als belastungsunabhängig, s. Gl. (7-2).

7.3
Flutpunktbestimmung

7.3.1
Einleitung

Zur Bestimmung des Kolonnendurchmessers d_S einer Packungskolonne bei vorgegebenen Volumenströmen der Raffinat- und Extraktphase ist die Kenntnis des Flutpunktes erforderlich. Der Flutpunkt in Extraktionskolonnen tritt auf bei:

a) zu großer spezifischer Belastung der kontinuierlichen Phase u_C oder

b) zu großer spezifischer Belastung der dispersen Phase u_D

Im ersten Falle (a) tritt am Flutpunkt der Mitriss der Tropfen und deren Austrag aus der Extraktions-Kolonne. Im zweiten Falle sammelt sich die disperse Phase an einem der Kolonnenenden, sie füllt das gesamte Kolonnenvolumen mit Tropfen, so dass der Durchfluss der kontinuierlichen Phase stark behindert wird, es kommt zum Rückstau der kontinuierlichen Phase.

Die typische hydraulische Charakteristik einer Packungskolonne ist schematisch im Bild 7-7 dargestellt. Aufgetragen ist die Abhängigkeit des Dispersphasenanteiles h_D vom spezifischen Durchsatz der dispersen Phase u_D. Als Parameter wird der spezifische Durchsatz der kontinuierlichen Phase u_C gewählt. In der Darstellung wurde allgemein der Verlauf der wichtigsten hydraulischen Parameter einer Packungskolonne auf einen Blick zusammengefasst. Bis zu 65 % der Flutbelastung $u_{D,Fl}$ ist praktisch kein Einfluss des Durchsatzes der kontinuierlichen Phase u_C auf den Dispersphasenanteil zu erwarten.

Die folgenden Bilder 7-10 bis 7-13 zeigen die Belastungsdiagramme für eine ganze Reihe von diversen Packungskolonnen, die unter Verwendung unterschiedlicher Stoffsysteme nach Tabelle 7-1 erstellt wurden [11–14]. Sie bildeten die Grundlage für die Erstellung eines eigenen Ansatzes zur Bestimmung der Flutpunktbelastungen in Extraktionskolonnen ohne Pulsation [15].

Zur Bestimmung des spezifischen Durchsatzes der dispersen $u_{D,Fl}$ bzw. der kontinuierlichen Phase $u_{C,Fl}$ am Flutpunkt werden in der Praxis meist Ansätze benutzt, welche auf dem Zweischichtenmodell vom Gayler, Roberts und Pratt [8] aufbauen.

Bei der Tropfenströmung ist nach diesem Modell die relative Geschwindigkeit von beiden Phasen u_R mit dem Dispersphasenanteil x^0 und mit der Sink- oder Steiggeschwindigkeit des Einzeltropfens $\overline{w}_S$ verknüpft. Am meisten sind folgende Ansätze für die Bestimmung der relativen Geschwindigkeit u_R für Flüssig/Flüssig-Systeme bekannt:

$$u_R = \frac{u_D}{\varepsilon \cdot x^0} + \frac{u_C}{\varepsilon \cdot (1 - x^0)} \, . \tag{7-9}$$

Andererseits gilt:

$$u_R = \overline{w}_S \cdot (1 - x^0) \, , \tag{7-10}$$

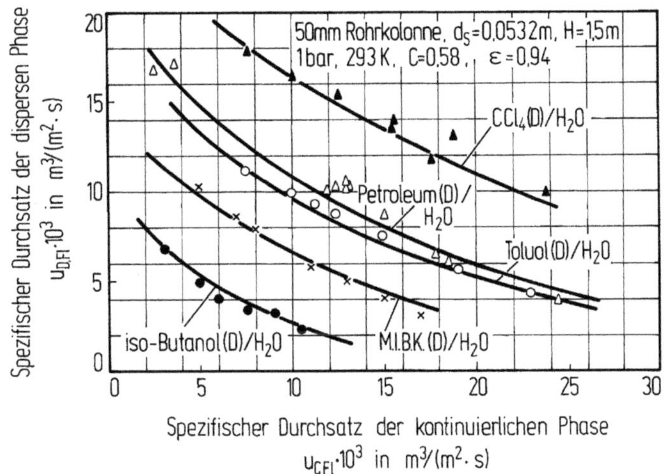

Bild 7-10. Belastungsdiagramm für die 50-mm Rohrkolonne mit 50-mm fluchtend angeordneten metallischen Białeckiringen, gültig für verschiedene Stoffsysteme [2, 12]

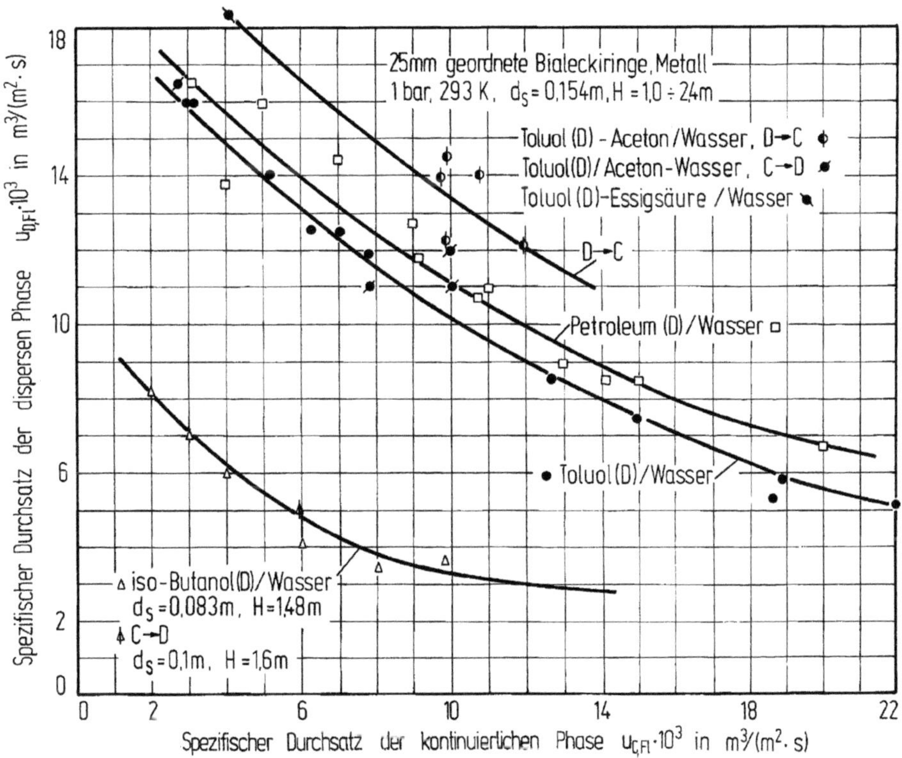

Bild 7-11. Belastungsdiagramm für geordnete 25-mm Białeckiringe – gültig für verschiedene Stoffsysteme und für Bedingungen mit Stoffaustausch C → D und D → C [11–14]

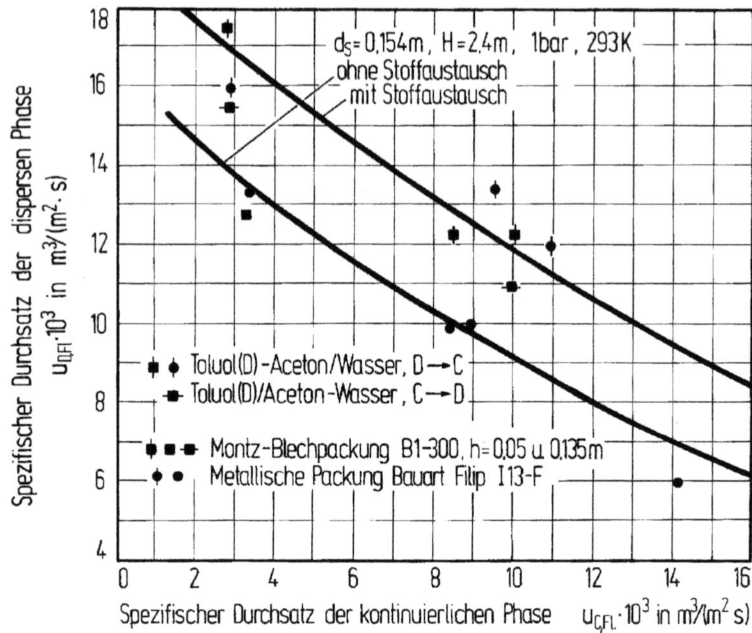

Bild 7-12. Belastungsdiagramm für strukturierte Blechpackungen Bauart Montz-B1-300 Y und Fi-Pac-200, gültig für das System Toluol (D)/Wasser unter Normalbedingungen mit und ohne Stoffaustausch C → D und D → C [11, 12]

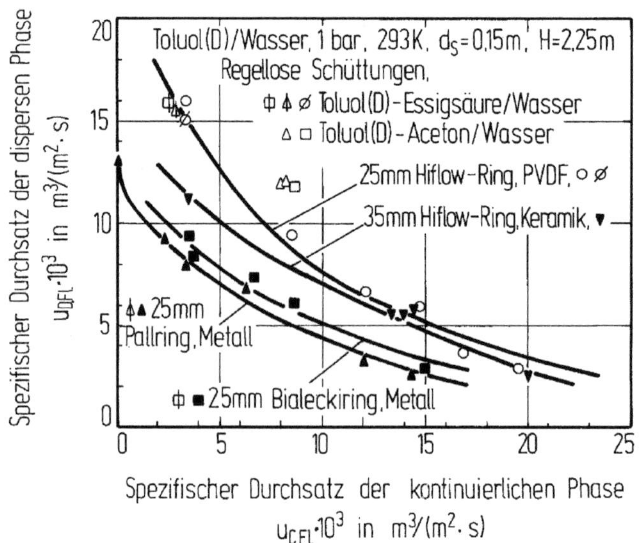

Bild 7-13. Belastungsdiagramm für regellose Schüttungen, gültig für das System Toluol (D)/Wasser unter Normalbedingungen mit und ohne Stoffaustausch C → D und D → C [12–14]

nach Thornton [20]

$$u_R = \overline{w}_S \cdot e^{-b \cdot x^0}, \tag{7-11}$$

nach Latan, Kehat, zitiert bei [2] und nach Mersmann [17]

$$u_R = \overline{w}_S \cdot (1 - x^0)^{m-1}. \tag{7-12}$$

Mersmann (1980) [17] entwickelte ein graphisches Verfahren zur Bestimmung der Flutpunktgeschwindigkeit mit Hilfe eines Belastungsdiagramms, s. Bild 7-14, welches für beliebige Füllkörper, Füllkörperstrukturen und -Werkstoffe anwendbar ist.

Das Mersmannsche-Flutpunkt-Diagramm beinhaltet als Zwischengröße die Sink- oder Steiggeschwindigkeit $\overline{w}_S$ eines Einzeltropfens. Auf der Ordinate ist nach Bild 7-14 die bezogene Volumenstromdichte der kontinuierlichen Phase

$$\frac{u_{C,Fl}}{\overline{w}_S \cdot \varepsilon} \tag{7-13a}$$

über der bezogenen Volumenstromdichte der dispersen Phase

$$\frac{u_{D,Fl}}{\overline{w}_S \cdot \varepsilon} \tag{7-13b}$$

aufgetragen.

Basis für die Erstellung des zu erwartenden Messbereiches bildeten Messwerte, die vorwiegend an kleinen keramischen Füllkörpern mit $d \leq 0,035$ mm gewonnen wurden [1, 8, 10, 17, 20]. Sie liegen im schraffierten Bereich des Bildes 7-14.

7.3.2
Steig- und Sinkgeschwindigkeit von Tropfen in Packungen – eigener Ansatz

Beim Tropfenfall oder Tropfenaufstieg kommt es in Füllkörperschüttungen zu Zusammenstößen mit den einzelnen Füllkörpern, wodurch die Tropfenfall- oder die Tropfensteiggeschwindigkeit $\overline{w}_S$ kleiner als die in der leeren Säule w_E ist. In den Arbeiten von Maćkowiak und Billet [11–13] bzw. in der Arbeit von Billet, Maćkowiak und Pająk [2] wurde beispielhaft die für jeweils eine Füllkörpergröße gültige Beziehung für die Einzeltropfengeschwindigkeit $\overline{w}_S$ angegeben,

$$\overline{w}_S = C \cdot w_E \quad \text{mit } C < 1 \tag{7-14}$$

wobei für die Tropfengeschwindigkeit eines Einzeltropfens in einer leeren Kolonne die Beziehung nach Levich, zitiert in [2]

$$w_E = 1,414 \cdot \sqrt[4]{\frac{\sigma \cdot \Delta\rho \cdot g}{\rho_C^2}} \quad [\text{ms}^{-1}] \tag{7-15}$$

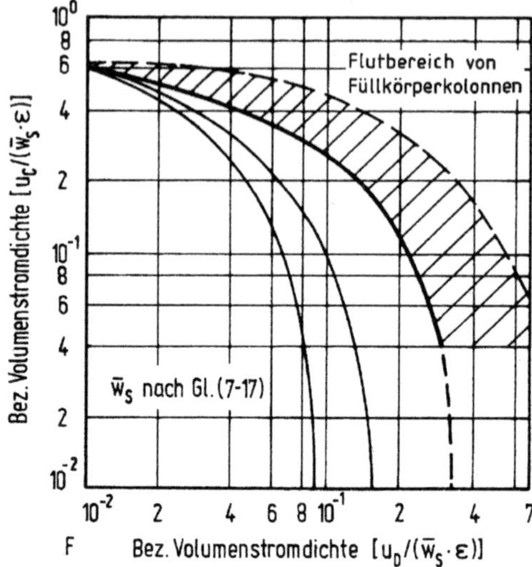

Bild 7-14. Flutbelastungsdiagramm nach Mersmann [17] für unpulsierte Füllkörperkolonnen. Die Messergebnisse liegen nach dieser Darstellung im schraffierten Bereich

gilt. Diese Beziehung unterscheidet sich nur um einen konstanten Zahlenwert von der Beziehung (7-16)

$$w_E = 1{,}55 \cdot \sqrt[4]{\frac{\sigma \cdot \Delta\rho \cdot g}{\rho_C^2}} \quad [\text{ms}^{-1}] \tag{7-16}$$

die von Mersmann [17] angegeben wird.

Mersmann [17] hat anhand der Versuche von anderen Autoren eine empirische Gleichung für die Bestimmung der Steig- und Sinkgeschwindigkeit $\overline{w}_S$ von Einzeltropfen in regellosen Schüttungen mit keramischen Füllkörpern hergeleitet. Sie lautet:

$$\overline{w}_S \cong \frac{w_E}{1+1{,}4 \cdot \left[\dfrac{w_E^2 \cdot \rho_D}{(d_F - d_E) \cdot \Delta\rho \cdot g}\right]} \quad [\text{ms}^{-1}] \tag{7-17}$$

mit dem Tropfendurchmesser d_E nach Gl. (7-18)

$$d_E = 2{,}44 \cdot \sqrt{\frac{\sigma}{\Delta\rho \cdot g}} \quad [\text{m}] \tag{7-18}$$

und d_F als dem nominalen Füllkörperdurchmesser. Die Gln. (7-16) und (7-17) gelten für große deformierte Tropfen von über 10^{-3} m [17] im Bereich, wo die Steig- oder Sinkgeschwindigkeit des Einzeltropfens von der Tropfengröße unabhängig ist.

Im Falle von geordneten Packungen oder Füllkörpern mit gleichem Durchmesser d_F aber mit unterschiedlichen Geometriedaten a und ε sind unterschiedliche Tropfengeschwindigkeiten $\overline{w}_S$ zu erwarten. Dies berücksichtigt jedoch die Gl. (7-17) nicht.

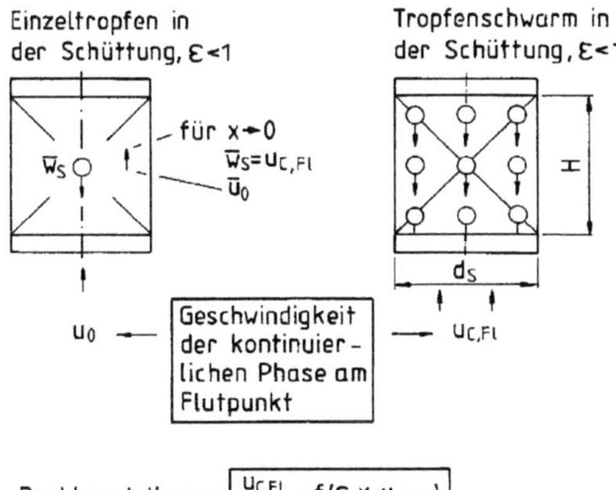

Flutvorgang bei: $\overline{u}_0 = \overline{w}_S$

$\overline{w}_S$ = effektive Tropfengeschwindigkeit i.d. Schütung

$\overline{u}_0$ = effektive Geschwindigkeit der kontinuierlichen Phase $\overline{u}_0 = u/\varepsilon$

bei $x_{Fl} \to 0$

Bild 7-15. Tropfen-Schwebebett-Modell (TSB) zur Beschreibung des Flutpunktes in Flüssig/Flüssig-Extraktionskolonnen mit Packungen

Ausgehend vom im Kap. 2 beschriebenen Tropfen-Schwebebett-Modell (TSB-Modell) und von den im Bild 7-15 dargestellten Annahmen, kann die in Kap. 2 abgeleitete Gl. (2-57) auf Flüssig/Flüssig-Systeme angewandt werden. Unter der Annahme, dass u_T und $\overline{w}_S$ gleichgesetzt werden kann ($u_T = \overline{w}_S$), wird folgende Beziehung zur Bestimmung der mittleren Tropfensteig- oder Tropfensinkgeschwindigkeit $\overline{w}_S$ von großen deformierten Tropfen in Flüssigkeiten abgeleitet:

$$\overline{w}_S = u_T = 0,8 \cdot \cos\alpha \cdot \psi_{m,Fl}^{-1/6} \cdot \left(\frac{d_h}{d_T}\right)^{1/4} \cdot \left(\frac{d_T \cdot \Delta\rho \cdot g}{\rho_C}\right)^{1/2} \quad [\mathrm{ms}^{-1}] \qquad (7\text{-}19)$$

für $\alpha = 45°$ gilt:

$$\overline{w}_S = 0,566 \cdot \psi_m^{-1/6} \cdot \left(\frac{d_h}{d_T}\right)^{1/4} \cdot \left(\frac{d_T \cdot \Delta\rho \cdot g}{\rho_C}\right)^{1/2} \quad [\mathrm{ms}^{-1}].$$

In Gl. (7-19) ist $\psi_{m,Fl}$ der Widerstandsbeiwert der kontinuierlichen Phase, der bei der turbulenten Einphasenströmung $Re_C \geq 2100$ für einen Füllkörper bzw. für eine Füllkörperfamilie praktisch zu einer Konstante wird, s. Tabellen 6-1a–c. Für Flüssig/Flüssig-Systeme ist der Widerstandsbeiwert $\psi_{m,Fl}$ als füllkörperspezifischer Parameter zu sehen, da Füllkörperkolonnen bei der Extraktion im Bereich kleiner Reynolds-Zahlen der kontinuierlichen Phase $Re_C < 100$ betrieben werden.

d_h bedeutet den hydraulischen Durchmesser der Schüttung oder Packung nach Gl. (7-20):

$$d_h = 4 \cdot \frac{\varepsilon}{a} \cdot \tag{7-20}$$

Somit sind nach Gl. (7-19) und Gl. (7-9b) und (7-9c) für die Stofftransportrichtung D → C höhere Tropfengeschwindigkeiten zur erwarten, als für reine Zweistoffsysteme und für Systeme mit der Stofftransportrichtung C → D.

Die für Gas/Flüssigkeiten hergeleitete Beziehung nach Gl. (7-19) hinsichtlich der Anwendbarkeit zur Bestimmung der mittleren Tropfenaufstieg- oder Tropfensinkgeschwindigkeit in Schüttungen und strukturierten Packungen für Flüssig/Flüssig-Systeme wurde an einer ganzen Reihe von modernen und klassischen Füllkörpern, geordneten Füllkörperschichten und Packungen aus Kunststoff, Keramik und Metall anhand der Daten der Arbeiten [2, 11–14] überprüft. Die Messdaten folgender Systeme:

- Toluol (D)/Wasser,
- Wasser (D)/Toluol,
- Petrol (D)/Wasser,
- Isobutanol (D)/Wasser,
- MIBK (D)/Wasser,
- CCl_4 (D)/Wasser

gemäß Tabelle 7-1, wurden zur Auswertung herangezogen. Die verwendeten Füllkörper und Systeme und die mittleren $\overline{w}_S$-Werte wurden in Tabelle 7-4 zusammengestellt. Dort sind die nach Gl. (7-17) berechneten Werte $\overline{w}_S$ von Mersmann [15] und nach Gl. (7-19) von Maćkowiak [15] angegeben.

Aus der Gegenüberstellung der Rechnung mit dem Experiment, s. Tabelle (7-4), ergibt sich eine gute Übereinstimmung von beiden Formeln mit dem Experiment. Die Gl. (7-19) hat außerdem den Vorteil, dass sie die Abschätzung der Einzeltropfengeschwindigkeit in Packungen, in geordneten Schichten und in kleinen keramischen Füllkörperschüttungen für praktische Anwendungen ausreichend genau ermöglicht.

7.3.3
Modifiziertes Flutpunkt-Diagramm [15]

In Bild 7-14 wird das Flutpunkt-Diagramm nach Mersmann [17] dargestellt. Der schraffierte Bereich umfasst die Messergebnisse aus der Literatur, die von Mersmann [17] ausgewertet wurden. Für eine möglichst genaue Abschätzung der Grenzbelastung ist jedoch eine präzisere Darstellung der Grenzbelastungskurven erwünscht, da bekanntlich die Belastbarkeit eines Extraktors stark von der Stofftransportrichtung abhängig ist [9–11]. Hierzu wurden die Messdaten [2, 11, 14] und zusätzlich neue Daten [6, 9] in Bild 7-16 eingetragen.

Zur Bestimmung der als Zwischengröße benötigten, mittleren Tropfengeschwindigkeit $\overline{w}_S$ wurde die Gl. (7-19) [15] eingesetzt. Die Stoffwerte der Systeme wurden, wie in Tabelle 7-7 zusammengestellt, variiert.

Bild 7-16. Von Maćkowiak modifiziertes Flutbelastungsdiagramm nach Mersmann [15] mit eingetragenen eigenen Messwerten und [6, 9, 11–14]. Symbole s. Tabelle 7-4

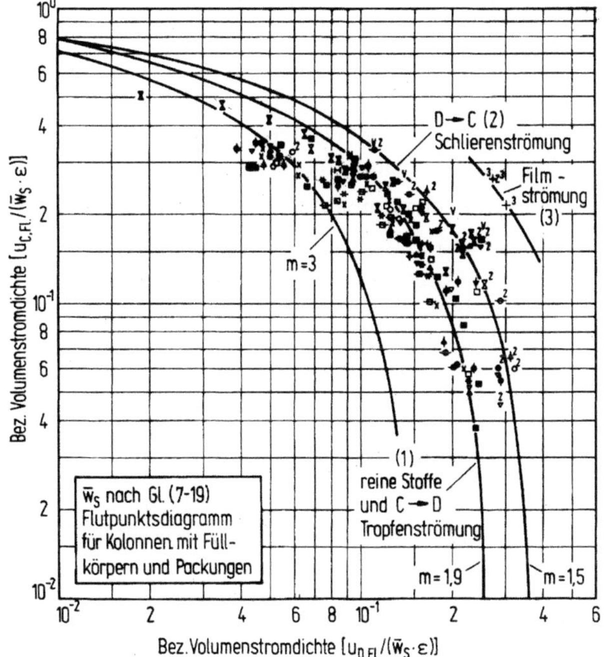

Die eingetragenen Messdaten auf dem Diagramm nach Bild 7-16 gruppieren sich um 3 Kurven [15].

Fall 1: Kurve 1 in Bild 7-16 – reine Stoffe und Dreistoffsysteme C → D

Die eingetragenen Messpunkte für reine Zweistoffsysteme bzw. Dreistoffsysteme mit der Stoffaustauschrichtung C → D gruppieren sich um die Kurve 1, s. Bild 7-16. Sie gilt somit für sämtliche Kolonneneinbauten der Tabelle 7-4 aus Metall (mit blanker Oberfläche), Keramik und Kunststoff (PP), wenn in der Kolonne vorwiegend eine Tropfenströmung vorliegt.

Fall 2: Kurve 2 in Bild 7-16 – Dreistoffsysteme C → D

Wird dagegen die organische Phase als disperse Phase verwendet, so lässt sich die Tropfenströmung bei Einsatz von Füllkörpern mit gut benetzbarer Oberfläche nur bei Trennung von Dreistoffgemischen für die Stofftransportrichtung C → D erzielen. Für die Stoffaustauschrichtung D → C wird aufgrund der schnellen Koaleszenz von Tropfen eine Schlierenbildung beobachtet [2, 6, 11–13]. Die Tropfen sind bei Schlierenströmung deutlich größer als bei der Tropfenströmung, welche bei der Stoffaustauschrichtung C → D auftritt. Die Belastbarkeit des Extraktors nimmt bei der Schlierenströmung stark zu, da nach Gl. (7-19) $\overline{w}_S \approx d_T^{1/4}$ ist und somit die Fallgeschwindigkeit der Einzeltropfen nach Gl. (7-19) für die Transportrichtung D → C um etwa den Faktor 1,1 größer wird als $\overline{w}_S$ für die Transportrichtung C → D. Durch diesen Sachverhalt ist die zweite Grenzlinie in Bild 7-16, begründet.

Die Eintragung von Messdaten, welche unter den Stoffaustauschbedingungen mit D $\rightarrow$ C für die Dreistoffgemische:

- Isobutanol (D)-Essigsäure-Wasser
- Toluol (D)-Essigsäure-Wasser
- Toluol (D)-Aceton-Wasser
- Wasser (D)-Aceton-Toluol

für verschiedene Einbauten

- 15- bis 25-mm Pallringe aus Metall
- 20- bis 38-mm Hiflow-Ringe aus Kunststoff und Keramik
- 25-mm Białeckiringe aus Metall
- VSP-Ringe Gr. 1 aus Metall
- geordnete 25-mm Bialeckiringe aus Metall
- Rohrkolonne mit geordneten 25- und 50-mm Białeckiringen
- Blechpackungen Bauart Montz B1-300, C1-300 und Bauart Filip J-13F (Handelsname: Fi-Pac)

gewonnen wurden, führte zur Erstellung der Grenzlinie 2. Um die zweite Kurve gruppieren sich auch die für das Zweistoffsystem Toluol (D)/Wasser und für die Montzpackung aus Kunststoff C1-300 geltenden Messdaten.

Fall 3: Kurve 3 in Bild 7-16

Benetzt die disperse Phase die Füllkörperoberfläche gut, wie es beim Einsatz des 25-mm PVDF-Pallrings und des VSP-Ringes Gr. 1 mit matter V2A-Oberfläche mit der organischen dispersen Phase der Fall ist, so werden die Packungselemente mit einem Film bedeckt. Es werden dann bei der Filmströmung noch höhere maximale Durchsätze im Extraktor festgestellt. Die nur vereinzelten Messwerte liegen am äußersten Rand des schraffierten Bereichs im Diagramm von Mersmann, Bild 7-14. Im Bild 7-16 gruppieren sie sich um die Kurve 3.

7.3.4
Ansatz zur Bestimmung der Flutpunktgeschwindigkeit für Flüssig/Flüssig-Systeme

Zur Berechnung der spezifischen Flutpunktbelastung hat Mersmann [17] folgende Näherungsgleichung angegeben:

$$\frac{u_{D,Fl}}{\overline{w}_S} = \frac{\varepsilon}{m} \cdot \left[1 - \left(\frac{u_C}{\overline{w}_S} \right)^{0,6} \right] \cdot \left[1 - \frac{\left[1 - \left(\frac{u_C}{\overline{w}_S} \right)^{0,6} \right]}{m} \right]^{m-1} - \frac{u_C}{\overline{w}_S} \cdot \frac{\frac{1}{m} \cdot \left[1 - \left(\frac{u_C}{\overline{w}_S} \right)^{0,6} \right]}{1 - \frac{1}{m} \cdot \left[1 - \left(\frac{u_C}{\overline{w}_S} \right)^{0,6} \right]}$$

$$(7\text{-}21)$$

Die Anwendung dieser Gleichung erfordert neben der Kenntnis der Tropfengeschwindigkeit $\overline{w}_S$ auch die Kenntnis des spezifischen Durchsatzes u_C der kontinuierlichen Phase, des Lückenvolumens der Packungen ε und des Parameters m. Die Zahlenwerte für diesen Parameter wurden in der Arbeit [15] bestimmt, wobei die Modellparameter m sich auf die in Kap. 7.3.3 diskutierten Fälle 1 und 2 beschränkt haben, da sie für die praktischen Anwendungen in Flüssig/Flüssig-Extraktionen von besonderer Bedeutung sind.

Anhand der in den Bildern 7-11 bis 7-13 dargestellten Messwerte wurde zur Lösung der Gl. (7-21) der Parameter m für die Stoffaustauschrichtung C $\rightarrow$ D sowie für reine Zweistoffsysteme zu:

$$m = 1{,}9 \tag{7-22}$$

gefunden, s. durchgezogene Linie 1. Die Messwerte für die Stofftransportrichtung D $\rightarrow$ C, die sich im Bild 7-16 um die Kurve 2 gruppieren, lassen sich mit der Gl. (7-21) mit dem Parameter:

$$m = 1{,}5 \tag{7-23}$$

wiedergeben. In Bild 7-16 wurde eine zusätzliche Flutpunktkurve für den Parameter:

$$m = 3{,}0 \tag{7-24}$$

eingetragen. Für die größeren, dimensionslosen Volumenstromdichten $u_C/(w_S \cdot \varepsilon)$ > 0,25 ergeben sich nach Bild (7-16) wesentlich kleinere dimensionslose Volumenstromdichten $u_D/(w_S \cdot \varepsilon)$, als es sich nach Gl. (7-21) mit Parameter $m = 1{,}9$ ergibt. Der Parameter m liegt dann zwischen $m = 1{,}9$ und 3. In dem Belastungsbereich ist es deshalb sinnvoller, die graphische Abschätzung der Flutpunktgeschwindigkeit $u_{D,Fl}$ nach Bild (7-16) vorzunehmen.

Der Vergleich der Flutpunktbeziehung Gl. (7-21) mit dem Parameter $m = 1{,}9$ für reine Zweistoffsysteme und Dreistoffsysteme C $\rightarrow$ D und für die Stofftransportrichtung D $\rightarrow$ C mit dem Parameter $m = 1{,}5$ mit dem Experiment, zeigt Bild 7-17 [15]. Aus dieser Darstellung ergibt sich, dass die Messergebnisse praktisch mit der Genauigkeit von weniger als $\pm 20\,\%$ widergegeben werden. Damit gelang es, die Aussagen zur Belastbarkeit von unpulsierten Extraktoren gegenüber dem Mersmann'schen-Flutpunkt-Diagramm nach Bild 7-14, deutlich zu verdichten und zu verallgemeinern.

Vergleich des Ansatzes nach Gl. (7-21) und (7-19) mit Literaturdaten

Umfangreiche Untersuchungen zur Betriebscharakteristik pulsierter und unpulsierter Füllkörperkolonnen wurden von Bender, Berger, Leuckel und Wolf [1], Brandt, Reissinger, Schäfer [5] sowie Pilhofer [18] durchgeführt.

Die Messungen dieser Autoren sind von besonderer praktischer Bedeutung, da sie in weiten Grenzen der variierten konstruktiven, betrieblichen und stofflichen Grenzen durchgeführt wurden. Besonders zu erwähnen ist dabei die Schütthöhe, welche von 3 m [5, 18] bis 5 m [1] variiert wurde. Auch die Anwendung moderner Messtechnik zur Flutpunktbestimmung mittels Differenzdrucktechnik [18] sowie jahrelange Erfahrung im Falle der Messdaten von Berger u. a. [1] macht den Vergleich mit dem Modell nach dieser Gl. (7-12) und (7-21) besonders interessant.

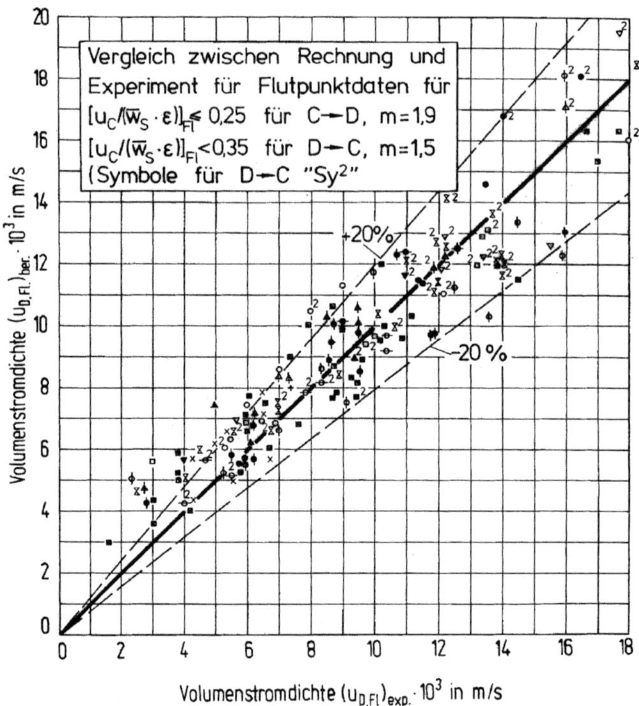

Bild 7.17. Vergleich zwischen den experimentell ermittelten Flutpunktgeschwindigkeiten $u_{D,Fl}$ und den nach Gl. (7-21) berechneten Werten, unter Verwendung der Gl. (7-19) und Modellparameter nach [15]:
- $m = 1,9$ für die Stoffaustauschrichtung C → D
- $m = 1,5$ für die Stoffaustauschrichtung D → C

In der Tabelle 7-5 ist der Vergleich der Rechnung gemäß dieser Arbeit mit den Literaturdaten für 10- bis 25-mm metallische Pallringe, 15- bis 25-mm Raschigringe aus Metall und Keramik gezeigt. Die Übereinstimmung zwischen Modell und Rechnung ist recht zufriedenstellend.

Zum gleichen Ergebnis führt der Vergleich der Rechnung mit den neuen Messdaten von Pilhofer [18] für 15-mm keramische Berl-Sättel, s. Tabelle 7-6. Für Systeme, für welche das Verhältnis $d_h/d_T > 1$ ist, ergibt sich eine sehr gute Vorhersage der maximalen Belastbarkeit mit Hilfe der Gl. (7-21). Im Punkt 4, Tabelle 7-6 ergeben sich für das System Toluol (D)/Wasser Tropfen von einer Größe, die der Größe der freien Kanäle d_h entsprechen, wodurch es bei Tropfenabfall in der Schüttung zu starken Abbremseffekten kommt und die gemessenen Werte $(u_D + u_C)_{max}$ deutlich unter den nach Gl. (7-21) ermittelten Werten $(u_D + u_C)_{ber}$ liegen.

Dieser Sachverhalt lässt sich mit Gl. (7-19) erklären. Bei Trennung von Systemen mit großer Grenzflächenspannung sollen größere Füllkörper eingesetzt werden, denn nur dann gilt $d_h > d_T$.

Dispersphasenanteil am Flutpunkt x_{Fl}

Die Bestimmung des Dispersphasenanteils am Flutpunkt erfolgt iterativ durch Lösung der Gln. (7-9) und (7-12).

An einem Zahlenbeispiel 1 wird die Anwendung des vorgestellten Verfahrens zur Bestimmung der Flutpunktgeschwindigkeiten $u_{D,Fl}$ und des Dispersphasenanteils x_{Fl} gezeigt.

7.4
Schlussbetrachtungen

Die größtmögliche Stoffaustauschfläche in unpulsierten Füllkörperkolonnen ist bekanntlich bei der Tropfenströmung zu erwarten. Diese lässt sich unter den Stoffaustauschbedingungen meist bei der Stofftransportrichtung C $\rightarrow$ D von der kontinuierlichen Phase in die disperse Phase realisieren. Die Bestimmung des Kolonnendurchmessers des Extraktors lässt sich dann anhand des Flutpunkt-Diagramms nach Bild 7-16 bzw. nach Gl. (7-19) und (7-21) vornehmen. Die Kurve 1 mit dem Parameter $m = 1{,}9$ gilt für die Transportrichtung C $\rightarrow$ D und für reine Zweistoffgemische sowie für Füllkörper und Packungen unterschiedlicher Bauart und Größe.

Das Flutpunkt-Diagramm nach Bild 7-16 beinhaltet als Zwischengröße die Sink- oder Steiggeschwindigkeit des Einzeltropfens w_S, die nach Gl. (7-19) aus dem TSB-Modell, Kap. 2, berechnet wird. Diese liefert die Zahlenwerte, die gut mit denjenigen übereinstimmen, die nach der Mersmannschen Gl. (7-17) ermittelt wurden, s. Tabelle 7-4. Die Gl. (7-19) deckt einen größeren Bereich der eingesetzten Füllkörper und Packungen ab als Gl. (7-17). Die Zahlenwerte für die mittleren Werte der Widerstandsbeiwerte $\psi_{m,Fl}$ für die hier nicht behandelte Füllkörper findet man in der Tabelle 6-1 a–c.

Die vorliegende Arbeit zeigt, dass die Gl. (7-19), welche im Kap. 2 für Gas/Flüssigkeitssysteme abgeleitet wurde, auch für Flüssig/Flüssig-Systeme anwendbar ist. Den Bereich der variierten konstruktiven, betrieblichen und stofflichen Parameter zeigt Tabelle 7-7.

Erfolgt der Stoffaustausch von Tropfen in die kontinuierliche Phase D $\rightarrow$ C, so werden im Vergleich zur Stoffaustauschrichtung C $\rightarrow$ D, Kurve 1, aufgrund der Schlierenbildung in der Schüttung oder Packung wesentlich höhere Grenzbelastungen erzielt, die durch die Kurve 2 in Bild 7-16 wiedergegeben werden. Der Parameter m für Gl. (7-21) wurde zu $m = 1{,}5$ ermittelt.

Noch größere Grenzbelastungen werden beim Einsatz von Füllkörperkolonnen erzielt, in welchen keine Tropfen- oder Schlierenströmung vorliegt, Kurve 3 in Bild 7-16. Beim Einsatz von Füllkörpern aus sehr gut benetzbaren Materialien, wie z. B. PVDF, behandeltes PP und matte metallische Oberflächen bildet sich in der Schüttung eine Filmströmung aus. Zu dieser Erkenntnis führten die Untersuchungen im System Toluol (D)/Wasser unter Verwendung von 25-mm Pallringen aus PVDF.

Im Bild 7-1 wird das Schema einer Versuchsanlage zur Ermittlung von hydraulischen Parametern von Packungskolonnen für Flüssig/Flüssig-Extraktionen gezeigt. Bild 7-18 zeigt diese Anlage in natura.

Bild 7-18. Ansicht einer Versuchsanlage zur Untersuchung der Fluiddynamik und des Stoffaustausches von Packungen bei der Flüssig/Flüssig-Extraktion

Anhand von Zahlenbeispielen wird nachfolgend die Anwendung der vorgestellten Beziehungen zur Auslegung von Packungskolonnen für Flüssig/Flüssig-Systeme gezeigt.

Zahlenbeispiele zu Kapitel 7

Zahlenbeispiel 7.1

In einer Extraktionskolonne mit einem Durchmesser von 0,156 m soll für das Stoffpaar Toluol (D)/Wasser die Flutpunktgeschwindigkeit der dispersen Phase $u_{D,Fl}$ rechnerisch nach Gl. (7-21) und der Dispersphasenanteil am Flutpunkt x_{Fl} bestimmt werden, wenn 38-mm keramische Hiflow-Ringe eingesetzt werden.

Die Kolonne wird bei einer Volumenstromdichte $u_C = 3,37 \cdot 10^{-3}$ m^{3}m^{-2}s^{-1} betrieben.

Der experimentell bestimmte Wert beträgt $(u_{D,Fl})_{exp} = 11,42 \cdot 10^{-3}$ m^{3}m^{-2}s^{-1}.

Lösung

Stoffwerte:

$$\rho_D = 998,2 \text{ kg m}^{-3} \, ; \, \rho_D = 866,7 \text{ kg m}^{-3} \, ; \, \sigma = 0,0351 \text{ Nm}^{-3}$$

Füllkörperdaten gemäß Tabelle (6-1 b) (38-mm Hiflow-Ring, Keramik):

$$a = 110 \text{ m}^2\text{m}^{-3} \, ; \, \varepsilon = 0,831 \text{ m}^3\text{m}^{-3} \, \psi_m \cong 1,725$$

Für den hydraulischen Durchmesser nach Gl. (7-20) erhält man

$$d_h = 4 \cdot \frac{0,831}{110} = 0,0302 \text{ m}$$

und mit Gl. (7-8a) für den mittleren Tropfendurchmesser d_T nach Gl. (7-7)

$$d_T = 1,00 \cdot \sqrt{\frac{0,0351}{(998,2 - 866,7) \cdot 9,81}} = 0,00522 \text{ m}$$

Demnach folgt gemäß Gl. (7-19) für die Sinkgeschwindigkeit für $\alpha = 45°$ und $0,8 \cdot \cos\alpha = 0,566$:

$$\overline{w}_S = 0,566 \cdot 1,725^{-1/6} \cdot \left(\frac{30,2}{5,22}\right)^{1/4} \cdot \sqrt{\frac{0,00522 \cdot 131,5 \cdot 9,81}{988,2}} = 0,0657 \text{ ms}^{-1}$$

Für die Flutpunktgeschwindigkeit nach Gl. (7-21) mit $m = 1,9$ nach Gl. (7-22) ergibt sich für $u_C = 3,37 \cdot 10^{-3}$ ms^{-1} ein Zahlenwert von $u_{D,Fl} = 11,6 \cdot 10^{-3}$ ms^{-1}.

Somit beträgt die Abweichung vom experimentell bestimmten Wert:

$$\delta(u_{D,Fl}) = \left(\frac{11,42 - 11,6}{11,42}\right) \cdot 100\% = -1,6\%$$

Die Bestimmung des Dispersphasenanteils x_{Fl} vom Flutpunkt erfolgt iterativ aus Gl. (7-10) und (7-12) für $m = 1,9$. Durch Probierverfahren wurde der Wert $x = 0,40$ m^{3}m^{-3} gefunden:

nach Gl. (7-9) gilt:

$$u_{R,Fl} = \frac{u_{D,Fl}}{\varepsilon \cdot x^0} + \frac{u_{C,Fl}}{\varepsilon \cdot (1-x^0)} = \frac{u_{D,Fl}}{x} + \frac{u_{C,Fl}}{\varepsilon - x}$$

$$= \frac{11,6 \cdot 10^{-3}}{0,4} + \frac{3,37 \cdot 10^{-3}}{0,841 - 0,4}$$

$$= 3,66 \cdot 10^{-2} \text{ ms}^{-1}$$

und nach Gl. (7-12) folgt:

$$u_R = \overline{w}_S \cdot (1-x)^{m-1}$$

$$= 0,0657 \cdot \left(1 - \frac{0,4}{0,537}\right)^{0,9}$$

$$= 3,64 \cdot 10^{-2} \text{ ms}^{-1}$$

Somit stimmt der Zahlenwert u_R nach Gl. (7-9) mit dem u_R-Wert nach Gl. (7-12) überein. Der experimentelle Wert x_{Fl} nach Bild 7-4d beträgt $x_{Fl,exp} = 0,41 \text{ m}^3\text{m}^{-3}$.

Die relative Abweichung ergibt sich nun zu:

$$\delta(x_{Fl}) = \left(\frac{0,41 - 0,40}{0,41}\right) \cdot 100\,\% = +2,43\,\% \quad .$$

Zahlenbeispiel 7.2

Bei einem spezifischen Durchsatz der dispersen Phase von $u_D = 6 \cdot 10^{-3} \text{ m}^3\text{m}^{-2}\text{s}^{-1}$ ist für die Daten aus Zahlenbeispiel 7.1 der Dispersphasenanteil zu bestimmen.

Lösung

Für die Belastung u_D beträgt die relative Kolonnenbelastung

$$\frac{u_D}{u_{D,Fl}} = \frac{6 \cdot 10^{-3}}{11,6 \cdot 10^{-3}} = 51,7 \cdot 10^{-2} = 51,7\,\%$$

Somit wird der Extraktor unterhalb der Staugrenze betrieben. Hierzu ist die Beziehung (7-4), mit $C_0 = 0,47$ nach Tabelle 7-3 einzusetzen:

$$x = \frac{1}{0,47 \cdot 0,831} \cdot \left[\frac{998,2^2}{4 \cdot 9,81 \cdot (998,2 - 866,7) \cdot 0,0351}\right]^{1/4} \cdot 0,006$$

$$= 13,2 \cdot 10^{-2} \text{ m}^3 \text{ m}^{-3} \qquad \text{und } C_1 = 22,05 \text{ sm}^{-1}$$

Der experimentell ermittelte Wert nach Bild 7-4d beträgt

$$x_{exp} = 13,0 \cdot 10^{-2} \text{ m}^3\text{m}^{-3}$$

Die relative Abweichung beträgt

$$\delta(x) = \left(\frac{13,0 - 13,2}{13,0} \right) \cdot 100\% = -1,54\% \ .$$

Zahlenbeispiel 7.3

In einer Extraktionskolonne mit einem Durchmesser von 0,154 m wird Essigsäure aus Toluol mittels reinem Wasser extrahiert.

Die mit der Montzpackung Typ B1-300Y gepackte Kolonne wird bei einem spezifischen Durchsatz der kontinuierlichen Phase $u_C = 3,18 \cdot 10^{-3}$ ms^{-1} (11,45 m^{3}m^{-2} h^{-1}) betrieben. Wie hoch ist die zu erwartende Flutbelastung der dispersen Phase $u_{D,Fl}$?

Lösung

Stoffwerte:

$$\rho_D = 998 \ \text{kg m}^{-3} \, ; \, \rho_D = 862 \ \text{kg m}^{-3} \, ; \, \sigma = 0,026 \ \text{Nm}^{-3}$$

Technische Daten der Montz-Packung nach Tabelle 6-1c:

$$a = 300 \ \text{m}^2\text{m}^{-3} \, ; \, \varepsilon = 0,972 \ \text{m}^3\text{m}^{-3} \ \psi_{Fl,m} \cong 0,888$$

1. Bestimmung der Tropfen-Sinkgeschwindigkeit $\overline{w}_S$ nach Gl. (7-19)

$$d_h = 4 \cdot \frac{\varepsilon}{a} = 4 \cdot \frac{0,972}{300} = 0,01296 \ \text{m}$$

und mit Gl. (7-8b) folgt nach Gl. (7-7):

$$d_T = 1,25 \cdot \sqrt{\frac{\sigma}{\Delta \rho g}} = 1,25 \cdot \sqrt{\frac{0,026}{136,9 \cdot 9,81}} = 5,5 \cdot 10^{-3} \ \text{m}$$

folgt nun nach Gl. (7-19) für die Tropfensinkgeschwindigkeit mit $\alpha = 45°$

$$\overline{w}_S = 0,566 \cdot 0,888^{-1/6} \cdot \left(\frac{12,96}{5,5} \right)^{1/4} \cdot \sqrt{\frac{5,5 \cdot 10^{-3} \cdot 136 \cdot 9,81}{988}}$$

$$= 6,16 \cdot 10^{-2} \ \text{ms}^{-1}$$

nach Gl. (7-21) für $u_C = 3,18 \cdot 10^{-3}$ ms^{-1} folgt für D → C und $m = 1,5$:

$$u_{D,Fl} = 18,25 \cdot 10^{-3} \ \text{ms}^{-1}$$

Der experimentell ermittelte Wert nach [10, 11] beträgt (s. Bild 7-11):

$$u_{D,Fl} = 18,3 \cdot 10^{-3} \ \text{ms}^{-1}$$

Die relative Abweichung beträgt somit:

$$\delta(u_{D,Fl}) = \left(\frac{18,3 - 18,25}{18,3} \right) \cdot 100\% = +0,27\% \ .$$

Anhang zu Kapitel 7

Tabellen zu Kapitel 7

Tabelle 7-1 Stoffeigenschaften der untersuchten Systeme bei 293 K, 1 bar [11–14]

Testsystem	$\Delta\rho$ [kg m^{-3}]	ρ_C [kg m^{-3}]	$\sigma \cdot 10^3$ [Nm^{-1}]	übergehende Komponente	$D_D \cdot 10^9$ [m^{2}s^{-1}]	$D_C \cdot 10^9$ [m^{2}s^{-1}]	$\eta_C \cdot 10^9$ [kg m^{-1}s^{-1}]	$\eta_D \cdot 10^9$ [kg m^{-1}s^{-1}]
Toluol (D)/Wasser	131,5	998,2	35,1	Aceton	2,79	1,156	1,075	0,586
	131,5	998,2	35,1	Essigsäure	2,52	0,88	1,075	0,586
iso-Butanol (D)/Wasser	148,5	985,6	2,8	Essigsäure	0,926	0,353	1,46	4,703
Petroleum (D)/Wasser	198,2	998,2	32,0	–	–	–	–	–
CCl$_4$ (D)/Wasser	595,8	998,2	44,5	Essigsäure	1,472	–	1,0	0,969
MIBK (D)/Wasser	190,8	995,6	10,0	–	–	–	1,07	0,582
p-Xylol (D)/Wasser	137,2	998,2	33,7	–	–	–	–	–
Dichloräthan (D)/Wasser	253,8	998,2	28,0	Essigsäure	2,35	0,88	1,0	0,835
Wasser (D)/Toluol	131,5	866,7	35,1	–	–	–	0,586	1,0

Tabelle 7-2. Zusammenstellung der experimentell ermittelten Konstanten C_1 für Gl. (7-2) und C_0 für Gl. (7-4), gültig für 25- und 50-mm Rohrkolonnen mit geordneten Białeckiringen und für die metallische Packung aus 25-mm geordneten Białeckiringen. Ermittelt für verschiedene Systeme im Bereich unterhalb der Staugrenze $u_C \leq 0{,}65 \cdot u_{D,Fl}$ [2, 11–13].

Kolonnentyp	System −1 bar, −293 K	$d_S \cdot 10^3$ [m]	H [m]	C_1 [sm^{-1}]	C_0	$Re = \dfrac{u \cdot d_T \cdot \rho_C}{\eta_C}$
50-mm Białeckiring Rohrkolonne	iso-Butanol (D)/Wasser	53,2	1,5	36,0	0,463	62,8
25-mm Białeckiring Metall, geordnet		100	3,2	38,5	0,470	
		83	1,5	37,0	0,458	
25-mm Białeckiring Rohrkolonne	p-Xylol (D)/Wasser	25,5	0,5	20,4	0,464	526,7
	MIBK (D)/Wasser	25,5	0,625	24,0	0,465	230,9
50-mm Białeckiring Rohrkolonne	Petroleum (D)/Wasser	53,2	1,5	18,7	0,4525	504
25-mm Białeckiring Metall, geordnet		154	1,25	19,4	0,444	
50-mm Białeckiring Rohrkolonne	CCl$_4$ (D)/Wasser	53,2	1,5	12,6	0,469	313,7
25-mm Białeckiring Metall, geordnet		220	2,4	13,8	0,4344	
		100	3,2	12,34	0,4858	
	Dichlorethan (D)/Wasser	100	3,2	16,8	0,493	34,76
		100	2,95	18,0	0,465	

Tabelle 7-3. Zusammenstellung der experimentell ermittelten Konstanten C_1 und C_0 für die Gln. (7-2) und (7-4) für die untersuchten Packungen und regellosen Schüttungen, gültig für den Bereich unterhalb der Staugrenze $u_C = 0{,}65 \cdot u_{D,Fl}$ [11, 12].

a) System: Toluol (D)/Wasser, –1 bar, –293 K

Kolonnentyp	ε [m³m⁻³]	N [m⁻³]	$d_S \cdot 10^3$ [m]	H [m]	$C_{1,exp}$ [sm⁻¹]	$C_{0,exp}$
50-mm Rohr-kolonne Metall	0,94	9000	53,2	1,45	19,4 20,4	0,4722 0,4491
25-mm Białecki-ring Metall, geordnet	0,928	60 623	154 220	2,4 2,4	19,9 19,9	0,465
Fi-Pac Bauart Filip Metall	0,94	–	154	2,4	22,0	0,470
Blechpackung B1-300 Bauart Montz	0,93	–	154	2,4	20,6	0,475
Montzpackung PVDF, C1-300	0,897	–	154	2,4	15,54	0,618
25-mm Pallring Metall, regellos	0,94	49 149	154	2,25	27,3	0,338
25-mm Białecki-ring Metall, regellos	0,94	48 874	154	2,25	32,5	0,284
25-mm Hiflow-Ring PVDF, regellos	0,924	43 888	154	2,25	24,4	0,385
35-mm Hiflow-Ring Keramik, regellos	0,83	16 800	154	2,25	22,0	0,47

b) System: Wasser (D)/Toluol, –1 bar, –293 K

Kolonnentyp	ε [m³m⁻³]	N [m⁻³]	$d_S \cdot 10^3$ [m]	H [m]	$C_{1,exp}$ [sm⁻¹]	$C_{0,exp}$
25-mm Hiflow-Ring PVDF, regellos	0,924	43 888	154	2,25	23,8	0,365
Montzpackung PVDF, C1-300	0,897	–	154	2,4	14,54	0,615

Tabelle 7-4. Zusammenstellung der mittleren Tropfengeschwindigkeit $\overline{w}_S$ in Füllkörperkolonnen für untersuchte Füllkörper und Systeme, Symbole zu Bild (7-16)

Symbol [Sy]	$d \cdot 10^3$ [m]	Füllkörper- bzw. Kolonnentyp	a/ε [m²m⁻³]/[m³m⁻³]	System	$\overline{w}_{S,exp}$ [ms⁻¹]	$\overline{w}_{S,ber}$ Gl.. (7-19) [ms⁻¹]	$\overline{w}_{S,exp}$ Gl.(7-17) 1980 [ms⁻¹]	$\Psi_{m,Fl}$ s. Tabelle 6-1,a-c	$C_{Fl,0}$
●	28	Hiflow-Ring PP	$\dfrac{185,3}{0,922}$	Toluol (D)/Wasser	0,061	0,060	0,060	1,6	0,566
				Wasser (D)/ Toluol+ Essigsäure, C □ D	0,066	0,064	0,059		
★	38	Hiflow-Ring Keramik	$\dfrac{110}{0,831}$	Toluol (D)/Wasser	0,066	0,0654	0,071	1,725	0,566
◪	25	Pallring Metall	$\dfrac{215}{0,942}$	Toluol (D)/Wasser	0,051	0,054	0,056	2,42	0,566
⊞	25	Intalox-Sattel Keramik	$\dfrac{207}{0,69}$	Toluol (D)/Wasser	0,041	0,0516	0,056	2,1	0,566
π	20	Hiflow-Ring Keramik	$\dfrac{283}{0,763}$	Toluol (D)/Wasser $d_n=10,78$	0,033	0,051 0,0506	0,045	1,725	0,566
|–|	32	VSP-Ring Metall (blank)	$\dfrac{200}{0,972}$	Wasser (D)/ Aceton-Toluol (C); C □ D	0,062	0,060	0,065	2,2	0,566
				Toluol (D)/Wasser	0,062	0,056	0,065		
(Bialeckiring)	25	Bialeckiring, geordnet N = 63.300 m⁻³	$\dfrac{275}{0,933}$	Toluol (D)/Wasser	0,077	0,071	-	1,12	0,693
				Isobutanol (D)/Wasser	0,047	0,050	-		
				CCl₄ (D)/Wasser	0,12	0,112	-		
ʮ	25	Pallring PVDF	$\dfrac{182}{0,909}$	Wasser (D)/ Aceton-Toluol (C); C □ D	0,0546	0,0557	0,056	2,42	0,566
⊠		Fi-Pac	$\dfrac{200}{0,944}$	Toluol (D)/Wasser	0,069	0,0825	-	1,1	0,739
▣ *		Rohrbündel (7 Rohre) Rohrkolonne mit 25-mm Bialeckiringen	$\dfrac{339,1}{0,924}$	Iso-Butanol (D)/Wasser	0,032	0,0412	-	1,55	0,693
				CCl₄ (D)/Wasser	0,078	0,0888	-		
⏀		Montz-Packung C1-300, PVDF	$\dfrac{300}{0,95}$	Toluol (D)/Wasser	0,068	0,060	-	0,71	0,566
σ		Montz-Packung B1-300 h = 0,050 m	$\dfrac{300}{0,972}$	Toluol (D)/Wasser	0,066	0,062	-	-	0,566
θ		Montz-Packung B1-300 h = 0,135 m	$\dfrac{300}{0,972}$	Toluol (D)/Aceton Wasser C □ D	0,066	0,062	-	-	0,566
⏀		Montz-Packung C1-300, PVDF	$\dfrac{300}{0,9}$	Wasser (D)/Toluol	0,068	0,0654	-	0,71	0,566
⊠	53	Rohrkolonne mit geordneten Bialeckiringen aus Metall	$\dfrac{156,4}{0,95}$	Toluol (D)/Wasser	0,067	0,0635 0,073	-	1,55 0,978 2,225	0,693
◪				Petrol (D)/Wasser	0,073	0,0735	-	1,55	
◪				MIBK (D)/Wasser	0,055	0,064	-	1,55	
⊟				CCl₄ (D)/Wasser	0,104	0,1081	-	1,55	
⊞	15	Pallring Metall	$\dfrac{354}{0,95}$	Iso-Butanol (D)- Essigsäure/Wasser; C □ D	-	0,036	0,0260	2,42	0,566
V	32	VSP-Ring (matte Metalloberfläche)	$\dfrac{200}{0,972}$	Wasser (D)/ Aceton-Toluol (C); D □ C	-	0,060	-	2,2	0,566
△	25	Bialeckiring regellos, Metall N = 52.000 m⁻³	$\dfrac{225}{0,945}$	Toluol (D)/Wasser	0,0533	0,0528	0,056	2,66	0,566

Sy^2 = Symbol mit ^{2} gilt für 3 Stoffgemische und die Stoffaustauschrichtung D → C; Übergehende Komponenten sind: Essigsäure, Aceton, Zimtsäure. Bei der Berechnung von $\overline{w}_S$ nach Gl. (7-19) wird für d_T der experimentelle Wert eingesetzt.

Tabelle 7-5. Vergleich der Rechnung nach Gl. (7-21) und Gl. (7-19) dieser Arbeit mit Messwerten von Bender, Berger, Leuckel und Wolf [1] zur maximalen Gesamtbelastung in unpulsierten Füllkörperkolonnen.

	Füllkörper	d_S/H $[\mathrm{mm^{-1}}]$	a/ε $[\mathrm{m_2\,m^{-3}}]$ $[\mathrm{m_3\,m^{-3}}]$	$(u_D+u_C)_{Fl}$ $[\mathrm{m^3 m^{-2} h^{-1}}]$ exp.	ber.	$\delta_i(u_D+u_C)_{Fl}$	System-Nr. m
1	25-mm Pallring Metall $\lambda = 0{,}7$ $\psi = 2{,}42$	$\dfrac{0{,}15}{5}$	$\dfrac{215}{0{,}942}$	65	62	$+4{,}6$	Nr. 1, $m = 1{,}9$
2	25-mm Raschigring Keramik $\lambda = 0{,}7$ $\psi = 3$	$\dfrac{0{,}15}{5}$	$\dfrac{177}{0{,}693}$	42,8 41,0	41,6 41,0	$+2{,}8$ 0	Nr. 1, $m = 1{,}9$
3	15-mm Pallring Metall $\lambda = 0{,}7$ $\psi = 2{,}42$	$\dfrac{0{,}1}{5}$	$\dfrac{350}{0{,}93}$	39,0 49,0 34	45,4 56,7 38,5	$-16{,}4$ $-15{,}7$ $-13{,}2$	Nr. 1, $m = 1{,}9$, D $\to$ C Nr. 2, C $\to$ D Nr. 3, $m = 1{,}9$
4	$\lambda = 1{,}2$			72	60,9	$+15{,}4$	Nr. 4, $m = 1{,}5$, D $\to$ C
5	10-mm Pallring Metall $\lambda = 1{,}2$ $\psi = 2{,}42$	$\dfrac{0{,}1}{5}$	$\dfrac{515}{0{,}92}$	58	51,5	$+11{,}5$	Nr. 4, $m = 1{,}5$, D $\to$ C
6	15-mm Raschigring Metall $\lambda = 1{,}2$ $\psi = 8{,}5$	$\dfrac{0{,}1}{5}$	$\dfrac{350}{0{,}92}$	42,1	48,5	$-15{,}2$	Nr. 4, $m = 1{,}5$, D $\to$ C

$u_D, u_C = i.$ $\delta(i) = (i_{exp} - i_{ber})/i_{exp} \cdot 100\,\%$. System Nr. 1: Toluol (D)/Wasser. System Nr. 2: Toluol (D)-Aceton/Wasser. System Nr. 3: Toluol (D)/Aceton/Wasser C $\to$ D. System Nr. 4: Ethylhexanol (D)-Essigsäure/Wasser D $\to$ C.

Tabelle 7-6. Vergleich der Rechnung gemäß Gl. (7-19) und Gl. (7-21) dieser Arbeit mit den Messwerten von Pilhofer [18] zur maximalen Gesamtbelastung in unpulsierten Füllkörperkolonnen

	System	$(u_D + u_C)_{Fl}$ $[\text{m}^3\text{m}^{-2}\text{h}^{-1}]$		$\delta_i (u_D + u_C)_{Fl}$ [%]
		exp.	ber.	
1	Methylenchlorid (D)/Wasser	40,3	41,0	−1,74
2	MIBK (D)/Wasser	31,7	30,6	+3,5
3	Ethylacetat (D)/Wasser	24,4	22,4	+8,2
4	Toluol (D)/Wasser	20,2	28,4	−40,6
		24,0	28,9	−20,4

$u_D, u_C = i.\ \delta(\text{i}) = (i_{\text{exp}} - i_{\text{ber.}})/i_{\text{exp}} \cdot 100\,\%.$

Tabelle 7-7. Bereich der variierten stofflichen, konstruktiven und betrieblichen Parameter, gültig für die Beziehung zur Bestimmung der Flutpunktgeschwindigkeit nach Gln. (7-21) und (7-19) [15]

$$0,7 \leq \psi_{FI} \leq 8,5\ [-]$$
$$0,025 \leq d_S \leq 0,22\ \text{m}$$
$$0,696 \leq \varepsilon \leq 0,972\ \text{m}^3\text{m}^{-3}$$
$$110 \leq a \leq 515\ \text{m}^2\text{m}^{-3}$$
$$1,25 \leq H \leq 5,0\ \text{m}$$
$$866 \leq \rho_C \leq 1260\ \text{kg}\,\text{m}^{-3}$$
$$800 \leq \rho_D \leq 1594\ \text{kg}\,\text{m}^{-3}$$
$$99,5 \leq \Delta\rho \leq 596\ \text{kg}\,\text{m}^{-3}$$
$$1 \leq \sigma \leq 44,5\ \text{mNm}^{-1}$$
$$0,596 \leq \eta_C \leq 1,5\ \text{mPa}\,\text{s}$$
$$0,596 \leq \eta_D \leq 9,28\ \text{mPa}\,\text{s}$$
$$d_h/d_T \gg 1$$

Untersuchte Füllkörper und Packungen

10–25 mm	Pallringe aus Metall und Kunststoff
12–25 mm	metallische Białeckiringe
20–38 mm	Hiflowring aus Keramik und Kunststoff
20–25 mm	Intalox-Sättel
15 mm	Raschigringe aus Metall
15 mm	Berlsättel aus Keramik
15 mm	Raschigringe aus Keramik
25, 50 mm	Białeckiring-Rohrkolonne
25 mm	metallische Białeckiringpackung
Fi-Pac 200	Blechpackung
B1-300, C1-300	Montzpackung

Literatur zu Kapitel 7

1 Bender E, Berger R, Leuckel W, Wolf D. Untersuchungen zur Betriebscharakteristik pulsierter Füllkörperkolonnen für die Flüssig/Flüssig-Extraktion. Chem.-Ing. Techn. 51(1979) Nr. 3, S 192–199

2 Billet R, Maćkowiak J, Pająk M. Hydraulics and Mass Transfer in Filled Tube Columns. Chem.-Eng.-Process. 19 (1985) S 39–47

3 Billet R, Landau V, Maćkowiak J. Rückvermischung der kontinuierlichen Phase in Rohrkolonnen. Chemie Technik 13 (1984), Nr. 10, S 88–94

4 Billet R, Maćkowiak J. Relation Between Axial Mixing in the Continuous Phase and Hold-up in Tube Columns Filled with Białecki-Rings for Liquid/Liquid-Extraction. Chem. Biochem. Eng. 2(2) (1988), S 91–97

5 Brandt H, Reissinger KH, Schröter J. Moderne Flüssig/Flüssig-Extraktoren – Übersicht und Auswahlkriterien. Chem. Ing. Techn. 50 (1978) Nr. 5, S 345–354

6 Braun Chr. Untersuchungen zur Fluiddynamik begaster Gegenstromextraktion. Dissertation TU-Bochum (1991) VDI-Verlag Nr. 261/Reihe 3

7 Envicon Engineering GmbH/46537-Dinslaken Technische Informationen-Pendelpulsator.

8 Gayler R, Roberts NW, Pratt HRC. Liquid-Liquid Extraction: Part IV. A Father Study of Hold-Up in Packed Columns, Trans. Inst. Chem. Engrs. 31(1953), S 57–68

9 Gosch A. Einfluss von Verunreinigungen auf die Wirksamkeit und die Belastbarkeit von statischen Gegenstromextraktoren. Dissertation TU-Bochum (1988)

10 Laddha GS, Degaleesan TE. Transport phenomena in liquid extraction. Tata McGraw-Hill Publishing C. Ltd. New Dehli (1976)

11 Maćkowiak J. Grundlagen der Auslegung von Kolonnen mit regellosen Füllkörpern und Packungen. Vortrag auf der GVC-VDI-Jahrestagung in München, 19/21 September 1984

12 Maćkowiak J, Billet R. New Method of Packed Column Design for Liquid/Liquid Extraction Processes with Random and Stacked Packings. Ger. Chem. Eng. 1(1986) S 48–64

13 Maćkowiak J, Billet R. Podstawy projektowania kolumn wypełnionych do procesów ekstrakcji ciecz-ciecz (orig. poln.) Inż. Chem. i Procesowa 3 (1986), S 351–371

14 Maćkowiak J, Billet R. Beitrag zur Auslegung von Flüssig/Flüssig-Extraktoren mit regellos geschütteten Füllkörpern für Systeme großer Grenzflächenspannung. Chem. Techn. 40 (1988) Nr. 8, S 339–344

15 Maćkowiak J. Grenzbelastung von unpulsierten Füllkörperkolonnen bei der Flüssig/Flüssig-Extraktion. Chem.-Ing.-Tech. 65 (1993) Nr. 4, S 423/429

16 Mersmann A. Thermische Verfahrenstechnik. Springer-Verlag (1980)

17 Mersmann A. Zum Flutpunkt in Flüssig/Flüssig-Gegenstromkolonnen. Chem.-Ing. Techn. 52 (1980) Nr. 12, S 933–942

18 Pilhofer Th. Belastungsgrenzen von pulsierten Füllkörper-Extraktionskolonnen. Chem.-Ing. Techn. 62 (1990) Nr. 8, S 661–663

19 Seibert AF, Fair JR. Hydrodynamics and Mass Transfer in Spray and Packed Columns. Ind.-Eng. Chem. Res. 27 (1988), S 470/481

20 Thornton J D. Spray liquid-liquid extraction columns: Prediction of limiting hold-up and flooding rates. Chem. Eng. Sci. 5 (1956) S 201/208

21 Ziołkowski Z. Ekstrakcja cieczy w przemyúle chemicznym (orig. poln.). WNT-Verlag-Warszawa (1980)

Sachverzeichnis

Druck (Computer to Plate): Saladruck Berlin
Verarbeitung: Stürtz AG, Würzburg